中國近代建築史料匯編（第一輯）

第七册

中國近代建築史料匯編 編委會 編

第七册目録

建築月刊 第四卷 第二期 〇三三六三

建築月刊 第四卷 第三期 〇三四二三

建築月刊 第四卷 第四期 〇三四九七

建築月刊 第四卷 第五期 〇三五六九

建築月刊 第四卷 第六期 〇三六四一

建築月刊 第四卷 第七期 〇三七〇七

建築月刊 第四卷 第八期 〇三七八一

中國近代建築史料匯編（第一輯）

建築月刊

第四卷 第二期

建築月刊
THE BUILDER
VOL. 4 NO. 2
開山磚瓦
光華大學

長城機製磚瓦
股份有限公司
註冊商標
TRADE MARK
貨價比普通磚廉
貨品較任何機器磚高
總公司
製造廠
騰越路一四四號 電話五二二七九
事務所
牛莊路七四二號 電話九〇九八〇
証明
壓力、吸水量、耐久性
均經上海工部局
詳細化驗負責証明
成績超越一切磚瓦
出品
堅韌硬磚
輕硬空心磚
瀉水瓦片
如蒙垂詢價格及索閱貨樣請電話通知即當送奉
合作五金
股份有限公司出品
優點
精確 美觀 堅固 價廉
出品
門鎖 抽屜鎖 拉手 文具 鉸鏈
註冊商標
CMC
TRADE MARK
L
TRADE MARK
02
MARCH

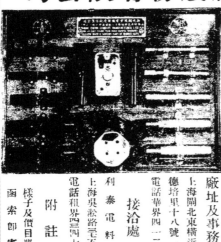

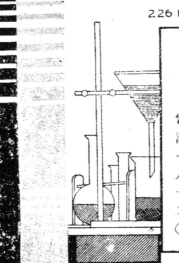

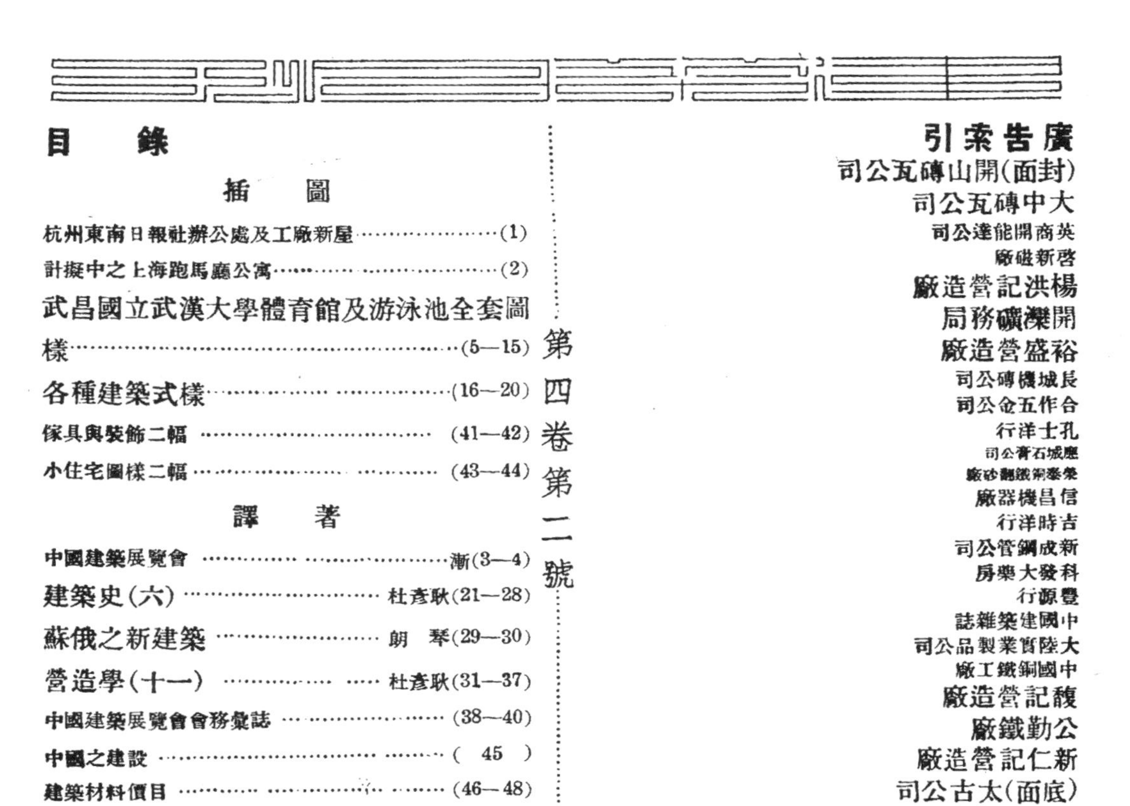

目錄

插圖

杭州東南日報社辦公處及工廠新屋……(1)
計擬中之上海跑馬廳公寓……(2)
武昌國立武漢大學體育館及游泳池全套圖樣……(5—15)
各種建築式樣……(16—20)
傢具與裝飾二幅……(41—42)
小住宅圖樣二幅……(43—44)

譯著

中國建築展覽會……漸(3—4)
建築史(六)……杜彥耿(21—28)
蘇俄之新建築……朗琴(29—30)
營造學(十一)……杜彥耿(31—37)
中國建築展覽會會務彙誌……(38—40)
中國之建設……(45)
建築材料價目……(46—48)

第四卷第二號

廣告索引

開山磚瓦公司(封面)
大中磚瓦公司
英商開能達公司
啓新磁廠
楊洪記營造廠
開灤礦務局
裕盛營造廠
長城機磚公司
合作五金公司
孔士洋行
應城石膏公司
榮泰鋼鐵翻砂廠
信昌機器廠
吉時洋行
新成鋼管公司
科發大藥房
豐源行
中國建築雜誌
大陸實業製品公司
中國銅鐵工廠
馥記營造廠
公勤鐵廠
新仁記營造廠
太古公司(底面)

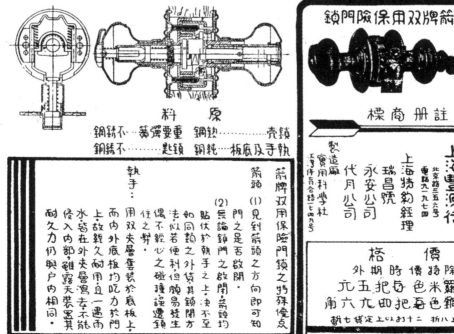

上海市建築協會發行

建築工程師胡宏堯著

『聯樑算式』出版預告　現已出版

聯樑爲鋼筋混凝土工程中應用最廣之問題，計算聯樑各點之力率算式及理論，非學理深奥，手續繁宂，即掛一漏萬，及算式太簡，應用範圍太狹；遇複雜之問題，即無從援用。例如指數法之M＝1/8 wl², M＝1/12wl² 等等算式，只限於等勻佈重，等硬度及各節全荷重等情形之下，若事實有一不符，錯誤立現，根本不可援用矣。

本書係建築工程師胡宏堯君採用最新發明之克勞氏力率分配法，按可能範圍内之荷重組合，一一列成簡式。任何種複雜及困難之問題無不可按式推算；卽素乏基本學理之技術人員，亦不難於短期内，明瞭全書演算之法。所需推算時間，不及克勞氏原法十分之一。全書圖表居大半，多爲各西書所未見者。所有圖樣，經再三復繪，排印字體亦一再更換，故清晰異常，用八十磅上等道林紙精印，約共三百餘面，6″×9″大小，布面燙金裝釘。復承美國康奈爾大學土木工程碩士王季良先生精心校對，並認爲極有價値之參考書。因成本過鉅，不售預約，卽將出書。實售國幣五元，外埠酌加郵費。

注意：發售處大陸商場本會・國内寄費一角。

聯樑算式目錄提要

自　　序

標準符號釋義

第一章　算式原理及求法

第二章　單樑算式及圖表

第三章　雙動支聯樑算式

第四章　單定支聯樑算式

第五章　雙定支聯樑算式

第六章　等硬度等勻佈重聯樑函數表

第七章　題　　例

附　錄　(1)——(9)

杭州東南日報社辦公處及工廠新屋

蘇家翰建築師設計
楊洪記營造廠承造

New Office and Printing Plant for Tung-Nan-Jih-Pao, Hangchow.

Mr. K. H. Suhr, Architect.
Yang Hong Kee, Contractor.

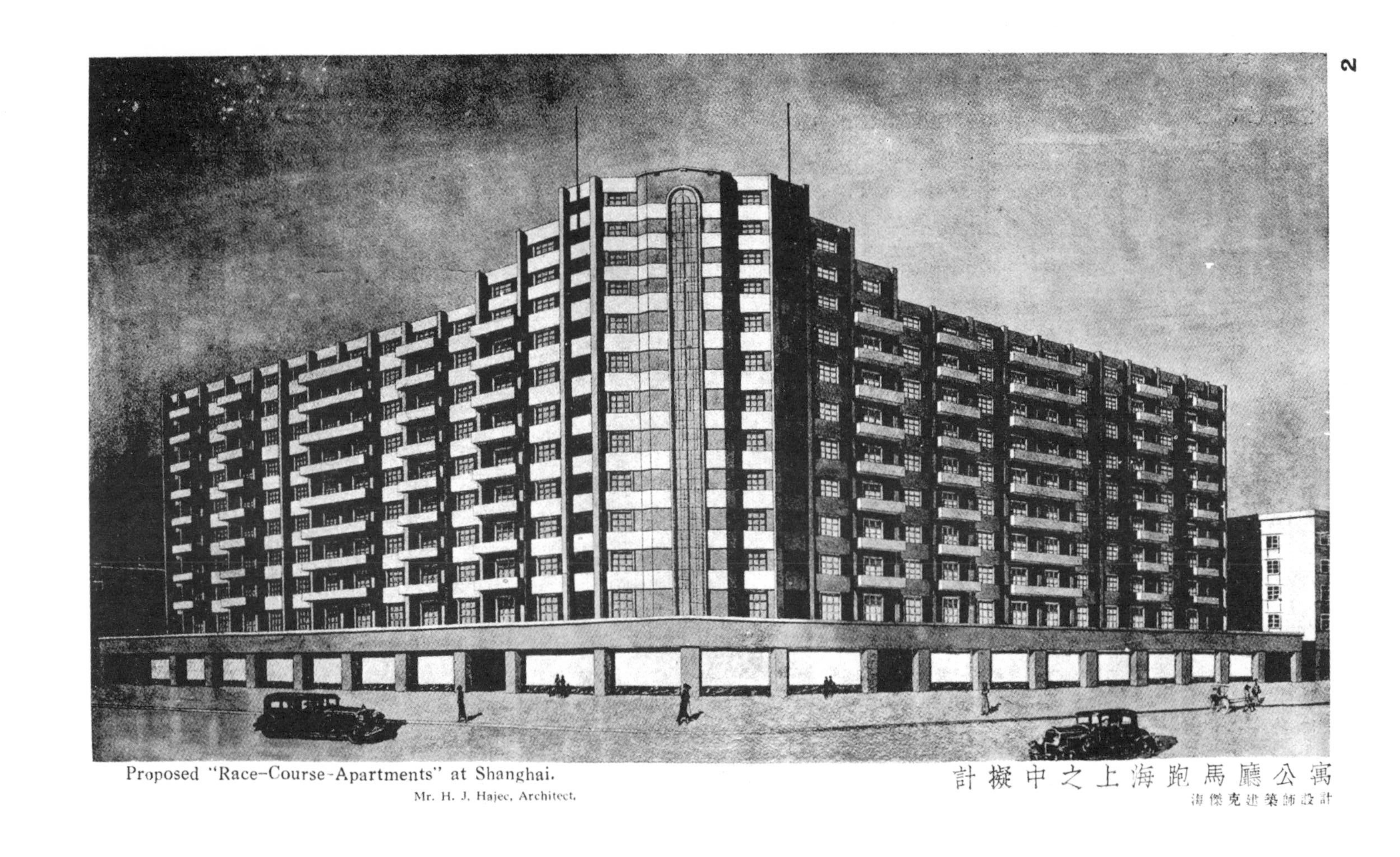

Proposed "Race-Course-Apartments" at Shanghai.

Mr. H. J. Hajec, Architect.

計擬中之上海跑馬廳公寓

海傑克建築師設計

中國建築展覽會

漸

最近葉恭綽先生等聯合本市各建築工程團體，及對於建築有興趣之個人及團體等，發起中國建築展覽會。擬於上海市博物館未開幕之前，假用該館新廈，作爲會場，並定四月十二日開幕。展覽會期一星期。展覽品除由中國建築師學會關頌聲趙深先生負責徵集建築圖樣模型等外，北平中國營造學社亦將就其歷年所收集之各項宮殿湯樣書籍圖版宋畫宋瓦等珍貴物品，運滬陳列。此種建築展覽，在本市尙屬創見，屆時必能引起社會人士聯袂往觀，共感切要，而建築事業對於社會文化及工商業等之偉大，因此將有進一步之認識。記者不文，際此盛會當前，敢貢一得之見，以備該會之採擇。

先總理在所著「建國方略」中，曾謂建築工業爲國際計劃中之最大企業，此語誠然。蓋常人咸以爲建築者皆胼手胝足，水木工人之事也。殊不知建築者，實集各種工業之大成。是故欲覘一國之隆替，莫不舉建築物爲觀察之主材，如一般考古學家四出蒐覓古蹟，無非欲於斷碑殘碣中，攷查歷史之資料。又如吾人初臨異域，對於悠久之建築，輒欲先覩爲快，若吾國之北平古宮長城等，均爲各國攷古家所注意，而不惜遠涉重洋，來華觀光者。具有鄙視建築事業之僻見者，對此當能澈悟。而建築展覽會之舉辦，亦正欲糾正一般人士之謬僻觀念，藉此並引起其注意，使知建築之於居屋，工商業，交通，國防，歷史及文化等，均有密切不離之關係者也。

此次展覽會之會場，假用市博物館新屋陳列建築圖樣模型書畫圖版等，設遇不敷，更可假航空協會新屋，作陳列建築材料與工具之需。並悉屆時將由市府柬邀各機關團體學校等前往參觀，故蒞會人數必衆。因之展覽出品，更不得不慎重出之。鄙意圖樣之陳列應分門別類，隔室排置。如居宅則凡中國式，英國式，法國式，美國式及摩登式西班牙式等分別之。又如醫院學校公署旅館事務院百貨商場等，均各分其種類式別陳列之，展覽品之不以類別而具有歷史性者，以時代劃分之。如此秩然有序，使參觀者得所遵循焉。

會場中有一不可缺少之陳列，厥爲建築之系統圖是。所謂建築系統者，即自建築師之測量營造地面起，以至於設計草圖正圖，規訂建築合同，承攬章程，土木工程師之計劃鋼筋混凝土底基，及梁柱屋架等之結構，與夫管子工程師之設計冷熱水管浴室廚房之設備，與暖氣冷氣之設置。又如電氣工程師之計劃室內電燈電扇電鈴電熱等之裝置，他如溝管工程師裝飾工程師以至各業工人工作情形，與各種建築材料之供給圖表說明等，俾參觀者得以明瞭一屋之建築過程，至爲繁複，非若一般人理想中之簡純易舉也。

本屆展覽會中有不少名貴展品，已如上述。尚有北平圖書館之圓明園照片模型，及書畫等類，咸屬稀世珍品，故編纂會刊，以資宣揚，實爲必要。蓋會刊可將會內展品攝影刊載，並將展覽會籌備經過，名譽會長副會長暨會長副會長之題字或題詞，專家之著述，材料廠商陳列品之介紹，製造之過程，原料之採擇與其用途用法等之說明，展覽品之目錄等，均可盡量刊登，以廣宣傳，並作紀念。但編纂此冊，曾有數說，或曰與建築月刊合印，或曰與建築月刊及中國建築合印，或曰由會單獨印行。綜上數說，自以單獨印行爲宜，蓋此次展覽，尙屬創舉，自不得不有一特獨之印刷物爲之表彰，雖所費稍巨，庸又何傷。

建築展覽會會章第五條徵集展品範圍中，有徵集工具之一項。是必能引起參觀者之興趣。蓋每一工業之工具，可分手工與機器兩種。若甎瓦工之用機器和泥，製坯，燒煉以與用人力或牛力和泥，人工製坯，與土窰燒煉相照，又如木工之用發條鋸鋸大段樹木以成板片，復用圓鋸鋸成木條，再用斷鋸鋸成短段等過程。經此復從手刨車之刨光一側一面，平刨車之軋平，線脚車之刨線脚，鑿眼車筍頭車膠合車等之挨次動作，以及石工機器之剖石磨石割邊，及鐵工機器之刨，鑽，車，鉚，焊，油漆之髹，刷，噴，浸等工務使參觀展覽會者，在同時得參觀若干之工廠。然在此短促之時間中，佈置如許機器工具，事實上恐不可能；而或刪去機器工具，單以手工具陳列，則殊不能引起一般人之注意；故工具一項，因格於情勢，暫可免去，俟下次展會早爲預備，俾臻完善。但因噎廢食，亦非得宜，補救之法，可將建築材料商陳列其出品時，請其將原料製法工具等攝照或實物陳列，並加說明；斯亦聊勝於無之辦法也。

建築展覽會係欲引起一般人士之注意，故只陳列圖樣，恐亦不盡瞭解。最好多置模型，如東方之中，印，日式之各部建築，雕刻，彩繪，近東之埃及，敍利亞，亞西利亞，波斯建築；與西方之希臘與羅馬之古典式復興式，與英法德等國之從希臘羅馬蛻變而成之各該國式例。取其全部，則用比例尺縮小數倍；取其局部則以同樣尺度用石膏或石灰製成模型，並於各該部份簽註說明，與歷史上蛻化之過程。又如吾國歷史上有名之阿房鹿臺等瓊樓玉宇，亦可參攷古籍，計劃圖樣，作成模型。並至各該遺址發掘，或能掘得斷磚殘瓦，供會陳列，是亦於吾國攷古學上大有裨益者也。依此搜掘，積數年之功，則於建築史上之史料，亦大有裨補。蓋吾國號稱五千年來之文化古國，然建築史尙付闕如，誠令人汗顏者也，是故直接負此責職之建築人，自應亟起直追，自此屆展覽會後，繼續邁進，以求貫澈其責任也。

中國建築展覽會俟展覽既畢，仍宜設法存在，請求市府於市中心區撥地助費，建築會場，成立建築館。陸續製造模型等展覽品，與收集關於建築之史料，則此館之重要性，當亦不在圖書館與博物館之下也。上海爲中外人士薈集之所，而國際觀光者尤紛至沓來，初履斯地者，咸愕然於斯非東方之上海。欲糾此種觀念，惟有導其至市中心區及建築館各部陳設，使其領畧中國文化之偉大，獲得國際間良好之觀感。尤有進者，國內工業學校與大學建築系及土木工程系學生，素乏實物之觀摩，影響學業至爲重大，故建築館之設置，亦爲當務之急也。

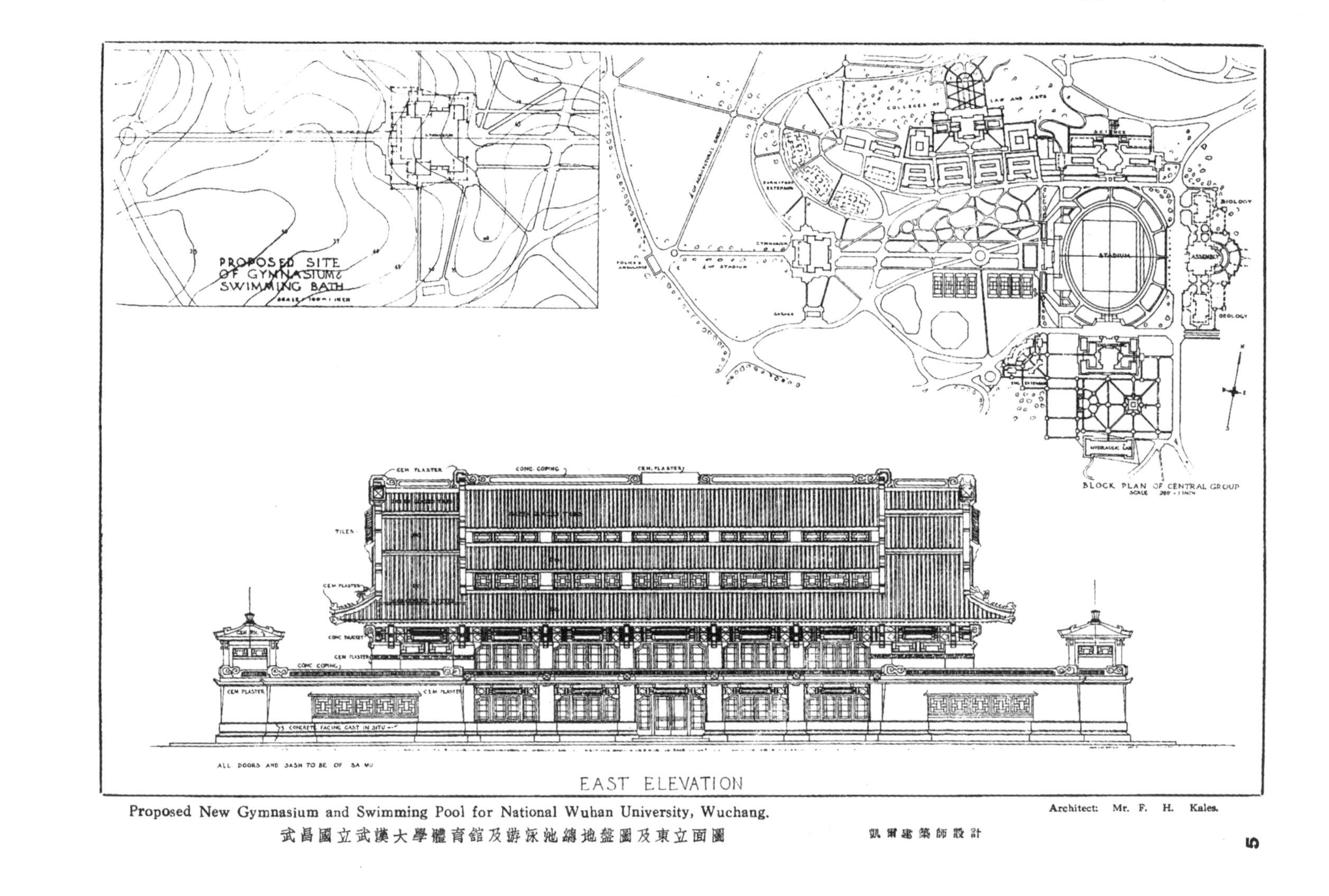

Proposed New Gymnasium and Swimming Pool for National Wuhan University, Wuchang.

武昌國立武漢大學體育館及游泳池總地盤圖及東立面圖

Architect: Mr. F. H. Kales.

凱爾建築師設計

WEST ELEVATION

Proposed New Gymnasium and Swimming Pool for National Wuhan University, Wuchang.

國立武漢大學體育館及游泳池西立面圖

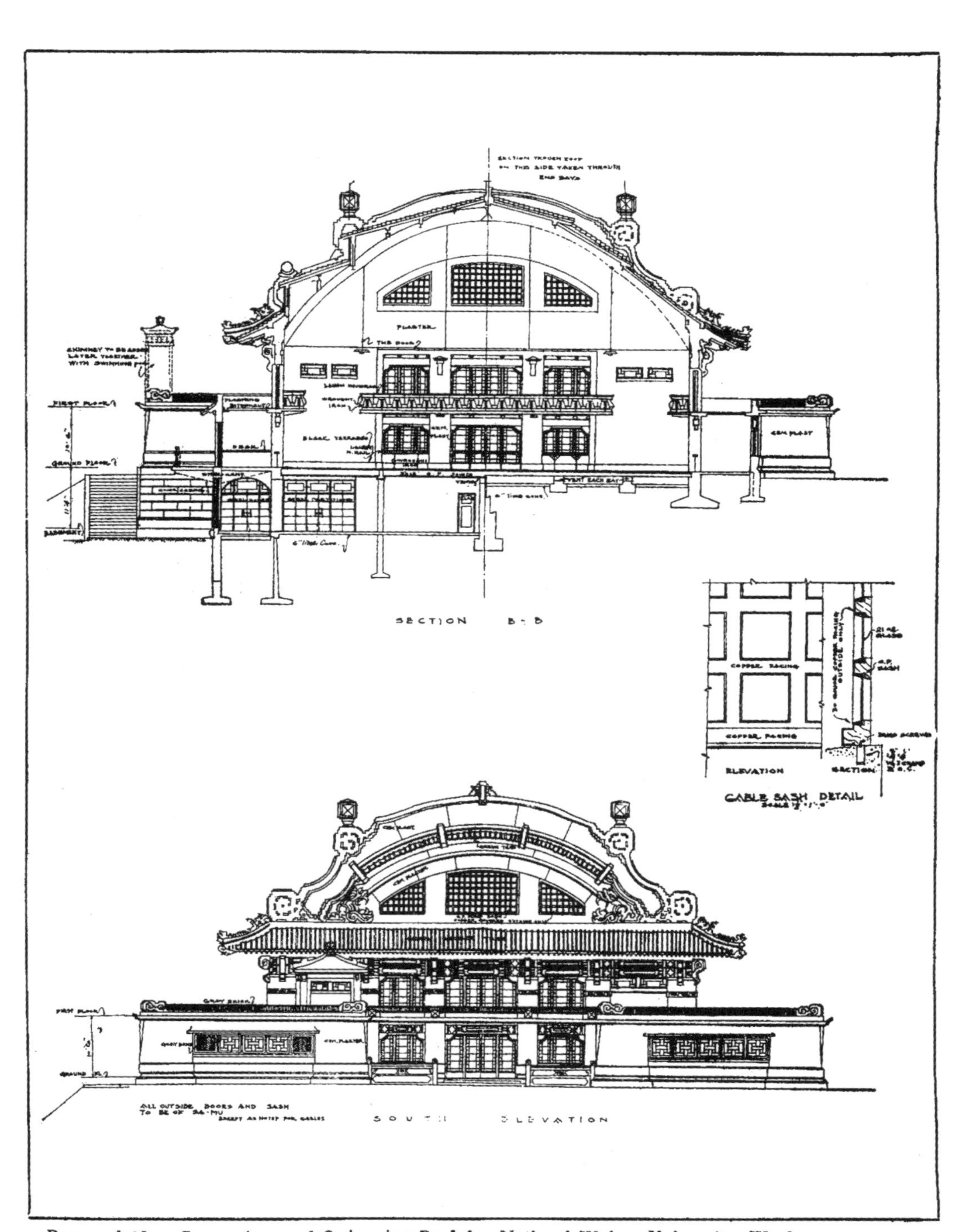

Proposed New Gymnasium and Swimming Pool for National Wuhan University, Wuchang.

國立武漢大學體育館及游泳池南立面及剖面圖

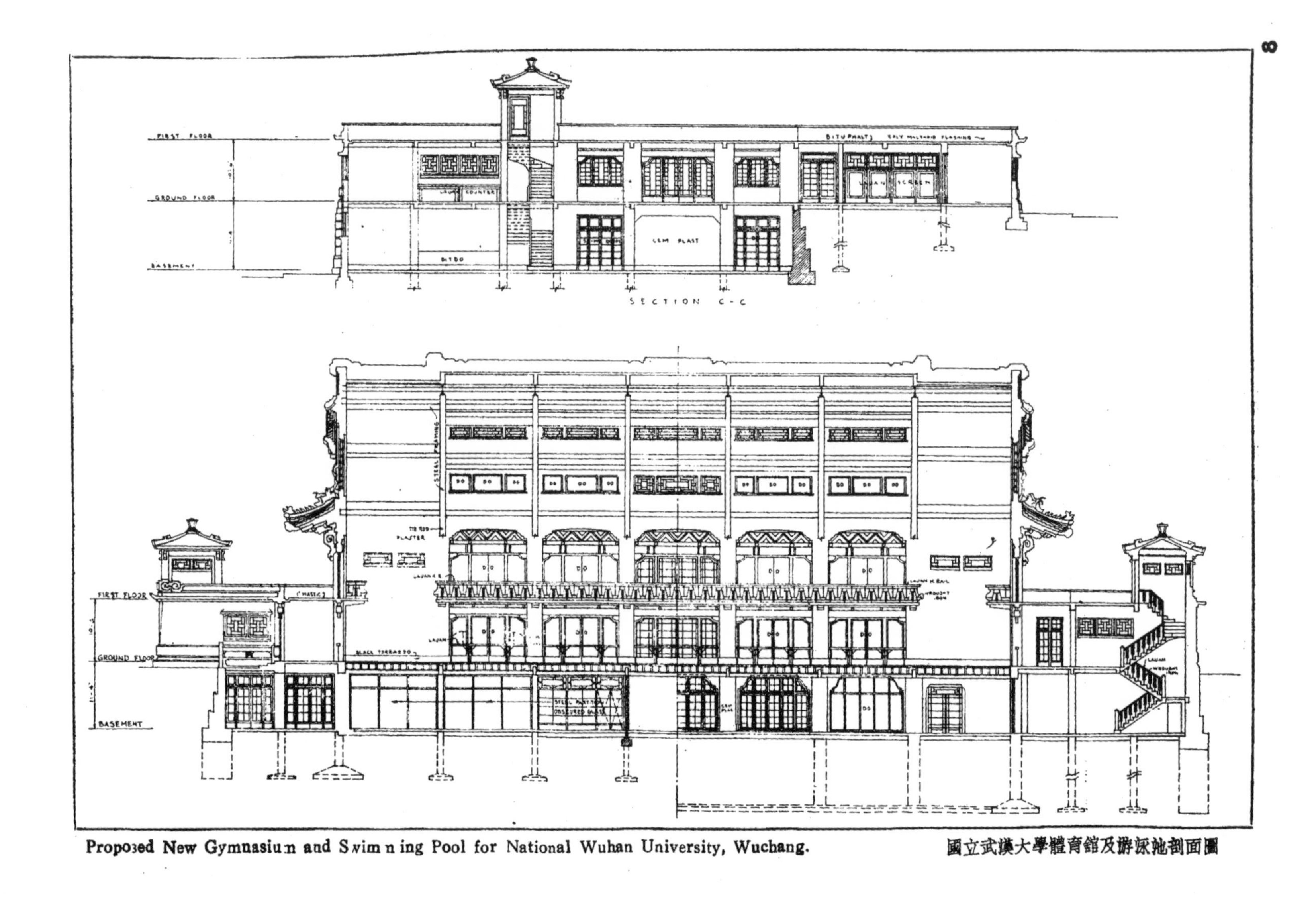

Proposed New Gymnasium and Swimming Pool for National Wuhan University, Wuchang.

國立武漢大學體育館及游泳池剖面圖

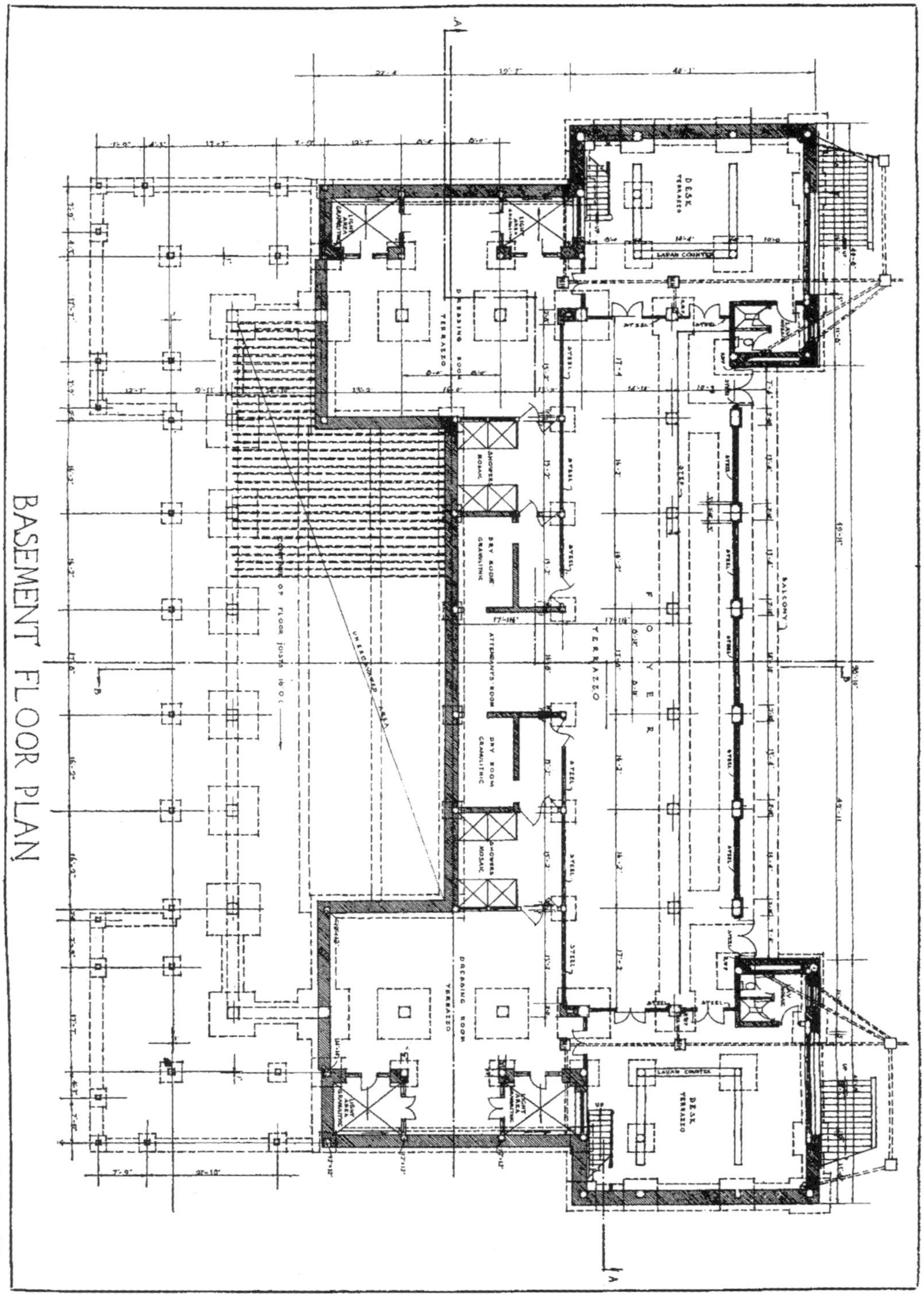

BASEMENT FLOOR PLAN

Proposed New Gymnasium and Swimming Pool for National Wuhan University, Wuchang.

國立武漢大學體育館及游泳池底層平面圖

GROUND FLOOR

Proposed New Gymnasium and Swimming Pool for National Wuhan University, Wuchang.

國立武漢大學體育館及游泳池下層平面圖

Proposed New Gymnasium and Swimming Pool for National Wuhan University, Wuchang.

國立武漢大學體育館及游泳池二層平面圖

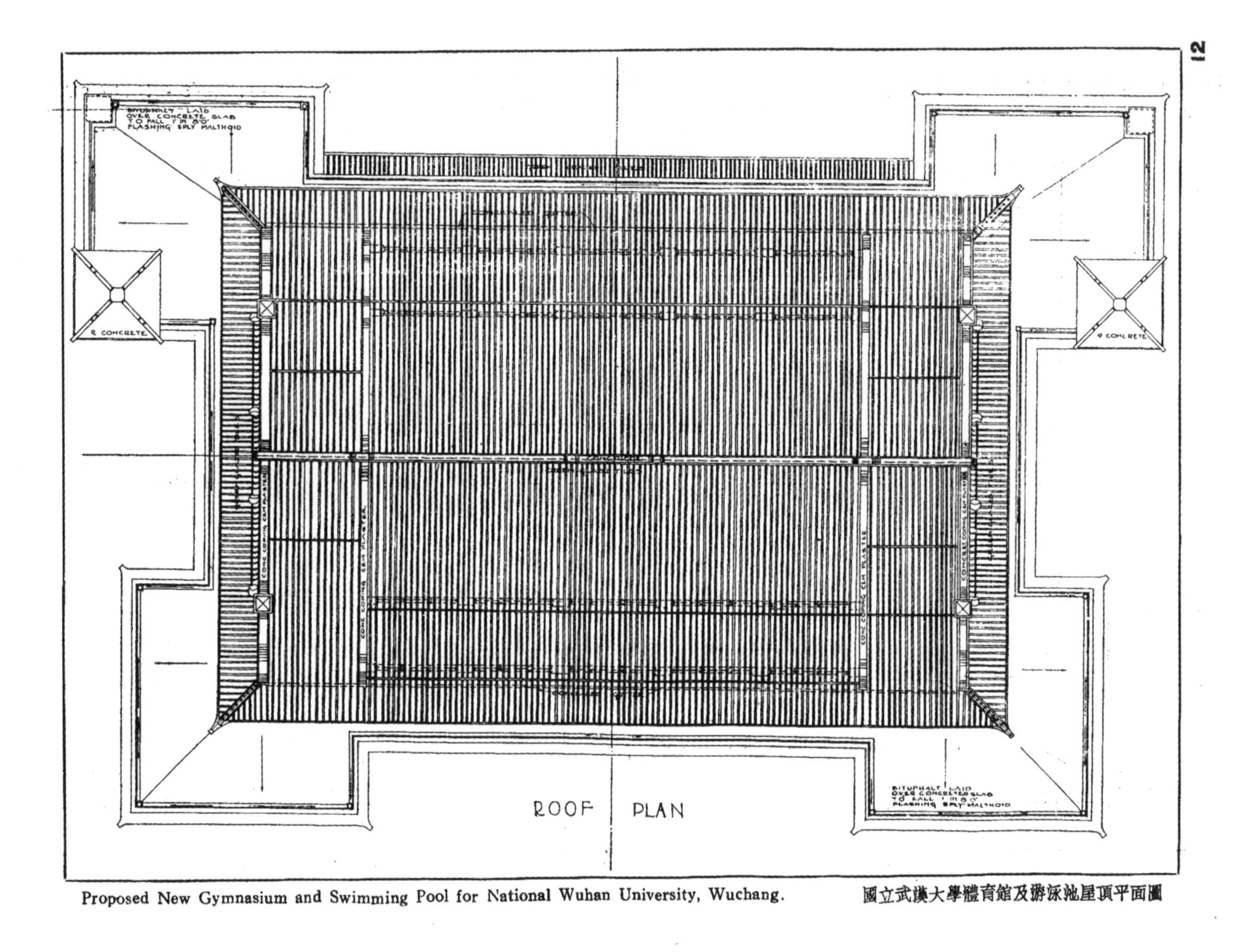

Proposed New Gymnasium and Swimming Pool for National Wuhan University, Wuchang.

國立武漢大學體育館及游泳池屋頂平面圖

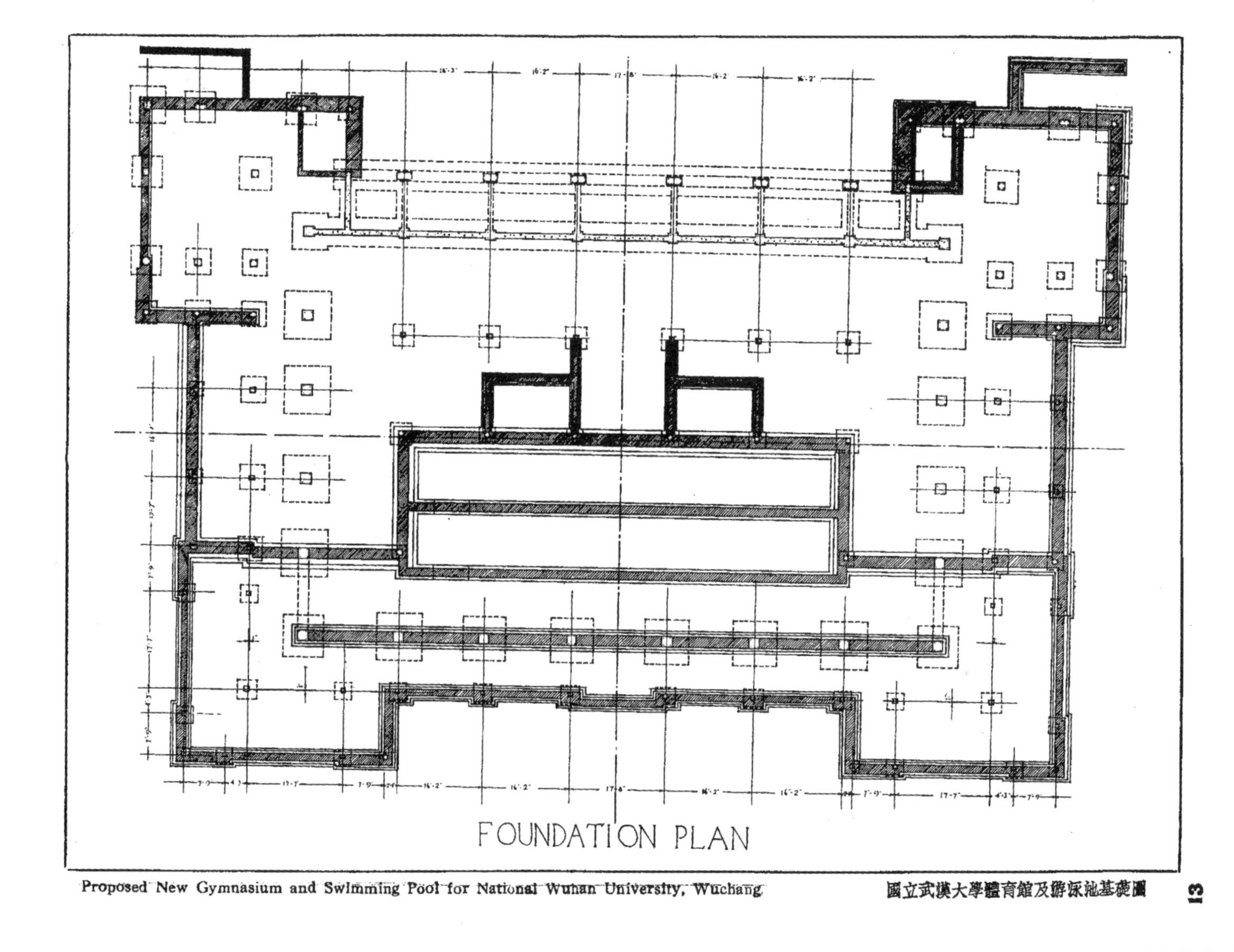

Proposed New Gymnasium and Swimming Pool for National Wuhan University, Wuchang

國立武漢大學體育館及游泳池基礎圖

PLAN·OF·ENTOURAGE. SCALE 1/32" EQUALS ONE FT.

GYMNASIUM

FUTURE SWIMMING BATH

EXISTING RD.

Proposed New Gymnasium and Swimming Pool for National Wuhan University, Wuchang.

國立武漢大學體育館及游泳池地盤圖

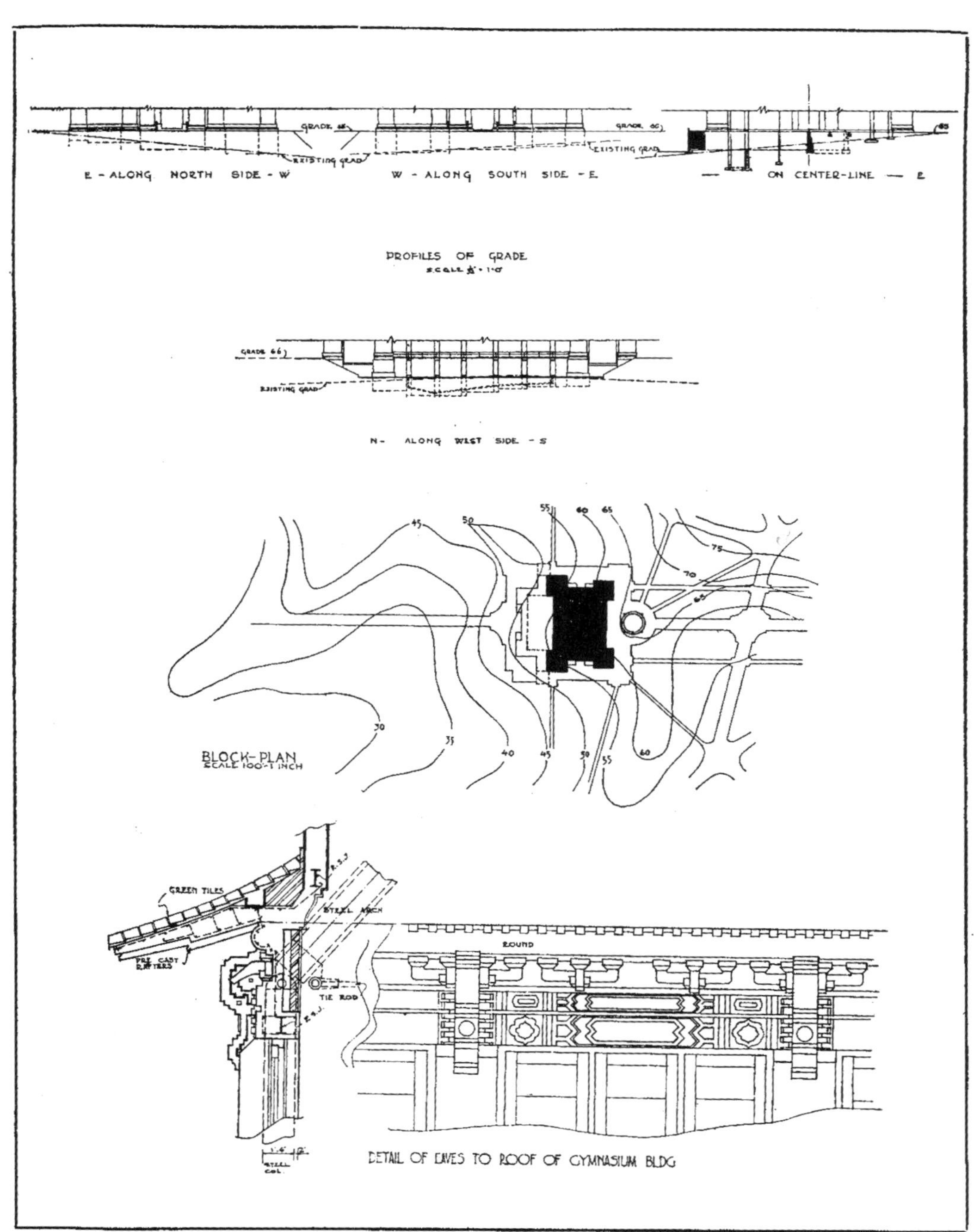

Proposed New Gymnasium and Swimming Pool for National Wuhan University, Wuchang.

國立武漢大學體育館及游泳池詳解圖

第二十二頁　伊華尼式拱圈入口圖
第二十三頁　德斯金式聯環圈圖
第二十四頁　陶立克式走廊及法圈圖
第二十五頁　陶立克式檻廊圖

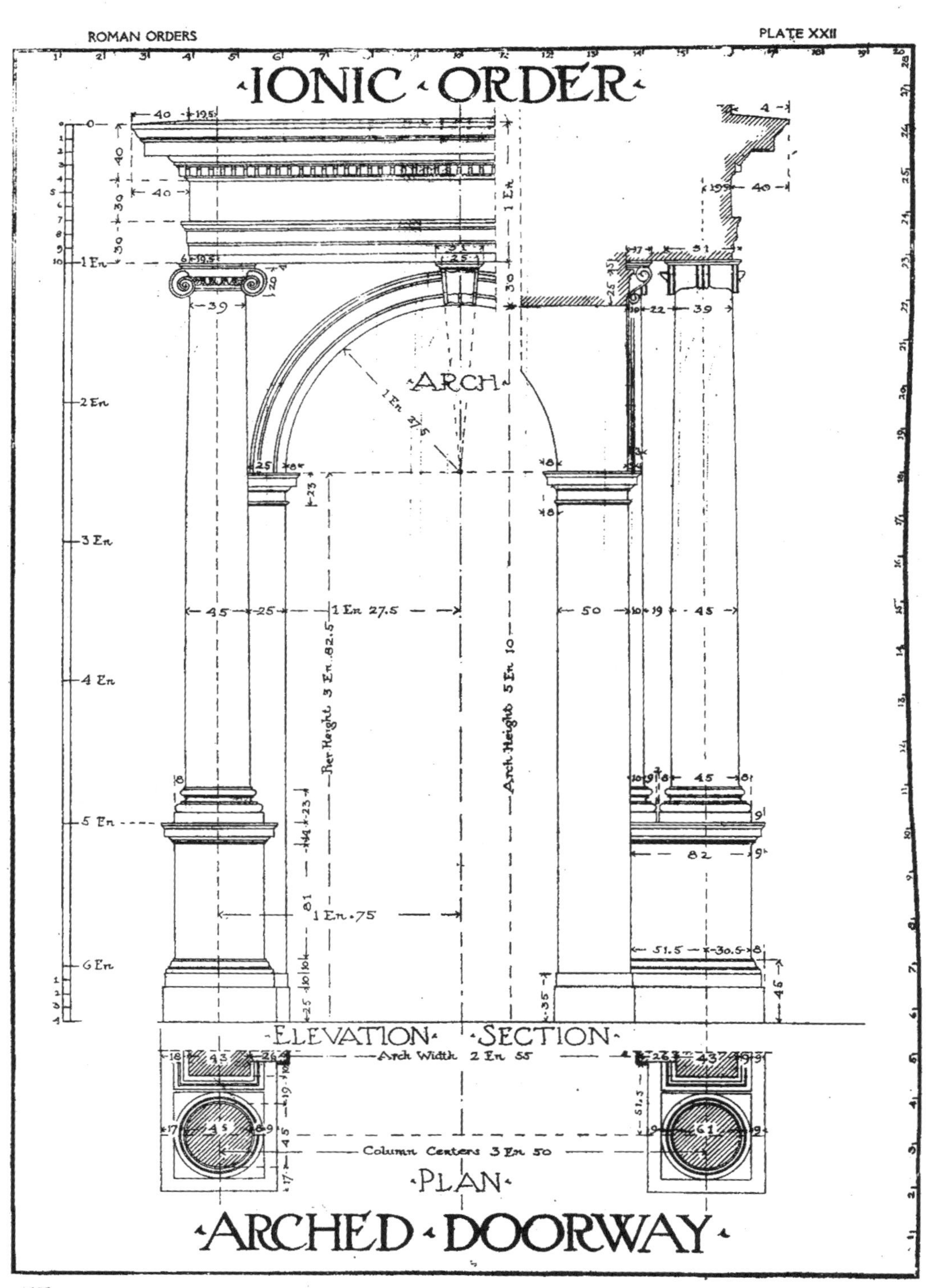
ROMAN ORDERS
PLATE XXII
IONIC ORDER
ARCH
1 En
2 En
3 En
4 En
5 En
6 En
1 En 27.5
Pier Height 3 En 82.5
Arch Height 5 En 10
1 En 75
ELEVATION
SECTION
Arch Width 2 En 55
Column Centers 3 En 50
PLAN
ARCHED DOORWAY

ROMAN ORDERS PLATE XXIII

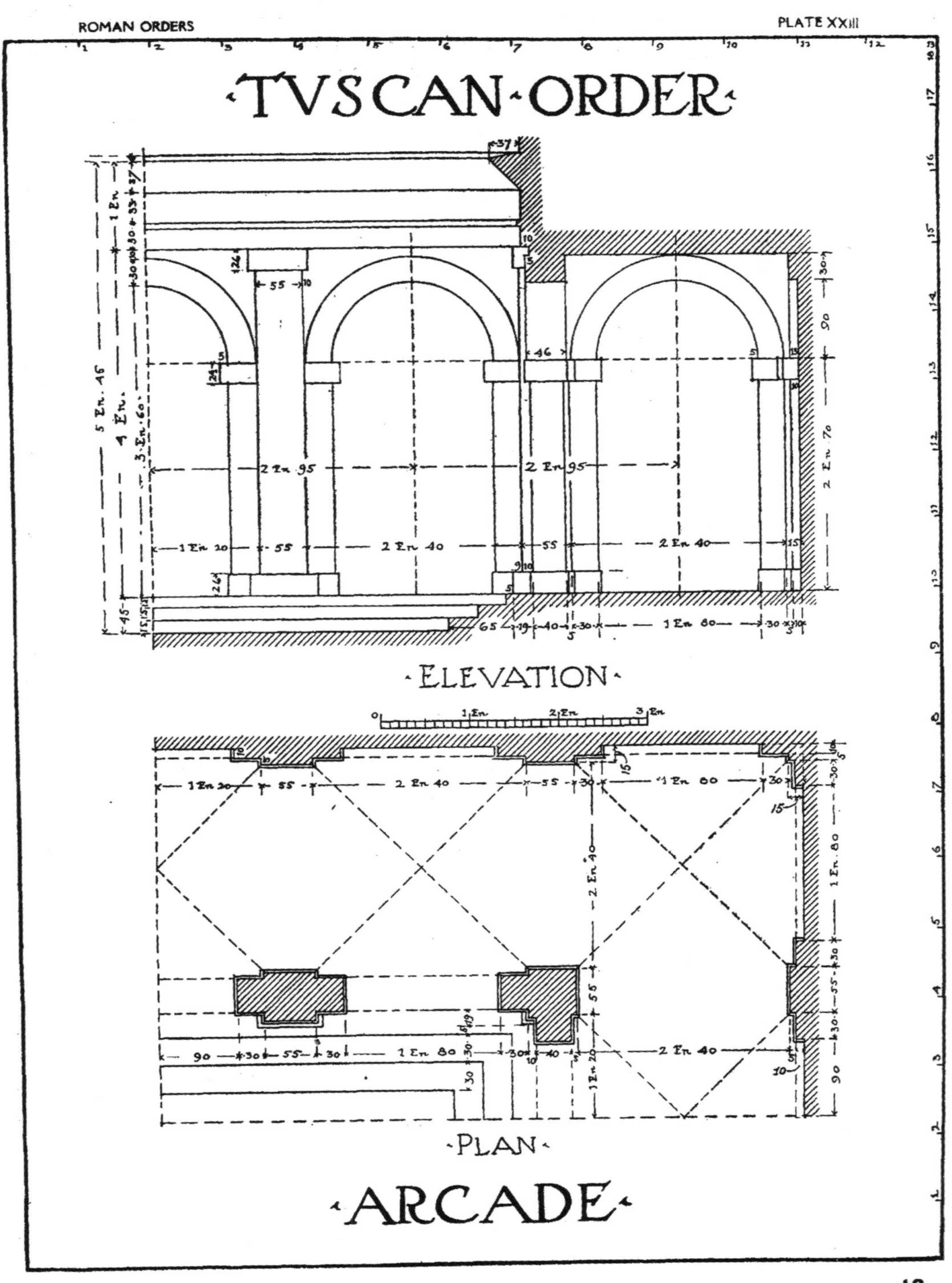

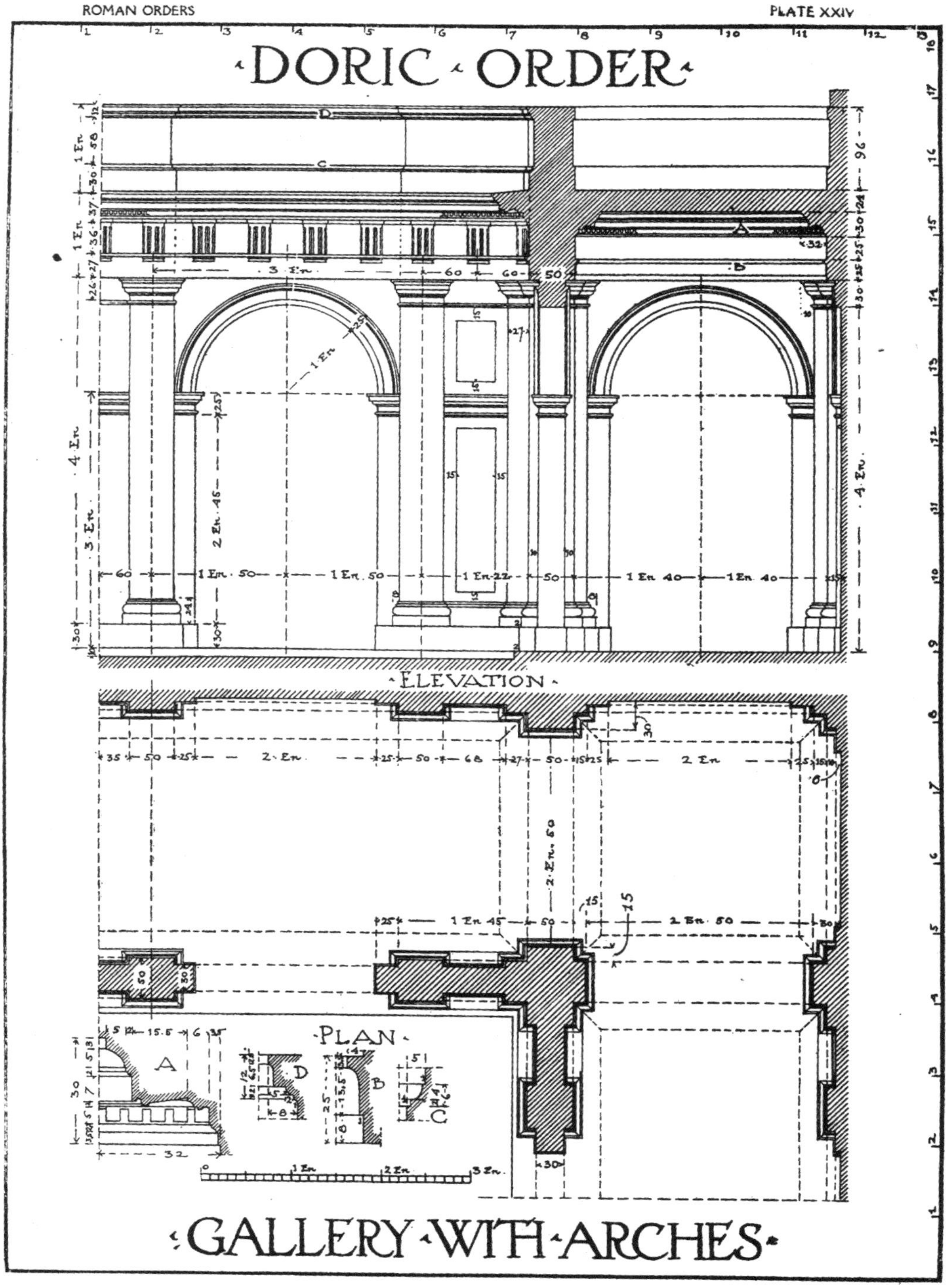

ROMAN ORDERS PLATE XXIV

DORIC ORDER

ELEVATION

PLAN

GALLERY WITH ARCHES

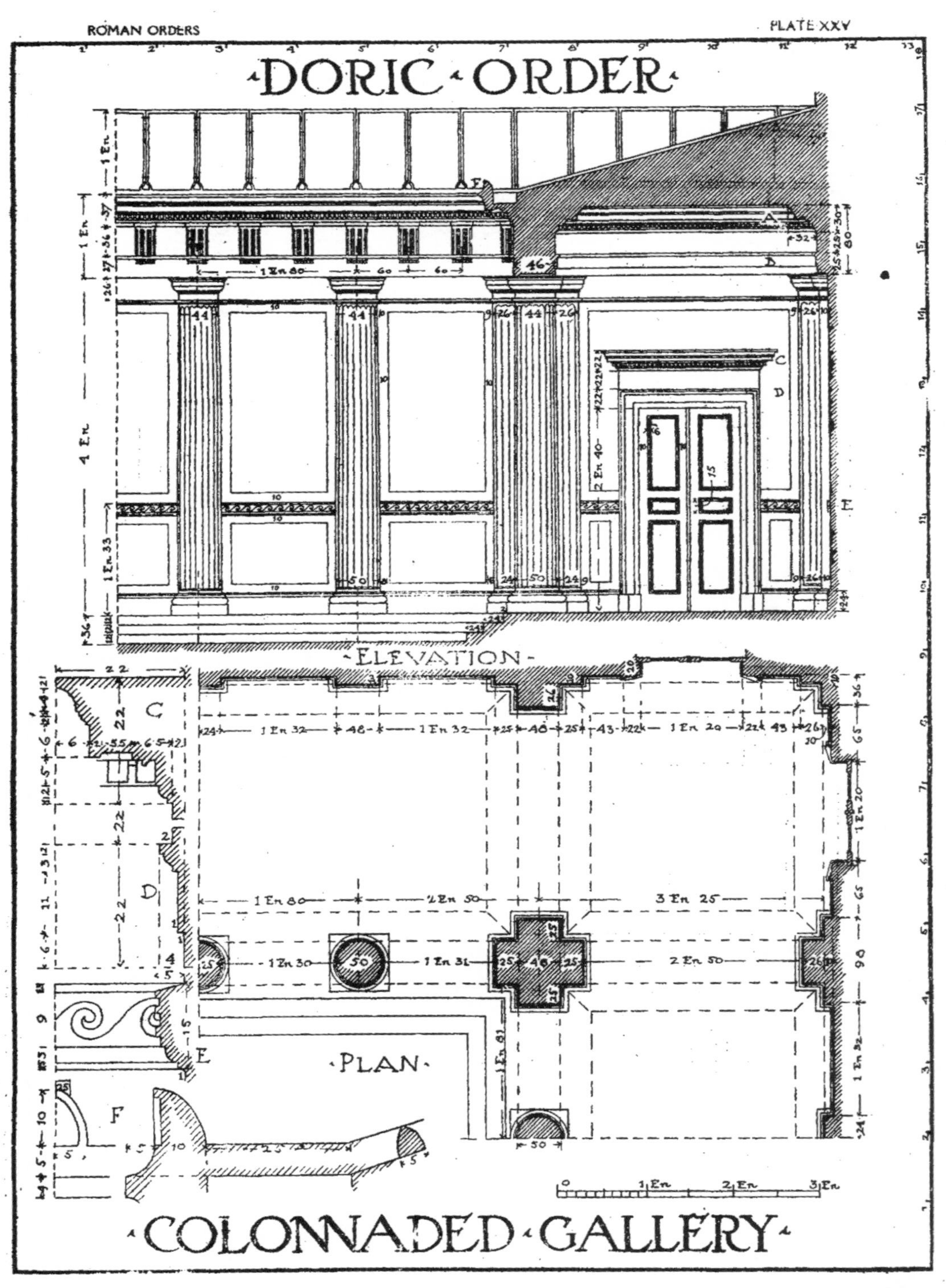
ROMAN ORDERS
PLATE XXV
DORIC ORDER
ELEVATION
PLAN
COLONNADED GALLERY

建築史（六）

杜彥耿譯

希臘建築（續）

九十四、城市 當希臘文化之幕已啟以前，盤踞於山麓之宮殿，不旋踵間一一改作廟宇，供置當地之神偶；香火由是鼎盛，而山下之市場，亦漸趨熱鬧。山上則全成爲宗教運動之總紐矣。離市廛不遠之海岸綫，亦有小漁村之集合，因之有如雅典之匹羅斯(Piraeus)（現爲希臘雅典區商工業所在之重要海口），柯蘭斯之里凱姆(Lechaeum)（希臘古城，位於柯蘭斯灣兩長城銜接之處），以及亞格斯(Argos)之南伯拉(Nauplia)（一七一五至一八三四年希臘之首都）。因種種關係，自海口至市區，有長城之建築，所以防敵人之侵襲也。

九十五、 雅典爲古城中最重要之一，亦可取作希臘古代文明之典型者。如四十一圖之岱宗(Acropolis)，爲雅典宗教之中心點，其地較下面之城市，高出二百尺至三百尺。城內有昂大之雅典神像，聖母殿(Parthenon)，英雄殿(Erechtheum)，殿外頭山門(Propylaea)等，建築美奐，允爲山海間之崇宏建築物，不論自海上或山下矚目，無不形成美觀之視綫。在岱宗城牆外面附近，復有酒歌劇院(Dionysus theatre)雲石建築之音樂廳(Odeum)，愛斯柯來布施廟(Temple of Aesculapius)以及其他有名之建築物。

在岱宗之西北有山名愛理斯(Ares)者，是爲戰神之山，山後更有一山，其巔供置希臘主神之壇。雅典人民，大都麕居於此諸山之山麓下，中有圓場，爲公共房屋之所在。岱宗之東爲全雅典運動

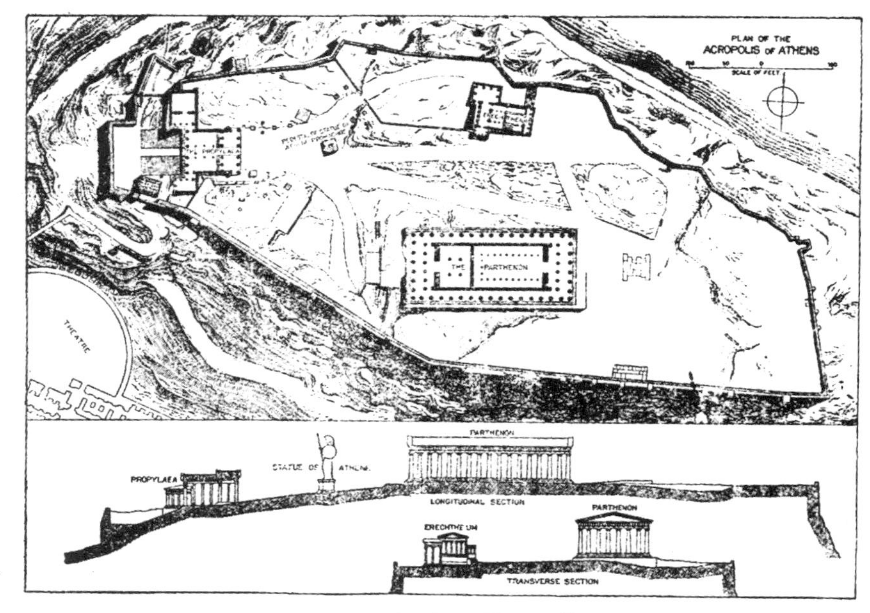

〔附圖四十一〕

場(Panathenaic stadium)，城牆北面外部爲雅典體育館，專科學校，音樂院及文藝講壇學院等。

此城於商業與社團既佔優越之地位，而其最主要之貿易市場，四週盡屬廊廡，並有雕像等之陳列，如陰曹之主及十二大神之畫像等。此間並有議院及愛普羅廟（Temple of Apollo）；廟之附近有雅典英傑之像，礅子之供當地政府曉貼告示，暨其他種種造像，廟宇，祈壇及紀念建築物等等，雖名爲貿易場所，亦可謂爲美術之展覽處。按據全市之普遍情形言，則城內街道殊爲狹隘，彎曲，黑暗，地無鋪築，房屋以木板釘成，或以未經燒煉之土磚築砌，長街兩旁之牆壁，咸屬實而不華；凡遇有街道較闊而整潔者，則必係富人之居宅在矣。

九十六、廟宇　希臘之廟宇，雖無一能與埃及最大廟宇之巨型建築相匹敵，但美術雕琢之純潔，各部支配之均勻與稱適，以及工作技藝之超越等，在在勝過埃及建築而有餘。

希臘廟之簡單者，內含一長方形之殿，曰 Naos or cella，殿中供設神像，殿外前面一楹廊曰 Pronaos，殿之後面附一小室，曰 Opisthodomos，藏置古物及法器者，最後爲後楹廊 Posticum；而廟之構築，即盡於此。

等邊方形之廟，其設計有以屋外廊柱數目爲之支配於屋之前後及左右，以定式例者：如(一)無柱式(Astyle)；(二)二柱式(In antis)，屋前置兩個柱子於兩半礅子之間；而此礅子係自殿之兩旁牆垣伸出，合抱形成屋前楹廊，見四十二圖(a)；(三)四柱式(Prostyle)，見四十二圖(b)；(四)兩向拜式(Amphi-prostyle)，寺院之前後，各有四根柱子者，見四十二圖(c)；(五)單列楹廊式(Peripteral)，廊柱一列，圍繞屋之前後左右，見四十二圖(d)；(六)雙列楹廊式(Dipteral)，廊柱雙列，圍繞屋之前後左右，見四十二圖(e)；(七)單列濶廊式(Pseudo-dipteral)，楹柱一列，圍繞屋之四週，而廊廡寬濶，見四十二圖(f)。

〔附圖四十二〕

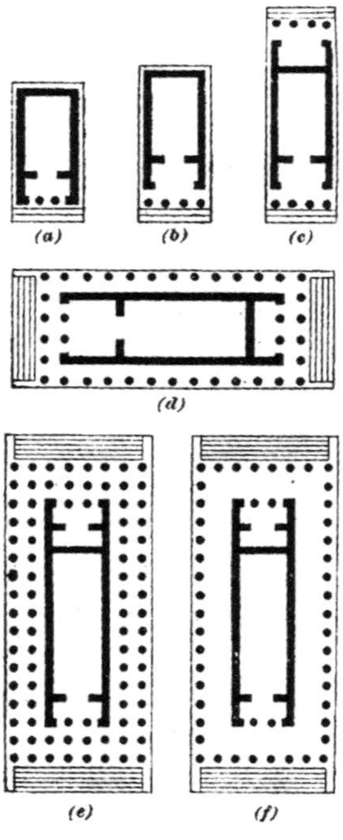

(a)　(b)　(c)　(d)　(e)　(f)

九十七、廟堂前後楹廊，有依柱子之多寡而特定專名者，計有四種：

一、四柱式(Tetrast;le)，四根柱子之排列於屋前者。

二、六柱式(Hexastyle)，六根柱子之排列於屋前者。

三、八柱式(Octastyle)，八根柱子之排列於屋前者。

四、十柱式(Decastyle)，十根柱子之排列於屋前者。

牆之兩端所列柱子一排，從不超過十根；若祇柱子兩根，則普通均置於屋之前面。根據希臘廟宇之建築成例，兩旁列柱較前柱或後柱之數加一倍，而多一根角柱。

柱子之在屋之兩邊者，均屬另數；而在前面或後面者，咸屬整數；如前面柱子祇四根，則兩邊無柱子；前後兩端各有柱子六或八根，則兩邊柱子連角上一根為十三或十七根。

九十八、圓形之廟，約可分為(a)柱子一列，繞成圓形，而柱巔蓋以台口，此外空無他物者，曰單列柱圓壇(Monopteral)；(b)圓形之殿，週繞列柱，附於牆壁。光線之透進殿內，方式殊多。如從兩柱之間透進，或無屋面之遮蓋，光自上頂射下；此種無屋頂——或有一部屋頂之廟，曰 Hypaethral。亦有小型之廟，光綫祇自門戶照入；其他有自屋頂天窗及屋之兩端窗戶透進者。

九十九、希臘廟宇之在文藝興盛時代，有一特徵；凡普通建築之綫，均係橫綫；而其時好用弧綫，而垂直之縱綫，亦喜用斜綫者，如聖母殿前之踏步，中間高而兩邊低者。試證之以例，則踏步中間高二寸六分，而兩邊為四寸三分。

希臘建築之規範

岱宗，劇院，住房及坟墓

一〇〇、有史以前亂石牆垣之斷片，得自希臘古建築之各部者，初不能明斷其準確之時期；而一方面欲求攷古之得有實據，自應規劃時代。遂定神話時期，若巨大之石塊，堆疊不用灰沙舖窩，如四十三圖，是為偉大工作(Cyclopean)之一，應劃入該時期。夫初領希臘者，原為亞洲漂來之水手，古文家稱之曰『理想初民』(Pelasgi)。求早期民族完整之建築物，則以梅西耐(Mycenae)之愛脫羅斯(Atreus)地窖——見四十四圖——為神話時期存留至今之最完全之建築物。

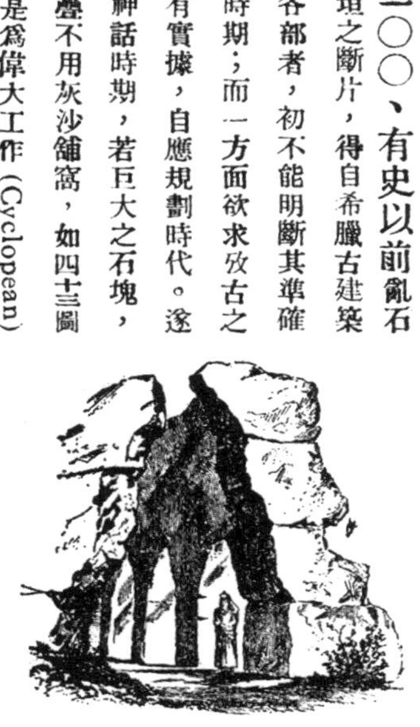

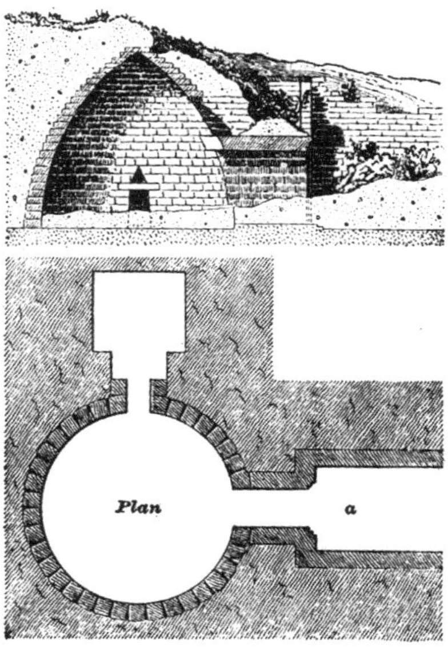

〔附圖四十三〕

Plan a

〔附圖四十四〕

此項建築物，由臆測而知為初期臨此之民族所建者。內含兩室，大而圓形者在外；入此圓形大室，必須經過寬濶之長衖，即圖中a字處。牆壁以長方形之石塊叠砌，殊為整齊。圓室之內部，如一巨大之石灰窰；而其結頂雖如拱圈，但其組砌實不合拱圈正式之方式。蓋其長方形之石塊，逐層叠砌，向外挑出，漸向結頂收縮。此石窖在希臘，為最古最完備而最大者；其他任何處所已經發掘者，咸不及此窖之偉大，計其直徑為四十八尺六寸，而其高度自平地以至結頂之最高點為四十五尺。

一〇一、岱宗　雅典建築之最足資研究者，厥為岱宗，如圖四十一之平面圖，與縱橫兩立面圖，以及第四十五圖之透視圖；圖示重行修建後之雄姿，頭山門外之石級，全用雲石舖置（圖中(a)字）；頭山門之建築式樣，採陶立克式，而用並蒂蓮雲石搆築，面濶一七〇尺，中間爲六柱式之楹廊，兩邊兩廂如b及c，式例與大屋相同，惟較小耳。頭山門之設計者，爲南寧克氏(Mnesicles)，建於紀元前四三七至四三二年。山門之左有小殿一座，名勝利殿（圖中d字）；山門之右爲四柱式建築之大好典型，見四十六圖。

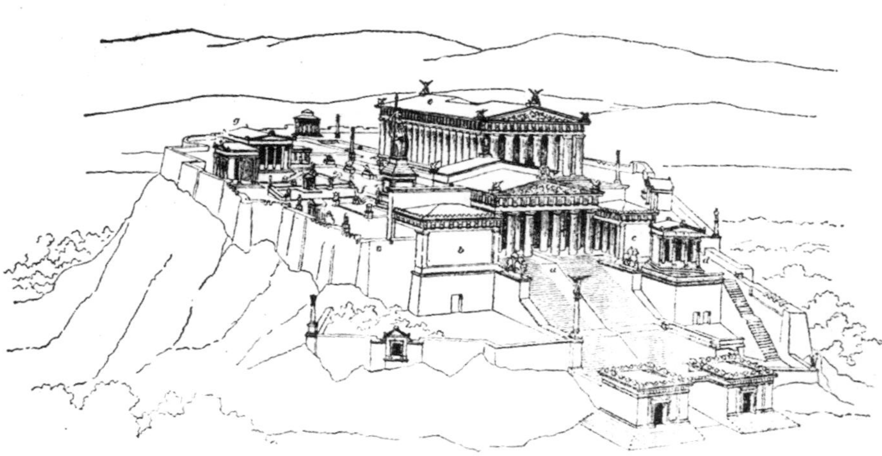

〔附圖四十五〕

〔附圖四十六〕

一〇二、立於山門之東南，倚山之巔，而奉爲古希臘建築之典型者，卽聖母殿是。該殿之建築，極盡美奐美輪之能事，爲古今人所稱道不置者（四十五圖e）。此有名之陶立克式廟，係八字式，見四十一圖。約建於紀元前四三八年，設計者爲伊克悌納斯(Ictinus)與凱理客臘次(Callicrates)二氏。四十七圖所示，係聖母殿現在之狀態。四十

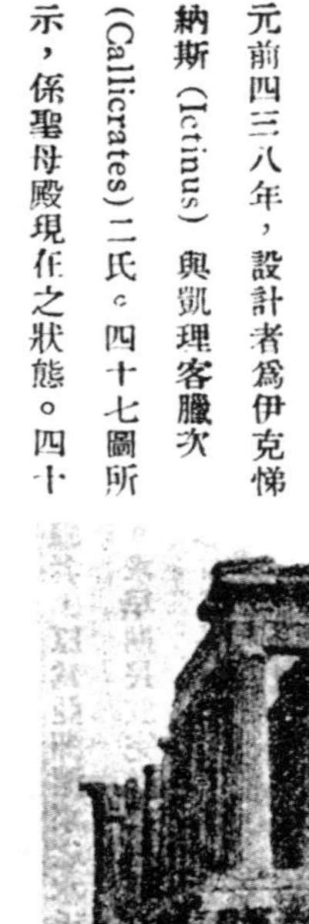

〔附圖四十七〕

八圖爲揣摩整理後煥然一新之氣象。廟長二二八尺，濶一〇一尺，高度自地至人字山頭之頂尖爲六十五尺。屋坐於坐盤之上或亦即三級踏步之礎基之上。柱之高自趾至頂計三十四尺，而直徑爲六尺。

〔附圖四十八〕

聖母殿內之東西兩廊廡，均有六根柱子。此廟之建築，無論其平面，抑其立面，莫不整齊雄偉。正殿深九十八尺，濶六十三尺，中立

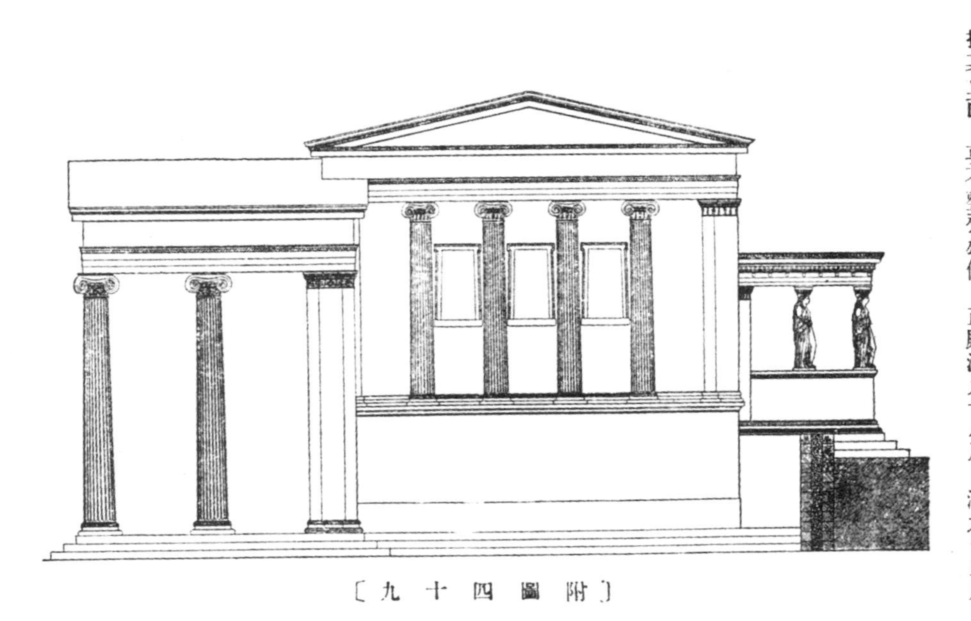

〔附圖四十九〕

一雅典聖母之巨像，高四十尺，殿後爲寶庫。殿及寶庫之內，均有柱子，或係支托木料屋頂而舖蓋雲石瓦者。惜此項屋面之材料，早已消失，雖覓取其他希臘古廟之尚存在者，亦已無屋頂足資攷證。更有一題，大有研究之價值者，卽大殿與寶庫中之光綫，如何使之透進？大殿之牆壁，其上部壁緣，均施雕刻，長五二四尺。此種雕刻，全出諸大雕刻家斐達 (Phidias) 及其助手之手；彼並雕刻人字山頭中之一簇人物及台口排框中之雕刻。

一〇三、圖四十五g之英雄殿，相傳爲披理葛兒 (Pericles) 時代所建，用代被波斯軍於紀元前四八〇年侵入雅典所燒燬者。殿之搆造，依照伊華尼式，位近岱宗北首圍牆，見四十一圖；殿分二部，見四十九圖立面圖；東部爲雅典當地神祠，西部連南北二端楹廊，爲賓特羅祠 (Pandroseum)。雅典當地神祠之入口楹廊，爲六根伊華尼式柱子組成；而賓特羅祠北面楹廊，係四根伊華尼式柱子，南北二端，每端柱子一根。南面楹廊，以四個婦女立像作爲柱子，是亦較諸普通典式，別創一格者。關於英雄殿之組合有二說：一如上述，僅雅典當地神祠與賓特羅祠二部；但亦有謂如五十圖爲面北之入口楹廊，五十一圖之大門，五十二圖之南面楹廊立面圖及五十三圖之婦女立像柱子圖。故內中實含三個部份，組成一個英雄殿者。

〔附圖五十〕

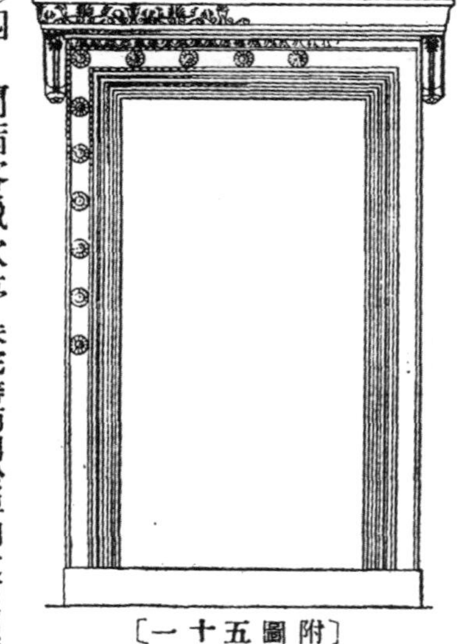

〔附圖五十一〕

一〇四、蘭茜客臘次亭 未完善而屬於早期之柯蘭新式花帽頭，見於伊華尼(Ionia)，梅爾都(Miletus)地方之愛普羅，台地幔寺(Temple of Apollo Didymaeus)。但已臻完善而至今猶完好之柯蘭新式花帽頭，獨以雅典之蘭茜客臘次亭 (Mounment of Lysicrates)爲最佳，見五十四圖。此小建築爲四方形之座a，圓形

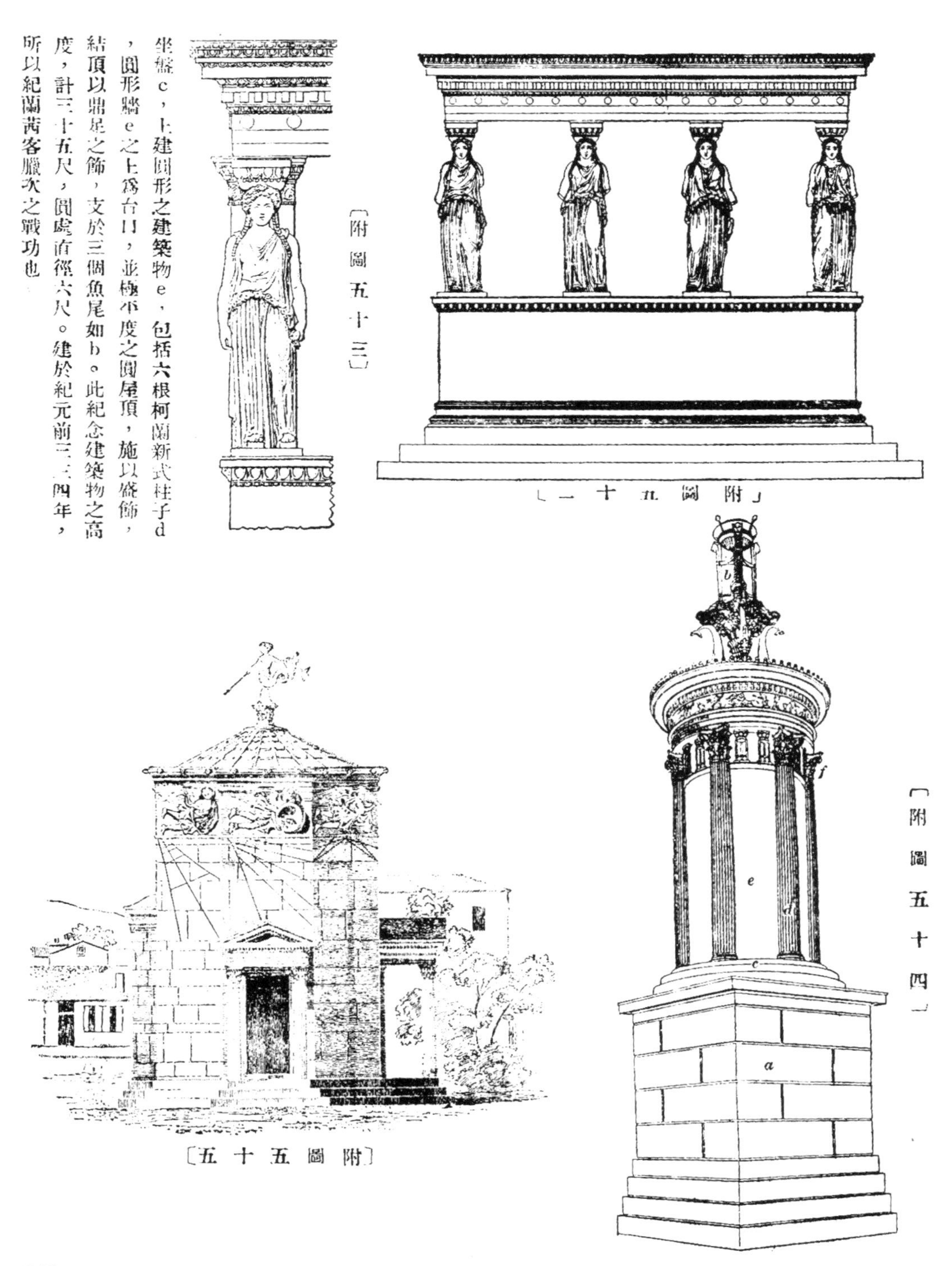

〔附圖五十一〕

〔附圖五十三〕

〔附圖五十四〕

〔附圖五十五〕

坐盤c，上建圓形之建築物e，包括六根柯蘭新式柱子d，圓形牆e之上爲台口，並極平度之圓屋頂，施以磁飾，結頂以鼎足之飾，支於三個魚尾如b。此紀念建築物之高度，計三十五尺，圓處直徑六尺。建於紀元前三三四年，所以紀蘭茜客臘次之戰功也

一〇五、風塔 歷史上有名之風塔，見五十五圖。該處曾爲雅典古時之小市鎮，而此塔爲全鎭觀測時計及氣候者。此塔之平面係八角形，附以兩個突出之挑台；有柯蘭新式之柱子，而無坐盤者。柱子之上爲台口及人字山頭。石刻水槽，以資水之滴漏計時（猶吾國古時之銅壺滴漏以計時），名爲水時計，至今仍能見之。結頂則冠以古銅之人首魚身海神之像，可隨風向而旋轉。日晷置於牆之上部，更上則爲淺浮雕人像，象徵風雹等義。此極饒興味之希臘古屋，建於紀元前之一世紀。

一〇六、劇院 巨大之希臘露天劇院，見五十六圖。此劇院初本包括兩部：曰圓形之舞台a，音樂台b，看台c。看台之平面多過半圓形，每級看臺逐步升高，係依照山之坡度開鑿山上之石而成者。希臘最初劇院，祇有歌唱，後始有戲劇；故於上述看臺及舞臺兩部之外，加出後台d及前台e，以資表演戲劇。台之高度，初不一致；而希臘之劇場面積殊大，其最者竟有六百尺之大。

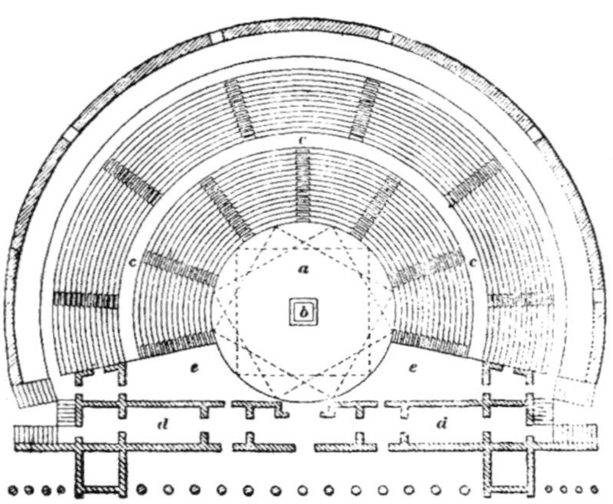

〔附圖五十六〕

一〇七、住屋 希臘住屋，分作兩部：一爲男子部(Andronities)，一即婦女部（Gynaikonities）。後者之室，居於屋之後背或樓上。第五十七圖係住屋之平面圖，所示大門之內a爲川堂，曰Prothyron，兩邊係看門之門房，臥房，工房或營業室b，天井之中央c壇上供設家神，天井之三面均有柱子排列，奴僕室及倉庫則設於天井之兩邊d，兩根半柱形成大門。進入客堂e曰Prostas，爲平時家人用膳之所。臥室f曰Thalamos，係主人之臥室，對面g爲主人女兒之臥室，經客堂腰門入後，係做工室，h曰Mesanlos，是爲女僕工作之室。更大之住屋，尚有第二重天井。希臘房屋之屋面，大都係平屋面，室中光線則自天井經門堂射進者，花園普通房屋之後，經中間h一室之後牆，闢一門戶，以資通行者。

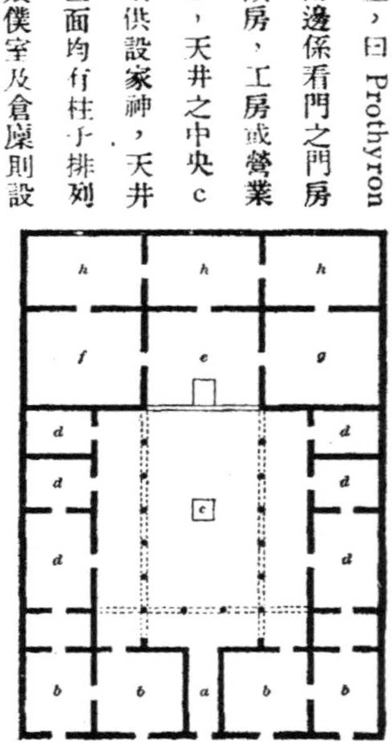

〔附圖五十七〕

一〇八、坟墓 雖希臘多數之普通坟墓，無甚建築價值足資研究；然希臘之殖民地凱拉(Caria)蘭薩(Lycia)等處，於紀元前三五二年，在海里卡納蘇斯(Halicarnasus)所建之紀念墓，殊足稱者，蓋建築既極偉大，允爲世界七奇之一。其勒脚長一百尺，濶八十尺，爲一座長方形建築之基礎；屋之四圍，繞以三十六根伊華尼式柱子，台口及踏步式逐步退收之金字塔狀屋頂。其壯麗之坟，即於此結頂，計高一四〇尺。此建築係凱拉之后，因紀念凱拉王默沙羅斯而建者。所有雕刻，盡爲希臘美術之結晶，現有一部份可於英國博物館中見之。

（希臘部份未完）

蘇俄之新建築

明琴

有西人卡德氏者 (Huntly Carter)，近遊蘇俄，對於其地之建築，頗多評述，特為迻譯如后。

蘇俄自經大革命後，建築之地位已演成特殊之形式。廣大之國土，中世紀式之建築，已一變而為二十世紀適合及推進新實業經濟社會制度生活之建築。偉大之建築，新型之城市，紛然並起，遍地皆是。古舊之城市，如莫斯科，克扶 (Kiev)，德弗列斯 (Tuflis) 等，現經改造，幾不可辨識。但有少數建築之寶藏，仍保留原狀，追憶舊有之文化及其衝突，並表現過去已死及消滅之政治，經濟及社會生活。

今日之建築，出現一種新的獨一性；利便與宏大先創造而退後。房屋之建築充分增加生產性與繁榮性，並謀經濟之恢復與滿足日常生活之迫切需要，以達於社會主義者共和國之目的。現時之建築方針，具有極大之企圖，各種特殊之建築，均能適合特殊社會之智能的與情感的需要。此均由蘇聯當不斷努力追求而得，如徵詢，研究，全國或國際集議，公開討論及取決。

建築原理之啓示

在莫斯科時，曾訪問蘇俄最著名最活動之建築師許緩甫氏 (Hr. A. V. Schussev)，藉以知悉新建築之計劃與原理，並續予注意古典式建築之理由。其建築之原理，可簡述如下：

建築必須表現蘇維埃主義之哲學與美學。

建築必須表現文化，智德與觀念。

建築必須在創造新社會中佔一重要之部份。

建築必須在羣衆之意志上留有創造與教導之效果。

建築必須助理掃除混亂紛爭而代以有秩序狀態。

基於上述之原理，故切實研究歷史上之大建築，以適合現時之社會與文化 許氏並云希臘及哥德時期之建築，及亨利八世之皇宮建築，係為適合新式商人階級之建築；並云其所主持之現在建築中之梅爾華戲院 (Meyerhold)，即應用前述之原理者也。

偉大戲院之興建

梅爾華戲院建於三舊建築之原址，即戲院院屋，訓練學校，及梅爾華有名之古代 Zon 戲院是。此院在凱旋廣場 (Triumphal Square) 佔有極優越之地位，處於林蔭公路與高爾基街之相交點，由政府斥資建造，需費二千五百萬羅布，足容觀衆二千三百人。興工於一九三四年五月，將於本年十月完成云。

戲院係為馬戲劇場之設計，座位之佈置均為斜傾，伶人當衆表現，觀者圍坐四週。有兩旋轉升降之戲台，一大一小，相互交換佈景，俾劇情不致中斷。有伶人梳裝室兩間，一在底層，一在其上。日本式之音樂隊，則在另一樓廂，其上則爲大規模之光線照射設計。各處均有播音器及放映電影之設備。並間將增設圖書館，閱覽室，博物館，屋頂花園，日光浴室及其他娛樂設備等，以期將戲院成爲公衆及文化之中心。建築全部均爲蘇維埃之產物，如石類，鋼筋混凝土，大理面石等，均由蘇維埃之專家及工人製造。此種工人在大革命前均在機器廠工作，現則爲建築師與工程師矣。

關心戲院與舞臺之進化者，對於該戲院之設計，明白啓示與已往之式樣有頗多相同之點。自最早之希臘時期及至最近之德國，均各有採取。院屋正面作Pompeiian狀。半浮彫則代表紅軍軍容，尚有其他古典式及近代式彫刻設計等。但據許氏云，並無傳統古典派之設計，亦無屬於意大利古典學派者；全院之建築，均爲最高現實主義及同時代建築之嘗試云。

裝飾之注重

已往之建築師，認爲房屋之功能與效用，與房屋之外表並重。現在政府對此加以否認，以爲房屋之裝飾極關重要，藉此足以提高文化之水準，發展大衆之愛美觀念，並使快樂之情感與建築相諧和。半浮彫代表梅豔華產物之情景者，係示社會主義者之現實主義，吾人視其裝飾，卽可覘知房屋之功能矣。

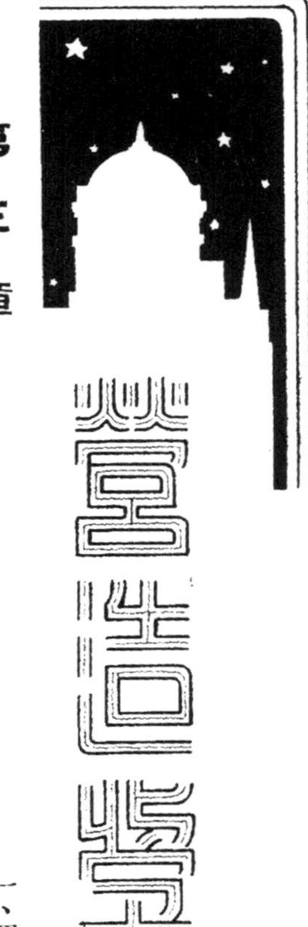

營造學（十一）

杜彥耿

第三章

第一節 石作工程

定義 石作工程者，係以石料建造房屋之一種技藝；然因工作之艱，費用之鉅，故石工每於出面部份做光，並使成整方，後背則用較小之石片填滿，或用甎砌襯。甎作工程與石作工程，其艱易之判分：前者係用整塊同樣大小之甎疊砌，故凡牽頭之鑲搭簡易，所費亦省；石工則不然，蓋石塊之採自石礦，其大小初不一致，倘欲與磚工之灰縫，同樣整齊劃一，以是工作艱鉅，所費亦不貲。惟有將大小石塊合湊成壁，則既美觀，復省事。但必須於事前慎思熟慮，方不致僨事；尤須注意者，如同一高度之牆，石牆必較甎牆為厚，因石塊不如甎塊之整一也。

石工雖不若甎作之簡易，因石塊面積較甎為大，故以之作巨塊突出之台口石鑿石柱，石壁，石梁等，無不雄偉壯觀，堅固耐久。

概要 石之用於建築者，以水成岩石為多；因其組合之關係，石有層夾，故若依石夾之勢流，破裂殊易；然其抵壓力則殊強。火成岩石之拉力與剪力薄弱者，其設置應如下述諸款：

一、用以抵抗壓力。

二、其頂面須與外來之壓力成直角，或近乎直角。

三、遇推力之來自側面時，應砌相當斜度，俾本身重量與推力之結合力，不致越出其支座中央三分之一以外，庶可無發生拉力之危險。（見二三四圖）

四、遇垂直之離心力（如支持大料之末端等），則其壓力重心，亦須在牆之中央三分之一以內，庶免牆垣發生拉力之弊。

石料建築 本身重 結合力 側面推力之重心 1/3 中央1/3 1/3

〔附圖二三四〕

五、台口石及挑出牆外之滴水石下口刻鑿線脚等石材之有石夾者，不可使之與牆面垂直；蓋石夾受上下兩牆之壓擠，即行斷碎，而挑出於牆外之部份，不免有墜落之危險。基上原因，石夾應置與牆成直角。（見二三五圖）

石作之術語　關於石作之各種術語及其解說，分列於下：

絕頂石　石之置於房屋最高部份，如山頭頂尖之石兩面瀉水者。如二三六圖。

門頭綫　在建築式例中之梁或過梁，如二三七圖，梁之跨越於兩柱之間，而梁之下口有綫脚盤繞者，是謂門頭綫；義與木門或木窗之有門頭綫盤繞於框之四週者同。

圈窩綫　圈石之面，刻有綫脚週繞全個圈拱者。如二三七圖。

欄杆　豎直之欄杆石起綫，或車圓並起綫者，如二三七圖。

坐盤　牆或柱子根際之礎盤。

層平面　石之每層平面直接受壓制者，其平面之舖砌，應極平坦。石工對於此點，每不使平坦，任其空隙，殊屬不合，因外口雖兩石叠接之縫口緊密，但內裏不實，以致重量之壓制不勻，而石之外口易於碰碎。

蓋頂石　一皮石頂蓋於台口石之上，如壓簷牆者，以資觀瞻，兼使牽壓台口之外傾。見圖二三八及二三九。

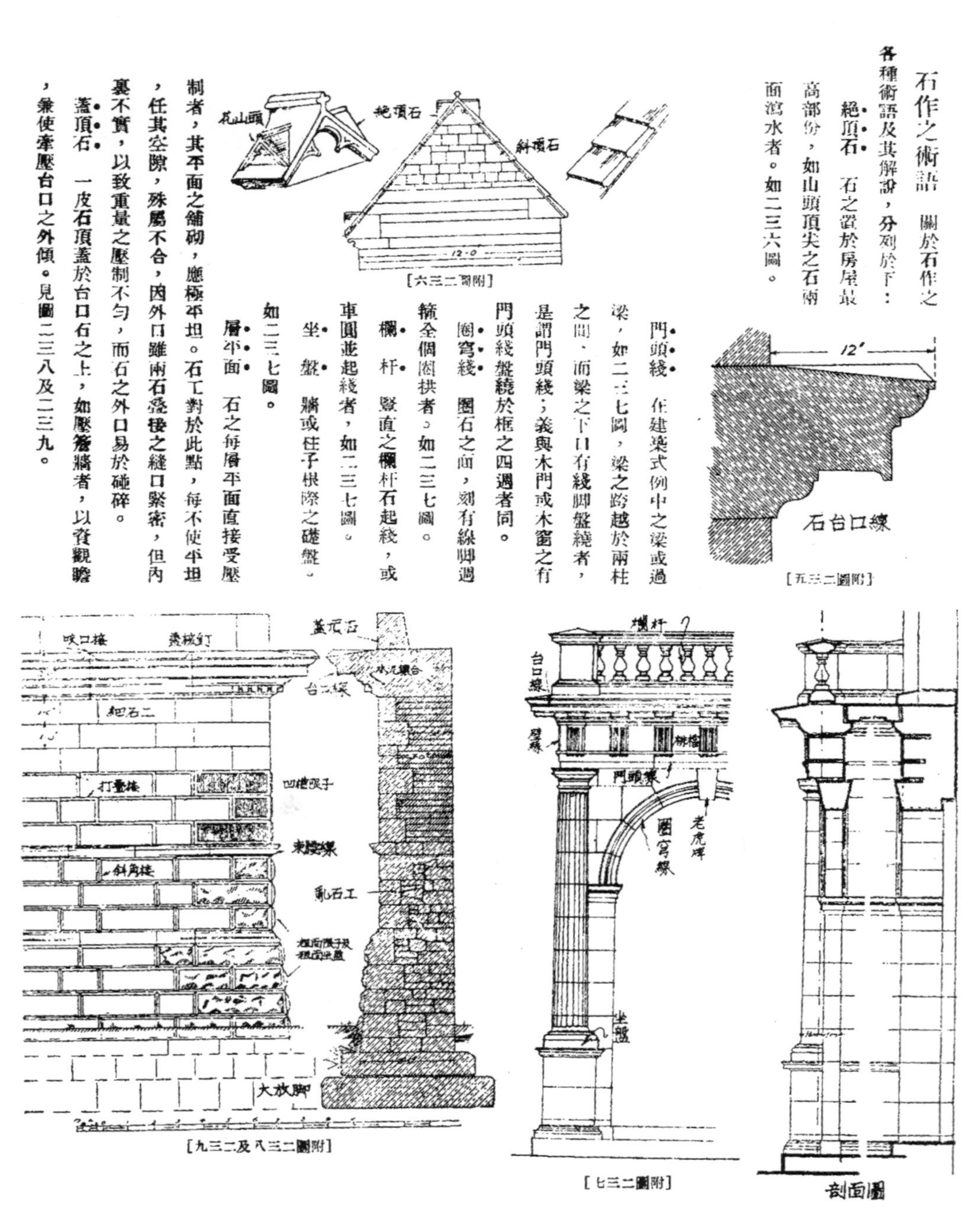

[附圖二三五]

[附圖二三六]

[附圖二三八及二三九]

[附圖二三七]

控石• 自牆面至牆背整塊之長石，砌於牆內，俾負控制者。如圖二四〇及二四一。

結飾• 三根以上刻綫脚之石條，其交叉點置一花飾，以遮掩交點之紛亂，並增美觀。如二四四圖。

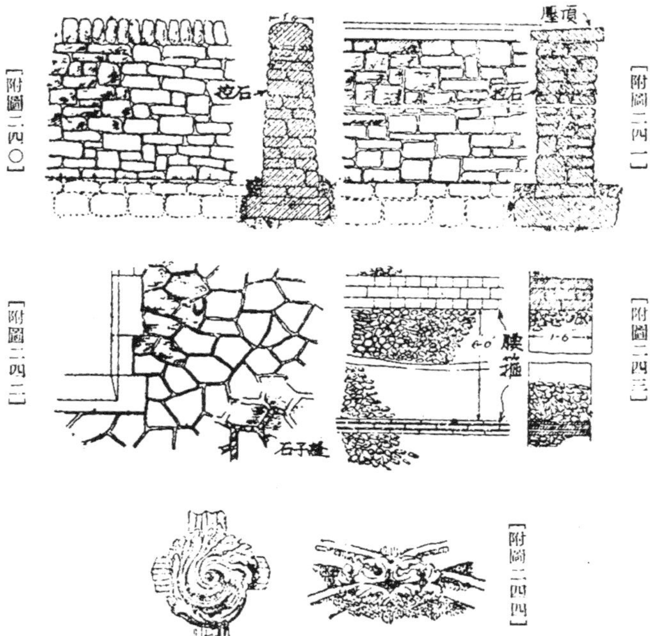

〔附圖二四一〕

〔附圖二四三〕

〔附圖二四四〕

〔附圖二四〇〕

〔附圖二四二〕

塔尖• 六角形之尖頂塔，座於四方平面之上，餘出四個三角地位，置四座塔尖。如二四五圖。

深平頂• 在室內或檻廊之浜子平頂，結構頗深，並有古典式之台口綫者。如二三七及二四九圖。

柱子• 一根圓形之墩子。如二三七圖。

花牛腿• 支托壓頂線或火斗面等之凸出物，而上施以花飾。如二五〇圖

壓頂• 居於最高部份之石工，背部可以瀉水，俾水不致由牆頂沿入室內牆垣，如二三六圖。壓頂之面平坦者，只可用之於斜坡之處，如山頭牆等處。二四一圖及二五三圖示壓頂之瀉水坡度。

挑頭• 石之自牆面挑出。用以支托上部建築物者。如二五八至二六〇圖。

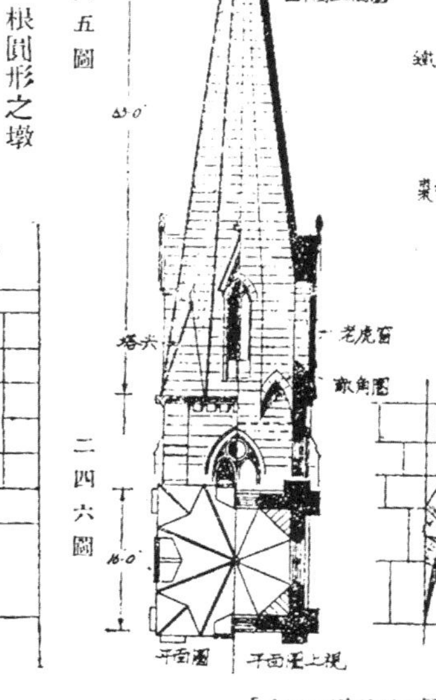

二四五圖

二四七圖

二四六圖

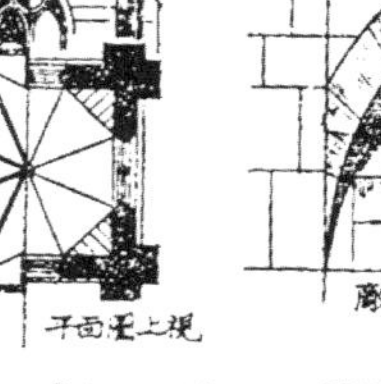

二四八圖

〔附圖二四五至二四八〕

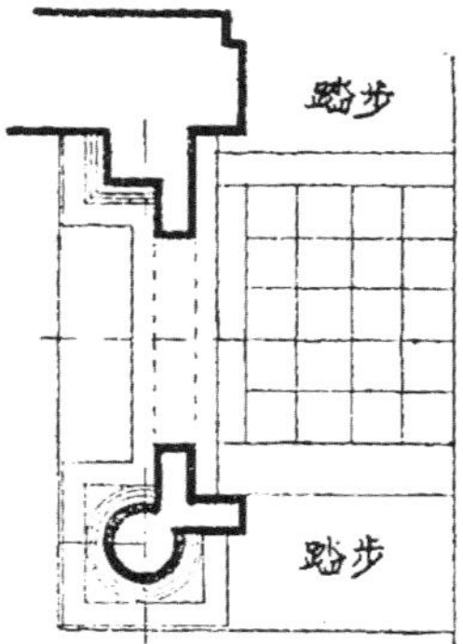

〔附圖二四九〕

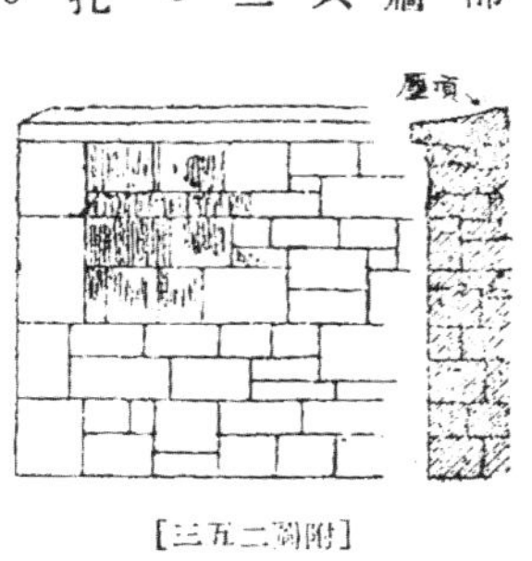
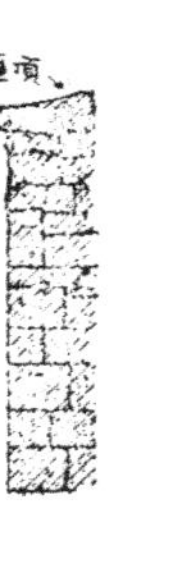
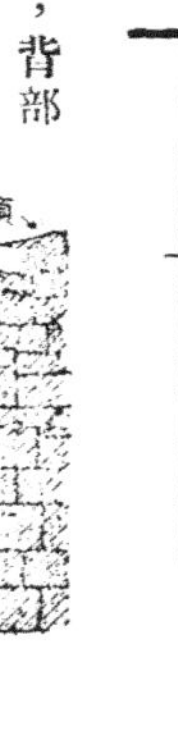

〔附圖二五三〕

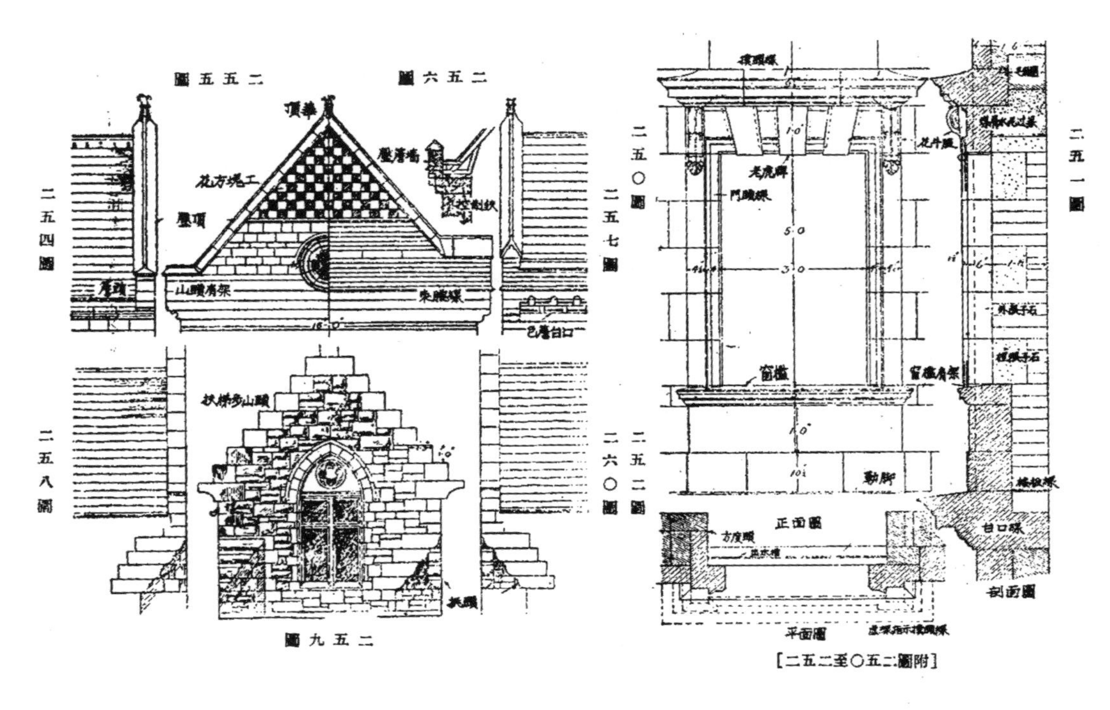

[附圖二五〇至二五二]

扶梯步山頭　山頭牆頂端之石如踏步式，而面微呈坡斜者。如二五八及二五九圖。

鞍牌石　山頭脚下挑出之石。如二三六圖。

包簷台口　簷際挑出之台口，俾以之承托壓簷牆者。如二五七圖。

台口線　一帶挑出之線脚，冠於牆之高部，如二三七圖，以便瀉雨水也。

錠筍　金屬之錠筍，以之連接兩石，使之合攏者。如二六一至二六五圖。

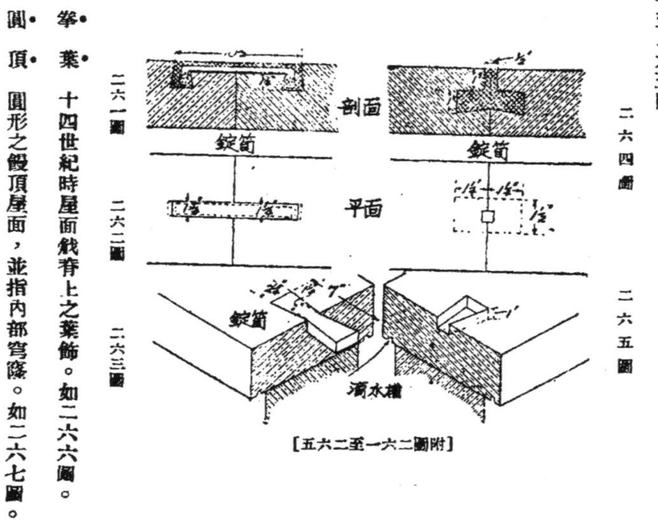

[附圖二六一至二六五]

拳葉　十四世紀時屋面戧脊上之葉飾。如二六六圖。

圓頂　圓形之饅頂屋面，並指內部穹窿。如二六七圖。

券葉

[附圖二六六]

圓頂

[附圖二六七]

花方塊工• 石工之組疊，形成各種花樣。如二五五圖。

圓　蓋• 屋面之頂形圓，如半個地球或近半個地球形者。

老虎窗• 窗之自屋面開闢者，如二四五圖。

鎚• 石面用斧鎚平之工作。

滴水石• 石之挑出於牆面之外，石面起線脚，下口鑿水落線者，以資水沿至下口，卽行滴去，不致沿及牆面。

台　口• 門頭線，壁緣及台口線組成之台口，根據古典作法，台口往往在楹廊之外。見二三七圖。

凸肚形• 柱子中段微形膨脹之狀。

頂　華• 絕頂石面之鎗頭狀花飾。如二五九及二五五圖。

大方脚• 意與磚作工程相同，蓋牆之根際較牆身為濶，俾資基礎鞏固。如二三八及二三九圖。

壁　緣• 在台口之中部，根據古典式，此間常有雕刻之設施。

花山頭• 三角形之山頭，稍加花飾者，如二三六圖之絕頂石

石子縫• 亂石牆之牆面，灰縫中嵌以細小之石卵子。如二四二圖。

滴　水• 獸狀之雕刻物，裝於簷口，雨水自獸嘴中滴出。如二六八圖。

圖二六九

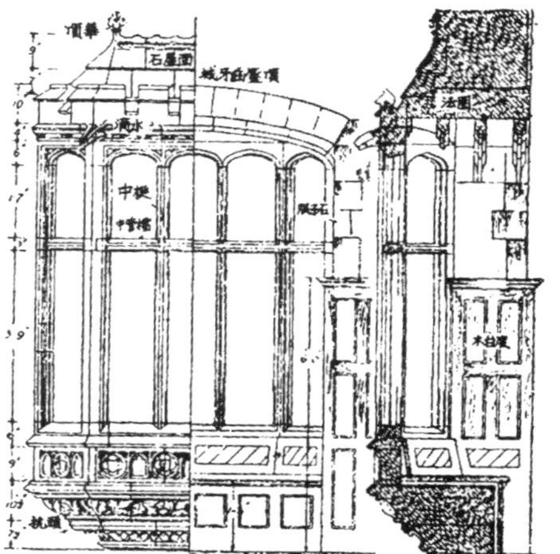

圖二七〇

圖二六八

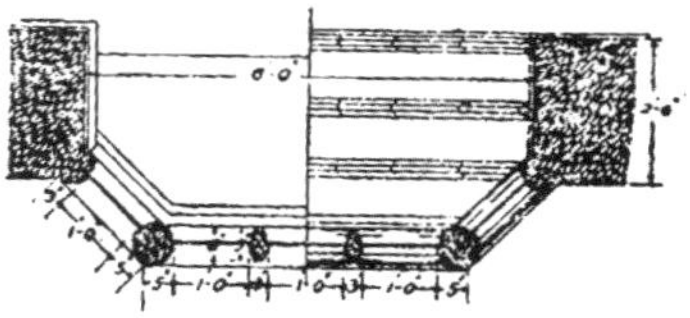

圖二七一

[附圖二六八至二七一]

薄　漿• 澆於石作牆垣縫隙中之灰沙薄漿。

繫　石• 石之濶度約佔牆之厚度四分之三，以之牽繫搭砌；設石之濶度與牆之厚度同，是為整塊之控石。

瀉水線• 橫於門堂或窗堂之上，俾雨水不致沿及門窗，而從石口滴去。如二七二及二七五圖。

擋頭石• 門或窗兩旁豎直之石條。見二七六至二八一圖。

斜頂石• 山頭石之三角形而長者，見二三六圖。

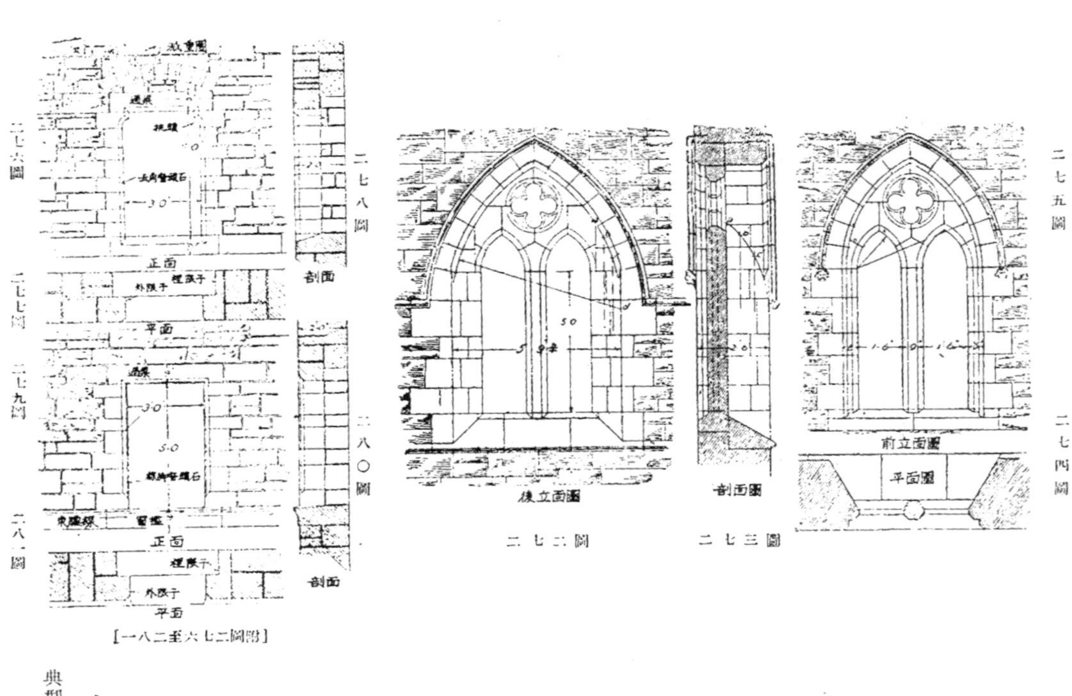

[附圖二七六至二八一]

出線・ 門窗左右及頂上凸出之塑形或滴水石。如二八二圖。

出線
[附圖二八二]

腰箍・ 小塊之亂石，以之疊砌牆垣，勢無牢頭之組搭，故間隔以大塊之石，或砌甎三四皮，以爲牽制，而增加牆之强固。如二四三圖。

過梁・ 跨越門或窗空之橫梁。

挑頭檔・ 中古時代軍事建築，用以承托挑出護堞牆之挑頭，或即牛腿之距離。

排檔・ 在排檔間之框子，如在陶立克式台口門頭線與台口線中間一帶排檔排框間隔之雕飾。如二三七圖。

囊頭・ 襯托於簷際台口下之小牛腿。如二八三圖。

台口線
囊頭
壁線
柱身

[附圖二八三]

線脚・ 起伏之線條，突出於建築物之外，俾資美觀，又循古典式之建築法度者。

古典式線脚 線脚之種類甚多，然其宗終不出希臘及羅馬之典型。茲將各種線脚，分別列後：

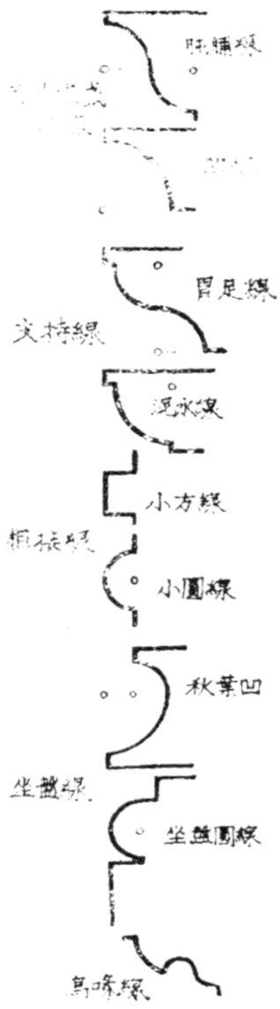

冒足線
泥水線
小方線
小圓線
秋葉凹
坐盤線
坐盤圓線
鳥喙線

二八四圖　二八五圖　二八六圖　二八七圖　二八八圖　二八九圖　二九〇圖　二九一圖　二九二圖

(一)小方線　爲一種狹小之方線，以之分劃一叢線脚，希臘與羅馬兼用之。如二八八圖。

(二)小圓線　半邊圓之小圓線，如二八九圖，用以連接線脚者；但其最著之用處，在分柱子之身幹與花帽頭之線脚。

(三)凹線　凹進之線，如二八五圖，根據希臘法式，其凹度爲橢圓形之四分之一；依據羅馬法式爲九十度之弧線。

(四)泥水線　此線脚依據希臘法式爲一段橢圓上下方線。羅馬式如二八七圖上下方線，中間圓線。

(五)肫脯線　係由兩重凹線幻成，希臘式爲兩個四分之一之橢圓線，上下口爲方線。羅馬式如二八四圖，一如上述：惟係兩個四分之一之圓線。此種線脚，最多用爲撲頭線，蓋頂線。

(六)冒足線　與肫脯線同樣由兩根凹線幻成；惟上下倒置，而凹線稍長，如二八六圖。

(七)秋葉凹　一根橢圓線，上下方線，如二九〇圖。

(八)坐盤圓線　一根半圓形之圓線，下端如鳥嘴之尖角，上口一方線，如二九一圖。

(九)鳥喙線　此線脚僅用之於希臘式，係以一根四分之一之橢圓形線，下端爲凹線，如二九二圖。

設計規劃一叢線脚之爲台口，束腰等線，須多加參攷，兼顧其地位之穪適，而決定底線，連接線，支托線及蓋頂線等用爲底線者；如坐盤圓線，秋葉凹線或倒置之肫脯線。或相似之線脚，俾底盤放大，而基礎穩固。

連接線　小方線及小圓線爲用於連接線之最著者。

承托線　泥水線，鳥喙線及肫脯線，均爲挑出之線脚，以之承托上部建築物之重量者。

蓋頂線　蓋頂線之上，絕無他物置於其上，如肫脯線，凹線等。

上述各項線脚之支配，初非不易之定例；設計者仍可參酌情形，加以變更也。

（待續）

中國建築展覽會會務彙誌

中國建築展覽會，茲定期於四月十二日起在上海市中心區博物館及航空協會新廈，分別舉行。本會亦承邀為團體發起人之一，茲將該會籌備經過及歷次會議紀錄等，分誌於下。

▲首次發起人會議

該會於二月二十八日下午七時，在八仙橋青年會九樓，舉行首次發起人會議。出席者有葉恭綽，黃伯樵，陸東蓀，顧蘭洲，張繼光，李錦沛，莊達卿，趙深，沈怡，梁思成，裘燮鈞，董大酉，吳秋繁，李大超，姚華蓀，陶桂林等三十餘人，由葉恭綽主席，陳端志紀錄。首由主席報告：略謂建築展覽會，原為建築界本身之任務，本人僅為發起之發起而已。年來國內建築事業，不可謂不發達，惟在建築工程上，對於社會文化，對於工商業，未見有若何巨大貢獻表現出來，此為社會需要太急，各人忙於自己業務，未遑籌思精研。去歲北平營造學社，曾擬以該社歷年研究所得，與上海各界聯合舉辦一建築展覽會，編以時間關係，未曾實現，現在擬趁市博物館未開幕前，即假該館館舍聯合各界，舉行一中國建築展覽會。至於如何進行？仍請諸位通力合作，共籌妥善辦法，尚希諸位多多發表。次討論㊀通過章程案，決議修正通過。㊁推舉職員名譽會長吳市長，名譽副會長曾養甫，沈怡，會長葉恭綽，副會長李錦沛，張效良，常務委員朱桂辛，莊達卿，陶桂林，趙深，李大超，湯景賢，董大酉，黃首民，杜彥耿，張繼光，裘燮鈞，姚華蓀，梁思成，劉士能，盧奉璋等十五人。徵集組主任關頌聲，副主任趙深，陳列組主任林徽因，副主任胡餐椿。宣傳組主任徐蔚南，副主任杜彥耿。事務組主任李大超，副主任陳端志，鄒師許，其他發起人均為委員。㊂由出席之發起人，再行徵求個人或團體加入發起人案，決議通過。㊃決定常務會議日期案，決議每星期五下午四時在青年會九樓舉行。至十時許始散。

▲章程

第一章 總則

第一條 本會定名為中國建築展覽會。

第二條 本會聯合本國建築師，材料商，及對於建築上有興趣之個人及團體，共同發起組織之。

第三條 本會徵集中國古今建築之模型，圖樣，材料，工具等，公開展覽，藉以表揚中國建築演化之象徵與偉大，並以引起社會上對於中國建築之認識與研究為宗旨。

第四條 本會設於上海市。

第二章 徵集

第五條 徵集範圍分：（一）模型，圖樣，（二）材料，（三）工具等三種，除由發起人各省搜集送會外，並向各界公開徵集。

第六條 徵集日期，自三月一日起至三月三十一日止。

第七條 關於運送出品之一切費用，概由出品人自理，其路途過遠，費用過大者，得由本會酌量補助之。

第三章　展覽

第八條　展覽地點假上海市博物館。

第九條　展覽日期，自四月九日起至十五日止，必要時得延長若干日。

第十條　陳列手續，先由本會估計出品所佔面積之多寡，通知出品人，自四月一日起開始布置；其有交通不便，出品人不能親自到會者，得於三月底以前預為聲明，由本會代為設計陳列。

第十一條　展覽終止後，仍由各出品人於三日內收拾退回；其有委託本會以陳列品捐贈其他機關者，本會亦可代為辦理。

第四章　經費

第十二條　本會經費，除酌收參觀券資外，由發起人認籌。

第十三條　本會經費不足時，得請政府或團體補助之。

第五章　職員

第十四條　本會設名譽會長一人，名譽副會長二人，會長一人，副會長二人，委員若干人，常務委員十五人，由發起人公推之。

第十五條　本會設徵集組主任一人，副主任一人，陳列組主任一人，副主任一人，宣傳組主任一人，副主任一人，事務組主任一人，副主任一人或二人，辦理會務。均由委員中互推之。

第十六條　本會視事務之繁簡，設幹事若干人，由會長指定之，必要時得商請市博物館，或其他機關調用職員。

第六章　會期

第十七條　本會發起人全體大會，於展覽前後各開一次，常務委員會，每週舉行一次，均由會長召集。

第七章　附則

第十八條　本章程經發起人會議通過之日施行。

▲第一次常委會

該會於三月六日下午四時，在八仙橋青年會九樓，召開首次常務委員會，出席者葉恭綽，黃首民，杜彥耿，湯景賢，陶桂林，董大酉，李大超，裘燮鈞，莊俊等十二人，由葉恭綽主席。首由主席報告進行各點。次即討論：㊀決定陳列品範圍案，決議以房屋為主，其他為副。㊁如何普遍徵求陳列品案，決議：除由本會分函各團體及個人徵求外，另託下列四團體設法徵集。甲•工程師學會，請裘委員燮鈞接洽。乙•建築師學會請趙委會深接洽。丙•建築協會請湯委員景賢接洽。丁•營造廠同業公會請張委員效良接洽。㊂決定經費概算，及籌措方法，除請市府撥助一千元，四團體分任一千二百元外，尚餘八百元，由發起人自由認捐。㊃擴大徵求發起人案，決議：除請四團體負責徵求外，全體常委及正副主任，皆為當然徵求員。㊄南京廣州天津四處出品如何徵求案，決議，由本會委託建築師學會代為徵求。六時許始散會。

▲第二次常委會

該會復於三月十三日下午四時，在青年會召開第二次常務委員會，討論各點如下：

(一)對於出品者應否給予紀念品案，決議：給予紀念狀，式樣由下次會議決定。(二)編輯紀念刊案，決議：交編輯組計劃後，分送各委員指正。(三)各大報出特刊案，決議：由編輯事務兩組辦理。(四)出品應送何處案，決議：逕送博物館收到時概出正式收據。(五)展覽日期應否改定案，決議：自四月十二日至十九日。(六)推定人員切實徵集工具案，決議：由杜彥耿，董大酉二先生向營造廠同業公會，建築協會，建築師學會接洽。

(七)陳列設計應否另推人員負責案，決議：由董大酉先生負責計劃。

▲第三次常委會

中國建築展覽會，於三月二十日下午四時，假八仙橋青年會召集第三次籌備會，到李大超，葉恭綽，陳端志，盧樹森，黃首民，鄭師許，徐蔚南，杜彥耿，莊俊，湯景賢，童雋等二十餘人，公推主席葉恭綽，紀錄陳端志，行禮如儀。首由主席報告上屆會議紀錄，及各方接洽經過情形，旋即開始討論提案，㈠在會期內舉辦關於建築上之學術演講，應如何計劃案，(議決)：地點假青年會，時間為下午五時至六時，推請盧樹森童雋負責主持。㈡規定陳列室租費案，(議決)全部面積約有五十餘室，每方一百二十平方尺，租費每間洋十元，由杜彥耿詳細計劃。㈢應否另請專員駐會辦公以便接洽事項，即由辦事處職員電話詢問各負責人員。㈣通過本會概算書草案，(議決)通過。㈤紀念刊物如何編輯案，(議決)由編輯組，向建築師學會及建築協會商議，提交下屆常會討論。㈥捐助本會經費，須於一星期內送交事務組案，(議決)通過，㈦以後外界接洽事項，規定每日下午五時至六時案。(議決)通過。議至五時許散會。

▲第四次常委會

中國建築展覽會籌備委員會，於三月二十七日下午四時假八仙橋青年會，開第四次常會，出席童雋，趙深，杜彥耿，盧樹森，董大酉，李大超，湯景賢，葉恭綽，裘燮鈞，徐蔚南，陳端志，李錦沛，黃首民，陶桂林，主席葉恭綽，行禮如儀。

報告事項：㈠陳列組已將陳列用具，屆工趕做。㈡編輯組擬將紀念刊單獨出版。㈢開幕日，申報及大晚報，擬出特刊，申報一大張，大晚報半張，已由事務組接洽，並定四月九日發稿。㈣材料商租地，已有二十三家。㈤出品方面，北平圖書館已運到，營造學社亦已起運，廣東方面，據杜委員來信，亦有出品，從海道運來。

討論事項：㈠徵集出品何日截止案，(議決)四月七日截止，登報公告。㈡董委員大酉，辭陳列組主任兼職案，(議決)慰留。㈢設計紀念章圖案，並規定質料及數量案，(議決)由董委員大酉設計，假定製二百枚。㈣規定門票價目案，(議決)除請柬優待券外，每張收費五分。㈤籌備開幕典禮案(議決由事務組辦理，函請公用局於會期中行駛專車，並減低票價，以利各界參觀案。(議決)推李大超委員辦理。㈦申報及大晚報均出特刊，並託本會供給材料案，(議決)由出席各委員，分別徵集，於九日前發交編輯組。㈧會場中可否代售關於建築之書籍照片案，(議決)可以代售，提取百分之十手續費，議畢，六時散會。

▲參加建築材料展覽室廠商一覽

該會除在博物館陳列建築圖樣模型等展覽品外，並在館之貼近航空協會新廈，另闢建築材料陳列室，徵求各建築材料廠商參加展覽。截止本刊付印時止，已經登記參加者，有下列數十家，極為踴躍云。

瑞昌銅鐵五金廠　泰山磚瓦公司　興業鑄鐵廠　中央鐵工廠　中國石公司　豐源行　公勤鐵廠　元豐公司　振華油漆公司　開山磚瓦公司　中國水泥公司　啟新洋灰公司　中國窰業公司　新和興鋼鐵廠　永固造漆公司　新中工程公司　華新磚瓦公司　益中福記瓷電公司　大東鋼窗公司　大中磚瓦公司　興業瓷磚公司　長城磚瓦公司　合作五金公司　新成鋼管廠　奚德記　全新陶磁廠　利用五金廠等

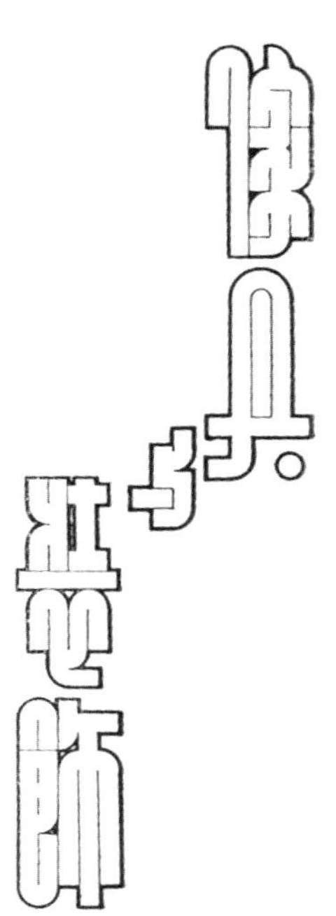

室中佈置，經濟便利，一如輪中頭等艙之臥室。桌面及書架均用厚玻璃鋪設，尤足引人注意！

此爲公寓中之一室。室中圓玻璃鏡表現室內之性質，並藉此令人有增大室中地位之觀念。兩邊各爲壁龕，光線自頂端浜子玻璃射入。佈置適宜，足資借鑑。

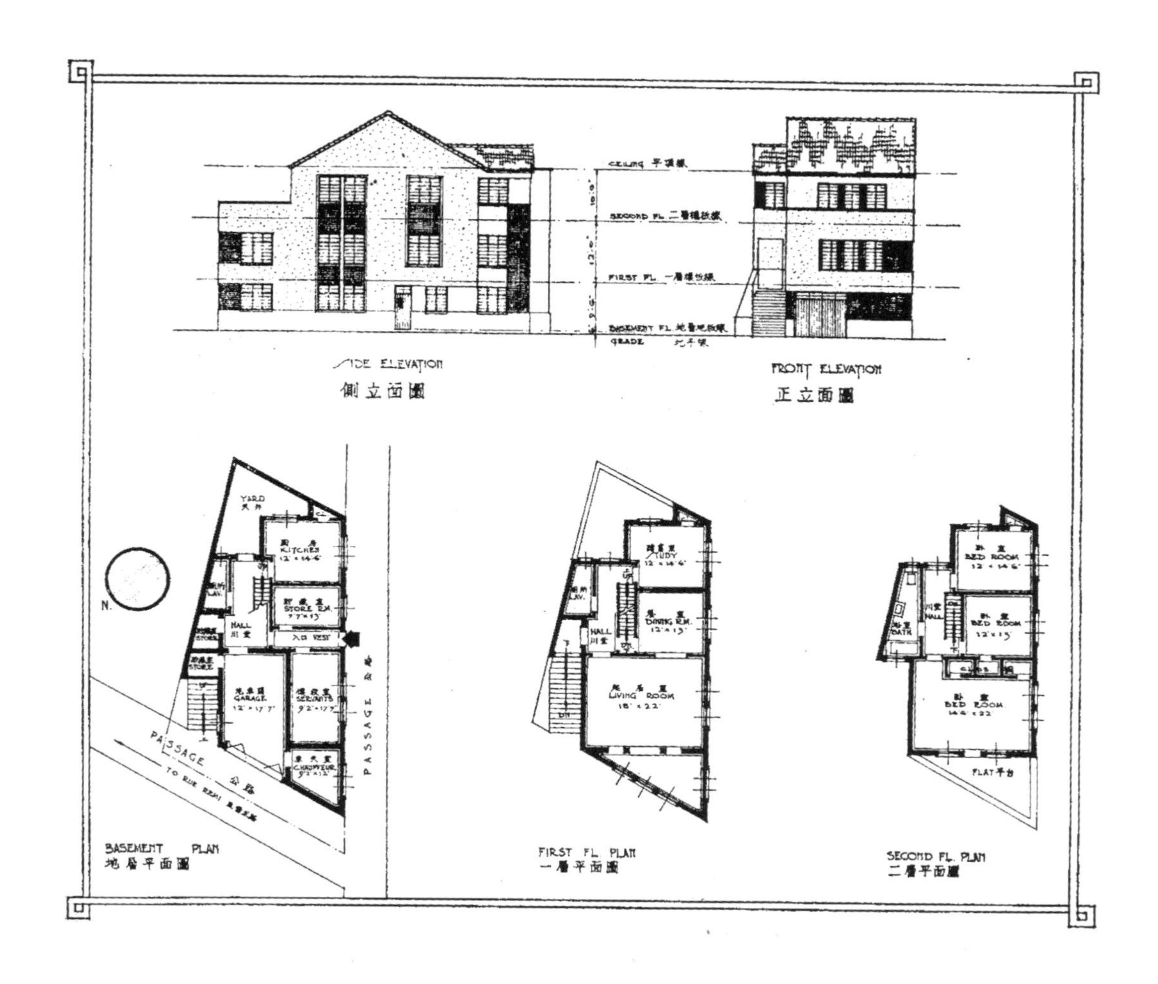

此所住宅佔地僅二分四厘五毫餘，分三層建築。地層內含廚房，汽車間，僕役室及貯藏室等。一層內有起居室，餐室及讀書室等。二層則有臥室三間，浴室一間，臥室中均有壁櫥。此屋佔地雖小，然諸室咸備，足敷中等家庭之居住。

上海市建築協會服務部設計

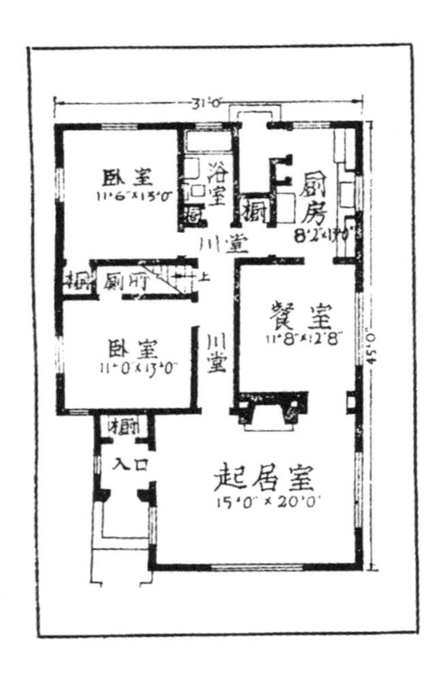

此屋係由西班牙式所改進及增飾，頗得大衆之歡迎。屋內住室廣大，光線充足，屋頂配合得宜，倍形悅目。灰粉牆，屋頂，廣濶之窗戶等，會集於前，大門入口美觀異常，使全部設計生色不少。

屋之內部，沿川堂爲衣櫥，起居室三面皆窗，壁爐附焉；貯藏室在氣樓內，可由川堂之扶梯直達。

△橫渡南昌牛行間之中正鐵橋，全部建築費二十八萬元，現兩岸橋基已竣工，全部年底可以完成。

△灤河大鐵橋橋梁工程，四月底可以完成。北甯改築榆關車站，由工務處負責，鋪道工程擬六月底完成；票房，水塔，旱橋，定年終竣事。

△浙贛路梁家渡鐵橋距南昌六十里，該地毘連公路，現經路局及公路處籌擬九十萬元，興工加寬橋面，下月完工後，即可通行汽車及行人。

△錢塘江大橋橋墩打樁工程及引橋鋼梁工程，現正積極進行，現鐵道部限令明年三月完成通車，故刻正嚴飭包商日夜趕工云。

△江蘇省建設廳現擬籌築丹句，青武，湖溧及金溧四線公路，俟省府核定經費，即行開工，約五月中可通車。

△蔣院長電省府，於千五百萬川省善後公債內撥五百萬修築川滇及雅安康定兩公路，公路局現已派工程師測勘內江至昆明段路線。

△成渝鐵路已決定年內開始建築。

△天津至塘沽之津塘汽車路，即興築土路，由兵工分兩端興工，限二旬完成。全路有水泥橋樑十六座，歸津市工務局負責建築。

△粵漢鐵路韶坪段業已於三月十七日正式通車。

△豫河局趕築蘭考，陳橋武陟等緊急工程。

△滬杭甬鐵路杭甬段曹娥江大橋，曾於民元建築鋼骨水泥橋墩一座，旋因歐戰中止，以迄於今。聞現所有應用材料及機器等，均已由鐵道部購料委員會次第運往，故已於昨日正式開工，限明年國慶以前完成。

△威海衛管理公署，修理劉公島碼頭，工程甚鉅，約五月底可完工。

△粵漢路擬展築黃埔支線。

△津濟間公路，魯省已完全竣工；冀省各段，已由省府令津靜滄三縣政府，負責徵工辦理。

△吾國幅員廣大，對於道路建設，雖年來經朝野人士之努力，頗有突飛猛進之勢。然據最近調查，全國僅有公路八萬四千餘公里；與總理建國方略規定，全國應築碎石路一百萬英里(合一百六十萬公里)，相差甚遠；尤以西南各省地處邊陲爲甚。當局知開發西南交通之重要，首先趕築湘黔公路，以期逐漸推進，現湘黔路已告完成，更續築黔滇公路，並整理川黔路之貴北段及湘黔路之貴東段。

△隴海路局建築之連雲港發電廠，現已完成。該廠之水塔與公事房，亦已於黃窰路邊興工建築，水塔高約數丈，係用鋼鐵水泥築成。聞該路局擬建水塔三座，其餘兩座，不久亦可開工。

△明清公路現已開工建築，路線將由明光延長至臨淮關云。

△崑山至太倉之崑太公路，業已完成，定四月一日通車。

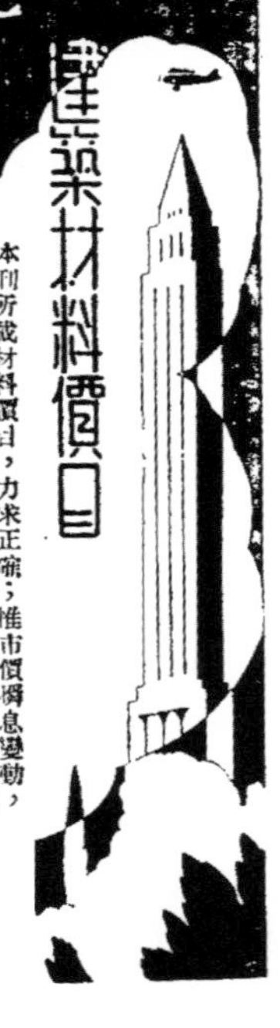

磚瓦

(一) 空心磚

十二寸方十寸六孔	每千洋二百十元
十二寸方九寸六孔	每千洋一百九十元
十二寸方八寸六孔	每千洋一百六十元
十二寸方六寸六孔	每千洋一百二十五元
十二寸方四寸四孔	每千洋八十元
十二寸方三寸三孔	每千洋六十五元
九寸二分方六寸六孔	每千洋六十五元
九寸二分方四寸半三孔	每千洋五十元
九寸二分方三寸三孔	每千洋四十元
四寸半方九寸二分四孔	每千洋三十二元
九寸二分四寸半三寸二孔	每千洋二十元
九寸三分‧四寸半‧二寸半‧二孔	每千洋十九元
九寸三分‧四寸半‧二寸‧二孔	每千洋十八元

(二) 八角式樓板空心磚

十二寸方八寸八角四孔	每千洋一百八十元
十二寸方六寸八角三孔	每千洋一百三十五元
十二寸方四寸八角三孔	每千洋九十元

(三) 深淺毛縫空心磚

十二寸方十寸六孔	每千洋二百二十五元
十二寸方八寸半六孔	每千洋一百八十九元
十二寸方八寸六孔	每千洋一百八十元
十二寸方六寸六孔	每千洋一百三十五元
十二寸方四寸四孔	每千洋九十元
十二寸方三寸三孔	每千洋七十二元
九寸三分方四寸半三孔	每千洋五十四元

(四) 實心磚

九寸四寸三分二寸半紅磚	每萬洋一百二十六元
八寸半四寸一分二寸半紅磚	每萬洋一百二十元
十寸‧五寸‧二寸紅磚	每萬洋一百十四元
九寸四寸三分二寸紅磚	每萬洋九十五元
九寸四寸三分二寸二分紅磚	每萬洋一百〇五元
九寸四寸三分二寸二分拉縫紅磚	每萬洋一百六十元
十寸五寸二寸青磚	每萬一百十九元
九寸四寸三分二寸青磚	每萬一百元
九寸四寸三分二寸二分青磚	每萬一百十元

(以上統係外力)

(五) 瓦

一號紅平瓦	每千洋五十五元
二號紅平瓦	每千洋五十元
三號紅平瓦	每千洋四十元
一號青平瓦	每千洋六十元
二號青平瓦	每千洋五十五元
三號青平瓦	每千洋四十五元
西班牙式紅瓦	每千洋四十五元
西班牙式青瓦	每千洋四十八元
英國式灣瓦	每千洋三十六元
古式元筒青瓦	每千洋六十元

(以上統係連力)

以上大中磚瓦公司出品

新三號青放	每萬洋五十三元
新三號老紅放	每萬洋六十三元

輕硬空心磚

		每塊重量
十二寸方十五寸四孔	每千洋二八八元	卅六磅
十二寸方十寸四孔	每千洋二三六元	廿六磅
十二寸方八寸二孔	每千洋一七七元	十九磅半
十二寸方六寸二孔	每千洋一三三元	十七磅
十二寸方四寸二孔	每千洋八十九元	十四磅

十二寸方三寸二孔	每千洋七十元	十二磅半
九寸三分方八寸二孔	每千洋九十三元	十二磅
九寸三分方六寸二孔	每千洋七十元	九磅半
九寸三分方四寸半二孔	每千洋五十四元	八磅三五
九寸三分方三寸二孔	每千洋五十元	七磅三五

硬磚

二寸三分四寸五分九寸半	每萬洋一〇五元	六磅
二寸三分四寸一分八寸半	每萬洋八十五元	四磅半

以上長城磚瓦公司出品

鋼條

四十尺四分普通花色	每噸一四〇元
四十尺五分普通花色	每噸一二六元
四十尺六分普通花色	每噸一三二元
四十尺七分普通花色	每噸一三六元
四十尺一寸普通花色	每噸一三六元
盤圓絲	每市擔六元六角

泥灰石子

象牌水泥	每桶洋六元三角
泰山水泥	每桶洋五元七角
馬牌水泥	每桶洋六元五元
拔灰	每擔洋一元二角
黃沙	每噸洋三元
石子	每噸洋三元半

木材

洋松 八尺至卅二尺再長照加	每千尺洋九十五元
一寸洋松	每千尺洋九十七元
寸半洋松	每千尺洋九十八元
洋松二寸光板	每千尺洋八十一元
四尺洋松條子	每萬根洋一百六十五元
一寸四寸洋松一號企口板	每千尺洋一百〇五元
一寸四寸洋松副頭號企口板	每千尺洋九十五元
一寸四寸洋松二號企口板	每千尺洋八十五元
一寸六寸洋松一號企口板	每千尺洋一百十五元
一寸六寸洋松副頭號企口板	每千尺洋一百元
一寸六寸洋松二號企口板	每千尺洋九十元
一二五四寸洋松一號企口板	每千尺洋一百五十元
一二五四寸洋松二號企口板	每千尺洋無市
一二五六寸洋松一號企口板	每千尺洋一百六十元
一二五六寸洋松二號企口板	每千尺洋無市
柚木(頭號)僧帽牌	每千尺洋六百元
柚木(甲種)龍牌	每千尺洋五百三十元
柚木(乙種)龍牌	每千尺洋五百元
柚木(旗牌)	每千尺洋四百三十元
柚木(盾牌)	每千尺洋四百八十元
硬木	每千尺洋一百六十元
硬木(火介方)	每千尺洋一百五十五元
柳安	每千尺洋一百八十元
紅板	每千尺洋一百三十五元
抄板	每千尺洋一百五十五元
十二尺六八皖松 三寸	每千尺洋五十六元
十二尺二寸皖松	每千尺洋五十六元
一二五四寸柳安企口板	每千尺洋一百八十五元
一寸六寸柳安企口板	每千尺洋一百八十五元
一二五四寸企口紅板	每千尺洋一百四十六元
二寸一半建松片	市尺每千尺洋五十二元
九尺四分建松板	市尺每丈洋三元六角
九尺八分建松板	市尺每丈洋六元五角
六尺半五分青山板	市尺每丈洋三元

本松毛板	市尺每塊洋二角四分
本松企口板	市尺每塊洋二角六分
六尺半二分杭松板	市尺每丈洋一元七角
七尺半二分甌松板	市尺每丈洋一元七角
六尺半八分皖松板	市尺每丈洋四元二角
九尺八分皖松板	市尺每丈洋五元二角
六尺半五分皖松板	市尺每丈洋三元六角
台松板	市尺每丈洋三元
七尺半四分坦戶板	市尺每丈洋二元二角
七尺半三分坦戶板	市尺每丈洋二元
六尺二分機鋸紅柳板	市尺每丈洋三元三角
六尺三分毛邊紅柳板	市尺每丈洋三元三角
六尺二分俄松板	市尺每丈洋二元
六尺半二分俄松板	市尺每丈洋二元二角
七尺半毛邊二分坦戶板	市尺每丈洋一元四角
六尺半五分機介杭松	市尺每丈洋三元三角
白松方	每千尺洋九十元
紅松方	每千尺洋一百十元
麻栗方	每千洋一百三十元
啞克方	每千洋一百三十元

五金

(一) 釘

美方釘	每桶洋二十元〇九分
平頭釘	每桶洋二十元八角
中國貨元釘	每桶洋六元五角

(二) 牛毛毡

五方紙牛毛毡		每捲洋二元八角
半號牛毛毡	(馬牌)	每捲洋二元八角
一號牛毛毡	(馬牌)	每捲洋三元九角
二號牛毛毡	(馬牌)	每捲洋五元一角
三號牛毛毡	(馬牌)	每捲洋七元

(三) 其他

鋼絲網	(27"×96" 2¼lbs.)	每方洋四元
鋼版網	(8"×12" 六分一寸半眼)	每張洋卅四元
水落鐵	(每根長二十尺)	每千尺五十五元
牆角線	(每根長十二尺)	每千尺九十五元
踏步鐵	(每根長十尺或十二尺)	每千尺五十五元
鉛絲布	(闊三尺長百尺)	每捲二十三元
綠鉛紗	(同上)	每捲洋十七元
銅絲布	(同上)	每捲四十元

水木作工價

木作	(包工連飯)	每工洋六角三分
水作	(同上)	每工洋六角
水木作	(點工連飯)	每工洋八角五分

內政部登記證警字第二五五四號

建築月刊

THE BUILDER

中華郵政特准掛號認為新聞紙類

第四卷 第二號

民國二十五年二月發行

廣告刊例

Advertising Rates Per Issue

地位 Position	全面 Full Page	半面 Half Page	四分之一 One Quarter
底封面外面 Outside back cover.	七十五元 $75.00		
封面及底面之裏面 Inside front & back cover	六十元 $60.00	三十五元 $35.00	
封面裏面及底面裏面之對面 Opposite of inside front & back cover.	五十元 $50.00	三十元 $30.00	
普通地位 Ordinary page	四十五元 $45.00	三十元 $30.00	二十元 $20.00

小廣告 每期每格 三寸半闊洋四元 一寸高
Classified Advertisements － $4.00 per column

廣告概用白紙黑墨印刷，倘須彩色，價目另議；鑄版彫刻，費用另加。

Designs, blocks to be charged extra.
Advertisements inserted in two or more colors to be charged extra.

刊務委員 竺泉通 陳松齡 江長庚

主編 杜彥耿

廣告 藍克生 (A. O. Lacson)

發行 上海市建築協會 南京路大陸商場六二〇號 電話 九二〇〇九號

印刷 新光印書館 上海聖母院路聖達里三一號 電話 七四六三五號

定價

每月一冊 全年十二冊

訂購辦法	價目	郵費 本埠	郵費 外埠及日本	郵費 香港澳門	郵費 國外
零售	五角	二分	五分	一角八分	三角
預定全年	五元	二角四分	六角	二元一角六分	三元六角

中國近代建築史料匯編（第一輯）

建築月刊

第四卷　第三期

刊月築建
VOL. 4
NO. 3
卷四第
期三第
光華大學
出品項目
各色琉璃瓦，西班牙瓦，紅缸磚，以及火磚，釉面或無釉面，面磚，釉面短磚，地磚等．所有出品，均儲大批存貨，以備各界採用，如需定製各色異樣，亦可照辦・
樣品及價目單，函索即寄・
電話 一九九二五號
CATHAY TILE WORKS CO.
OFFICE NO. 210 KIUKIANG RD. TEL. 19925

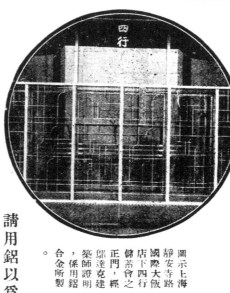

ELGIN AVENUE BRITISH CONCESSION
TIENTSIN
SURFACED WITH K.M.A. PAVING BRICKS

馥記營造廠

總事務所 電話 一七三三六 一七三三七
上海四川路三三號
電報掛號一五二七

分事務所 南昌勵志社
南京 馥記大樓
南京 陶園新村

總廠 上海戈登路三五五號

分廠 重慶新街口
河南 重慶 九江
廣州 杭州 青島
南京 貴溪 鎮江
邵伯 淮陰 劉澗 等處

第二堆棧 上海閘北廣林街
上海浦東慶甯寺

分事務所分廠電報掛號七四五〇

本廠承造各埠建築達數十處都千萬餘金略舉如下備資參考

本埠工程

公和祥碼頭及棧房……浦東
交通大學工程館……徐家匯
四行念二層大樓……跑馬廳
西式住宅市房……梅白格路
儉德儲蓄會……福生路
上海牛皮廠……白利南路
義泰興碼頭……浦東董家渡
公和祥碼頭……兆豐路
寶隆醫院……白克路
公共宿舍……聖母院路
七層公寓……國富門路
七層公寓……海格路
中華碼頭……浦東周家渡
劉公館……亞爾培路
大新百貨公司……南京路

外埠工程

總理陵墓第三部工程……南京
陣亡將士公墓全部……南京
財政部辦公處……南京
中山紀念堂……廣州
宋部長官邸……南京
新村合作社……南京
美領事署……廈門
中國銀行……南京
海軍船塢……青島
浙江大學……杭州
導淮船閘……邵伯—淮陰—劉澗
航空學校……南昌
兵工分廠……黎縣
美豐銀行……重慶
浙贛路貴溪橋……貴溪
中正橋……南昌

本會贈閱『聯樑算式』啓事

本會建築叢書之一胡宏堯建築工程師所著「聯樑算式」一書，現已出版，開始發售；目錄內容，詳見本期廣告。茲爲促進讀者興趣，接受外界　卓見起見，特將該書提撥十册，分贈本刊讀者，作爲準備批評該書之參考。茲將應徵辦法，規定如左：

一、凡屬建築月刊讀者，自問對於聯樑算式之學理及應用，確有研究，深具心得者，均得依照規定，投函應徵。（該書目錄詳見本期廣告）

二、應徵者應具函蓋章，將姓名，籍貫，學歷，經歷，及詳細地址等，逐一明白書就。本會接函後，當交出版委員會審查，如認爲合格，即將該書掛號寄奉。（來函應書明「應徵」字樣）

三、應徵者錄取人數，以十名爲限。同時本會當將合格者名單，在建築月刊公佈徵信。

四、應徵合格者，在接得該書後，應於一個月內（以本會寄書之日起算）將批評該書之意見，掛號寄至本會。文末並請署名蓋章，以便核對。

五、投寄之意見，須作實際的探討與客觀的批評，不宜爲抽象的敍述或其他敷衍之評語。

六、投寄之意見，由本會出版委員會與該書原著者共同審閱後，擇尤在建築月刊發表外，並酌給酬金及獎品。

七、應徵者合格與否，本會自有選擇之權，凡不合格者，恕不奉覆。

八、應徵期限，本埠本年六月十五日截止，外埠六月三十日截止。

THE CHINA UNIVERSAL SERVICE

Read this: 378 PEKING ROAD TEL. 95277 SHANGHAI, CHINA.

> Whatever your job is, there are books whose subjects cover your work. We advise every normal person to seek such books, buy them, and read them. Why spend five years gaining experience when, by the purchase of a book, you can learn what the experience of others has been?"

Are you in a rut?

Dissatisfied with job?

Keep the following Books!

For Every Engineer and Building Contractor. Reserve early.

ARCHITECTURAL CONSTRUCTION

Pages 2055, Size 9x11½, Edition Latest, Price $ 51.10

Voss-Henry:—ARCHITECTURAL CONSTRUCTION. VOLUME I.

An analysis of the design and construction of American Buildings based upon the actual Working Documents of Recent Examples.

A book that meets the needs of practicing architects, draughtsmen, and students of architecture for a complete working analysis of Modern American Methods of Construction. All types of construction, from the simplest suburban structure of wood to the more complex fire-resistant construction of our large cities have been fully illustrated and described. The work includes complete working documents of executed buildings, photographic records of results accomplished with original drawings, details and specification.

Voss-Henry:—ARCHITECTURAL CONSTRUCTION. VOLUME II, BOOK 1.

Analysis of the Theory and Practice of Structural Engineering. Dealing with the principles and the portion of structural design which relate exclusively to wood construction, it is divided into five parts as follows:

Design of Beams, Design of Floor Construction, Design of Roof Construction, Design of Columns, and Miscellaneous Framing.

Voss-Henry:—ARCHITECTURAL CONSTRUCTION. VOLUME II, BOOK 2.

This subdivision of Volume Two, called Book Two, deals with the principles and practice of design and detail in structural steel. It it assumed that that the reader has a working knowledge of structural mechanics. Many other materials, necessary in the steel frame, are of necessity included and are discussed from the point of view of load delivery in as practical a way as possible. This book, then, deals primarily with the problems which confront the designer of buildings which are framed essentially with structural steel.

	原版書價	翻版定價	預約價目
Architectural Construction Volume I	$ 70.00	$ 28.00	$ 16.80
" " " II Vol II-Book 1.	22.75	9.10	5.46
" " " " 2.	35.00	14.00	8.40
	$ 127.75	$ 51.10	$ 30.66

外埠另加掛號寄費一元二角

敬啓者上列一書久已名聞世界爲建築師，土木工程師，營造人員，公路建設人員及鐵路工程人員不可缺少之參考書惟原版書價昂貴異常普通人往往無力購置以致影響事業前途實非淺鮮敝社爲服務起見用將該書全部翻印廉價徵求預約預約期廿五年五月底截止此書第一卷共一冊六月中出版第二卷共二冊七月中出版敝社此次祇印二百部售完提前截止決不再印如蒙訂購倘請從速以免向隅

敝社爲優待起見凡一次付款者祇收二十七元六角

分期付款

- 第一次預約時十四元六角六分
- 第二次於第一期出書時付八元
- 第三次於第二期出書時付八元

凡分期付款者其寄費於第一次付款時槪須一併付清

中國通藝社圖書部：上海北京路三七八號 電話九五二七七號

「阿脫拉司A」護木水治過之木材必不致形成如此火災

如圖所示之大火災。其木材如先用『阿脫拉司A』護木水治過。必可遇火不燬。蓋就免受火災言。據正式嚴密之試驗。此種護木水。確能使木材禦火。此種試驗報告書。函索即寄。不取分文。須知『阿脫拉司A』對於木材確有充分之保護力。除避免火災而外。且能驅除白蟻蛀樹鑽蟲。防止木材乾腐 木耳滋生。又可使木質纖維堅硬。耐用經久。施用甚易因其十分濃厚。和水而用。殊爲經濟。『阿脫拉司A』毫無臭味。且有無色者。以便木材治過後。其表面可以任意施油髹漆。關於此種兼禦火災之護木水。請即日來函詢問詳細情形可也。

阿脫拉司A防腐劑有限公司獨家製造

愛立士 康德 英格蘭

中國經理處 孔士洋行 上海四川路一一〇號

裝聽：分一加侖及五加侖兩種

水質濃厚 十分經濟

註冊  商標

建築上之超等材料

三寶牌石膏粉

本廠特聘留德化學專家 採購湖北應城所產上等石膏 用德國精良機械 製造成粉 品質潔白細密 具有天然結晶性 堪與舶來品並駕齊驅 極合各種建築之用

說明書化驗單樣品請向營業課函索

上海分銷處 愛多亞路中匯大樓四樓四四五號 應城石膏公司上海辦事處 電話八三七五〇號有無線電報掛號〇七六二

製造廠 漢口宗關水廠隔壁 電話三三五六五號

營業課 漢口特三區鼎安里三號應城石膏股份有限公司 電話二四五五五號 有無線電報掛號二〇一九

應城石膏股份有限公司 石膏物品製造廠謹啓

SLOANE·BLABON

司隆百拉彭

印花油毛氈毯

此爲美國名廠之出品。今歸秀登第公司獨家行銷。中國經理則爲敝行。特設一部。專門爲客計劃估價及鋪設。備有大宗現貨。花樣顏色。種類甚多。尺寸大小不一。

司隆百拉彭印花油毛氈毯。質細耐久。終年光潔。既省費。又美觀。室內鋪用。遠勝毛織地毯。

美商 美和洋行 上海江西路二六一號

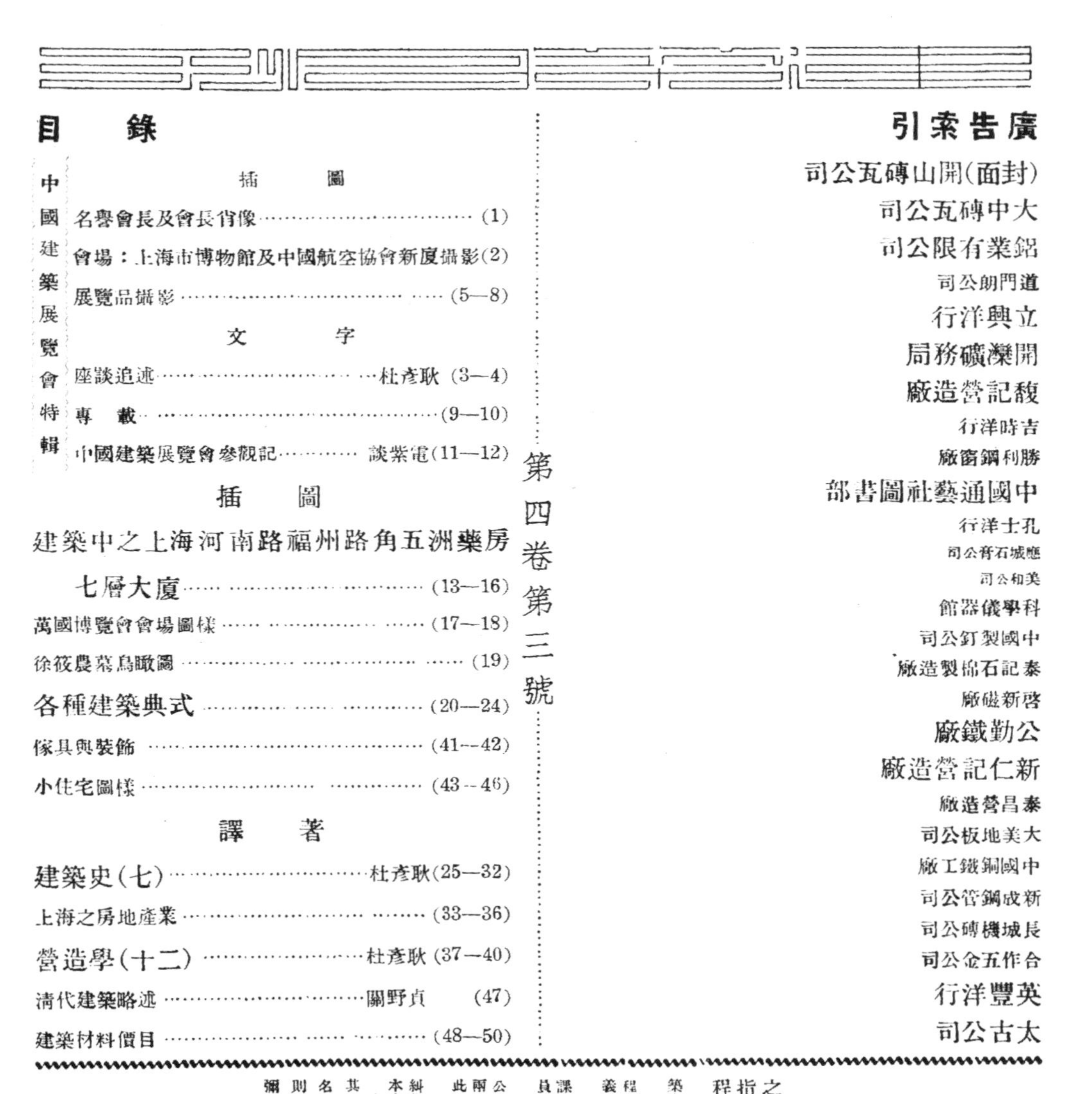

目錄

第四卷第三號

中國建築展覽會特輯

插圖

名譽會長及會長肖像 ……………………(1)

會場：上海市博物館及中國航空協會新廈攝影(2)

展覽品攝影 ……………………(5—8)

文字

座談追述 …………………… 杜彥耿 (3—4)

專載 ……………………(9—10)

中國建築展覽會參觀記 ………… 談紫電(11—12)

插圖

建築中之上海河南路福州路角五洲藥房七層大廈 ……………………(13—16)

萬國博覽會會場圖樣 ……………………(17—18)

徐筱農墓鳥瞰圖 ……………………(19)

各種建築典式 ……………………(20—24)

傢具與裝飾 ……………………(41—42)

小住宅圖樣 ……………………(43—46)

譯著

建築史(七) …………………… 杜彥耿(25—32)

上海之房地產業 ……………………(33—36)

營造學(十二) …………………… 杜彥耿 (37—40)

清代建築略述 …………………… 關野貞 (47)

建築材料價目 ……………………(48—50)

廣告索引

開山磚瓦公司(封面)

大中磚瓦公司

鋁業有限公司

道門朗公司

立興洋行

開灤礦務局

馥記營造廠

吉時洋行

勝利鋼窗廠

中國通藝社圖書部

孔士洋行

應城石膏公司

美和公司

科學儀器館

中國製釘公司

泰記石棉製造廠

啓新磁廠

公勤鐵廠

新仁記營造廠

泰昌營造廠

大美地板公司

中國銅鐵工廠

新成鋼管公司

長城機磚公司

合作五金公司

英豐洋行

太古公司

上海市建築協會發行

建築工程師胡宏堯著

聯樑算式

現已出版

聯樑爲鋼筋混凝土工程中應用最廣之問題，計算聯樑各點之力率算式及理論，非學理深奧，手續繁冗，即掛一漏萬，及算式太簡，應用範圍太狹；遇複雜之問題，即無從援用。例如指數法之$M=\frac{1}{8}wl^2$，$M=\frac{1}{12}wl^2$等等算式，只限於等勻佈重，等硬度及各節全荷重等情形之下：若事實有一不符，錯誤立現，根本不可援用矣。

本書係建築工程師胡宏堯君採用最新發明之克勞氏力率分配法，按可能範圍內之荷重組合，一一列成簡式。任何種複雜及困難之問題無不可按式推算；即素乏基本學理之技術人員，亦不難於短期內，明瞭全書演算之法。所需推算時間，不及克勞氏原法十分之一。全書圖表居大半，多爲各西書所未見者。所有圖樣，經再三復繪，排印字體亦一再更換，故清晰異常。用八十磅上等道林紙精印，全書三百面，"7×10"大小，布面燙金裝釘。復承美國康奈爾大學土木工程碩士王季良先生精心校對，並認爲極有價值之參考書。該書現已出版，即日發售。實價每册伍圓，國內另加郵費二角（掛號寄奉）。發售處上海南京路大陸商場六樓六二〇號本會。

聯樑算式目錄提要

自序
標準符號釋義
第一章　算式原理及求法
第二章　單樑算式及圖表
第三章　雙動支聯樑算式
第四章　單定支聯樑算式
第五章　雙定支聯樑算式
第六章　等硬度等勻佈重聯樑函數表
第七章　題例
附錄　(1)——(6)

China Architectural Exhibition

中國建築展覽會特輯

Mayor Wu Te-Chen (Hon. President) —▷

名譽會長吳鐵城

Mr. Yea Kung-tso President, formerly Minister of Railway

會長葉恭綽

Page 2: Above is the new Museum Building of the Municipality of Greater Shanghai, where architectural drawings, models, pictures and architectural books were exhibited. Below is the new building of China National Aviation Association where bazaars for building materials occurred.

Page 5: Upper two are the interior views of the museum. Center a model of an ancient temple and the model of wooden structure under the eaves. Below is a group of ancient tiles and antifixaes were made about 1000 B.C. and a detail of ornaments.

Page 6: Models of typical Chinese structures.

Page 7: Model of a gatehouse and perspective drawings designed by prominent Chinese architects.

Page 8: Drawings of Metropol Hotel, Power Plant, seaside cottage, office and apartment buildings, the master-pieces worked by prominent Chinese architects, and a model of concrete mixer with elevator.

上海市博物館 陳列建築圖樣模型照片等藝術作品處

中國航空協會 陳列建築材料處

座談追述

杜彥耿

四月十五日中午，梁思成先生邀宴於功德林素食處，到者有朱桂辛，葉恭綽，沈君怡，李大超，關頌聲，董大酉等二十餘人，俊彥畢集，席間所談，有足紀述者，特錄之如后。

朱桂辛先生謂組織中國營造學社之初，曾有人說現在世界日趨新異，何必去做那開倒車翻古案的工作。但我（朱先生自稱下做此）以爲前人的歷史，可資現在的借鑑；昔日的建築，未嘗不可作現在的參考。是故營造學社十年以來的工作，已由清代營造則例，推溯到明、元、遼、金、宋而將屆五代。如此進展，以達上古，則於中國建築史之探索，似有裨益。而中國式建築及建築圖案等等，搜求攝影，摹繪及製版印刷，以供建築師設計新建築時之參考，亦已有相當成績。惟利用古建築圖案，全憑建築師之採取適宜，假借得體，庶不致盲從則例，束縛自己的創造力。

在那樹木蓊鬱之中，露出紅樓一角，這種環境是何等幽雅而有詩意？但只有中國式的建築方克臻此。若以新式的立體建築物代之，非但無何美感，更覺如公墓中豎立着一塊方正的墓碑，全失去自然的風姿。但中國式房屋也要配置適當，若把許多房屋擠在一處，不予舒展的地步，亦失其宜。故如北平故宮三殿，以太和殿爲最高，其餘一切建築均不能高過此殿，便是此意。

人謂歷史上惟暴君大興土木，窮極奢華，殊不知惟暴君才有力量成偉業。如秦始皇築長城禦外寇，隋煬帝鑿運河利交通。讀阿房宮賦「六王畢，四海一；蜀山兀，阿房出」，秦始皇併吞六國，四海一統，把蜀山之木伐盡，阿房宮始成，祇此寥寥四語，已把始皇的雄業，活躍紙上；但因他是暴君，便把這種創造的魄力忽視了。

沈君怡先生謂近來土木工程師越俎代謀，把建築師的職務如房屋設計等。也兼了去，實屬不當。比如一座橋樑，橋墩橋面例須由工程師設計計算，惟橋欄杆與欄杆柱子以及橋燈等式樣，應由建築師設計，庶幾堅固美觀，兼可顧及。他如鐵路車站票房等，亦應由建築師設計，不能使鐵路工程師兼代擘劃。此點最好由工程師學會，建築協會，及建築師學會喚起各該會員之注意，劃清界限，勿相混淆。但現時建築人才缺乏，國內設有建築科的學校，祇有中央，東北與勷勤等三大學，所以造就建築人才，亦爲當務之急。

私人住宅式樣最多，亦最饒人興趣去研究的好材料；希望建築師學會及建築協會在刊物中多多披露。關於私人住宅之建築圖樣及攝影等，應宜別出心裁，產生一種新的式樣，不要如現在般的完全洋式或不倫不類的式樣。

中國式的花園，也是很值得注意的。倘若長此以往，無人提倡研究，中國式的花園勢將絕跡，而中國園林之學，也將失傳了。

都市中之建築，關於安全，衛生，光線，空氣，火警等，當地政府固有建築章程之頒訂，惟於美觀，則不能有所規定。故新建築之請求營造執照者，雖覺其式樣不美，但因與定章尙無不合，也祇能給照興建，無可限制。然一旦完成，市中常留一惹人討厭的建築物，非但損及市容，有礙觀瞻，且示人以文物幼稚之反感。此點最好也由建築團體努力革進，曉人以美觀得體之建築式樣，以供從業者之參攷。若由當局劃定區域，在某區建造某一種式樣，也覺呆板難行。

關頌聲先生謂上海市博物館內的紅柱子，其色彩太爲鮮明，應改黯淡之色；蓋鮮紅色頗易奪人視線，若不設法改淡，館中陳列物品，將被鮮紅的柱子障蔽不顯。

董大酉先生謂市博物館建築費規定爲三十萬元。現在有人非議，認爲建築所費太巨，應加撙節，俾將餘資購置內部陳設。但余（董先生自稱）信苟能在建築費中節省若干，亦必早被移作別用，不復再有餘裕矣。

建築材料的圖案，很爲重要。吾人每因一圖案的探求，往往翻遍參考書籍，費時不少。例如門鎖的式樣，要適合門與這一室的環境。比如要一圓的圖案，偏偏找尋無着，祇得以方的代之，削足適履，至感痛苦。

葉恭綽先生因事先行，梁思成先生等的高論，因在另一席入座，未獲聆教爲憾。

紐約旅館將闢置中國室

勛琴

美國房屋內部設計專家，現任紐約Waldorf-Astoria旅館裝飾顧問之史密斯氏(Mr. Rutledge Smith)，近漫遊滬上，據云在華將有數星期之勾留，並擬赴北平一行，從事考察中國建築及屋內裝飾之術，以備於回國時，建議該館當局，闢置巨大之中國式居室，或爲餐室，或爲屋頂花園，或餐室及舞塲，現尙未定，但必能獲得美滿之結果。據云該旅館每隔數載，必將較大之數室備供公衆使用者，更換佈置，修飾一新，藉以引起旅客之興趣。史氏並云來華後，對於中國建築觀感一新，影象迥異，蓋雖因業務關係，常赴歐洲考察，但至東方尙屬初次也。中國建築現已達於簡單而宏偉之最大功能；若時間許可，將詳加研究，尤注意於房屋內部及傢具之裝飾。如該旅館能實現設置中國室，所有應用器具，將由華採購運美，以便倣造後適合巨大公共居室之用。史氏對於中國建築之平頂最爲注意，紐約有頗多專家致力於此。史氏自云回國後當能愼重聘擇矣。

按史氏初爲紐約B. Altwan之採辦員（爲當時世界最大之商行），後入該行之藝術設計部工作，極感興趣。迨後逐漸成爲紐約當地最著名之採辦員，及房屋內部設計專家。不久即代表該行，赴國外採辦貨物，下至民間玩具雜耍，上及王室珍貴物件，俱在搜羅之列。史氏自離該行後，單獨執行其室內裝飾之業務。紐約富戶慕名往聘者，紛至沓來，然史氏僅貢獻其意見或擬具改進計劃，並不簽訂合同或出售何種貨品也。紐約孟哈頓銀行及其他大廈之內部設計，皆出史氏之手云。

中國建築展覽會特輯

博物館內景之一

中國營造學社陳列之古建築模型在樓下。上海市政府各建築模型在樓上後廳。

博物館內景之二

館內畫棟雕梁，富麗堂皇。

中國營造學社陳列之河北薊縣獨樂寺觀音閣模型，此模型曾費木工一二九〇工，雕刻工一八〇工。

閣建於遼統和二年，即公元九八四年，距今九五二年。

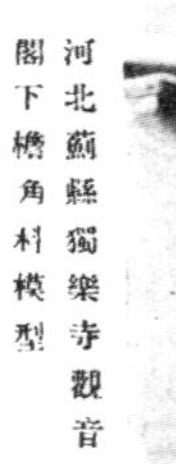

河北薊縣獨樂寺觀音閣下檐角科模型

一、周代山文瓦當

二、周代綻文瓦當

三、周代綻文瓦當

四、漢代闕字文瓦當

五、秦代鳥文瓦

六、周代山文瓦

清式金線點金彩畫圖

中國建築展覽會特輯

北平天壇皇穹宇模型

建於明嘉靖九年，初名泰神殿，後改今名，清代因之，珍藏皇天上帝及列聖之神版於此，其制形圓，南向，金頂，單檐，內外環轉，各八柱，塗金飾轉枝蓮，門窗在南，三面爲垣，基高九尺，徑五丈九尺九寸，面鋪青石，圍石欄板四十九，三出陛各十三級，覆瓦爲純青色。

祈年殿模型

北平永定門內天壇祈年殿，即明代大殿，建於永樂十八年，爲合祀天地神祇之所，每歲舉行祀穀大典。清乾隆十六年修葺後，更名祈年殿。光緒十五年燬於火，二十二年就原臺基重敕修成，其制形圓，南向，金頂，檐三重，內外柱各十有二，龍睛柱四，頂覆純青琉璃瓦。其構造及配合之精妙，在當時未講科學而能爲此，無愧乎全世界認爲偉大工程之一也。

角樓模型

北平宮牆四角設置禁衛之角樓

千秋亭模型

北平故宮神武門內眞武殿前分築二亭，左名千秋，右名萬春，式相同，咸豐八年七月燬於火，現亭當爲焚後重建者。此亭上圓下方，隱象天地，含蘊深刻，耐人尋味；而藝術價值，亦殊不容漠視。

風月亭模型

北平南海風月亭，建於光緒二十五年。

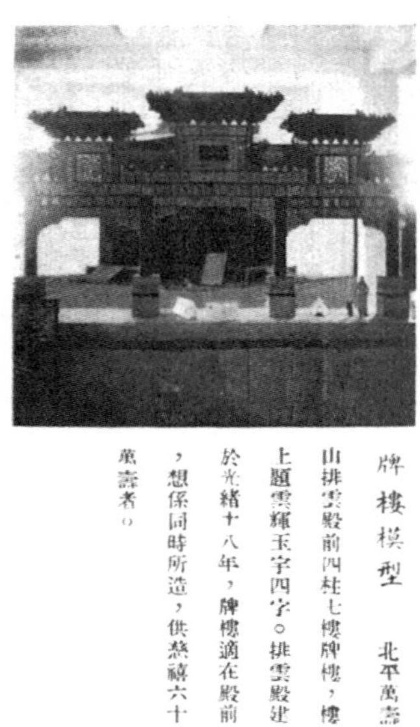

牌樓模型

北平萬壽山排雲殿前四柱七樓牌樓，樓上題雲輝玉宇四字。排雲殿建於光緒十八年，牌樓適在殿前，想係同時所造，供慈禧六十萬壽者。

中國建築展覽會特輯

宮門模型

南京國際聯歡社透視圖

基泰工程司設計

南京體育場大門透視圖

基泰工程司設計

南京中央博物院

興業建築事務所設計

南京故宮博物保存庫鳥瞰圖

華蓋建築事務所陳列

中國建築展覽會特輯

南京首都飯店透視圖
華蓋建築事務所陳列

首都電廠
華蓋建築事務所陳列

吳淞海濱健樂會彩繪透視圖
華蓋建築事務所陳列

浦東同鄉會鋼筆畫透視圖
奚福泉建築師陳列

西藏路公寓彩繪透視圖
華蓋建築事務所陳列

拌水泥機模型
馥記營造廠陳列

專載

中國建築展覽會呈行政院　蔣院長文

竊本會爲喚起國民注意本國建築事業及供給專門學術參考起見，特假上海市博物館及上海中國航空協會舉行中國建築展覽，幷假上海基督教青年會舉行建築演講。聘請名人及專家擔任，自四月十二日開始至十九日止，凡八日，綜計出品：分模型，圖樣，材料，工具，書報五類，凡二千餘件，觀衆聽衆共三萬二千餘人，足徵建築問題已引起國民深切之觀感。本會竊度時勢，默察未來，知我國建築技術，方值承先啓後之期，而事業亦正逢擴張發揚之會；顧有基本數點，所不得不急事調整，以利其發展者，敢爲　鈞院陳之：

一、各學校宜急注重建築教育也　近世科學進步，技術精晉，專賴專門教育爲之基礎。建築之學，事非例外；近年國內因各項新建設，年耗數千萬金，從事建築，統計需要建築師，監工，當逾數千，而國內養成此類人才，年不逾百，全國公私大學之設建築科者，現僅首都中央大學與廣州勷勤大學等三數處，篳路藍縷，設備更多未完。其中級專門職員之養成機關；更未之見，供需之不應如此，無惑乎建築成績之不良，因此影響于一般建設之成績也。擬懇請　鈞院，責成中央及地方教育當局，推廣建築教育，擴充訓練設備，或於中央設立建築學院，專精從事，俾成材較衆，得應事實之急需。

一、國產建築材料亟宜倡導也　查全國公私較新式之建築，用料取之外國者，殆占十分之七以上，每年漏巵，不下三數千萬元。自十七年國民政府成立以來，至今當已數萬萬元，實爲驚人之巨額，若不急圖補救，將致日言建設而貧弱益增，可爲憂灼。按與建築有關之事業，如鍊鋼，製鐵，製銅，造林，製木材，製油漆，顏料，玻璃，陶器，水泥，磚瓦，石以及諸般裝飾，直接間接均與國民生計有關，亦即利權消長所繫。默察一般心理，未嘗不知漏巵之可懼；但國內產物，實未足供其需要。有時國產雖屬可用，而經營不善，拙於運銷，遂致無從取給，而工師與建築業畏難取便，轉成習慣，因愈以杜塞國產發展之途；因果相乘，江河日下，設值非常之際，危險更不堪言。應請　鈞院速通行京外各機關，凡有新建築，務須儘量採用國產材料，並飭下財政實業鐵道三部，及各省市政府，于設計經營運費捐稅各方面，竭力扶助上列各項事業，使之產生成立發展，並監督其產量品質，使之敷用合用，庶利益可少外溢，而運用亦得自如。

一、建築材料之標準規範應速制定也　查建築材料規範，所亟應制定者，不外品質與尺寸二點。目下國內市場上建築材料，品質之標準，或依從他國之定制，或由商號所自擬；等次既極混亂，名稱亦復紛歧，尺寸號次，更欠劃一。如南京，上海，北平諸大都市，雖略有規定，然亦各自爲政，並不統一，建築材料品質之標準及名稱尺度，乃若有而實無。坐是之故，不特建築工程之進行，時遭困難，且人民生命財產之安全，亦缺保障；倘政府將各種建築材料，如水泥，木料，鋼鐵，磚瓦，五金，玻璃，油漆等等，一一釐訂品質標準，審定名稱，劃一尺寸號次，則各地制度統一，劣貨次貨，自難頂替欺蒙，而出品商及計劃人與業主，亦均得各蒙其益；卽工業上之危險，亦因載重量，任拉力等品質標準之嚴格限制，而日益減少，可斷言也。應請　鈞院卽飭內政實業兩部，從速訂定，以示刷新，而資應用。

一、國內各古代名建築應請飭下各省市政府認眞保護也 查我國建築，在世界上素具特長，雖時代習慣現有變遷，而可資模範者，仍屬不少。類如敦煌雲崗之石窟，龍門之造象，棲霞之舍利塔，類皆表現民族之精神，成爲文化之結晶，且爲探討我民族藝術之重要材料。近年我國著力現代建設，於往古著名建築：未遑多顧，重以民間未知愛護，毀損實多。粤稽泰西，古代羅馬競技之場，希臘敬神之廟，雖頹垣危柱，而其民族遠大精神寄焉。故建築遺物之保存，不僅爲博物之助，實以昭民族之德。抑我國建築學上之當前問題，爲應如何產生一種新作風？旣不徒事摹仿歐西，更不因循自限，而求所以適應國民習慣，與現實生活，並經濟現狀之途。則我國固有建築之優點，尤急待研究與參攷，應請　鈞院飭行內政教育兩部，中央古物保管委員會，暨各省市政府，對歷代著名建築及其遺物，飭官民認眞防護，講求有效之措置，勿得視爲具文，庶文化經濟前途，交受其益。

一、各機關關于建築之職務宜一律用建築專家並多予建築師以工作機會也 查建築師與普通工程師相似，而實不同；蓋建築之要素，在安全適用美觀三者，夫工程師（Engineer）對建築之責，唯在結構安全而已。建築師（Architect）則不然，必更兼求合用堅固與美觀焉。夫結構安全，固亦要點，但時勢衍進，事類頗繁，建築物之必適合其專門用度，己無疑義；而地位經濟之考慮，資金節省之策劃，重以建築本屬藝術，其格局方式，卽所以昭示民族文化。故建築師之服務，不但供企業者之需，於工務行政，尤必賴建築師運其學識經驗，監導一切，以冀人民福利之增進。今各地公私建築，日新月異，而詳加研考，則衙署等於住宅者有之，圖書館類尋常辦公廳者有之，于合用堅固美觀之三大要件，罕能兼顧。又或迷信外籍建築師，設計監工，唯外人是求　其是否適合我國之用，及經濟與否，固未之計。其相因而至之多用外料，阻抑專才等，事實復爲必然之勢；而各機關之主管建築者，因乏才之故，往往以外行或淺學者，勉司工務行政，致一切措置，多失其宜，監督指導，更說不到；故每年雖耗巨量建築之費，而實未能予本國專門人才以充分展施技能之機會，且亦無以促進建築事業之進步與改良。擬請　鈞院通令全國，以後凡關于管理建築之職務，應一律用專門建築人才，不得仍以非此項專門者充數，其公家建築，更宜給本國建築師以工作機會，勿輒用外籍建築師，俾得琢磨上進，蔚爲通才；于一切新事業之發達，所關非小。以上五者，經本會大會一致通過，認爲均屬切要之圖，且于勵行新建設之今日，尤有貢獻　左右，以供采擇之必要。故謹爲如上之陳述，敬請　鑒核施行，不勝盼幸，謹呈。

行政院院長蔣。

中國建築展覽會參觀記

談紫電

葉恭綽先生及本會等四團體發起之中國建築展覽會，業於四月十二日至十九日如期舉行，會場假上海市中心區最新落成之市博物館及中國航空協會新廈。展覽品共二千餘點，分模型，圖樣，書籍，攝影，材料，工具六部，除材料部份陳列於航空協會外，餘均在博物館內；加以該館建築，富麗喬皇，為之生色不少。

開幕之日，春光明媚，江灣道上，觀者絡繹於途。記者參與斯盛，觀覽一週，殊覺珠璣滿目，大有美不勝收之概。然則斯會之發起，非特足以引起社會上對於建築之認識，抑且促進一般建築對於居住問題有所改良。茲將會場一瞥，述其梗概，以告讀者。

由博物館大門入，首映入吾人眼簾者，為北平中國營造學社之「河北薊縣獨樂寺觀音閣」模型；該模型用木雕製，置於大廳中央，製作殊工細，據云曾費一千二百九十工八工，一百八十工雕刻工，耗值一千六百元有奇，其偉大可以想見。兩旁壁間張掛「山西應縣佛宮寺遼釋迦木塔」正面圖及斷面圖巨幅，及「江蘇吳縣羅漢院雙塔」，「圓明園盛時鳥瞰圖」，「河北趙縣安濟橋現狀實測圖」，「山西大同善化寺大雄寶殿復古圖」，又「善化寺普賢閣」等圖樣，以及歷代斗栱模型多種。案上陳列製釉原料，製琉璃坯子原料，白坯子，黑色琉璃六樣合角獸，明代綠色琉璃魚，琉璃瓦帽釘，銅門獸面，周代蕨文瓦當，又山文瓦當，秦代鳥文瓦當，漢代闕字文瓦當等名貴古物殊夥。兩側遊廊則陳列「山西大同雲岡石窟」，「河北趙縣安濟橋」，「山西汶水文廟大成殿」。及「霍縣北門外石橋欄干」等照片數百幀，均屬中國營造學社出品；乃繞右廊上梯級，則上海市政府各新建築之模型，如市府新廈及各局，市醫院，博物館，圖書館，體育館，運動場，游泳池，平民村及龍華塔等模型，照片，圖樣，無不燦然並陳。樓上右翼所陳列者，為中國建築師學會之公署，工廠，紀念物，銀行，學校等照片及圖樣。前廳陳列車站兩路辦公大廈，航空協會新廈，陳英士紀念塔，無名英雄墓等模型；旁則陳列各種建築書籍數百種，如本會所藏之英文建築百科書全部，本刊自創刊號至四卷二期止全部，莊俊建築師之「內部裝飾」「古典式派」「中國建築」等西文圖書，中國建築師學會之「中國建築雜誌」，中國營造學社出版之「營造彙刊」「清式營造則例」「欽定四庫全書簡明目錄」，及該社手抄本「撫郡文昌橋志」，「灞橋圖說」「石橋分法」，「大木小式做法」「大式瓦作做法」等，咸屬不可多得者。左翼則為本會之各種圖樣及照片，舉凡公寓，銀行，商店，紀念館，戲院，學校，住宅等，靡不俱備焉。又有工具模型如挖泥機，打樁架，拌水泥機等，以及馥記營造廠之導淮邵伯船閘，浙贛路貴溪橋，青島海軍船塢等照片。至是乃自樓循石級下，入下層後廳，則為北平故宮各種建築模型及彩繪圖片等，如四柱七樓牌樓，千秋亭，皇穹亭，風月亭，扇式亭，隆恩殿，祈年殿，宮門，紫禁城角樓等，入其中，幾疑置身舊京；該項模型，為基泰工程司出品。尚有中央大學建築系及復旦大學土木工程系之學生作品，則於樓下左側，另闢一室陳列焉。

中國建築展覽會特輯

出博物館，越草地至貼近之中國航空協會新廈，該處陳列者全爲材料部份，參加廠商如大中磚瓦公司，開山甎瓦公司，長城機磚公司，合作五金公司，新成鋼管公司，公勤鐵廠等，達四五十家之多，共陳列四室，材料如磚瓦，鐵鋼，鋼窗，油漆，五金，泥灰等，無不應有盡有。

綜觀此次展覽，出品自以中國營造學社爲最豐富，惟趨重於古代建築方面；而本會及中國建築師學會之出品，則以現代建築爲多。大會方面，對于平民化之建築，似欠注意，此不能不令人引爲憾事者也。

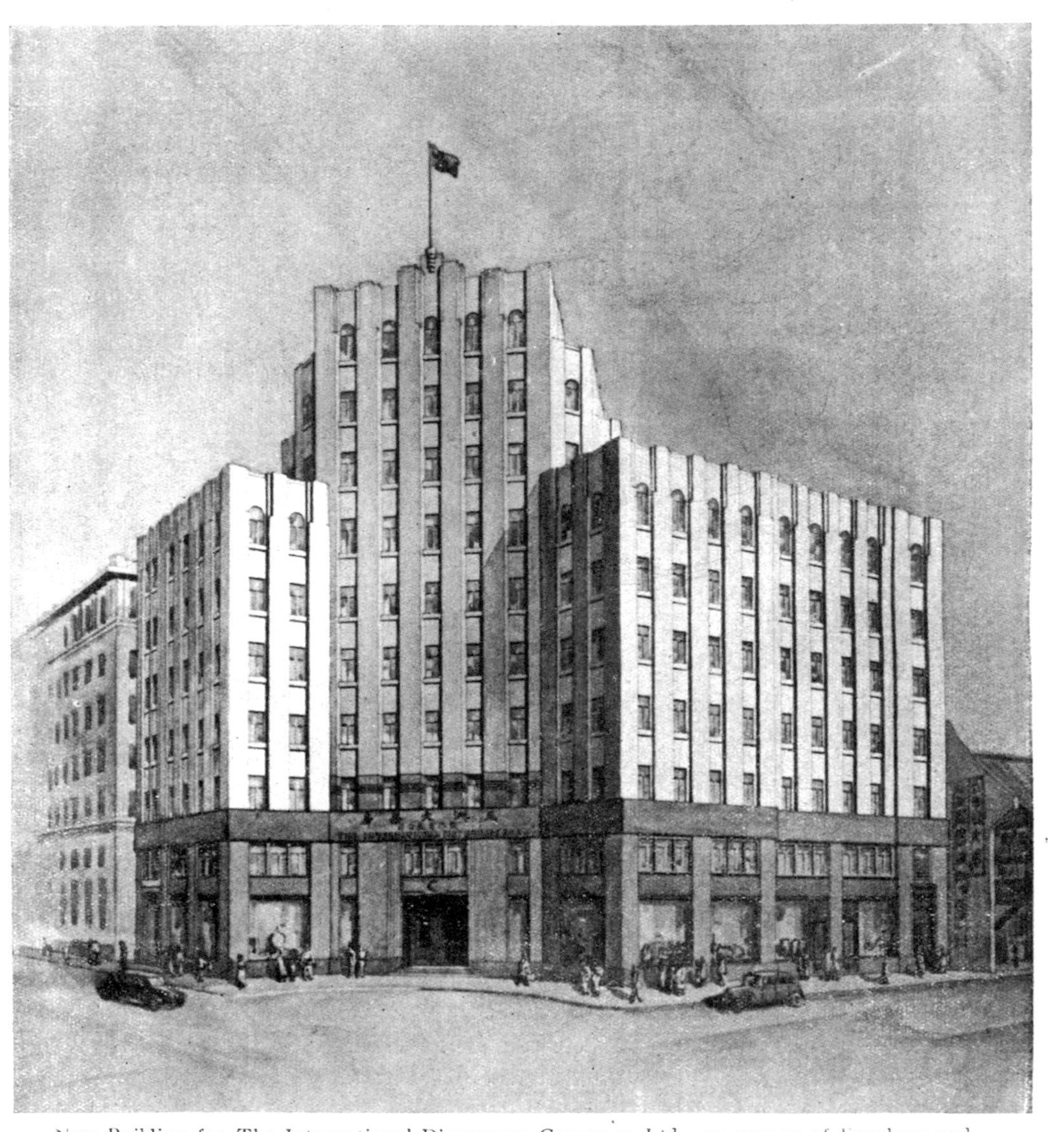

New Building for The International Dispensary Company, Ltd., on corner of Foochow and Honan Roads, Shanghai. Atkinson & Dallas, Ltd., Architects.

建築中之上海河南路福州路角五洲藥房七層大厦 通和公司設計

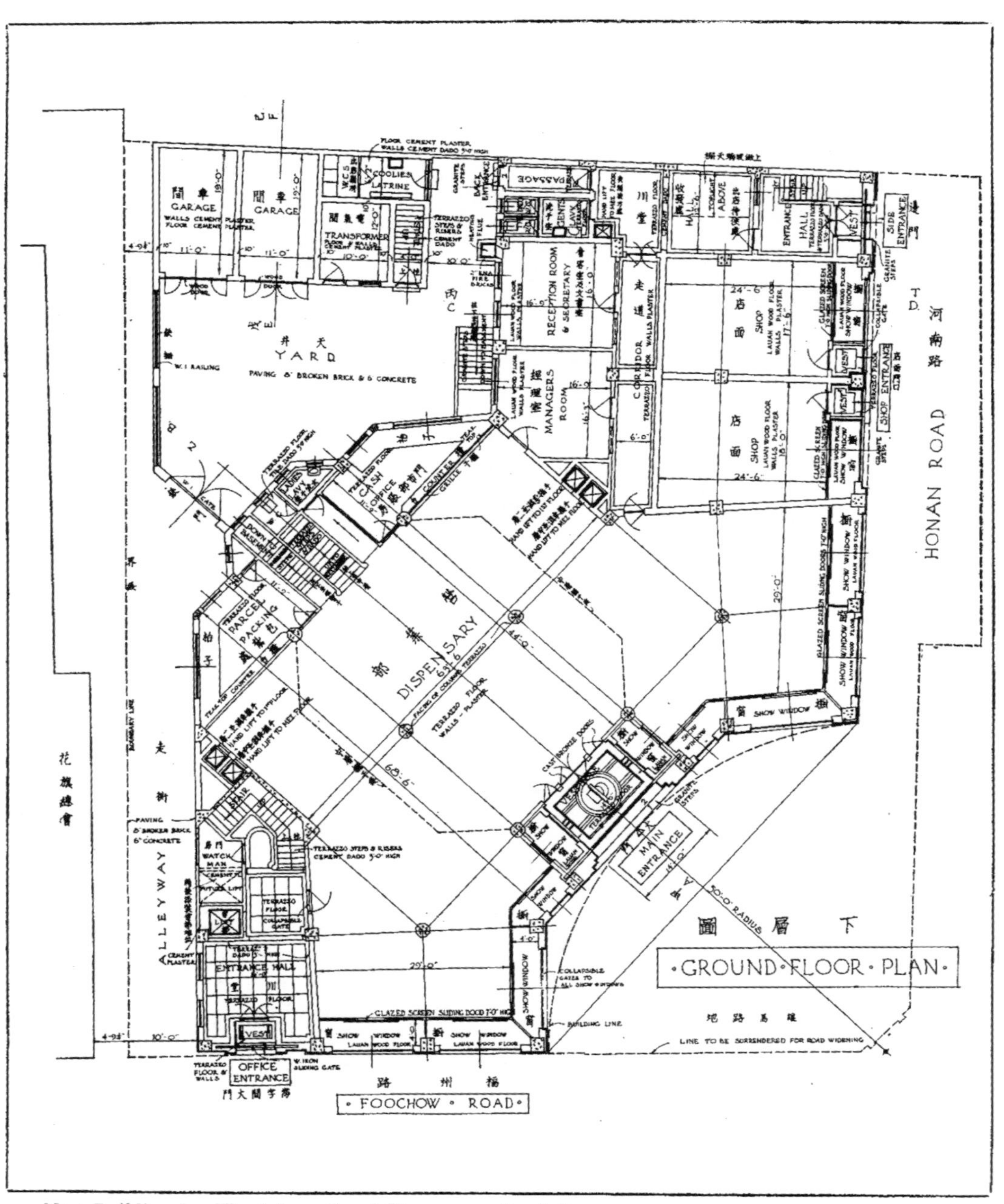

New Building for The International Dispensary Co., Ltd.

建築中之五洲藥房七層大廈

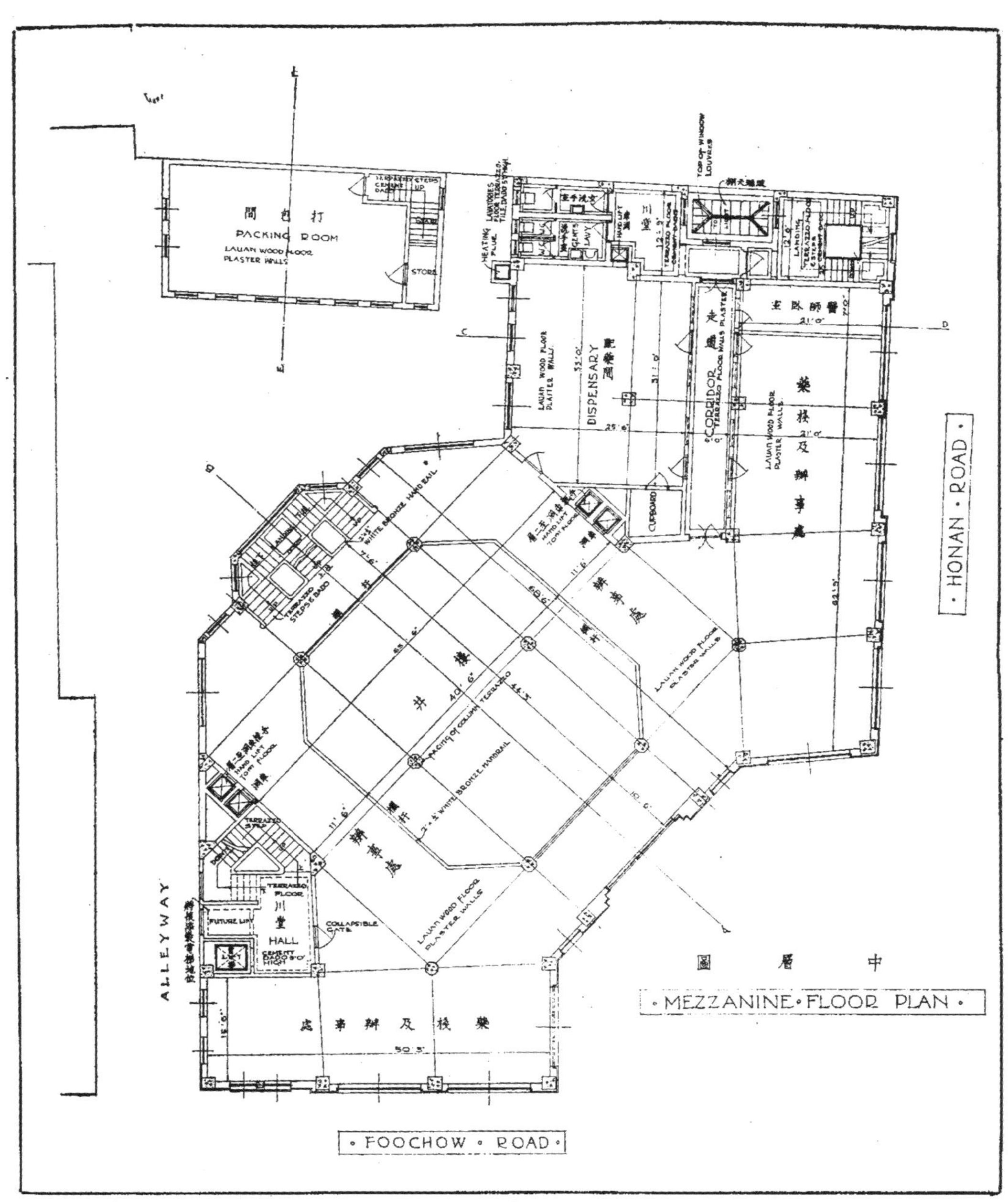

New Building for The International Dispensary Co., Ltd.

建築中之五洲藥房七層大廈

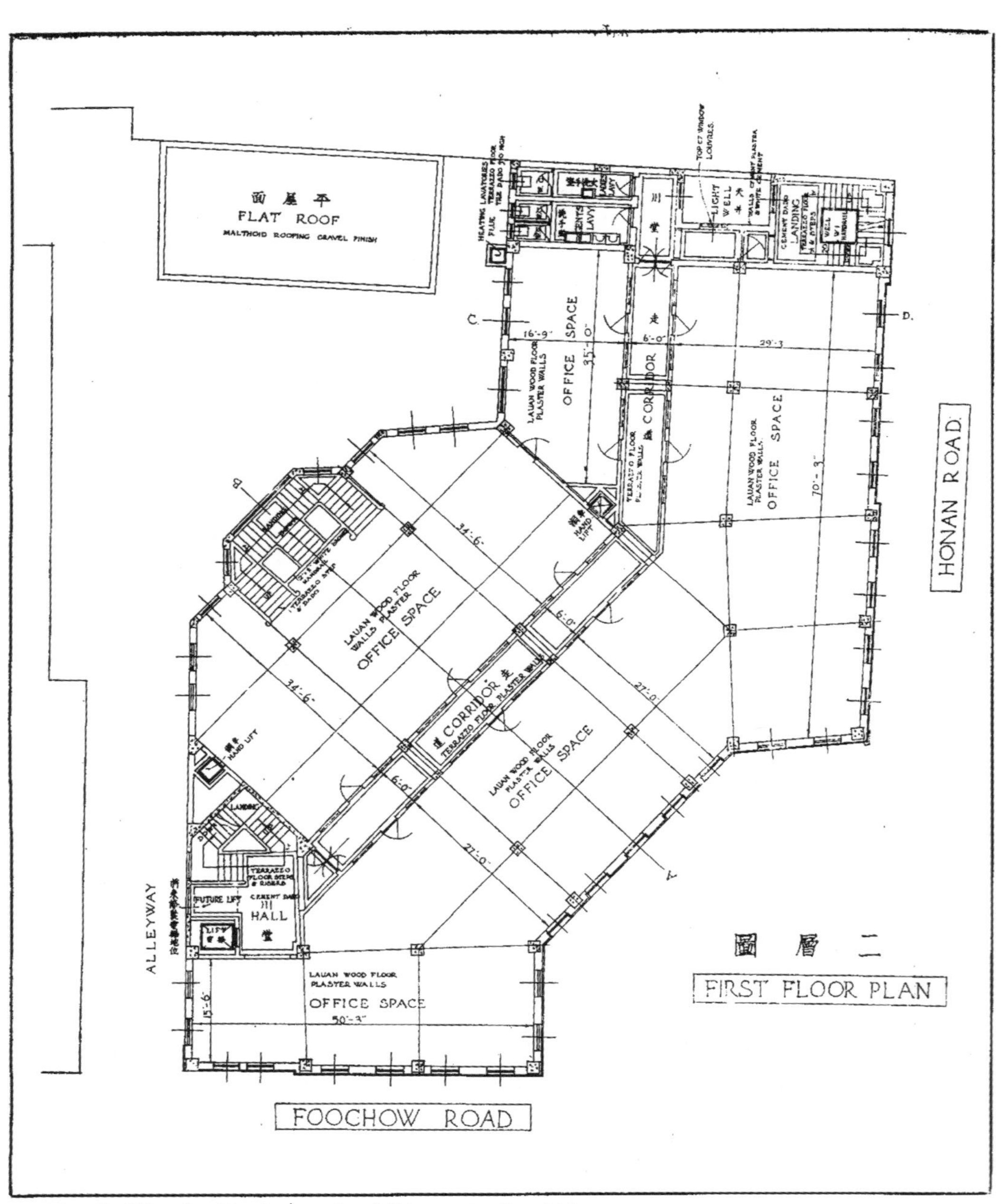

New Building for The International Dispensary Co., Ltd.

建築中之五洲藥房七層大廈

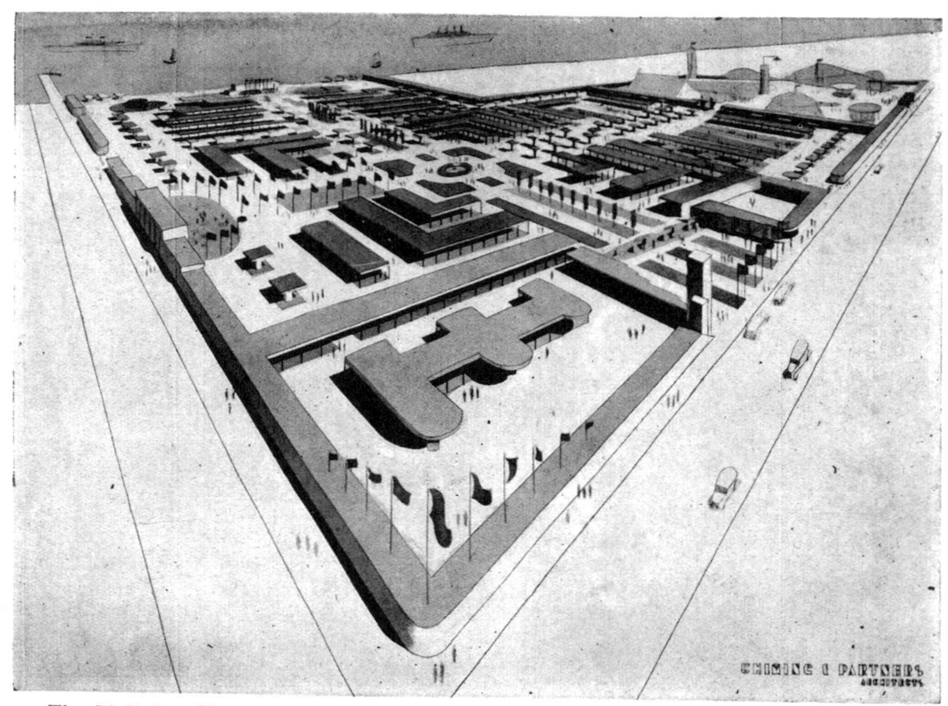

The Bird's-Eye View of the International Exhibition Ground.

萬國博覽會會場鳥瞰圖

會場近景之一

View of the Exhibition Ground.

喧傳已久之萬國博覽會及市場，將定期於本年七月至八月，在上海楊樹浦路一六九〇號舉行。自二月中旬起，即有數百工人工作於楊樹浦路及蘭路之間，建造會場房屋帳幕及棚舍等，規模當甚偉大。會場佔地二百萬方尺，預計建造看台帳幕及棚舍等一千所。鄰近並有極大之空地，以備於必要時擴充建築云。茲將會場房屋圖照，錄刊如後。

The Outside View of The International Exhibition and Fair of 1936.

萬國博覽會會場外觀

Another View of the International Exhibition Ground.

會場近景之又一圖

The Bird's-Eye View of Late Mr. Zee's Tomb.

徐筱農墓鳥瞰圖

第二十六頁　柯蘭新式鐘塔圖

第二十七頁　德斯金式守衛處圖

第二十八頁　伊華尼式大門入口處圖

第三十頁　伊華尼式圓形廟宇圖

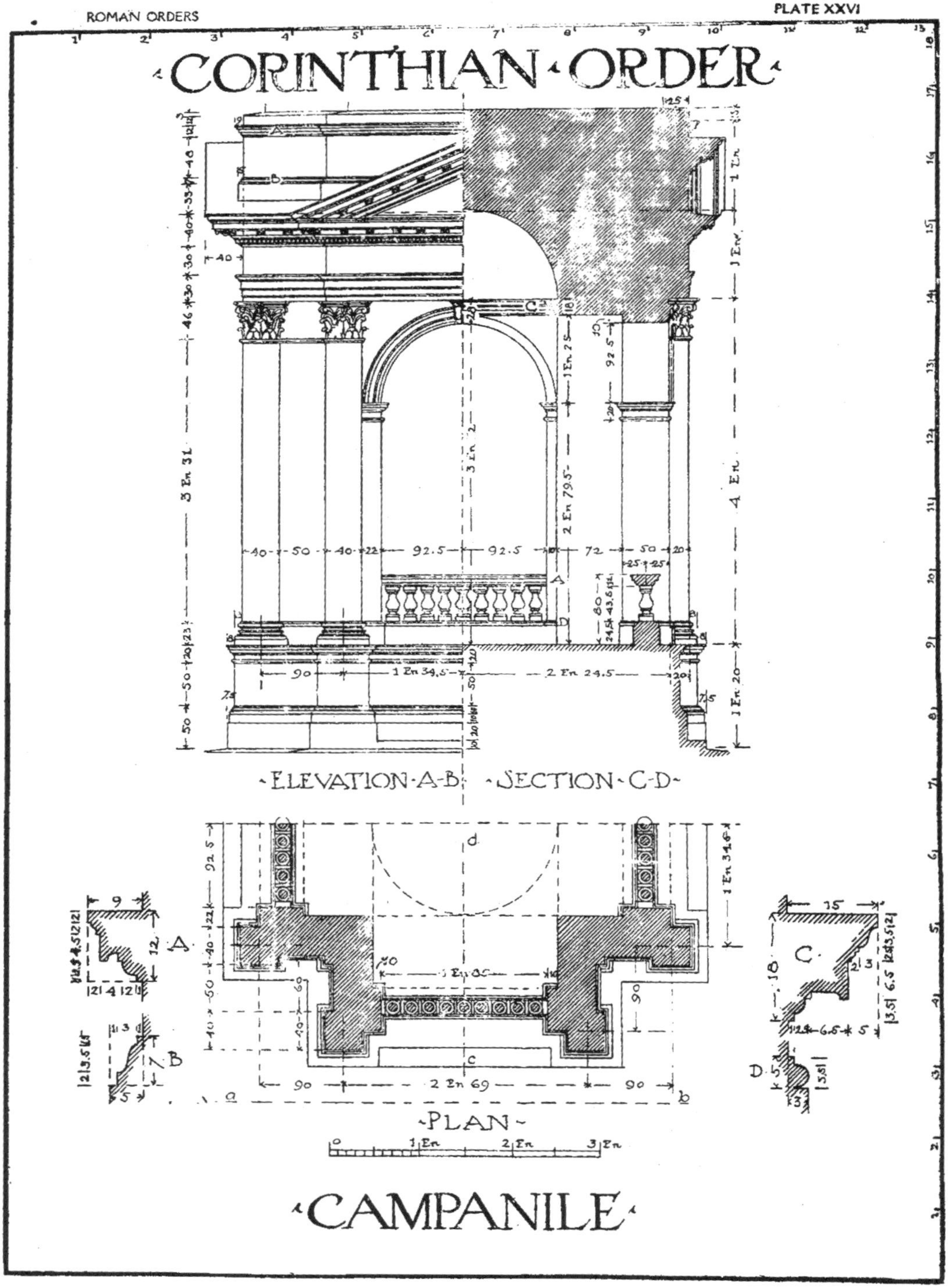

ROMAN ORDERS

PLATE XXVI

CORINTHIAN ORDER

ELEVATION A-B　SECTION C-D

PLAN

CAMPANILE

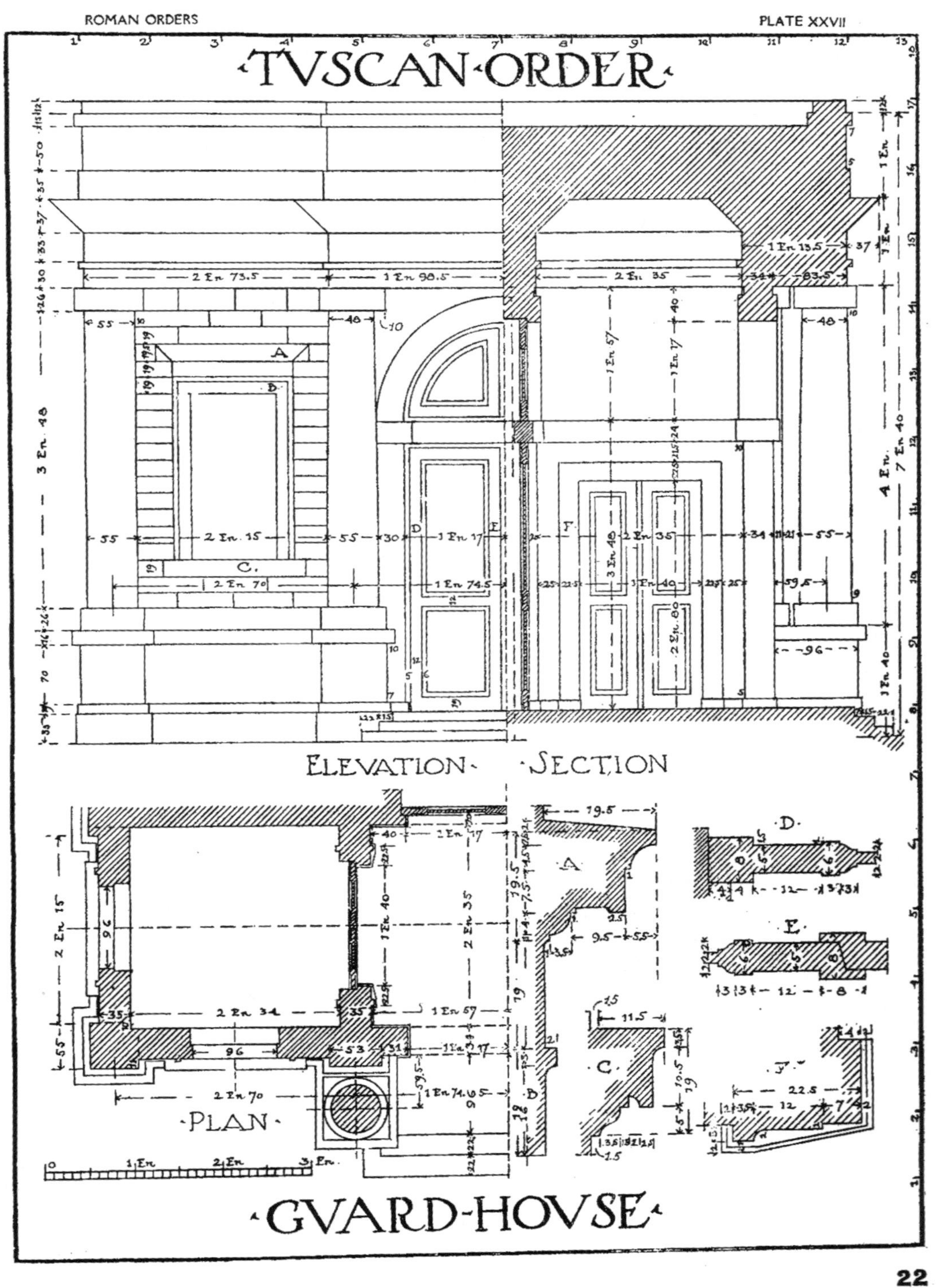
ROMAN ORDERS
PLATE XXVII
TVSCAN ORDER
ELEVATION
SECTION
PLAN
GVARD-HOVSE

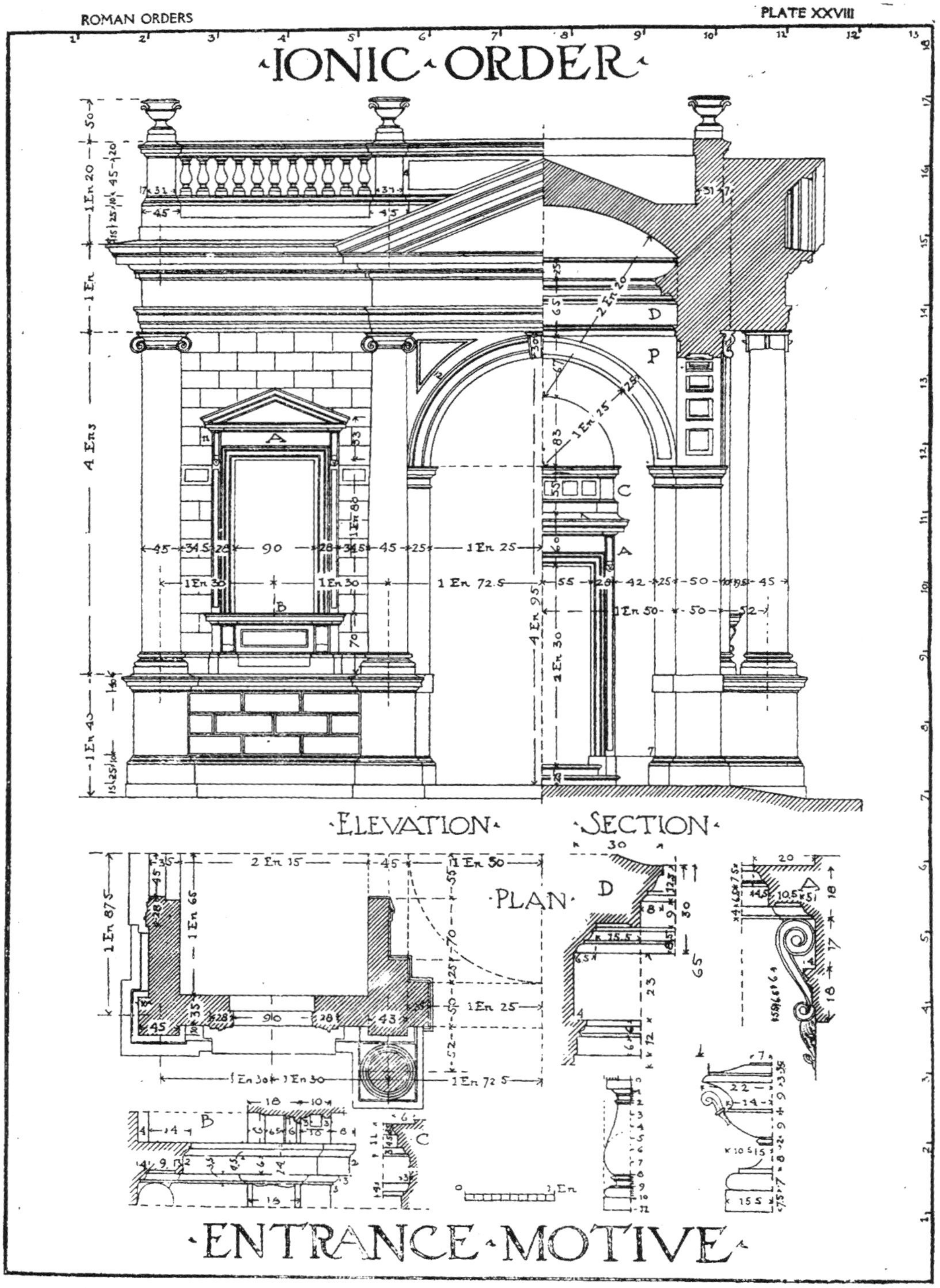

IONIC ORDER

ELEVATION　SECTION

PLAN

ENTRANCE MOTIVE

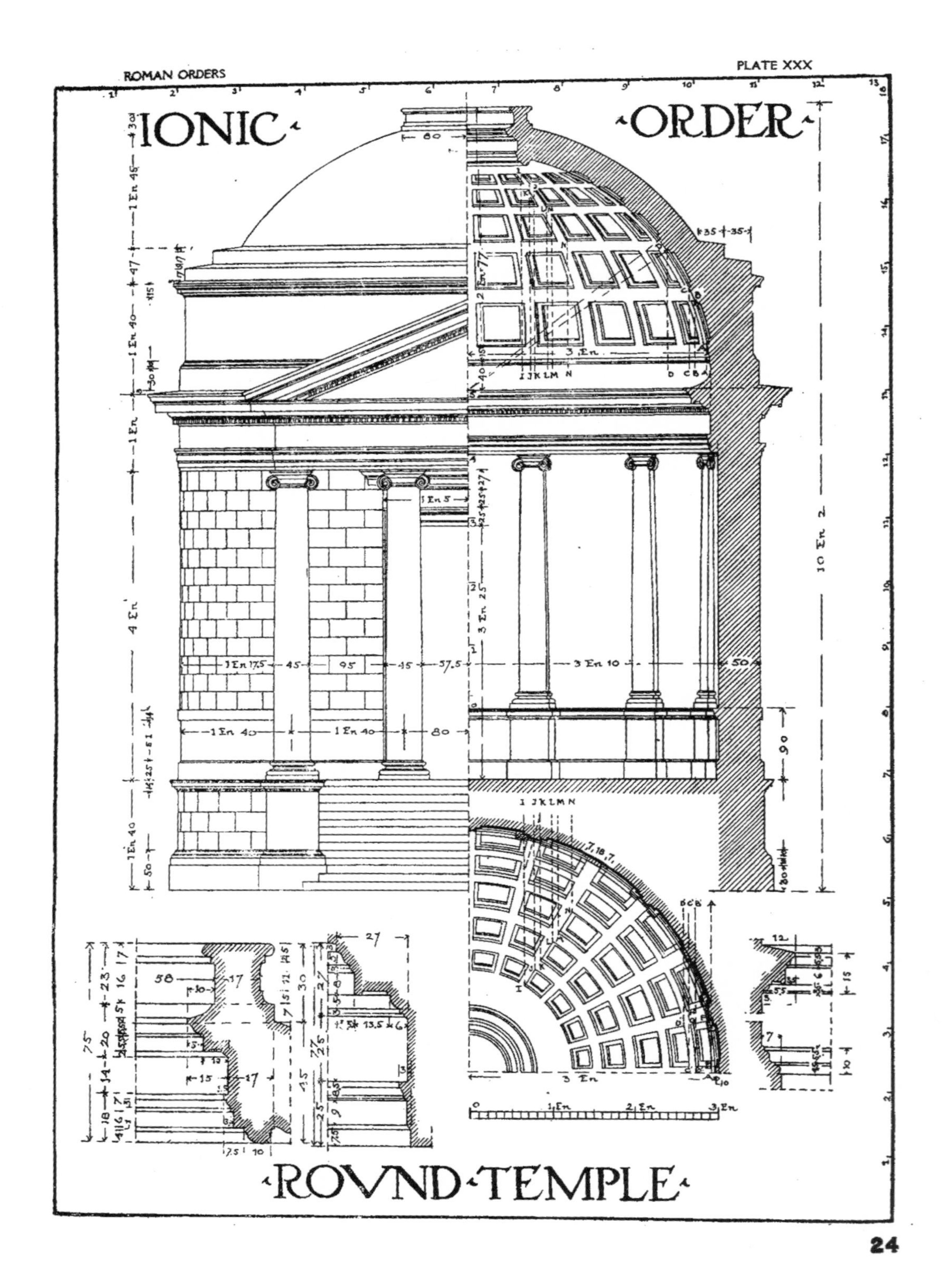

ROMAN ORDERS
PLATE XXX
IONIC
ORDER
ROVND TEMPLE

建築史（七）

杜彥耿譯

希臘建築（續）

建築詳解

平面，牆垣，屋頂及其他

一〇九、平面　希臘房屋之平面，殊爲單調，普通咸爲長方形，惟圓形之小廟及闢茜客臘次亭，風塔，英雄殿等，則當例外。然因其地盤之配置適稱，故在設計上亦爲重要之根據，從而發揮之，則屋之外廊支以美觀適合之柱子，座以佈局謹嚴之臺基，冠以盛飾美麗之台口。

一一〇、牆垣　因古希臘石或雲石工人在技藝上智能上立於無競勝之地位，故即謂雲石之正確計算，佈置，搭縫，以至完成，中間不用灰沙，是亦爲一種缺點。不若現時之叠砌牆垣，在兩石之中間夾置石片或混凝物，是爲古代希臘所不知；蓋若輩築砌牆垣，統以與牆同樣厚度之整塊大石堆叠；有時遇龐大之構築，則所需之石塊大小，亦屬碩大無比。

一一一、屋頂　有許多廟宇，無疑的係無屋頂——或即露天者；但亦有坡斜之屋頂，用木搆架，而覆以雲石或陶瓦。希臘建築，並有人字山頭之發明，幾爲若輩廟宇建築式例之最著者；而依人字山頭之形勢，可斷其所用之屋頂矣。人字山頭者，係三角形之建築物，以台口線圍繞三角形及屋之頂尖部份。圖五十八爲希臘人字山頭之典式，即示在伊齊挪（Aegina）之朱匹忒廟；（Temple of Jupiter），設加以修葺，遂成圖中所示之完整形狀矣。

〔附圖五十八〕

一一二、門窗堂　方頭之門堂或窗堂，上架過梁，堂子之兩邊及上端，繞以簡單之線脚，如門頭線及略向外突之撲頭線等，靡不運用匠心，鈎心鬬角之作。圖五十九示希臘窗堂之式。

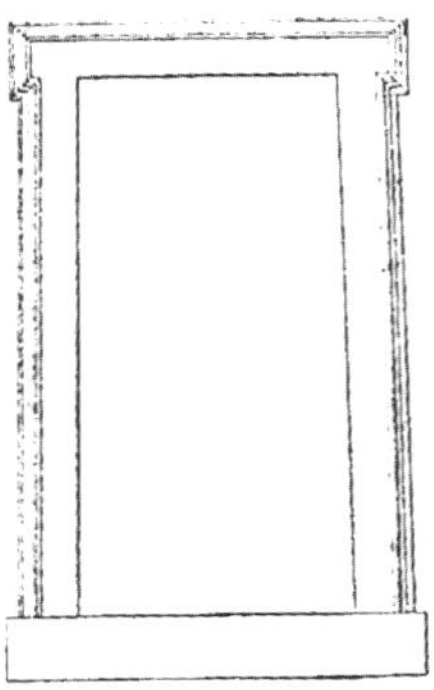

一一三、線脚　希臘之線脚，殊爲精美。繚弧橢圓之線，多於渾圓；雕刻或其他花飾之於小方線或凹線，完全摒棄；而其他線脚之需要花飾雕

〔附圖五十九〕

刻者，要以地位之稱適，與佈局之均配爲準。

線脚之分類，計九種，如圖六十。茲將其名稱列下：

〔附圖六十〕

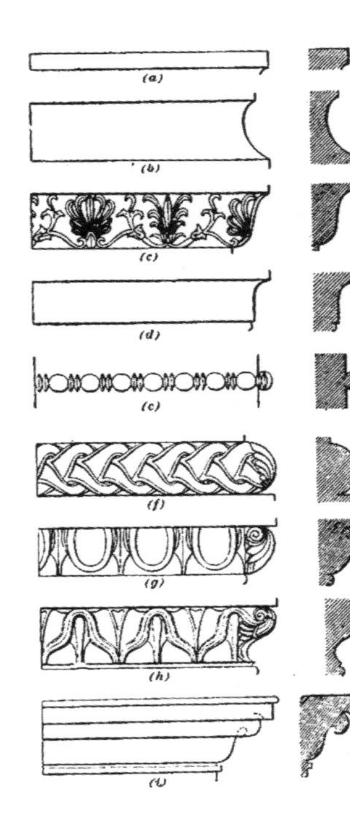

（一）小方線(Fillet)，或卽狹帶條，如圖(a)。

（二）秋葉凹(Scotia)，或卽凹線，如圖(b)。

（三）朏脯線(Cyma Recta)，或卽兩重凹線，如圖(c)。

（四）凹線(Cavetto)，如圖(d)。

（五）小圓線(Bead)，如圖(e)。

（六）坐盤圓線(Torus)，如圖(f)。

（七）泥水線(Ovolo)，或卽蛋形線，如圖(g)。

（八）胃足線(Cyma Reversa)，如圖(h)。

（九）鳥喙線(Hawk's beak)，如圖(i)。

上列各種線脚之中，小方線與秋葉凹爲分劃相對之部份，及爲承托之線脚，爲收頭之線脚，爲堵阻之線脚。朏脯線及凹線爲收頭及線脚之最高部份，如蓋頂及撲頭線等。小圓線及坐盤圓線可爲束腰，承托及分隔者。泥水線及胃足線爲挑出之線，以之承托上部建築物。鳥喙線普通用於陶立克式花帽頭，兼亦著稱於哥德式線脚。

希臘建築則例

一一四、陶立克式　希臘建築之三部曲，前已述之；惟須更爲分解其各部之配置與三要體之結合者，蓋卽坐盤，柱子與台口是；六十一圖(a)爲希臘陶立克式之在雅典密涅發廟（Temple of Minerva)，由此式可見其配襯與組合之一斑焉。例如a花帽頭之高度，連脛在內不足柱子根際對徑之半。脛者係線脚之分柱身與花帽頭者。在脛上之花帽頭係集橢圓形之泥水線b，帽盤c及花帽頭下面之環箍b三四條相合而成。關於柱身之大小，自根至頂，中間微弧，而頂端與根際之直徑，相差爲三分之二或五分之四；柱身普通分離二十根指甲凹槽，其凹進之程度，爲半圓或半橢圓形，或他種凹圓，而兩凹圓之會合處，起一鋒口者，如六十二圖a及b，是爲凹槽之斷面，a爲半圓，b爲半橢圓。此項凹槽，隨柱身越脛而達襯托花帽頭之環箍而止；其收頭有切平或成凹線之頭子者。臺基咸

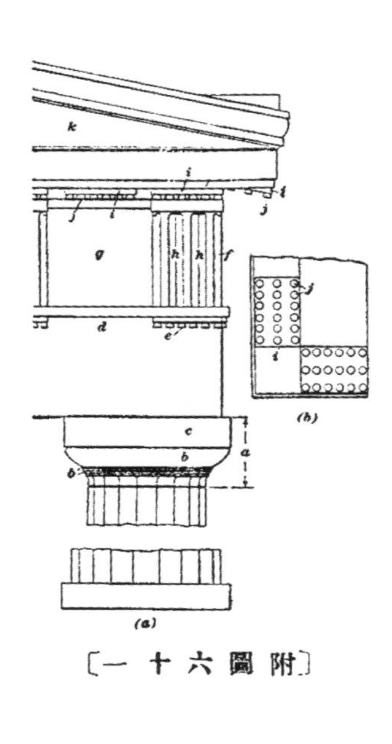

〔附圖六十一〕

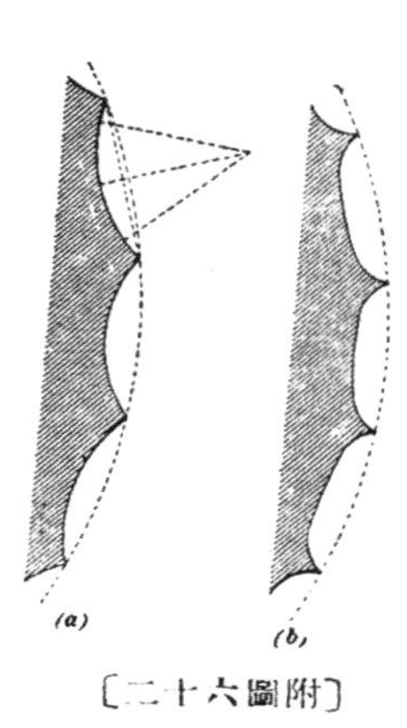

〔附圖六十二〕

分三級，而其高度常爲柱身直徑三分之一之高。

一一五、台口如圖六十一(a)，其高度約較柱子根際對徑之一全徑加十分之七五，或需二根柱子對徑以上。台口之五分之四之高度，幾爲門頭線與壁緣相對分，餘五分之一爲台口線。門頭線係平面者，高佔門頭線全部五分之四或六分之五，而五分或六分之所餘者爲方線，如圖中之d，方線之下有排鬚六個附焉，如圖中e，排鬚聯繫之寬度，係照上面排檔之寬度相同。壁緣微向外突，並分垂直之排檔，如圖中f，而劃分排檔，位於排檔之間者，是爲排框，如圖中g。排檔之寬度，每及柱子面寬之半；然排框則全係正方者。每個排檔之中，有垂直之整槽兩條，如h，及半邊之槽兩條。因兩邊排檔之微凸，故中間排框遂陷落，如落堂之浜子。

一一六、台口線自排檔之面突出，伸出之度，一如台口線本身之高度；而台口線又可依其立面分劃四個平均部份，即方口，挑出方線脚及頂上之線脚爲一份，中間平面挑出者佔兩份，尚餘一份爲在台口線底之一條方線，台口底之囊頭亦即附着於此方線之下，如圖六十一(a)中之i，而成台口底向內斜上成一約八十度之角度，囊頭之寬度與其下面排檔之寬度同；在排框對上之台口底，亦置囊頭一，並於囊頭貼圓餅三排，每排六個爲飾，如圖中之J。圖六十一b係台口底之平面圖示仰視之囊頭者。

一一七、陶立克式廟殿之人字山頭在六柱式建築者，自台口至頂巔爲一根半柱子對徑之高，而三角之斜坡約爲十四度。人字山頭之有線脚加冠其上者，係用肫脯線或泥水線之類之線脚，加至三角檔(Tympanum)，如六十一圖(a)中k之下脚升籮底轉灣。佈座(Acroteria)則置於人字山頭兩根以及頂巔。

台口線之在陶立克式廟簷者，有時須承托一帶遮蓋瓦片末端接縫之瓦當(Antefixae)。

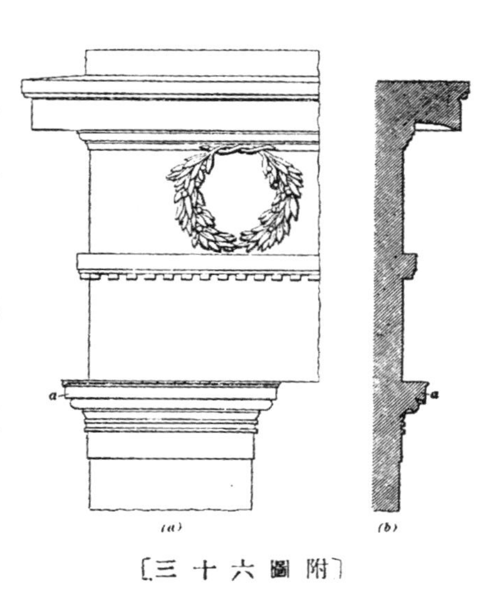

〔附圖六十三〕

六十三圖(a)爲立面圖，b爲剖面圖，示希臘台口之用半柱(Pilaster)支托者。半柱者，如一方柱自廟之牆面突出，上有帽頭a，所襯托之線脚則爲鳥喙線。

一一八、伊華尼式　坐盤之在此則例之下者，普通分爲三部份，而其總高約爲柱子根際對徑之五分之四。希臘伊華尼式柱子連坐盤及花帽頭之高度，逾九個柱子之對徑，見六十四圖a，而花帽頭與指甲凹槽分劃之處，有圓線並雕刻算盤珠飾，花帽頭之高度，自四分之三以至八分之七。坐盤分作三部份，每部份之高度幾均相等，最下之一部爲坐盤圓線，上冠小方線或無小方線，中間之一部爲秋葉凹，上下口各冠襯一小方線，上面之一部，則全爲線脚。

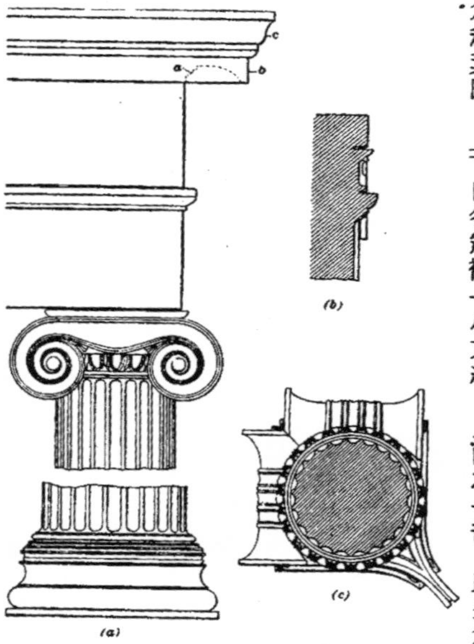

〔附圖六十四〕

一一九、六十四圖(a)之柱子，自根際至上面花帽頭之底，差度爲六分之五。柱身雕二十四根凹槽，間隔以方條。凹槽之形爲半橢圓，而方條之濶約爲凹槽之四分之一。花帽頭脛圈之上，有雕刻之橢圓線，冠蓋之線條，分展兩邊，幻成兩個渦形飾，其對徑佔花帽頭高度之五分之三。蓋頂帽盤之線脚作橢圓形，每施以蛋飾或舌飾等之雕刻。圖六十四(b)示花帽頭之半。因此種花帽頭之式例係在平面圖，乃爲平衡方形，其出面渦捲及其末端下瀉形成枕狀，或如古時軍帽之狀，如圖六十四(a)，爲花帽頭在楹廊之角柱上者；更有角柱花帽頭之渦形飾，兩者合成一角，向外突出成四十五度之角度，而使角之兩面均有渦形飾者，如六十四圖(c)。

一二〇、台口之高度，等於柱身底盤對徑之二倍餘，如六十四圖(a)，以其面高，可分爲五份；門頭線及壁緣佔其四，餘一份則爲台口線。台口線之下面有托線，如圖中點線a，方線b及蓋頂線c，均自壁緣之面突出；而其突出之程度，稍逾台口線本身之高度。有時門頭線較壁緣稍出，如六十五圖(a)，爲雅典密湟發波利斯廟(Temple of Minerva Polias)伊華尼式台口之則例。在門頭線最下口之方線，其外角與柱子下脚相齊，如六十五圖(a)，整個門頭線之高度可分爲九，七份爲方線，餘兩份爲雕飾之腰線，所以分門頭線與壁緣者。半柱下之坐盤如圖(c)，花帽頭如(d)。

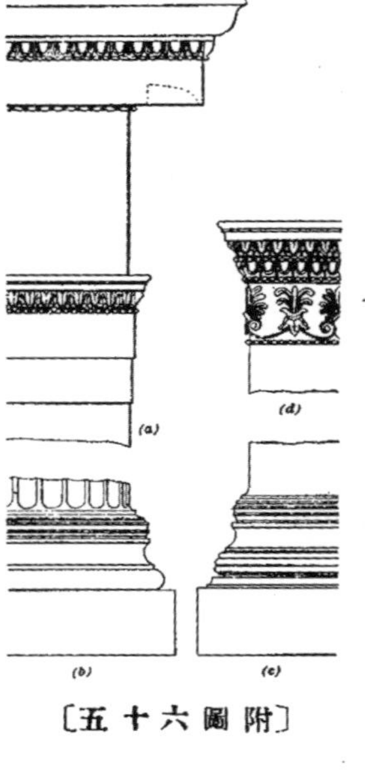

〔附圖六十五〕

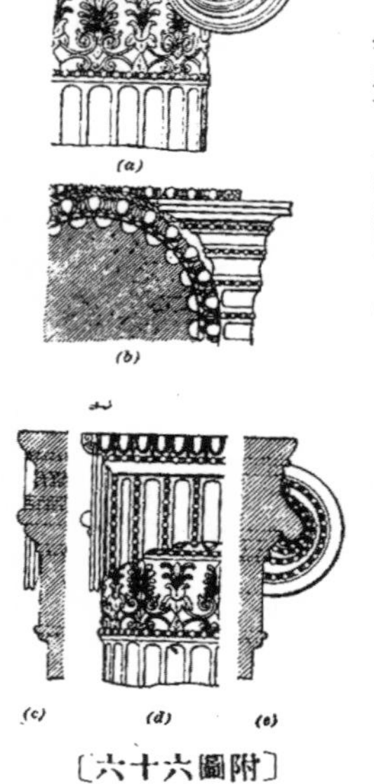

〔附圖六十六〕

圖六十六示在雅典英雄殿之盛飾伊華尼式花帽頭，(a)爲立面，(b)爲剖平面之仰視圖，(c)爲縱斷面圖，(d)爲側立面圖，(e)爲斷面，即穿過渦形飾之面者。伊華尼式之礅子，較陶立克式爲奢。壓頂線之角割成六角形；其角度之則例，爲小於十四度。

一二一、柯蘭新式　希臘柯蘭新式柱子，等於十根柱子高之對徑，而柱子之脛際與其最大部份之根際，爲六分之五之比。柱身二十四根半橢圓形之指甲凹槽，自坐盤直透花帽頭下，花帽頭之高，等於一根柱子之對徑又十分之七五。圖六十七爲紀念蘭茜客臘次之亭柱花帽頭，柱身及台口見圖a，柱子之坐盤及礅子之蓋頂線見圖(b)，台口底之仰視平面見圖(c)，桶形之花帽頭下襯一帶葉子，高等於花帽頭之六分之一，在下層一帶葉子之上爲反葉，高等於花帽頭之三分之一，此外三份爲瓣飾，包含小葉捲鬚等之在蓋頂方盤之下者。蓋頂方盤係由小方線及凹線所組合，而後者與上部橢圓線，復藉第二根小方線以阻隔。方盤之平面爲正方，但其角或切成八字角式，須視其等配之需要與否耳。柱下之坐盤如圖(b)，包括坐盤圓線a，以小方線分隔秋葉凹b，上覆冠一橢圓形之線脚c，上下各冠襯小方線，在d則爲礅子上之蓋頂線。

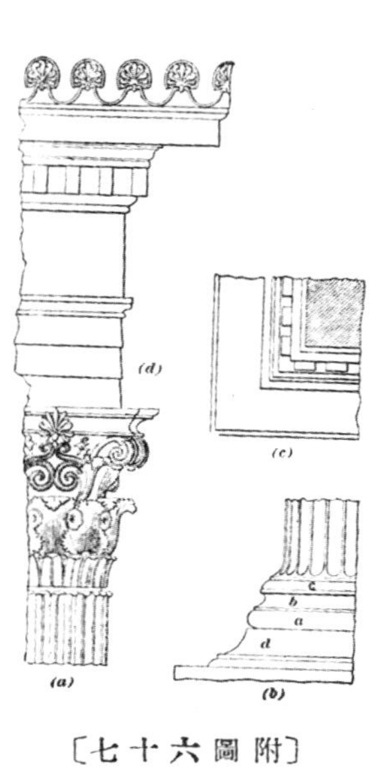

〔附圖六十七〕

一二二、柯蘭新式之台口，高約等於二根柱子之直徑又七分之三。門頭線如六十七圖(a)，分作三個均等部份，而向裏稍斜者。壁緣係平面者，較門頭線稍突出。台口線底下因須挖割陷子，故襯托於底下之線脚，特須放高；並有排鬚，蛋飾，舌飾等之雕飾。台口線普通於蓋頂線上加一方線，更上則爲手掌飾面之瓦當。圖六十八示希臘柯蘭新之又一式例。(a)爲花帽頭，(b)爲斷面，(c)及(d)爲同樣之花帽頭與斷面圖。圖六十九示柯蘭新花帽頭之在雅典風塔者，其特點在花帽頭之無捲渦。

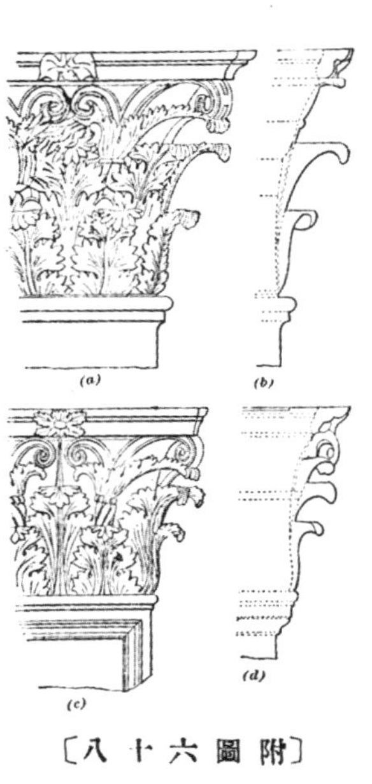

〔附圖六十八〕

一二三、花飾　希臘之花飾，頗合格調，殊少不純粹處。其長條之花飾如迴紋，反葉，手

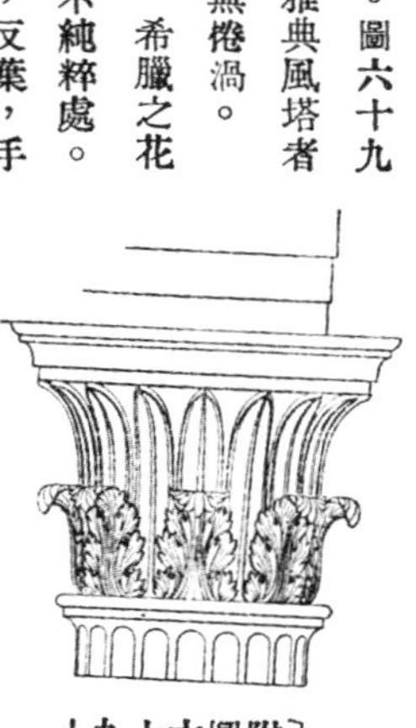
〔附圖六十九〕

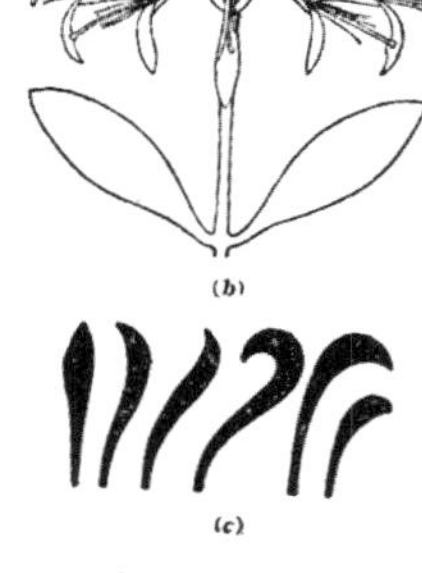

〔附圖七十〕

〔附圖七十一〕

〔附圖七十二〕

〔附圖七十三〕

〔附圖七十四〕

掌飾，荷花等，更有波濤漩渦之飾，爲希臘裝飾中之尤著者。

圖七十(a)示寬闊之反葉，用於雅典風塔之花帽頭者；(b)為手掌飾之變態；(c)為反葉之以油漆畫飾者。

一二四、各種希臘之鑲邊飾或長條之飾畫，圖七十一為手掌飾之一，如(a)(b)(c)及(d)。(e)與(f)為雕於線脚上之花飾，如於橢圓形線及蓋頂線等處者。(g)為在蘭茜客臘次紀念建築物上之一種漩渦飾。

一二五、圖七十二示葡萄，葛籐及鬈髮狀之花飾，有時並與反葉相依襯，如(a)及(b)，間有人體者如(c)，亦有他種自然物者如(d)。圖七十三示四種花飾之式例，更替為用，習見於希臘各處；與七十四圖之七種式例，同為著稱者。

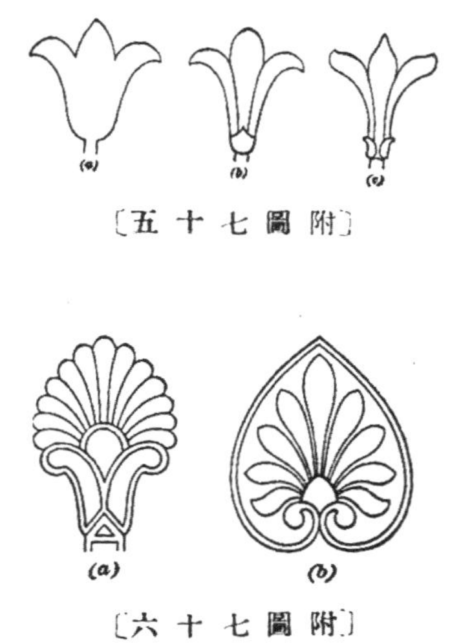

〔附圖七十五〕

〔附圖七十六〕

一二六、圖七十五(b)及(c)係埃及之荷花飾蛻變而成，(a)稱希臘菱蘭。

圖七十六(a)及(b)之手掌飾，大都刻於瓦當或豎立之花飾，普通用於希臘廟之屋簷，如圖四十八所示。

圖七十七示希臘油漆花飾之式例，(a)為手掌飾與菱蘭相間

〔附圖七十七〕

〔附圖七十八〕

者，(b)及(c)為鑲邊飾，(d)(e)及(f)為迴紋，圓花之飾，(g)為波濤狀之鑲邊飾。

一二七、圖七十八為油漆之蛤殼飾，(b)及(f)為手掌飾，(c)及(d)為聖母殿平頂之彩繪，(e)為施於坐盤圓線雕刻上之彩繪。

一二八、希臘廟殿建築，在雕刻線脚上，習施彩繪；但於伊華尼式例，則施精緻之淺浮雕刻，如圖七十九。

〔附圖七十九〕

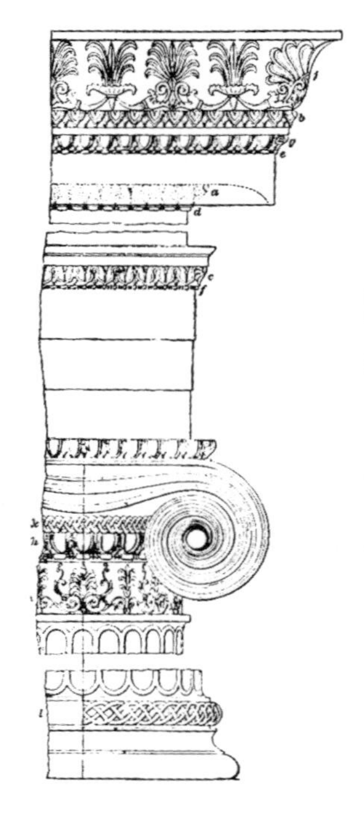

圖七十九示多種雕刻之適用於伊華尼式例者，如脛際之手掌飾i，在蓋頂線者如j，ab及c之葉與箭飾，g之蛋及箭飾以及在方盤與花帽頭下口線脚h。edf及h之小圓線雕刻算盤珠飾，是為此種式例中之普通者；在輪繫或如髮辮狀之雕飾，如k及l者，殊少引用。

（希臘部份完）

上海之房地產業

一·上海之房地產及其特徵

不論就政治言或經濟言，上海均可分成爲兩大區域，一爲上海市府所轄之市區，包括南市，閘北，江灣，吳淞等十七區；一爲外人租借之租界，內分公共租界與法租界。公共租界又分爲中北東西四區，法租界又有新舊之別。市區與租界所佔之面積，據二十一年八月市公安局調查結果，前者爲、一一八七、七四一畝，後者爲四八、六五三畝，分別計之如下：公共租界中區二、八二〇畝，北區三、〇四〇畝，東區一六、一九三畝，西區一一四五〇畝，新舊法租界一五、一五〇畝。市區面積雖較租界大二十餘倍，但其繁華重要反遠不若後者，蓋上海一切重要工商業均麕集於租界之中，故本文所論之房地產業主要亦限於租界。

上海不僅爲中國唯一之商埠，而且亦爲遠東工商業之中心，其地位僅次於倫敦紐約，故其人口愈趨愈密，原不可免之結果，公共租界之人口，一九〇〇年爲三五二、〇五〇人，一九三〇年增至一、〇〇七、八六八人，相隔三十年卽增百分之一八六，約達二倍。法租界之人口增加率則更速，計自一九一五年之一四九、〇〇〇人增至一九三〇年之四三四、八〇七人，卽十五年間增加百分之一九二。近數年來，因內地政治經濟日趨不安，上海人口尤呈猛烈之增加，據一般估計，市區租界人口合計，已自一九三〇年之三百十餘萬人增至一九三五年之三百四十餘萬人矣。

都市工商業之繁興，與其人口之增殖，兩者實係有密切之關係；因工商發展，需人必夥，人口增加，亦必擴大對工商業之需要。然此二者又有一共同作用，卽促進都市地價房租，不斷增長—卽房地產業飛黃騰達，今姑以公共租界之地價一項爲例，並列表如次（以每畝計算，單位爲兩）

	一九〇三年	一九三〇年	一九三三年
中區	一三、九五九	一〇七、八六二	一三二、四五一
北區	四、八一九	三七、八六三	四一、八〇二
東區	二、五五九	一一、八六四	一五、三八五

從前表我人可知：自一九〇三年至一九三三年三十年間，各區地價（除東區略低外）約增高十倍，自一九三〇年至一九三三年四年之間，中區地價約增百分之二十三，北區百分之十，東區百分之三十，平均百分之二十，其速率實足驚人！

上海市區及租界內之地產（連建築物在內），其價值究爲若干，因房地產之價值上落甚大，且統計機關未能統一，迄今尚無一致之數字，有人於一九二一年估計爲五十萬萬元，普益地產公司於一九三三年估計爲三十萬萬元（內地價十萬萬，舊建築十五萬萬，最近八年來新建築五萬萬），兩者或均有偏誤。至公共租界內之地價總值（房屋不在內），工部局方面曾有較詳之評定，今引錄於下，以供參考（單位兩）：

	一九〇三年	一九三〇年	一九三三年
中區	三〇、〇六六、三八六	二三四、七四一、一四八	二八五、八三一、八七一
北區	九、七二四、五三四	八五、三三九、五一三	九三、八二一、一一五
東區	一三、五四一、〇八一	一一七、一二三、二七三	一五四、四七一、九九九
合計	五三、三三二、〇〇一	四三七、二〇三、九三四	五三四、一二四、九八五

上海房地產之價值雖無確實之統計，但其爲數之巨，已可從前列各項數字推見一斑。對此巨大之上海房地產，有一顯著之特徵，爲吾人所不應忽視者，即其敏捷自由之流動性是也。前年五月間上海房產公會呈市參議會意見書中，曾明言及此，今節錄如下：

「上海房地產主與內地完全不同，內地業主必有餘財，方能置產，貽之子孫，世守其業，且契稅較重，移轉較少。上海則完全營業性質，以三四成之墊本，即可購置產業，向中外行商押抵六七成之借款……」

考上海之房地產所以能作爲完全之營業對象，迅速流轉於市面者，實有二因，一爲工商業之一般發展，使土地房產之固定財產亦日趨商品化，一爲手有餘財之投資者，亦爭以房地產爲出路。因此，上海房地產又獲得其第二特徵。即成爲金融界中流轉最易之信用籌碼。回憶「一二八」以前，祇需手中持有「道契」，即不愁資金無着，蓋一般銀錢業，對於該項道契，皆樂於承押。故當時上海之道契，幾與先進國家之公司債券無異，此實中國特有之現象也。

二·經營房地產之方式及其變換

上海之房地產業因具有前述兩大特徵，遂成爲本埠營業之一重要對象。惟其經營方式，據上海地產大全所載，今昔頗有不同。昔時地產價格較低，買賣因之易於成交，同時從事該項投資者尚少，壟斷之象亦未發生，故目光遠大之輩，即可出而單獨經營該項買賣。嗣後因小資本者變爲殷富，地產一入其手，往往欲待善價，而不隨意出讓。同時資本較少者，亦集資而組織地產公司，房產一經購進，亦須待價而估，且因地價高漲，經營者遂不能再如昔日之簡易，資本較小者，祇能望洋興嘆。

地產交易既不若昔日之簡易，同時投資者之款項，尚須經營其他事業，於是抵押之風盛焉。蓋抵押在承押者方面，可得優厚之利息，在押戶方面，與其因急求售，難得善價，不如暫押一時，以應目前之需，同時仍不失將來高價脫售之機會。倘有一部份投機者，實力有限，即將押得之款充作購買房地產之資金，待機脫手，此在前節論上海房地產之第一特徵時早已言及，茲不贅述。

此外租地造屋亦屬地產營業之一種，業此者類多具有卓識而乏資本之輩，其法乃以少數資本租得將來極有希望之地皮，建造房屋，以後即將租金收入，充償租地造屋之資金，據說因此而獲利者頗不乏人。倘租地之期限較長，則不惟自身可以豐衣足食，且可遺之子孫。設有人欲謀得該地之所有權而另建新屋者，則更可居奇獲利。但此項辦法，近年來已難暢行，因近年地主，出租地皮之期限既短，同時課租亦重，使租地者無甚活動餘地。

至押造之法，（由承押者代造房屋，租金收入，償付押款本息）目下尚不多見，因其手續至繁，不若抵押之方便，今爲此者，僅少數銀行或公司而已。彼等多係專營該業，並設有建築部份，對於繪圖營造經租等項，聘有專門人才，皆極內行，不致失算。除彼等而外，欲單獨經營地產押造，實甚困難也。

地產交易，一年中一般可分衰旺二期，買賣或抵押當以春冬兩季爲最旺。冬季則時屆年終，凡百營業例須結帳，其有虧損，或因經濟竭蹶者，不得不將所有之地產出售或出押，以圖週轉。春季則因銀根比較鬆動，拆息較低，有餘資者，多願意押，以增利息。惟年來因經濟恐慌日甚一日，求售者往往供過於求，此種地產營業之季節性，亦早隨金融季節性之喪失而中止其作用矣。

三・上海房地產之今昔

上海之房地產業，在「一二八」事變之前，曾實現一黃金時代，其原因除一般之投機作用外，更因當時之工商業確呈相當之繁榮。但此空前之蓬勃現象，轉瞬卽爲淞滬之戰所毀滅。嗣後上海協定於五月簽訂，外交漸趨平靜，地產之投機買賣雖復繼起，終不能恢復「一二八」以前狀態。價格且年有跌落，其間不容忽視者，卽美國於一九三四年厲行購銀政策，使中國存銀滾滾外流；國內金融奇緊萬分，地價及其交易額，更趨委落，大有不可收拾之勢。幸財部於去年十一月四日頒佈新貨幣政策，其頹勢始稍挽回。此近年來上海房地產業興替之大概也。

上海房地產業興替之詳細情況，與每年成交數額關係最切，據專家統計所得，最近六年來上海地產之成交額如下（單位元）：

民十九	八四、四四六、一〇〇	民廿二	四三、一三六、三〇〇
民二十	一八三、三二六、七〇〇	民廿三	三、九九〇、一五〇
民廿一	三五、一七四、九〇〇	民廿四	一四、四六〇、四〇〇

觀前列數字，其昇降過程適與前言吻合。此外，近年來地產業日趨式微之現象，於一部份金融業之失敗，亦可得其反映。蓋失敗之銀行錢莊中，固皆有巨額之地產押款也。或謂去年春某爵士創議發行鎊券，以禦美國白銀政策之侵襲，其目的亦在挽救彼名下之巨額地產，然未成爲事實。迨十一月初，新法幣實現，上海地產，始稍昭蘇。按前表觀察，廿四年份之地產成交額雖較前年增加二百餘萬元，但按月而言，主要皆由十一月後地產成交額之猛增所構成，詳細如下：

二十四年份上海地產成交額按月比較表（單位元）

一月	一，八五八，〇〇〇
二月	六六七，六〇〇
三月	一，六六一，〇〇〇
四月	三二六，〇〇〇
五月	四六七，九〇〇
六月	三八五，一〇〇
七月	三五一，九〇〇
八月	三一九，五〇〇
九月	一，一一八，一〇〇
十月	三七四，四〇〇
十一月	四，〇四一，〇〇〇

十二月	二，九三九，九〇〇

新法幣所以能挽救上海房地產之衰落，主要原因，卽籌碼較前鬆動，地產押款容易周轉；此外尙有兩點，與新法幣無關，但對地產則極有影響，第一立法院對於地產押欵之清理法，力謀改進與有效，第二財政部又迭令中國建設銀公司組織不動產抵押銀行，凡此二點，皆能使人心振奮。故其未來前途，或有相當希望也。

此外，關於上海之房地產，尙有一種新趨勢，我人須加注意，卽地產成交偏於法租界及公共租界西區，新屋建築，類多外僑住宅。據調查統計所得，可列表比較如下：

二十四年上海房地產成交數區別表

區別	成交次數	成交額(元)
法租界	三八	五，五八八，〇〇〇
西區	二一	四，四二八，一〇〇
西區越界	一七	七六二，六〇〇
中區	三	二，五六五，〇〇〇
北區	四	五九二，〇〇〇
東區	八	五二四，六〇〇
合計	九二	一四，四六〇，四〇〇

民國二十二，二十三兩年上海各項新建築比較表(單位所)

類別	二十三年	二十二年	二十三年比廿二年
華商店舖	二，八〇九	三，五四五	減七三六
外僑住宅	一，二二一	二五七	增九六四
外商店舖	二三六	二〇四	增三二
其他	三〇五	一，一二四	減八一九
合計	四，五七一	五，一三〇	減五五九

（轉載申報）

營造學 (十二)

杜彥耿

第三章

第一節　石作工程(續)

線脚　圖二九三至三一〇各種線脚，係用於哥德式建築之圈拱，束腰線，勒脚拖泥及柱子頂端之花帽頭等處。

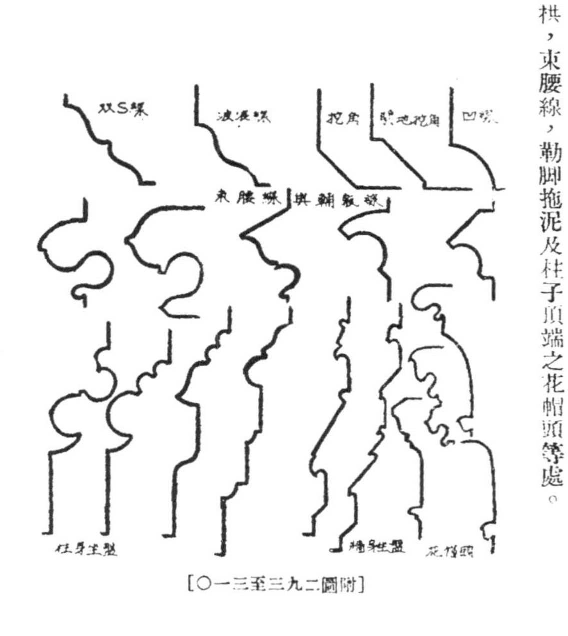

[附圖二九三至三一〇]

則例　則例者，凡古典式之柱子及台口，此外並不涉及其他建築物者，如陶立克式，柯蘭新式，伊華尼式等之柱子台口，各有其一定之式例，及適合之尺度。

凸窗　或稱六角肚窗，係從牆面突出，下托挑頭，如二六八至二七一圖。

壓簷牆　牆之建於簷口之上，如二五六圖，及城牙齒式壓簷牆，如二六八圖，古代建築用者頗多。哥德式建築則用爲裝飾之一種。現代建築，凡水泥平屋面之外沿，咸築壓簷牆，以資圍護。

圓盆飾　盆狀之圓飾，內刻花彩，用以掩蓋線脚交叉之點，或阻斷線脚之處。

礅子　垂直之座子，爲羅馬建築則例設立柱子於其上者，如二三七圖。

人字山頭　在窗上，門上，檻廊之上，或依則例之建築之一端，普通以台口線圍箍而成三角形，如三一一圖。

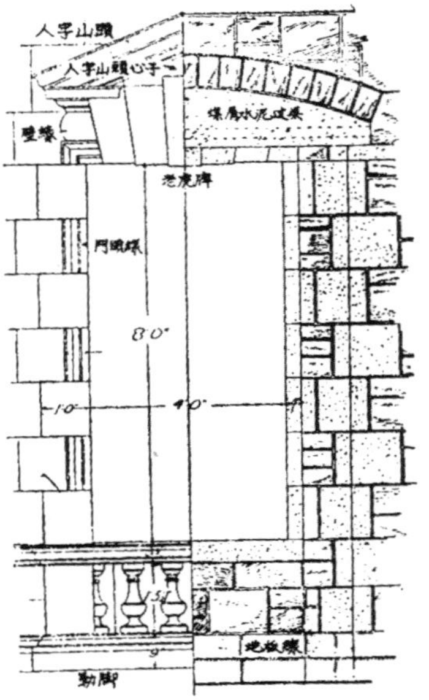

〔附圖三一一〕

壘柱 一種懸置之飾柱，俾兩旁建築物銜接此柱者。

半柱 在牆面突出長方形之墩子，如二三七圖。

礅子 垂直之支柱，作方形或長方形，常係獨立不與牆垣附着者。

塔尖 教堂尖塔收頂，如金字塔狀之塔尖，如二四五圖。

勒脚 在牆根自牆面突出之牆基，如二五〇圖。

挑台 正屋之一隅，突出耳房而成通達正屋之大門口，如二三七至二四九圖。

限子 石之置於牆角，必取堅韌者，藉增牆之堅度；倘將石之角口做成斜角，並將石面鑿平或鑿毛，則非特堅固，尤兼美觀也。如二三九圖。

挑頭 連環圈最末一個法圈之圈脚，有時適遇橫過大牆，致無地位設置柱子或礅子；而圈脚亦不砌進牆內，致損美觀；又不能對向外擠力予以抵抗，故勢必於牆面挑出挑頭，以資擱置圈脚，如一七五圖。

窗檻及地檻 窗或門下之橫檻，普通均係統長一根石料，形方或起線脚，下口底面鑿水落槽，如三一二圖。

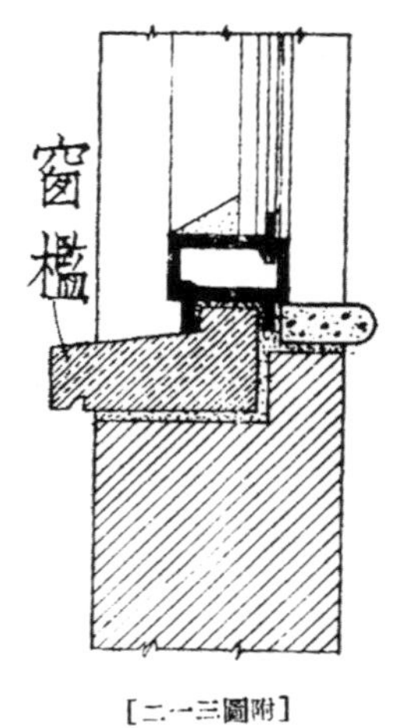

〔附圖三一二〕

石片 石工鐫鑿時所留之殘片斷屑。

尖頂 尖銳之屋頂，加於塔上者，如二四五至二四八圖。該圖係十三世紀及十四世紀時之哥德式建築。

圈脚 法圈最末或最下之一塊石。

斂角圈 一個法圈砌於牆之陰角者，如二四五圖。

束腰線 平行之線脚，突出於牆面；最普遍者，在窗檻之下或壓簷牆下。

連座 希臘建築踏步式之屋基，柱子建立於其上；最顯著者，如希臘陶立克式之柱子，即立於此踏步式之礎盤上。

控制鐵 H L 或T字形之鐵，藉以控制自牆面突出之六角肚者。

墊頭 襯於大料兩端底下，以資分散壓力者，如三一三圖。

小方線 陶立克式台口劃分門頭線與壁緣間之方線脚。

水落線 鑿於窗檻或壓頂石束腰線等下口之滴水槽，俾雨水沿至下口水槽時，即行滴下，不致沿及牆身。

控石 與牆垣同樣厚度整塊之石，如二四一圖。

[附圖三一三]

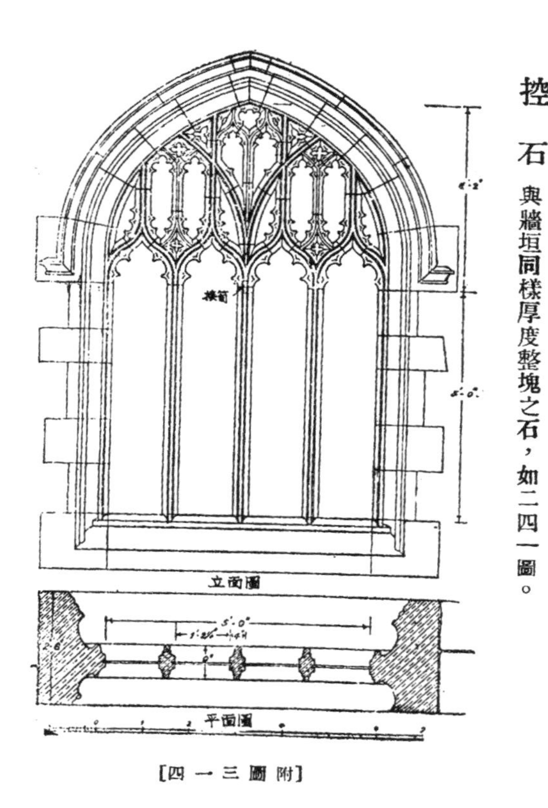

[附圖三一四]

尖窗柳葉心 石工鐫飾，鐫於尖頭窗中管檔以上，若哥德式窗，如三一四圖。

門頭圈心或人字山頭心子 石工之法圈，圈心即門或窗上之蓋覆，並爲希臘建築則例人字山頭中心子，施以鐫刻人物花飾等者，見三一一圖。

穹窿 以石砌疊法圈而成拱形天幔者，如三一五圖。

[附圖三一五]

瀉水 石之置於頂部者，中間應脊起，兩邊傾瀉，形如鯽背，以便雨水向兩邊溜瀉，不致停留石面，是爲瀉水。義與窗檻，台口線等上背所鑿之瀉水同。

磡面臺階石 羅馬式蓋於磡子之面之蓋頂石，兼作臺階石；而石柱子亦即立於其上。

人工 下述各節，均係人工之施於石作工程者。如打毛坯，蹔鑿，自然石面，半施人工鎚鑿，打邊及平面之用斧鎚光等工作之於硬石軟石者。其他如將石鑿成各種線脚，落堂浜子及磨光，做圓，鑿彎，上下彎穹等等。

蹔鑿 打毛坯之後，石面呈現粗糙之狀。如三一六圖。

自然石面，自石礦開出石面或毛石面 上述數種名詞，皆係由石礦中鬨出之狀；亦卽一石鬨成兩石，其石面所呈之狀。

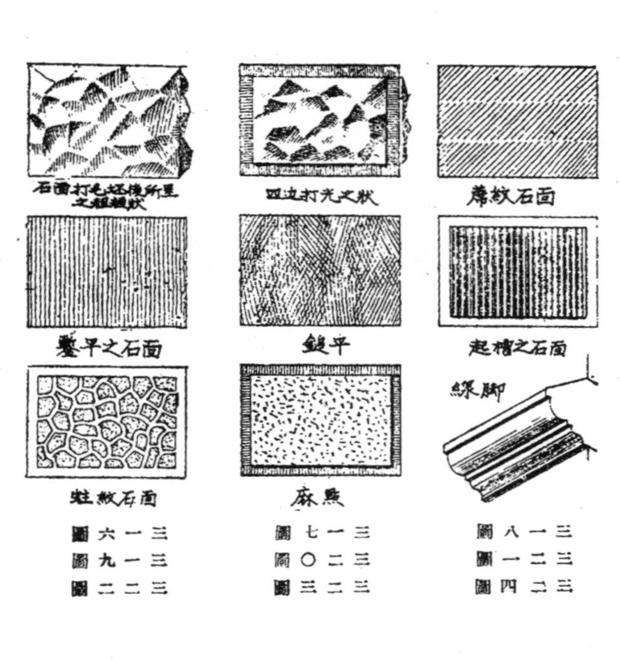

打　邊　石之中央鏨光或鑿毛，一任其自然之狀態；而四邊須打光者，約一吋闊，如三一七圖。

平　面　石之採自石礦，其面本極粗糙，欲使之整齊美觀，則應四邊打光，隨後將中央鏨平，乃呈整潔。

鎚　平　以鋸口器皿或錐鑿器物，將軟石之面，無論任何方向鎚平之工作，如三二〇圖。

蓆紋石面　石面之鎚鑿施平，不依一定之趨向，分條施工者，如三二二圖。

鏨　平　石面用斧斤鏨平，必平整無疵；雖經日光照耀，亦必無高低不平或日影起伏之弊。而鏨鑿之方向，亦屬順勢，如三一九圖。

斧　平　斧平之義，與鏨平相同，惟前者施之於硬石，後者施之於軟石。硬石斧平之程序，先將毛石用劈鑿將不整齊之邊口，略爲打直，再以尖頭椎子，將石逐漸鑿平，頻將中核之石面斧平。鏨斧者，形如木匠所用之斧，但較小，而兩面快口者，見石工器械圖。（石工所用器械，將於本節之末刊出。）

麻　點　石之出面或其層平面，略加鑿平狀如麻點者，如三二三圖。普通用於牆角限子石或勒脚石；惟四緣邊口，應用扁鑿打光，如圖。

（待續）

傢具與裝飾

此為倫敦廣播電台之辯論室。牆面用楓木築造，邊緣及壁爐則用銅製。椅用本色之羊毛與絨布織成。燈罩係為白色，桌上置一花瓶，插以白色之花，尤為生色不少。

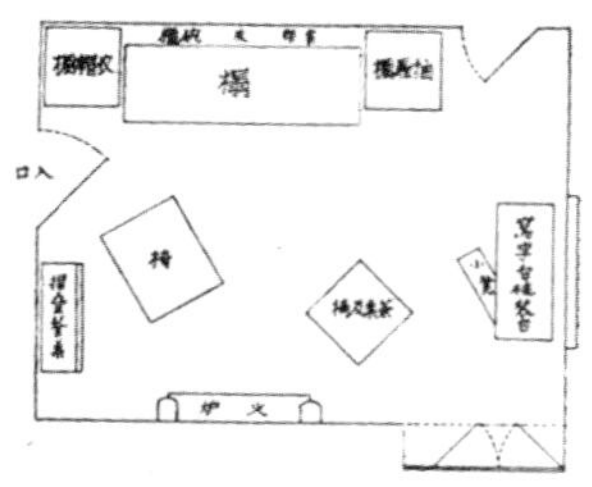

此室適合於職業界婦女或單身者之居住，一切應用器具，如睡榻，杯碟櫃，書架、靠背椅等，均用適合時季性之斑點淡黃色亞克木製造之。此外有一桌一牀，可以套入書架下杯碟櫃內。舉凡家庭所需，無不以最經濟之地位備具之。

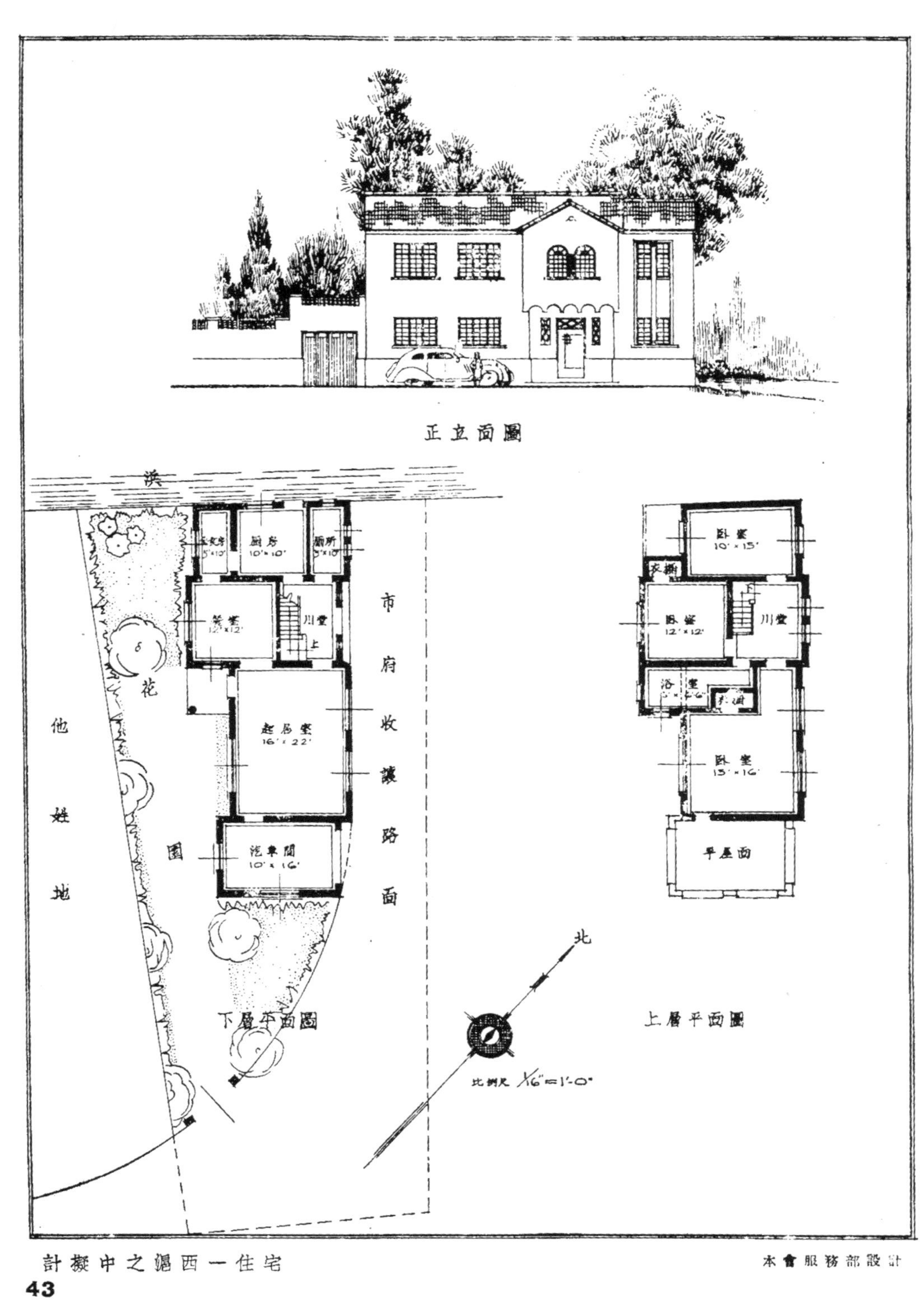

計擬中之滬西一住宅

本會服務部設計

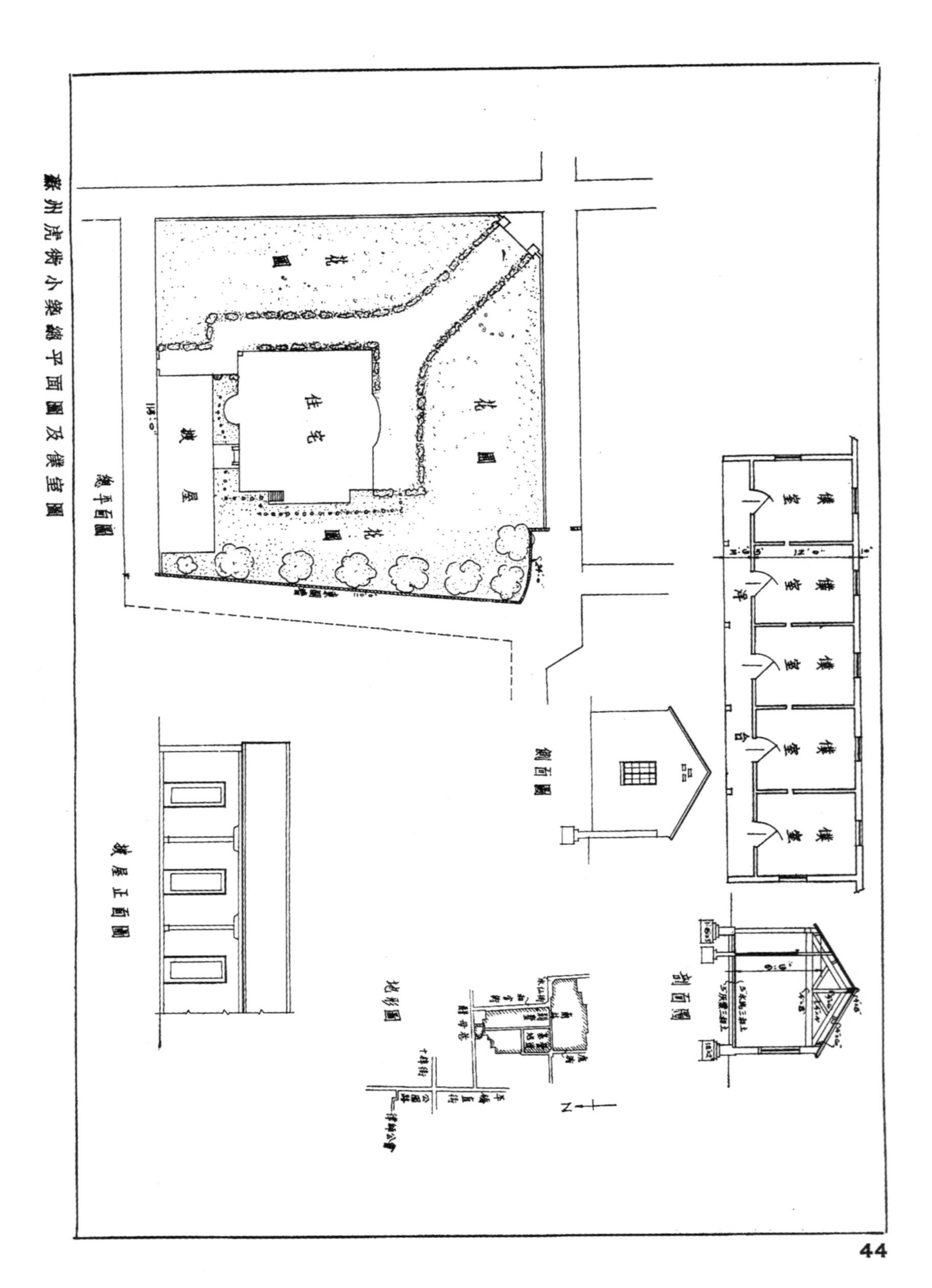
蘇州虎衖小築總平面圖及僕室圖
花園
住宅
花園
花園
披屋
總平面圖
僕室
僕室
僕室
僕室
僕室
側面圖
剖面圖
披屋正面圖
地形圖

虎街小築各層平面圖

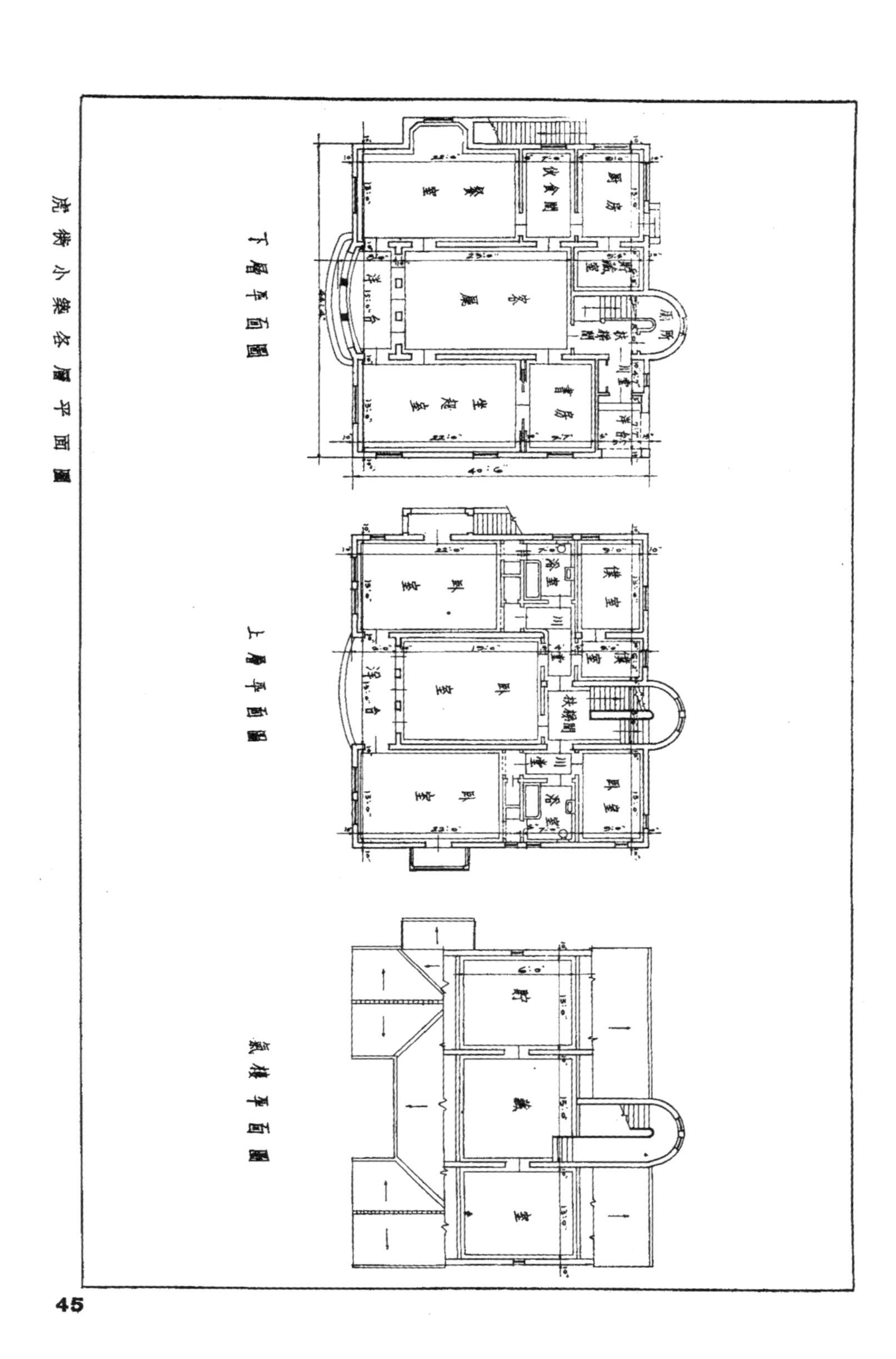

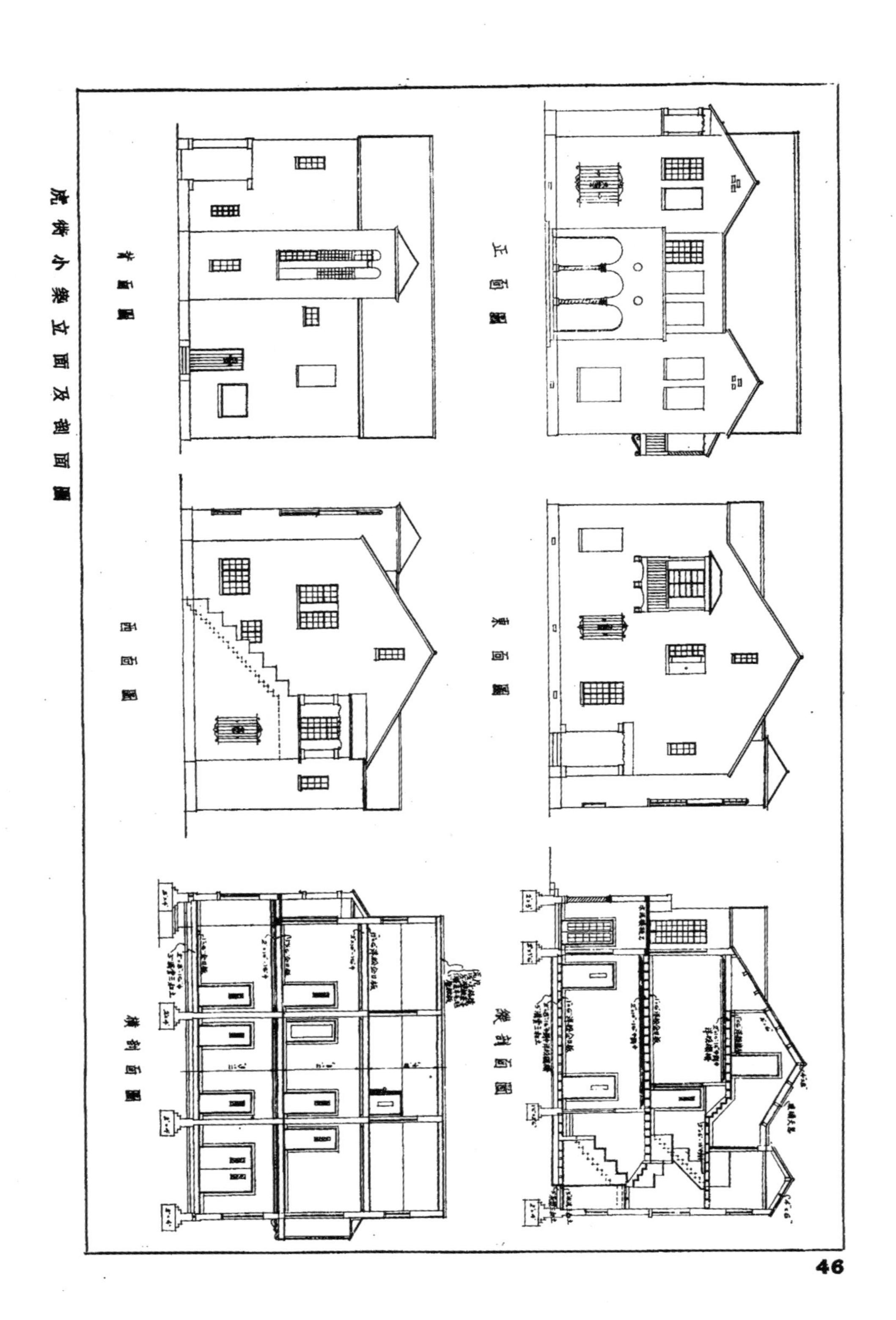
背面圖
正面圖
西面圖
東面圖
橫剖面圖
縱剖面圖

虎備小築立面及剖面圖

清代建築略述

關野貞

清太祖從滿州之興京興起，乘明朝的積衰，略取瀋陽，攻陷遼陽，卽于是間奠定國都；但不久卽遷都於瀋陽，卽今之遼甯省城。太宗繼之卽帝位，便在遼甯建築宮殿，那就是現在的遼甯宮闕，順治皇帝乘李自成之亂而入北平城，卽於此定國都，大明的天下終於覆亡了。

其次康熙，雍正，乾隆三朝百三十年間，實爲清朝文化的最盛期，四海昇平，國力殷富，一面在北平大修明代的故宮，重興太和殿；另一方面因重建或修營天下的廟祀寺觀之故，建築術與其他工藝同樣達到盛大興隆之域。

清雖起于滿州，但繼承了明代的文化，尤其因爲上述三朝皇帝的獎勵，古代文化的硏究與考證，大爲盛行，懷古的傳統的精神風靡上下。建築方面，簡直沒有時代的創作，只是因襲明代以來的樣式。所以不論其規模如何巨大，其裝飾無論如何美麗，總缺少清新純眞的氣象，不免受着徒然玩弄誇大富麗手法之譏誚。嘉慶道光以後，內亂外患頻仍，國勢凌夷，建築術也陷於纖弱頹唐了。

當時的宮殿，如上所述，滿州時代建有遼甯的宮殿；康熙年間重興北平紫禁城的太和殿，嘉慶年間，建太和殿午門及乾清宮，光緒年間再興建太和門，其後又有西太后萬壽山離宮的大經營。最使人感到興味的，就是乾隆時代意大利人郎世甯等計劃北平西北的圓明園，應用法國路易十四式的細部以經營其殿宇。這是歐州近代建築影響於東方的第一步，所惜咸豐十年英法聯軍攻陷北平，慘被燒燬，現在只剩殘墟了。

儒敎是對于政治上極有幇助的，故特被重視。清代當然承繼明代的，北平有成均館，各道的府州縣多建文廟。文廟建築特別注意，故亦重要。北平，曲阜，南京，西安的文廟，尤其壯麗；像曲阜文廟的大成殿是全國廟殿中最爲偉大的。

道敎亦爲當時朝野上下所信奉，像五嶽廟，四鎭廟那樣規模壯大者外，各州縣的關帝廟，城隍廟，娘娘廟等在各地也都極意經營。

本刊所載材料價目，力求正確；惟市價瞬息變動，漲落不一，集稿時與出版時難免出入。讀者如欲知正確之市價者，希隨時來函詢問，本刊當代爲探詢詳告。

磚瓦

（一）空心磚

十二寸方十寸六孔 每千洋二百十元
十二寸方九寸六孔 每千洋一百九十元
十二寸方八寸六孔 每千洋一百六十元
十二寸方六寸六孔 每千洋一百二十五元
十二寸方四寸四孔 每千洋八十元
十二寸方三寸三孔 每千洋六十五元
九寸二分方六寸六孔 每千洋六十五元
九寸二分方四寸半三孔 每千洋五十元
九寸二分方三寸三孔 每千洋四十元
四寸半方九寸二分四孔 每千洋三十二元
九寸二分四寸半三寸二孔 每千洋二十元
九寸二分・四寸半・三寸半・三孔 每千洋十九元
九寸二分・四寸半・二寸・二孔 每千洋十八元

（二）八角式樓板空心磚

十二寸方八寸八角四孔 每千洋一百八十元
十二寸方六寸八角三孔 每千洋一百三十五元
十二寸方四寸八角三孔 每千洋九十元

（三）深淺毛縫空心磚

十二寸方十寸六孔 每千洋二百二十五元
十二寸方八寸半六孔 每千洋一百八十九元
十二寸方八寸六孔 每千洋一百八十元
十二寸方六寸六孔 每千洋一百三十五元
十二寸方四寸四孔 每千洋九十元
十二寸方三寸三孔 每千洋七十二元
九寸二分方四寸半三孔 每千洋五十四元

（四）實心磚

九寸四寸三分二寸半紅磚 每萬洋一百二十六元
八寸半四寸一分二寸半紅磚 每萬洋一百二十元
十寸・五寸・二寸紅磚 每萬洋一百十四元
九寸四寸三分二寸紅磚 每萬洋九十五元
九寸四寸三分二寸三分紅磚 每萬洋一百〇五元
九寸四寸三分二寸三分拉縫紅磚 每萬洋一百六十元
十寸五寸二寸青磚 每萬洋一百十九元
九寸四寸三分二寸青磚 每萬一百元
九寸四寸三分二寸三分青磚 每萬一百十元
（以上統係外力）

（五）瓦

一號紅平瓦 每千洋五十五元
二號紅平瓦 每千洋五十元
三號紅平瓦 每千洋四十元
一號青平瓦 每千洋六十元
二號青平瓦 每千洋五十五元
三號青平瓦 每千洋四十五元
西班牙式紅瓦 每千洋四十五元
西班牙式青瓦 每千洋四十八元
英國式灣瓦 每千洋三十六元
古式元筒青瓦 每千洋六十元
（以上統係連力）

以上大中磚瓦公司出品

新三號青放 每萬洋五十三元
新三號老紅放 每萬洋六十三元

輕硬空心磚

		每塊重量
十二寸方十五寸四孔	每千洋二八八元	卅六磅
十二寸方十寸四孔	每千洋二三六元	廿六磅
十二寸方八寸二孔	每千洋一七七元	十九磅半
十二寸方六寸二孔	每千洋一三三元	十七磅
十二寸方四寸二孔	每千洋八十九元	十四磅

品名	價格	重量
十二寸方三寸二孔	每千洋七十元	十半二磅
九寸三分方八寸三孔	每千洋九十三元	十二磅
九寸三分方六寸三孔	每千洋七十元	九磅半
九寸三分方四寸半三孔	每千洋五十四元	八磅二五
九寸三分方三寸二孔	每千洋五十元	七磅二五

硬　磚

品名	價格	重量
二寸二分四寸五分九寸半	每萬洋一〇五元	六磅
二寸二分四寸一分八寸半	每萬洋八十五元	四磅半

以上長城磚瓦公司出品

鋼　條

四十尺四分普通花色	每噸一四〇元
四十尺五分普通花色	每噸一二六元
四十尺六分普通花色	每噸一三二元
四十尺七分普通花色	每噸一三六元
四十尺一寸普通花色	每噸一三六元
盤圓絲	每市擔六元六角

泥灰石子

象牌　水泥	每桶洋六元三角
泰山　水泥	每桶洋五元七角
馬牌　水泥	每桶洋六元五元
拔灰	每擔洋一元二角
黃沙	每噸洋三元
石子	每噸洋三元半

木　材

洋松（八尺至卅二尺再長照加）	每千尺洋九十五元
一寸洋松	每千尺洋九十七元
寸半洋松	每千尺洋九十八元
洋松二寸光板	每千尺洋八十一元
四尺洋松條子	每萬根洋一百六十元
一寸四寸洋松一號企口板	每千尺洋一百〇五元
一寸四寸洋松副頭號企口板	每千尺洋九十五元
一寸四寸洋松二號企口板	每千尺洋八十五元
一寸六寸洋松一號企口板	每千尺洋一百十五元
一寸六寸洋松副頭號企口板	每千尺洋一百元
一寸六寸洋松二號企口板	每千尺洋九十元
一二五四寸洋松一號企口板	每千尺洋一百五十元
一二五四寸洋松二號企口板	每千尺洋無市
一二五六寸洋松一號企口板	每千尺洋一百六十元
一二五六寸洋松二號企口板	每千尺洋無市
柚木（頭號）僧帽牌	每千尺洋六百元
柚木（甲種）龍牌	每千尺洋五百三十元
柚木（乙種）龍牌	每千尺洋五百元
柚木（旗牌）	每千尺洋五百三十元
柚木（盾牌）	每千尺洋四百八十元
硬木	每千尺洋一百六十元
硬木（火介方）	每千尺洋一百五十五元
柳安	每千尺洋一百八十元
紅板	每千尺洋一百三十五元
抄板	每千尺洋一百五十五元
十二尺三寸六八皖松	每千尺洋五十六元
十二尺二寸皖松	每千尺洋五十六元
一二五四寸柳安企口板	每千尺洋一百八十五元
一寸六寸柳安企口板	每千尺洋一百八十五元
一二五四寸企口紅板	每千尺洋一百四十六元
二寸一寸半建松片	市尺每千尺洋五十二元
九尺四分建松板	市尺每丈洋三元六角
九尺八分建松板	市尺每丈洋六元五角
六尺半五分青山板	市尺每丈洋三元

本松毛板	市尺每塊洋二角四分
本松企口板	市尺每塊洋二角六分
六尺半二分杭松板	市尺每丈洋一元七角
七尺半二分甌松板	市尺每丈洋一元七角
六尺半八分皖松板	市尺每丈洋四元二角
九尺八分皖松板	市尺每丈洋五元二角
六尺半五分皖松板	市尺每丈洋三元六角
台松板	市尺每丈洋三元
七尺半四分坦戶板	市尺每丈洋二元二角
七尺半三分坦戶板	市尺每丈洋二元
六尺二分機鋸紅柳板	市尺每丈洋三元三角
六尺三分毛邊紅柳板	市尺每丈洋三元三角
六尺二分俄松板	市尺每丈洋二元
六尺半二分俄松板	市尺每丈洋二元二角
七尺半毛邊二分坦戶板	市尺每丈洋一元四角
六尺半五分機介杭松	市尺每丈洋三元三角
白松方	每千尺洋九十元
紅松方	每千尺洋一百十元
麻栗方	每千洋一百三十元
啞克方	每千洋一百三十元

五金

（一）釘

美方釘	每桶洋二十元〇九分
平頭釘	每桶洋二十元八角
中國貨元釘	每桶洋六元五角

（二）牛毛毡

五方紙牛毛毡	每捲洋二元八角
半號牛毛毡（馬牌）	每捲洋二元八角
一號牛毛毡（馬牌）	每捲洋三元九角
二號牛毛毡（馬牌）	每捲洋五元一角
三號牛毛毡（馬牌）	每捲洋七元

（三）其他

鋼絲網（27"×96" 2¼lbs.）	每方洋四元
鋼版網（8"×12" 六分一寸半眼）	每張洋卅四元
水落鐵（每根長二十尺）	每千尺五十五元
牆角線（每根長十二尺）	每千尺九十五元
踏步鐵（每根長十尺或十二尺）	每千尺五十五元
鉛絲布（闊三尺長百尺）	每捲二十三元
綠鉛紗（同上）	每捲洋十七元
銅絲布（同上）	每捲四十元

水木作工價

木作（包工連飯）	每工洋六角三分
水作（同上）	每工洋六角
水木作（點工連飯）	每工洋八角五分

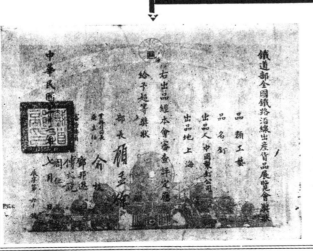

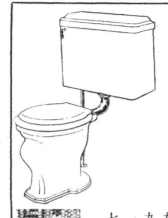

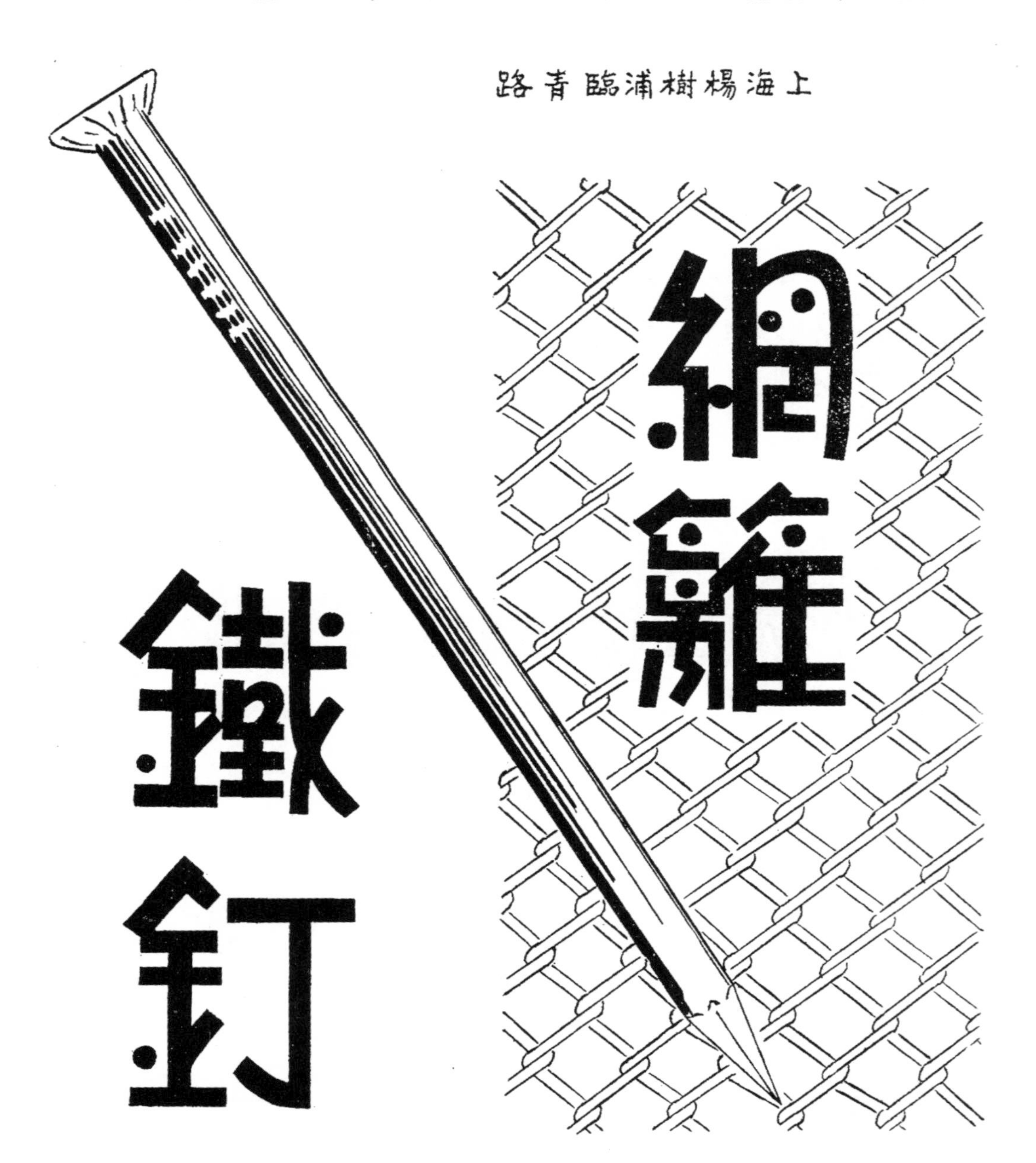
上海楊樹浦臨青路
網籬
鐵釘

本廠承辦鋼窗工程之一
國民政府交通部大廈
完全機製
鋼窗鋼門
全部鋼窗鋼門均由本廠承造
中國銅鐵工廠
總事務所 上海寧波路四十號 電話一四三九一號
分事務所 南京新街口忠林坊卅三號 電話二二八五六號

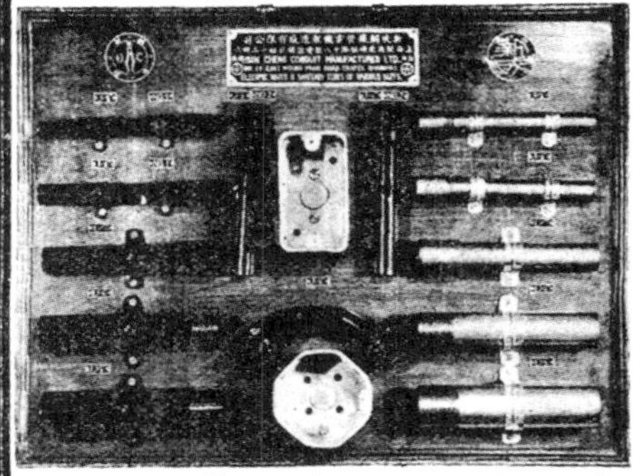

長城機製磚瓦
股份有限公司
註冊商標
TRADE MARK
貨價比普通磚廉
貨品較任何機器磚高
總公司 製造廠 騰越路一四四號 電話五一二七九
事務所 牛莊路七四二號 電話九〇九八〇
出品
堅韌硬磚
輕硬空心磚
瀉水瓦片
如蒙垂詢價格及索閱貨樣請電話通知即當送奉
證明
壓力、吸水量、耐久性
均經上海工部局
詳細化驗負責証明
成績超越一切磚瓦
合作五金
股份有限公司
出品
優點
精確
美觀
堅固
價廉
出品
門鎖
抽屜鎖
拉手
文具
鉸鏈
CMC
TRADE MARK
註冊商標
K.T.C.M.C.
L
TRADE MARK
MARCH
製造廠
總務處
發行所 上海牛莊路七四二
電報掛號九六〇二
電話 九〇九八〇

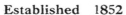

註冊名稱

瑪瑙石油漆　瑪瑙顆地板蠟　瑪瑙珠水牆

瑪瑙靈凡立水　瑪瑙德乾牆粉

上海

英商永光油漆有限公司出品

總經理

太古公司

電話　八二〇二〇　法租界外灘二十一至二十三號

中國近代建築史料匯編（第一輯）

建築月刊

第四卷　第四期

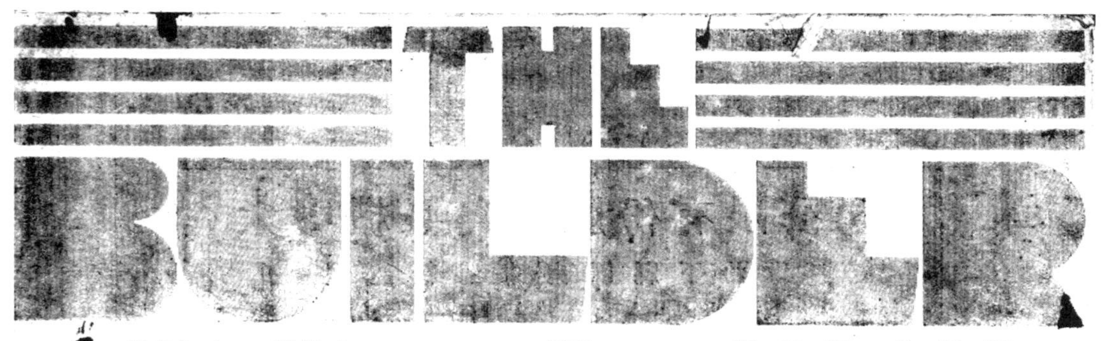

VOL.4 , NO.4　　第四卷　第四期

建

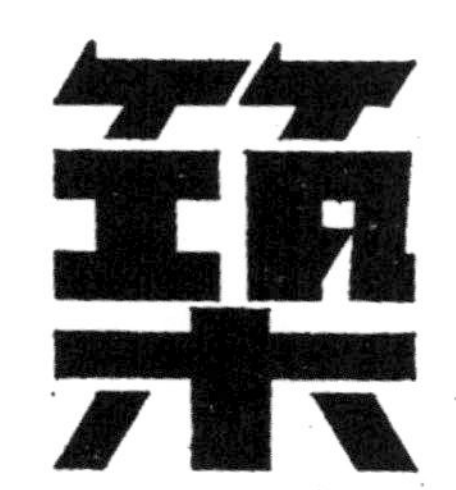

華英 英華 合解建築辭典

建築界之顧問

建築辭典初稿，曾在本刊連續登載兩年，現應讀者要求，將其刊印單行本；經幾度整理，並增補遺漏，續訂下編。全書分華英及英華兩部，以便檢查。此書之成，實爲國內唯一之建築工程名詞營造術語大辭彙，凡建築師，工程師，營造人員，土木專科學校教授及學生，公路建設人員，鐵路工程人員，地產商等，均宜手置一冊。

預約期　二十五年六月半日止
出書期　二十五年六月三十日

預約每冊國幣捌元（寄費加一）

預約處　上海南京路大陸商場六二〇號

聯樑算式

建築工程師胡宏堯著

本書採用最新發明之克勞氏力率分配法，按可能範圍內之荷重組合，一一列成簡式。任何種複雜及困難之問題無不可按式推算；即素之基本學理之技術人員，亦不難於短期內，明瞭全書演算之法。所需推算時間，不及克勞氏原法十分之一。全書圖表居大半，多爲各西書所未見者。所有圖樣，經再三復繪，排印字體亦一再更換，故清晰異常。用八十磅上等道林紙精印，全書三百面，7"×10" 大小，布面燙金裝釘。復承 美國康奈爾大學土木工程碩士王季良先生精心校對，並認爲極有價值之參考書。

實價每冊國幣伍元（寄費貳角）

發售處　上海南京路大陸商場六二〇號

威斯汀冰箱

五十週紀念

一九三六年冰箱

式樣美觀　大小咸備

如蒙惠顧　貨價可以分期付款

歡迎各界參觀

總經理

石晉隆洋行

博物院路一六一號

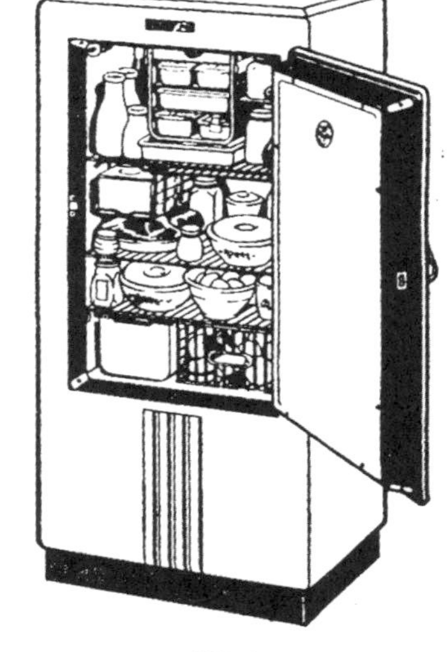

分售處 飛歌公司 南京路一八〇號

● 家家應備威斯汀冰箱 ●

建業防水粉

THE CHIEN YEH WATER PROOFING POWDER

Made by

THE CHINA CHIEN YEH Co.

上海愛多亞路中匯銀行大樓二三二號　電話八三九八〇號

商標註冊

THE CHINA CHIEN YEH CO.

OFFICE
Room No. 232, Chung Wai Bank Building.
147 Avenue Edward VII
SHANGHAI

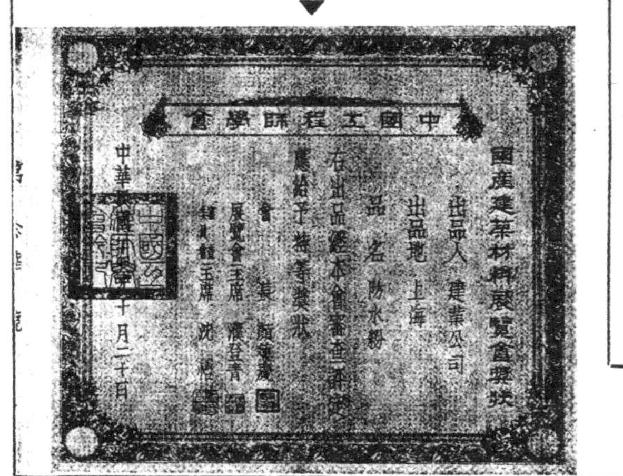

中國工程師學會

國產建築材料展覽會獎狀

出品人 建業公司

出品地 上海

品名 防水粉

右出品經本會審查評定

應給予特等獎狀

會長 顏德慶

展覽會主席 [illegible]

審查組主席 沈怡

中華民國[illegible]十月二十日

出品優良之鐵證

中國建業公司出品

欲解決建築物滲漏潮濕衛生諸問題惟有採用建業防水粉為最有效且係完全國貨功能最大價格最廉手續最簡成績最著歷經上海市工業試驗所及國立同濟大學材料試驗室試驗證明實業部及中國工程師學會等頒給特等獎狀本外埠各大工程採用後均表示十分滿意來書證明者不可勝數凡有建築地窖屋頂牆壁水塔水池等需要防水工程者請即採用建業防水粉

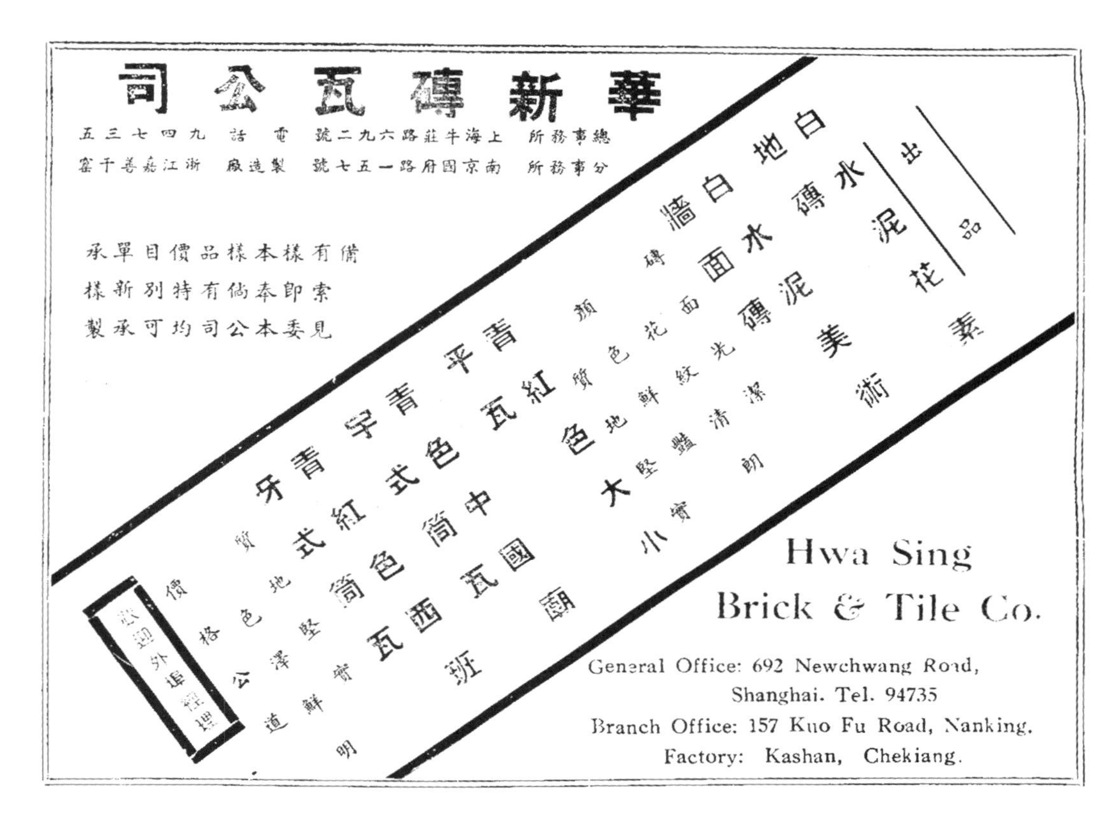
華新磚瓦公司
總事務所 上海牛莊路六九二號 電話 九四七三五
分事務所 南京國府路一五七號 製造廠 浙江嘉善干窰
備有樣本樣品價目單承索即奉有特別新樣見委本公司均可承製
出品
白水泥花素地磚
白水泥美術牆面磚
青紅色大小平瓦
青色中國廟字式筒瓦
青紅色西班牙式筒瓦
磚面光潔
花紋清朗
顏色鮮豔
質地堅實
質地堅實
色澤鮮明
價格公道
歡迎外埠經理
Hwa Sing
Brick & Tile Co.
General Office: 692 Newchwang Road,
Shanghai. Tel. 94735
Branch Office: 157 Kuo Fu Road, Nanking.
Factory: Kashan, Chekiang.

華生電扇
唯一國貨
保用十年
修理免費
華
註冊商標
上海華生電器製造廠出品
事務所 福建路五一一號
電話 九五七五〇轉接各部
本外埠各電料行均有經售

K. M. A. CLINKERS

A Brick That Will Last For Centuries.

SUITABLE FOR HEAVY FOUNDATION WORKS, DOCK BUILDING, BRIDGES, BUILDINGS & FLOORING.

RECENT TESTS

Compression Strength: 7715 lbs. per square inch. Absorption: 1.54%

開灤"克令夠"缸磚

磚質堅韌，經歷百年，完好如初。

此磚最適宜承受重量於樁基，建築船塢，橋梁及房屋地板等工程。

最近試驗成績

每平方寸壓力僅七七一五磅

吸收水份僅百分之一•五四

FACING TILES

右圖係示粗紋面磚混合淡黃或金黃之色彩，非爲磚料質地之表現也。

This is a very near representation in Colour of our mixed Buff or Gold colours, but they do not represent the texture of our rough face brick.

開灤礦務局

上海外灘十二號　　電話一一〇七〇，一一〇七八，一一〇七九

THE KAILAN MINING ADMINISTRATION

3rd Floor,
H. & S. Bank Building.
12 The Bund, entrance Foochow Road.

Telephone 11070, 11078 & 11079 (3 lines)
Direct Telephone to Sales Dept. 17776.
Direct Telephone to Agent's Private Office 19304.

全球建築師
對於現代大廈
均用現代金屬

如圖為上海國際大飯店牆壁上之中英飾字。經建築師鄔達克證明。均係用鋁合金所製。

上圖中英飾字所用之鋁。加工化合然後採用。以期穩得最大之服務與觸目。於此有極重要者。即務須選用適度之鋁合金是也。本公司研究部在同業中為最大。甚願隨時供獻一臂之助焉。

圖示意大利羅馬城中美麗之鋁製大門

鋁之韌性

鋁可範鑄。可捲起。可壓鑄。可抽細。或製為種種形式。適應種種創造的設計之需要。數量多寡。均可供應。一切金屬製造藝術之形式。無不畢具。鋁鑄物與鋁製物品之成績與聯合成績。有種種之多。鋁者現代化之金屬。並能表現近代藝術化之趨勢。鋁之為物。於韌性與美觀之外。並有絕不坼裂之優點。因其開展之時。可以回復其原來之廣袤而毫不扭歪。因此得免翹曲與分裂之弊。其特有之抵抗天時與銹蝕之品質。各處均已充分認識之矣。

鋁之其他用途

內部用

欄杆 坐椅 花沿條
門 桌 電器附件
階上方格眼 升降
機門及飾件 扶手
銘刻 嵌板 電燈附
件 窗柱 旋梯柱
壁柱 吊飾物 暖氣
管

外部用途

噴水器 籬柵
旗杆脚 大門
繫舟樁 拱側
市招 屋頂蓋索
造像 窗框

鋁能表示現代設計之秀雅與氣勢

歡迎垂詢詳情

鋁業有限公司
上海北京路二號
上海郵政信箱一四三五號

（二）

ALUMINIUM UNION LIMITED

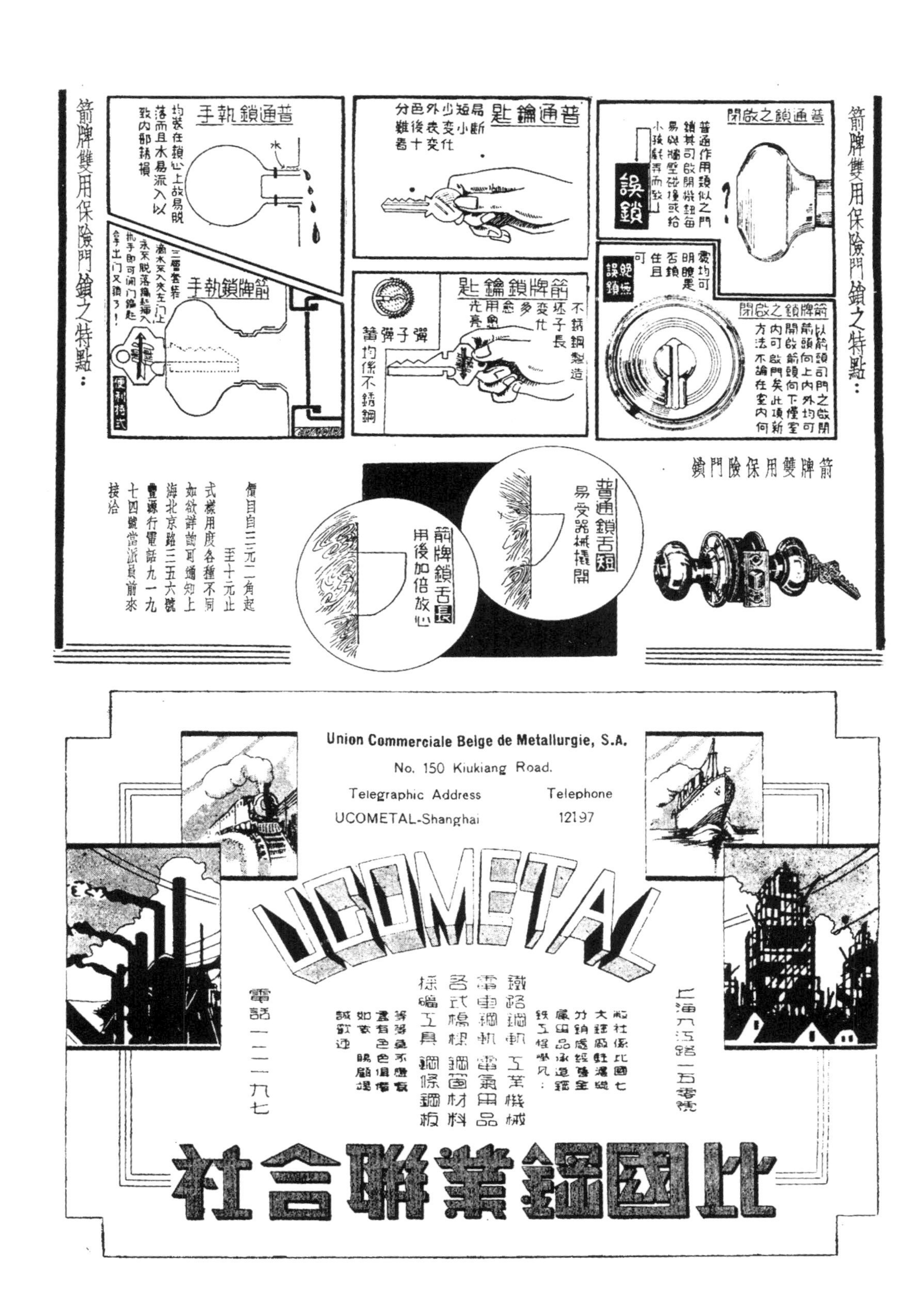
箭牌雙用保險門鎖之特點：
普通鎖執手
均裝在鎖心上故易脫落而且水易流入以致內部銹損
箭牌鎖執手
便利特式
普通鑰匙
易斷短小變形少變化外表後十分難看
箭牌鎖鑰匙
不銹鋼製造
彈子簧均係不銹鋼
普通鎖之啟閉
誤鎖
箭牌鎖之啟閉
以箭頭司門之啟閉箭頭向上內外均可開啟箭頭向下僅室內可啟門矣此項新方法不論在室內向
絕無誤鎖
箭牌雙用保險門鎖
普通鎖舌短
易受器械撬開
箭牌鎖舌長
用後加倍放心
價目自二元二角起至十元止
式樣用度各種不同
如欲詳詢可通知上海北京路三五六號豐源行電話九一九七四號當派員前來接洽
Union Commerciale Belge de Metallurgie, S.A.
No. 150 Kiukiang Road.
Telegraphic Address
UCOMETAL-Shanghai
Telephone
12197
UCOMETAL
上海九江路一五零號
電話一二一九七
鐵路鋼軌 工業機械
電車鋼軌 電氣用品
各式椿梁 鋼窗材料
採礦工具 鋼條鋼板
比國鋼業聯合社

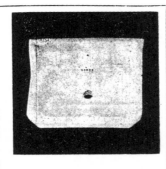

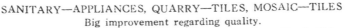

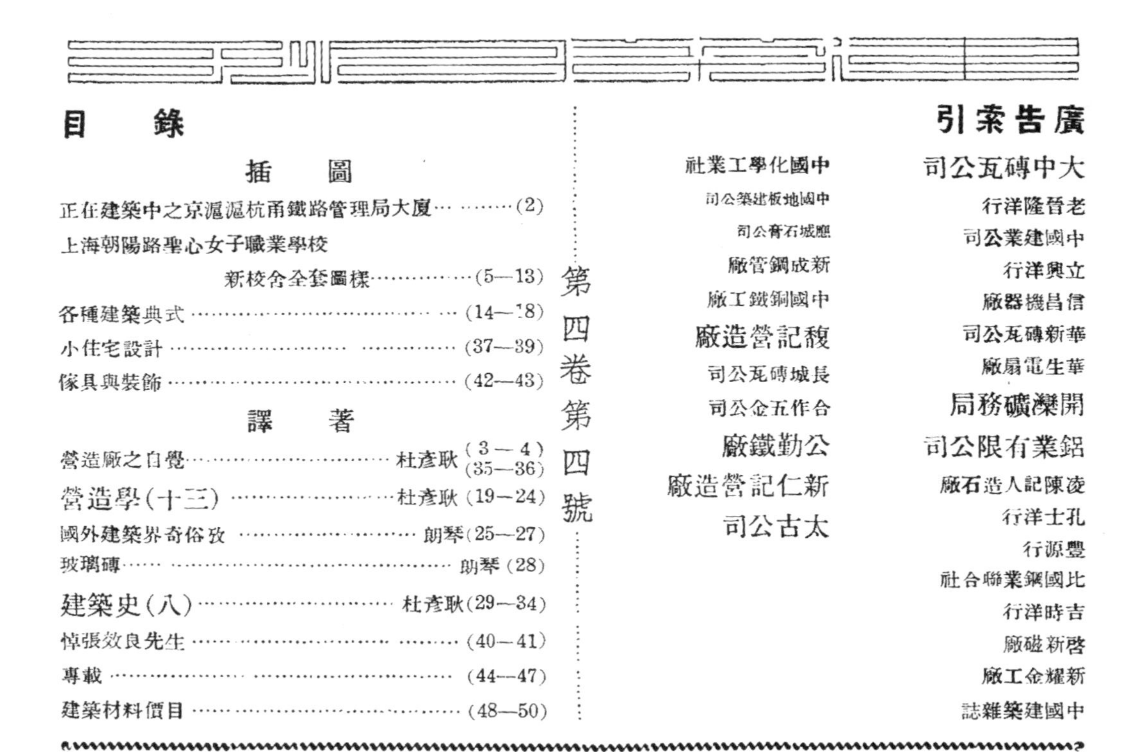

目錄

插圖

正在建築中之京滬滬杭甬鐵路管理局大廈……………(2)
上海朝陽路聖心女子職業學校
新校舍全套圖樣…………………(5—13)
各種建築典式…………………………(14—18)
小住宅設計…………………………(37—39)
傢具與裝飾…………………………(42—43)

譯著

營造廠之自覺……………………杜彥耿(3—4)(35—36)
營造學(十三)……………………杜彥耿(19—24)
國外建築界奇俗攷…………………朗琴(25—27)
玻璃磚……………………………朗琴(28)
建築史(八)………………………杜彥耿(29—34)
悼張效良先生…………………………(40—41)
專載…………………………………(44—47)
建築材料價目…………………………(48—50)

第四卷第四號

廣告索引

大中磚瓦公司
老晉隆洋行
中國建業公司
立興洋行
信昌機器廠
華新磚瓦公司
華生電扇廠
開灤礦務局
鋁業有限公司
凌陳記人造石廠
孔士洋行
豐源行
比國鋼業聯合社
吉時洋行
啓新磁廠
新耀金工廠
中國建築雜誌
中國化學工業社
中國地板建築公司
應城石膏公司
新成鋼管廠
中國銅鐵工廠
馥記營造廠
長城磚瓦公司
合作五金公司
公勤鐵廠
新仁記營造廠
太古公司

本會贈閱『聯樑算式』啓事

本會建築叢書之一胡宏堯建築工程師所著「聯樑算式」一書，現已出版，開始發售；內容詳見本期封面廣告。茲爲促進讀者興趣，接受外界卓見起見，特將該書提撥十册，分贈本刊讀者，作爲準備批評該書之參考。茲將應徵辦法，規定如左：

一、凡屬建築月刊讀者，自問對於聯樑算式之學理及應用，確有研究，深具心得者，均得依照規定，投函應徵。

二、應徵者應具函蓋章，將姓名，籍貫，學歷，經歷，及詳細地址等，逐一明白書就。本會接函後，當交出版委員會審查，如認爲合格，卽將該書掛號寄奉。（來函應書明「應徵」字樣）

三、應徵者錄取人數，以十名爲限。屆時本會當將合格者名單，在建築月刊公佈徵信。

四、應徵合格者，在接得該書後，應於一個月內（以本會寄書之日起算）將批評該書之意見，掛號寄至本會。文末並請署名蓋章，以便核對。

五、投寄之意見，須作實際的探討與客觀的批評，不宜爲抽象的敍述或其他敷衍之評語。

六、投寄之意見，由本會出版委員會與該書原著者共同審閱後，擇尤在建築月刊發表外，並酌給酬金及獎品。

七、應徵者合格與否，本會自有選擇之權，凡不合格者，恕不奉覆。

八、應徵期限，本埠本年七月十五日截止，外埠七月三十一日截止。

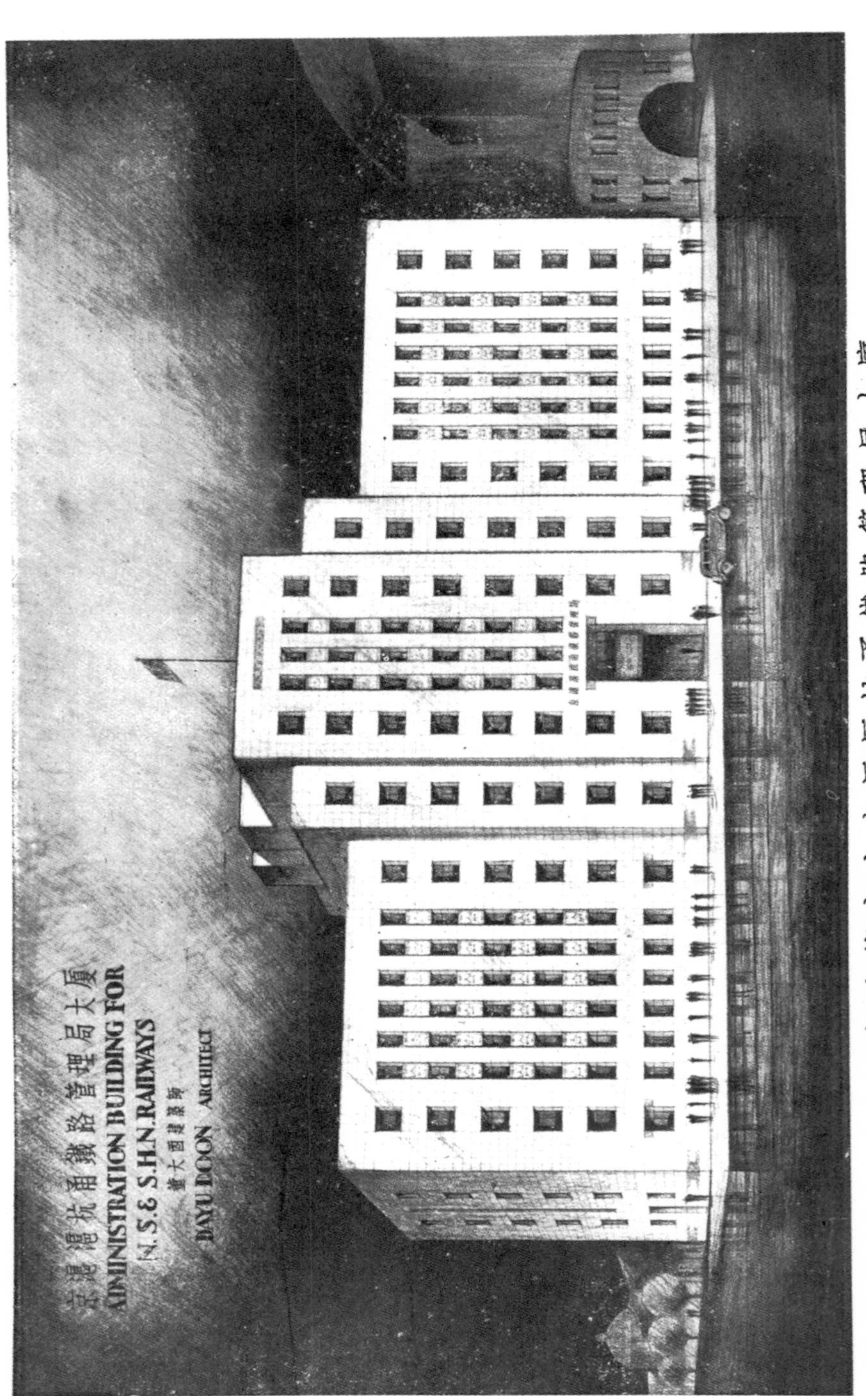

正在建築中之京滬滬杭甬鐵路管理局大廈

營造廠之自覺

杜彥耿

編者本着提倡建築學術與維護建築工業的立旨，立在不偏不倚的地位，說幾句不得不說的話，以冀糾正現在許多壓榨建築工業的不是，編者並希望整個的建築工程界，要在互相依賴之下，共謀建設事業的進展，不要在建設先鋒隊裏，自相傾擠，散亂了一致前進的步伐。

凡一建築必經醞釀孕育，始有實物的產生。先經主動擬建者的醞釀，繼由建築師及工程師等設計繪圖的孕育，而由營造廠之投包承建，產生具體的實物。故凡一建築物之形成，此三者自宜相互依賴，不可有地位門戶之見，致失和衷共濟之義。這是很淺近與明鮮的理由，不待細述；但現時一般營造廠所受的遭遇，頗多不平之感，這是值得注意與亟待糾正的。

在報上的廣告欄裏，常可看到某處擬建某種建築，欲招經驗豐富資力雄厚及在某市領有某種登記證者，前往領取圖樣說明書，估價投標，隨交手續費若干元，押標費若干元。手續費無論得標與否，概不發還，押標費則於開標後凡不得標者憑收據領還等情，這種廣告，常有機會可以看到，即不登報招商投標者，其手續亦正與此相同。

凡手續費至少自二十元以至一百元不等。押標費則有三百五百一千以至一萬者。若試舉一座二三十萬元的普通建築工程，手續費最少二十元，押標費三千元，設有營造廠欲往投標者，便得化這二十元的手續費與三千元押標費的利息，其時約爲二個月。除得標者外，其餘的非特枉費時間經濟，並要賠上押標費等的利息，通常以一分計算，兩月便得六十元，總合計算，每個不得標者，至少要受到百元左右的損失。

營造廠應徵投標，不僅先受到經濟上的損失，尚須費精密的功夫，依着圖樣說明書估計造價，於必要時復往建築地視察，近的地方不計，遠處則舟車等費的支出，亦在所不貲。迨估計完畢，投送標賬，而公開開標之地，亦有遠在外埠者，若照情理來講，營造廠投標估價，宜收取手續費與舟車旅費，今則適得其反，乖悖事理，莫此爲甚！查此項向營造廠收受手續費等陋規，各國初無先例。抑尤有進者，各國建築師工程師除向委託之業主收取公費或向僱主收取相當待遇外，初不能向任何第三者要索酬資。所以潔身自好的建築師與工程師，於年終耶穌聖誕節，由素有交誼之營造廠，致送很簡單的禮物，如手帕茶葉之類外，間有不明者餽送貴重物品或禮券等，以冀聯絡感情者，反受了他的拒謝。雖然亦有不能廉潔自守的人，但決無登報公然要向第三者收受非法手續費者；有之，獨於吾國見之。這種陋習近數年來始見，若不立予糾正，任其蔓延，實有很大的流弊。

然則營造廠應徵投標，須受損失，爲何尚仍踴躍參加，不予拒絕呢？這裏有幾種說法：

一●已有了相當財產，手下夥友業已星散，惟仍有一部分歷史長久的學徒夥友，跑幾家老戶頭。湊巧的做幾場，不賺錢的不做，沒有生意則坐吃。因爲開銷很省，所以也坐吃不窮。加諸凡做營造廠者，手頭有錢的總有幾處產業生利，故凡要他化寃枉錢去投標，他當然是不願意的。遇着性情不好的，還要詈罵那些化錢去投標的同業們，是在做賣屁股的生意。

二●有財產而手下尚有很多歷史長久的同事，更因那些同事的合作精神良好，辦事尤屬幹練。同時自已也迷信陶朱的聚財政策，化幾個小錢，折蝕些利息去投標，若不得標，在他也不成什麼一會事；得標後使同事也有事忙。更兼自已有雄厚資力，進貨自然比較便宜，祇要不遇意外，獲利可操左劵。

三•有名氣而無實力的，手下事情很忙，宜可不必加入投標。然礙於恐有人傳說他連一二萬的押標費都拿不出，故未參加投標。所以也只得加入，情願白送諸費，免使人在背後議論是非。

四•手下所包工程尙未完工，看看蝕本的成分很爲濃厚，不得不再接新工程，以資調劑。所以也不得不多方設法湊足押標手續諸費，去參加投標。

五•過去曾經承包過相當大的工程，現在手下連一點小工程也沒有，簡直如同失了業一般。內心的焦灼，從可想見。故見有招標，也便湊資投標。標價不合，那是常事；獨於成日累夜開估標賬，非特精神枉費，反賠了手續費押標費的利息。那焦灼的情態，不是又平添上幾分麼？

六•其他若初組織的營造廠，其對於營造事業的經驗却有，然資本實感不足。但能帮忙的朋友或親戚到有幾個，他要投標，缺少押標費，則向親友借集，情願貼些利息。諸如此類，不勝枚舉，故招標時設下任何苛刻的條件，仍有人踴躍加入。譬如押標費每份一萬的，不旬日間便有二三十個人來交款報投，在不知內情的人們看來，營造廠眞有實力，咄嗟之間，便可有數十萬元巨款的集合。要舉辦什麼建築材料工廠，不是很容易的麼？其實却是不然。

在那不合情理的環境之下，招標時依舊有很多人往投的原因，既已說明如上。反問那些投標者所支出的手續等費是否願意呢？當然是很不願意的。但心雖如此，却又只得拿出去，不思集合團體，聲明正當理由，呈請政府命令各省市建設機關，及實業部令知全國已登記建築師工程師，不准再有是項要索。只得在背後表示不平，却不敢公開地訴之社會訴之常局，免得招怨。這是中國社會一般的通病，凡遇公共利益的事情，都畏首畏尾，不敢直前，認定自己吃虧有限，抱着得過且過的態度。

上面所說招人投標不應收取手續費的理由是：

一•雙失人格　收受手續等費的人雖失人格；明知其不當而仍然照付的，也不免無理智失人格。

二•保管責重　巨額押標費的保管責任重大，經收者難免不見財起意。

三•宵小覬覦　社會上儘有許多設局哄騙者，見有此機可乘，虛設機關，招謠撞騙，難免無有受其欺朦者。

雖然建築師工程師建設機關等收取手續費，是因爲取償登報，印晒多份圖樣及說明書等之費。但此費亦不能由投標者負担，應歸之於招標者，蓋多招標賬；係爲招標者之便利。例如病者求醫，一醫已足，但欲爲愼重起見，須請數個醫生會診，難道亦向他們索取手續費嗎？又如涉訟之須請律師代理辯護，一律師不足，請數律師共同襄理，難道當事人亦向他們索費嗎？，所以此理一經說明，不覺啞然。

綜上所述，營造廠本身對此應有之自覺，除聯合呈請政院或其他主管機關請求取締外，一面並應設法自動改善環境，避免或弭止這種壓榨方式者一。

投估標賬經公開拆標後，自宜選取標價最低者爲合格。若因最低的細賬與總數不符，或查資本不足與過去經驗不合等情，改取次低標價者外，建築師工程師或建設機關，不應用欺騙的手段，如一項工程邀二十家營造廠投標，開標結果，以低額之五家留中，此外十五家則宣布不合格，遂分頭向甲，乙，丙，丁，戊，說，戊價雖然最低，現在丁情願減價至較戊更低。復對丁說，戊的資格欠夠或已足，對丁說願帮助你得標，不過須將標價減至較戊爲低，方可代你說話。這樣把五個人朦在鼓裏翻弄，自己以爲是能幹。

〔未完—接三十五頁〕

上海朝陽路聖心女子職業學校新校舍總地盤圖

鄔達克建築師設計

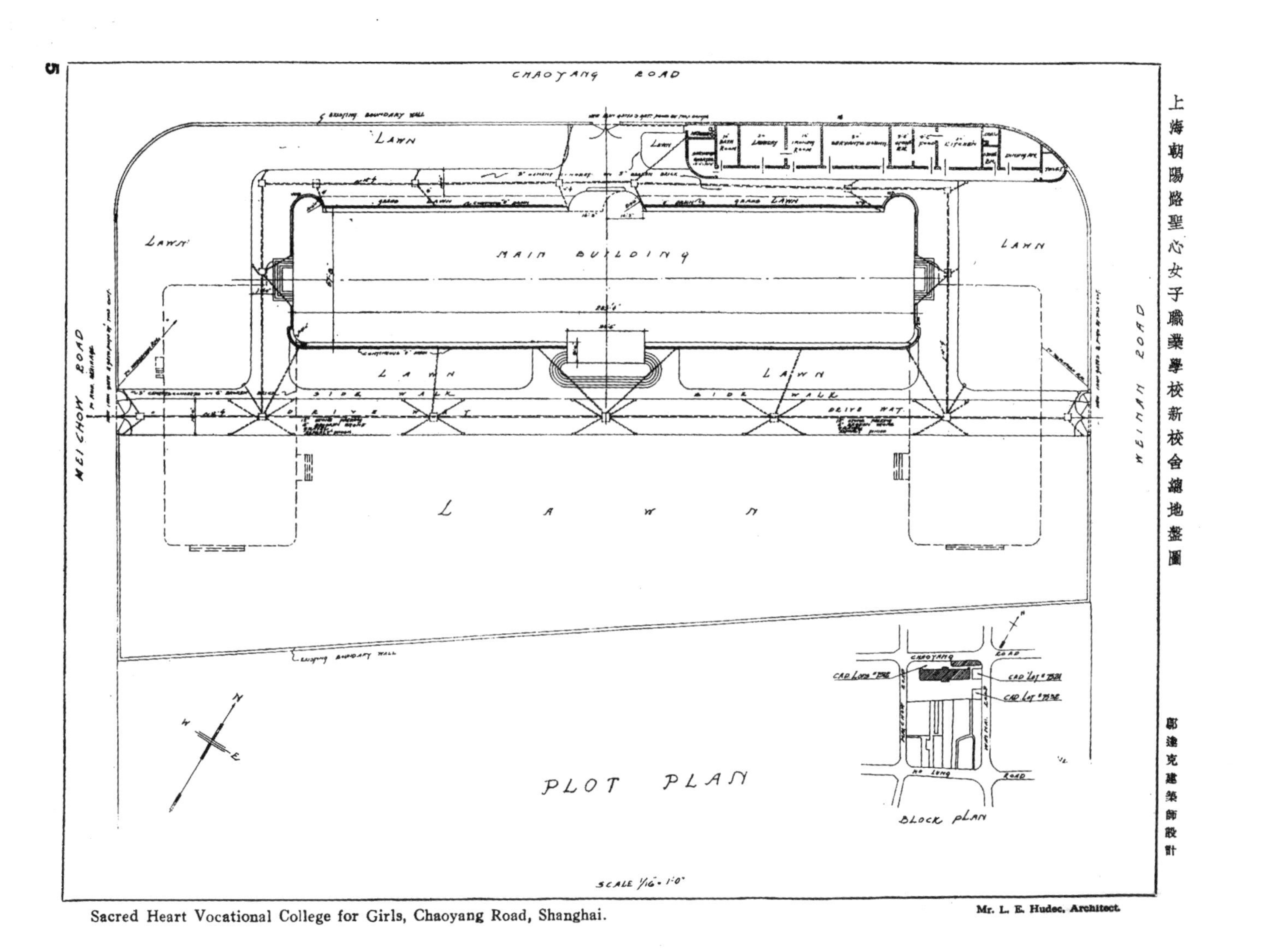

Sacred Heart Vocational College for Girls, Chaoyang Road, Shanghai.

Mr. L. E. Hudec. Architect.

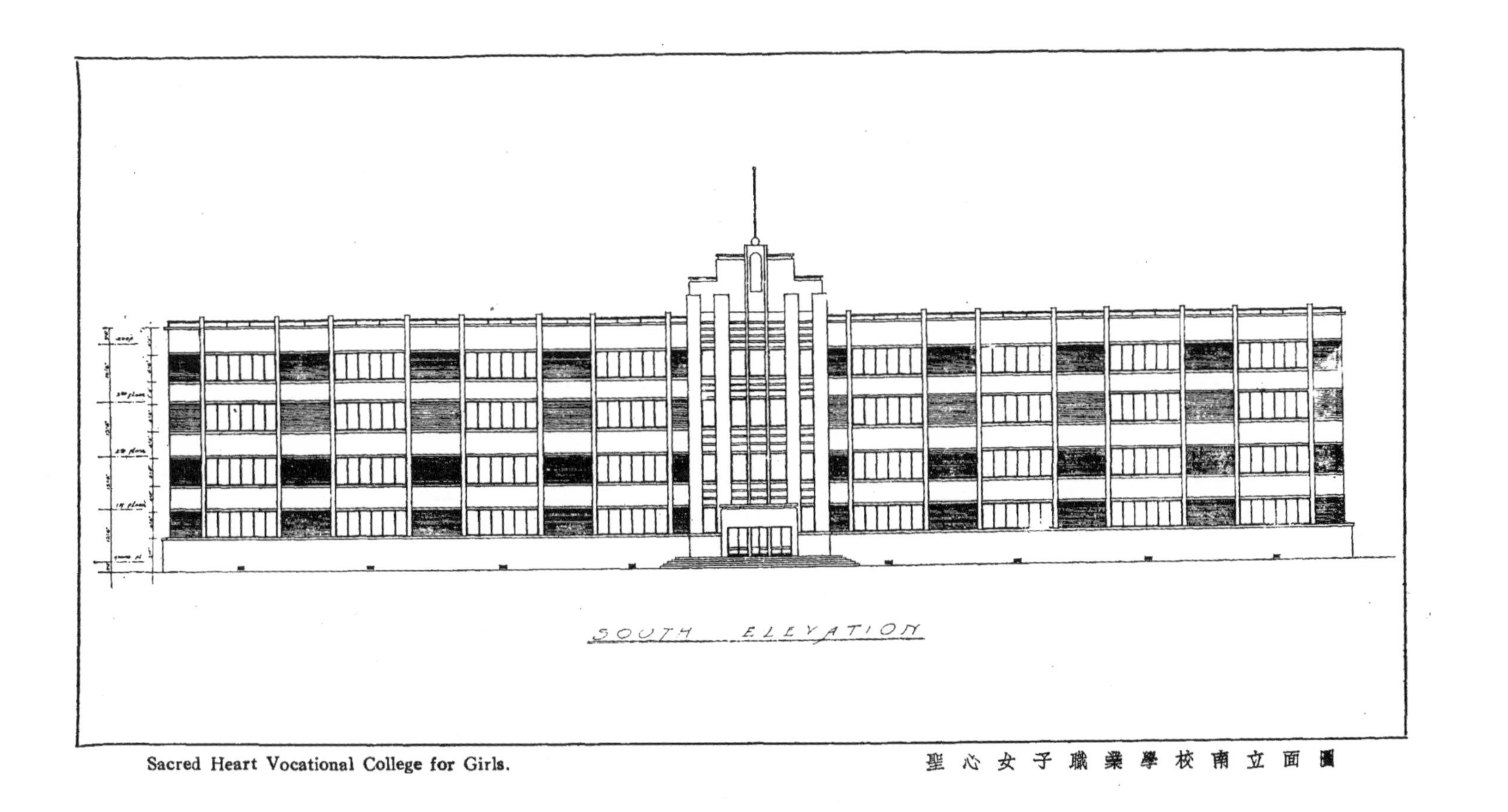

Sacred Heart Vocational College for Girls.

聖心女子職業學校南立面圖

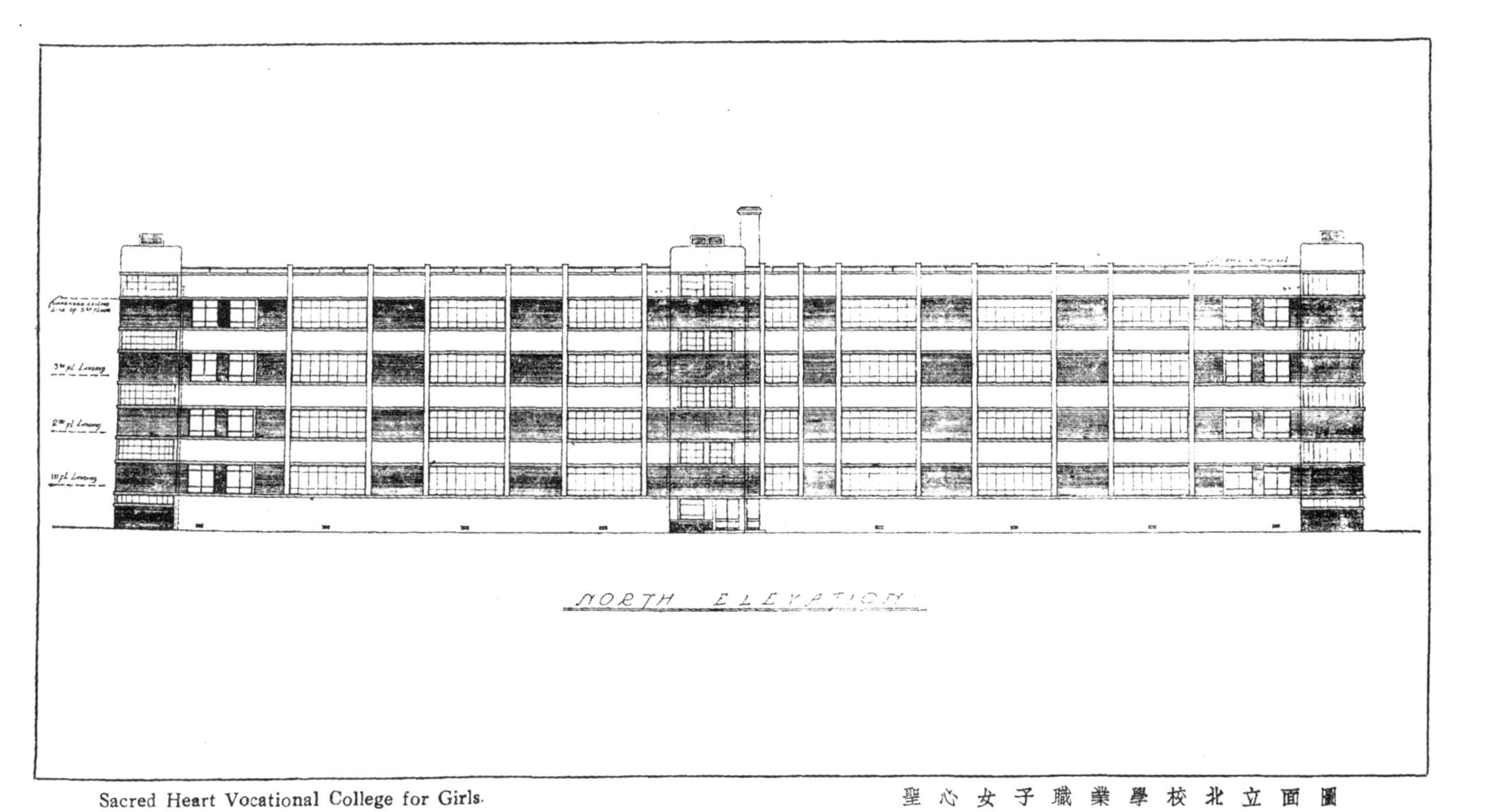

Sacred Heart Vocational College for Girls.

聖心女子職業學校北立面圖

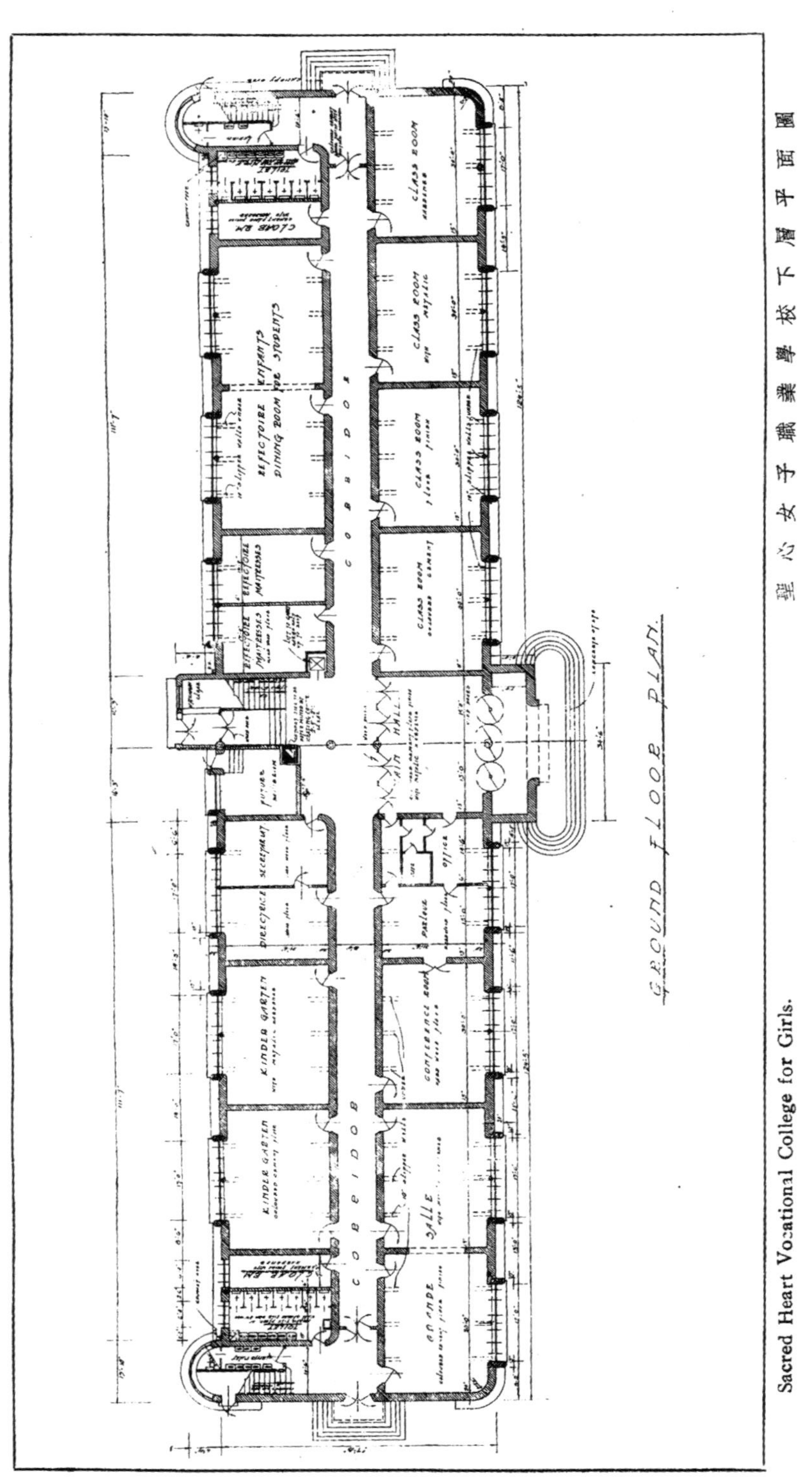

聖心女子職業學校下層平面圖

Sacred Heart Vocational College for Girls.

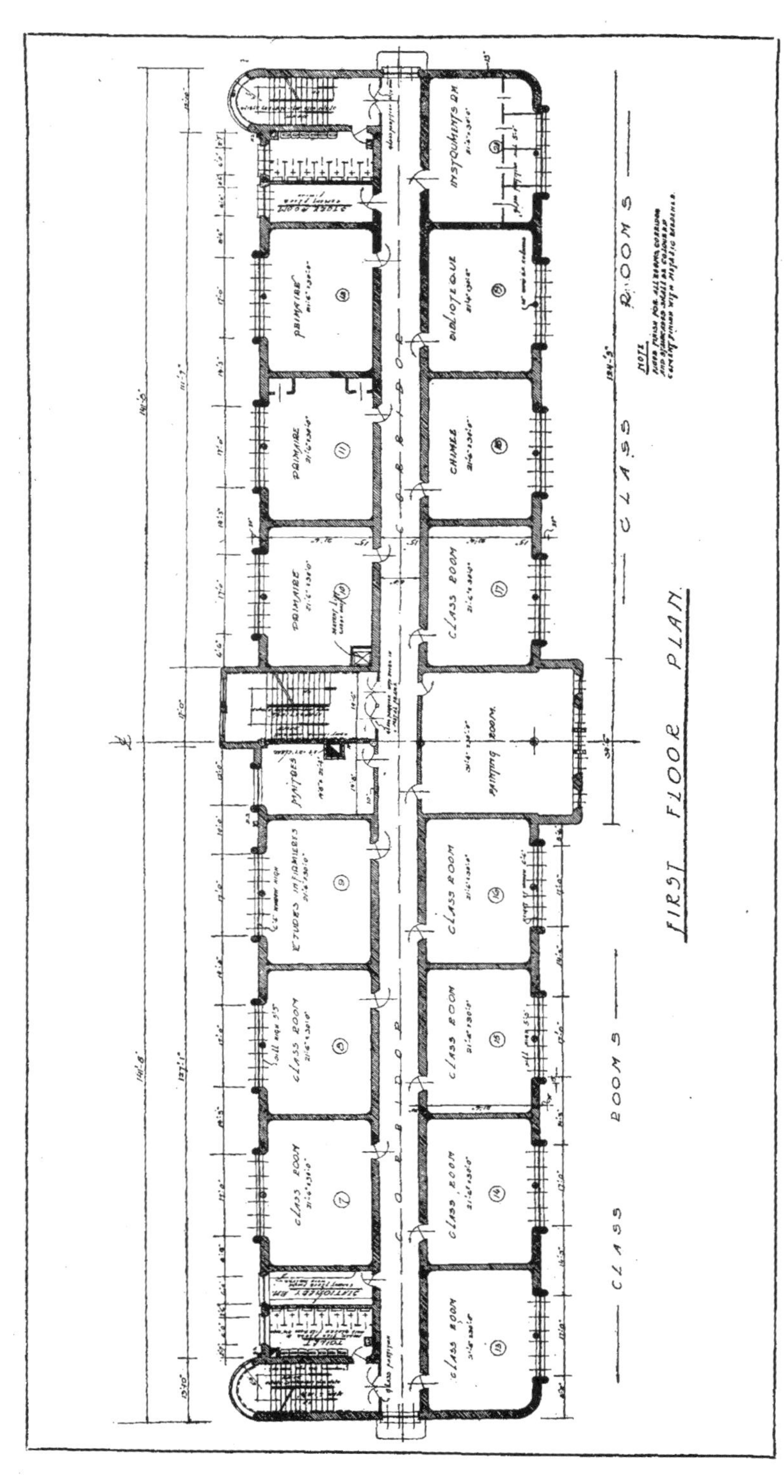

聖心女子職業學校二層平面圖

Sacred Heart Vocational College for Girls.

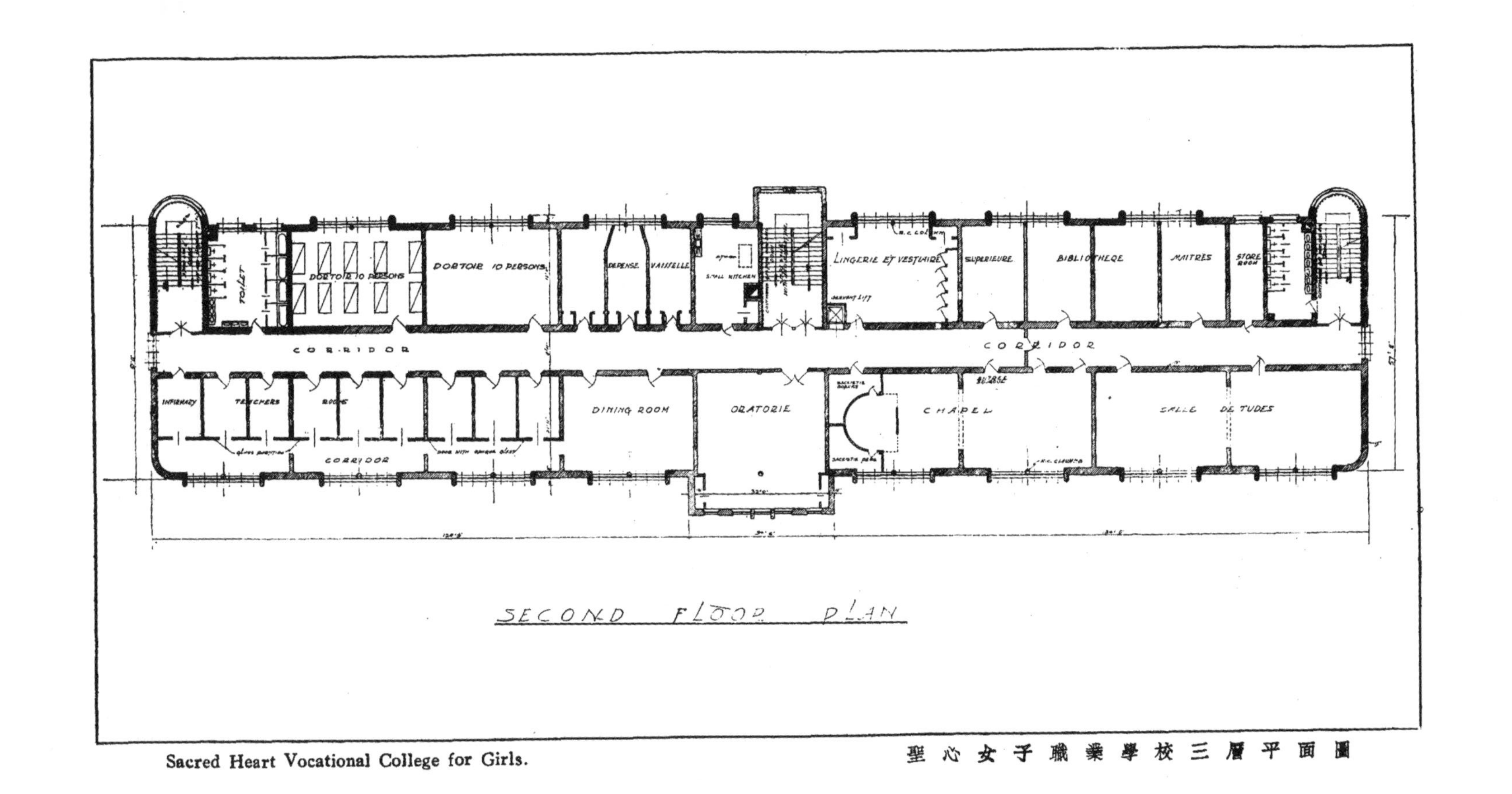

Sacred Heart Vocational College for Girls.

聖心女子職業學校三層平面圖

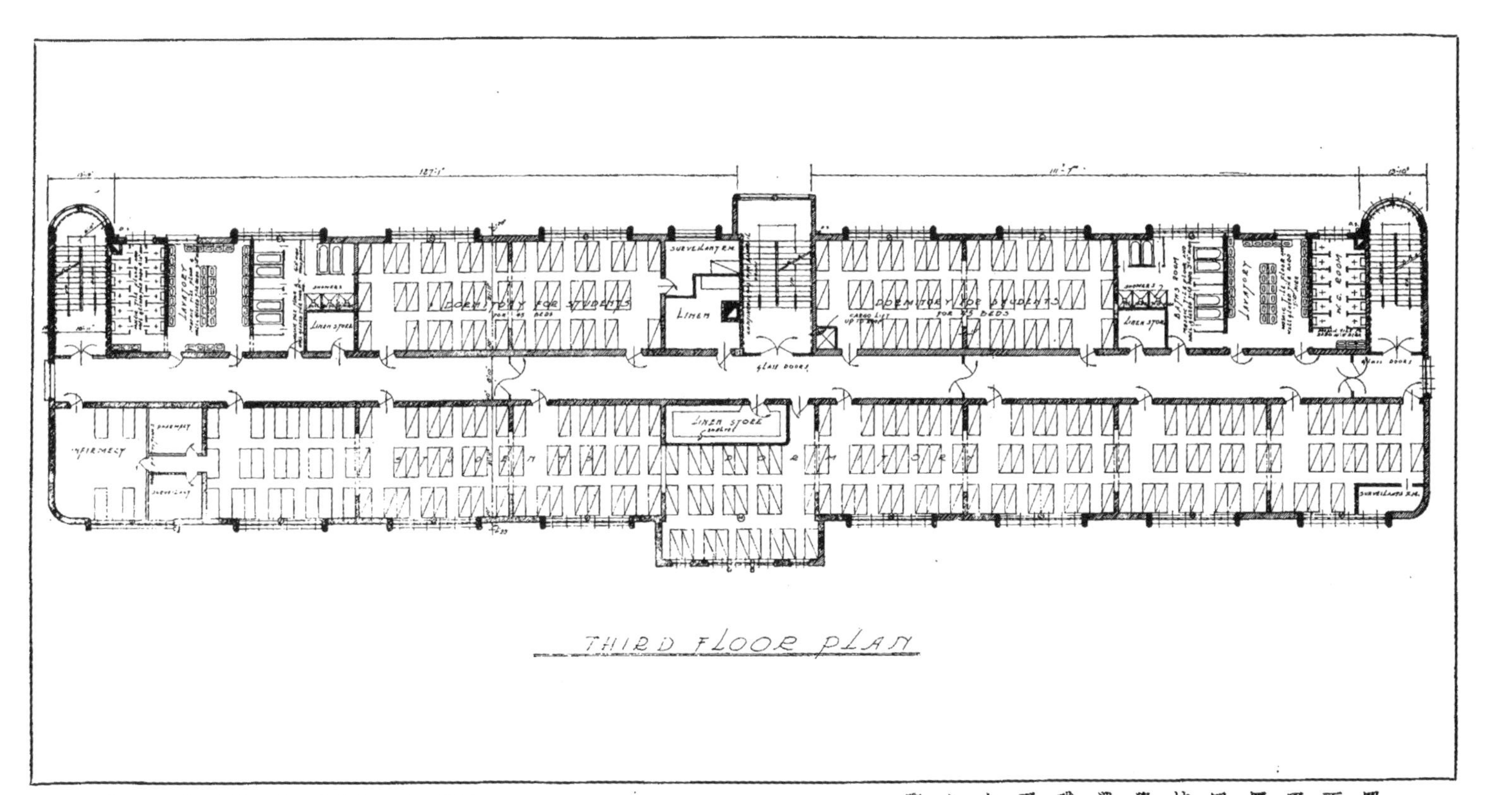

Sacred Heart Vocational College for Girls.

聖心女子職業學校四層平面圖

聖心女子職業學校剖面圖

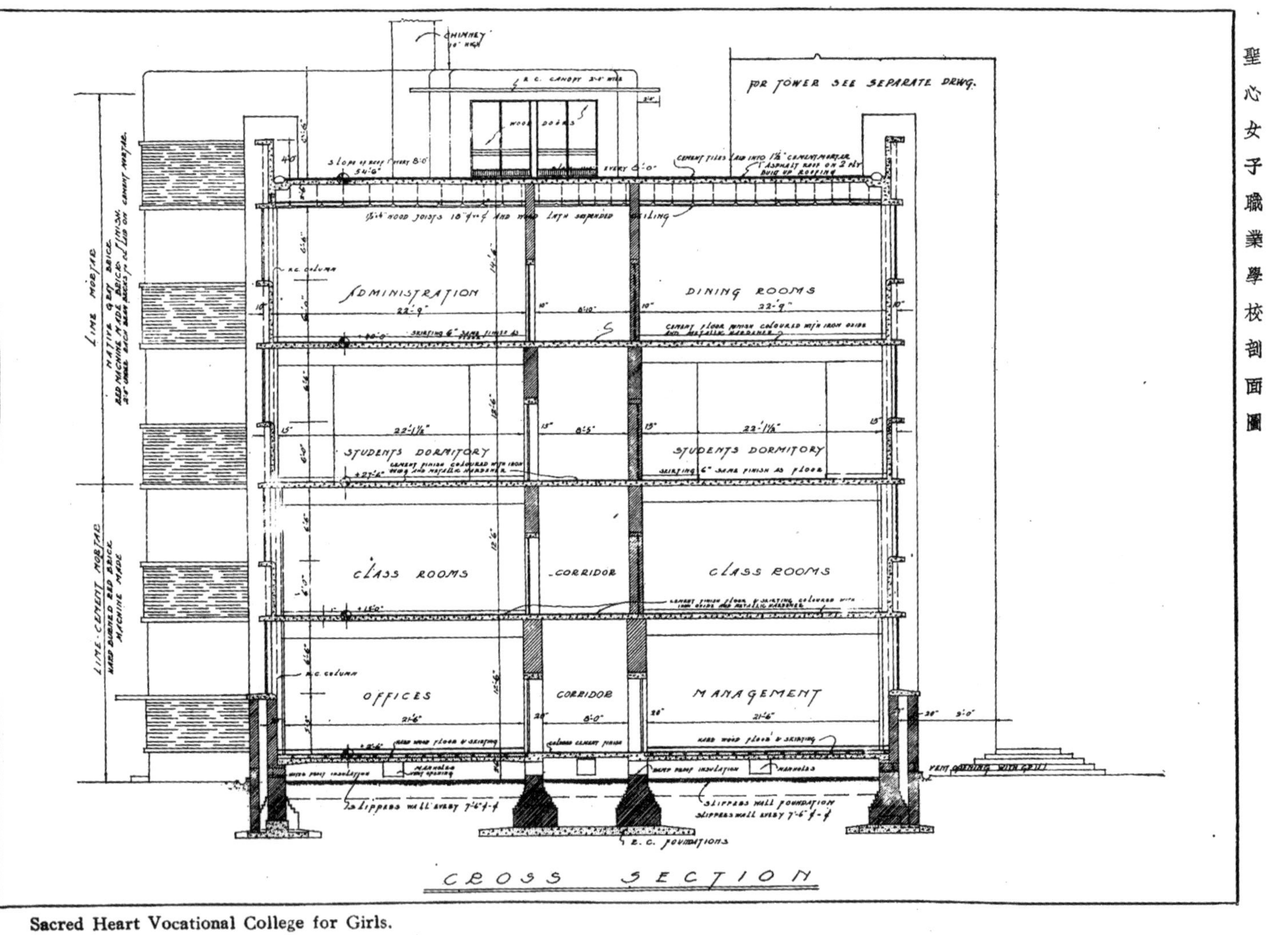

Sacred Heart Vocational College for Girls.

聖心女子職業學校校役室平面，立面及剖面圖

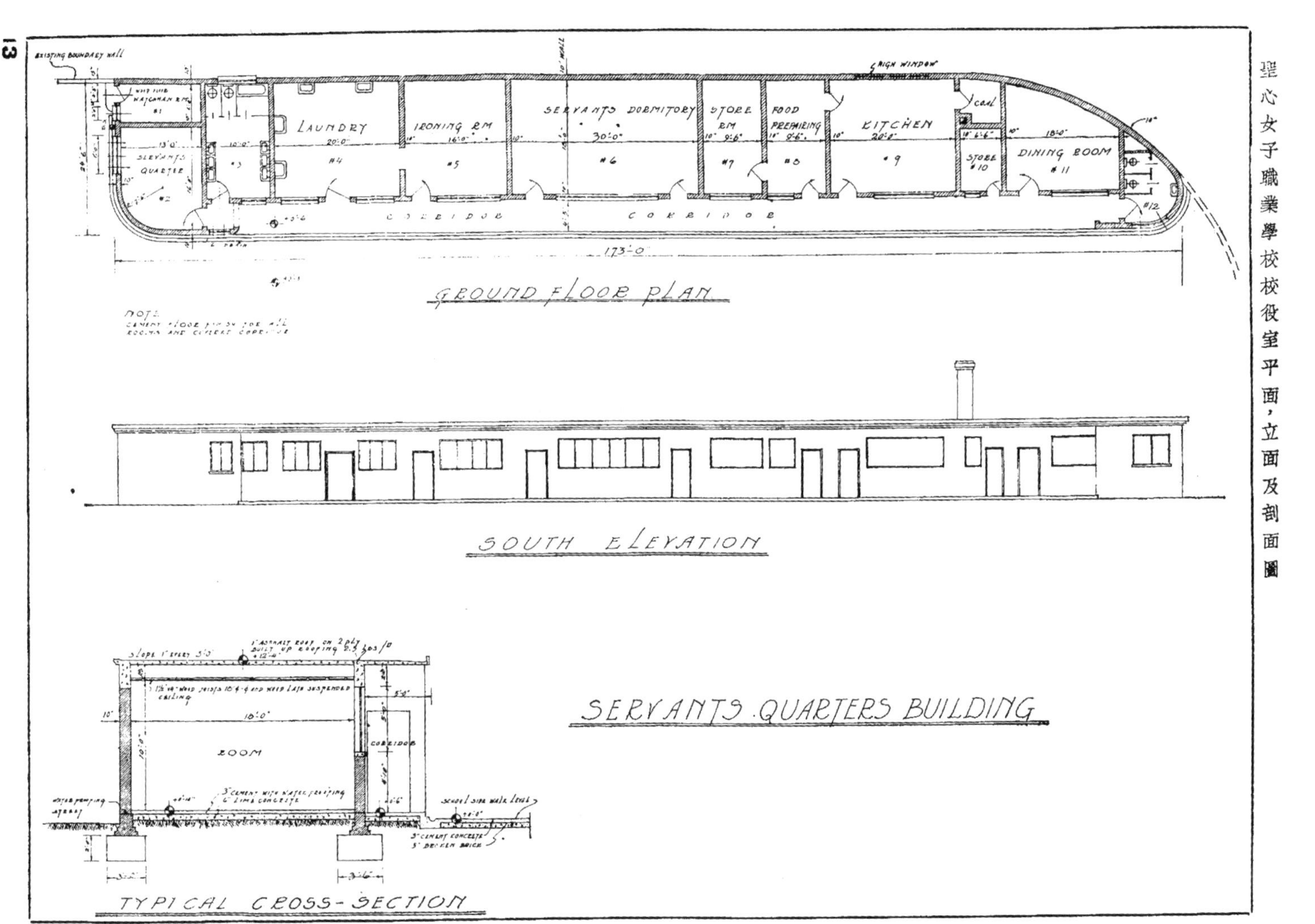

Sacred Heart Vocational College for Girls.

第三十一頁　柯蘭新式圓廟

第三十二頁　陶立克式亭

第三十三頁　伊華尼式廟及楹廊

第三十四頁　柯蘭新式紀念建築物大門

ROMAN ORDERS PLATE XXXI

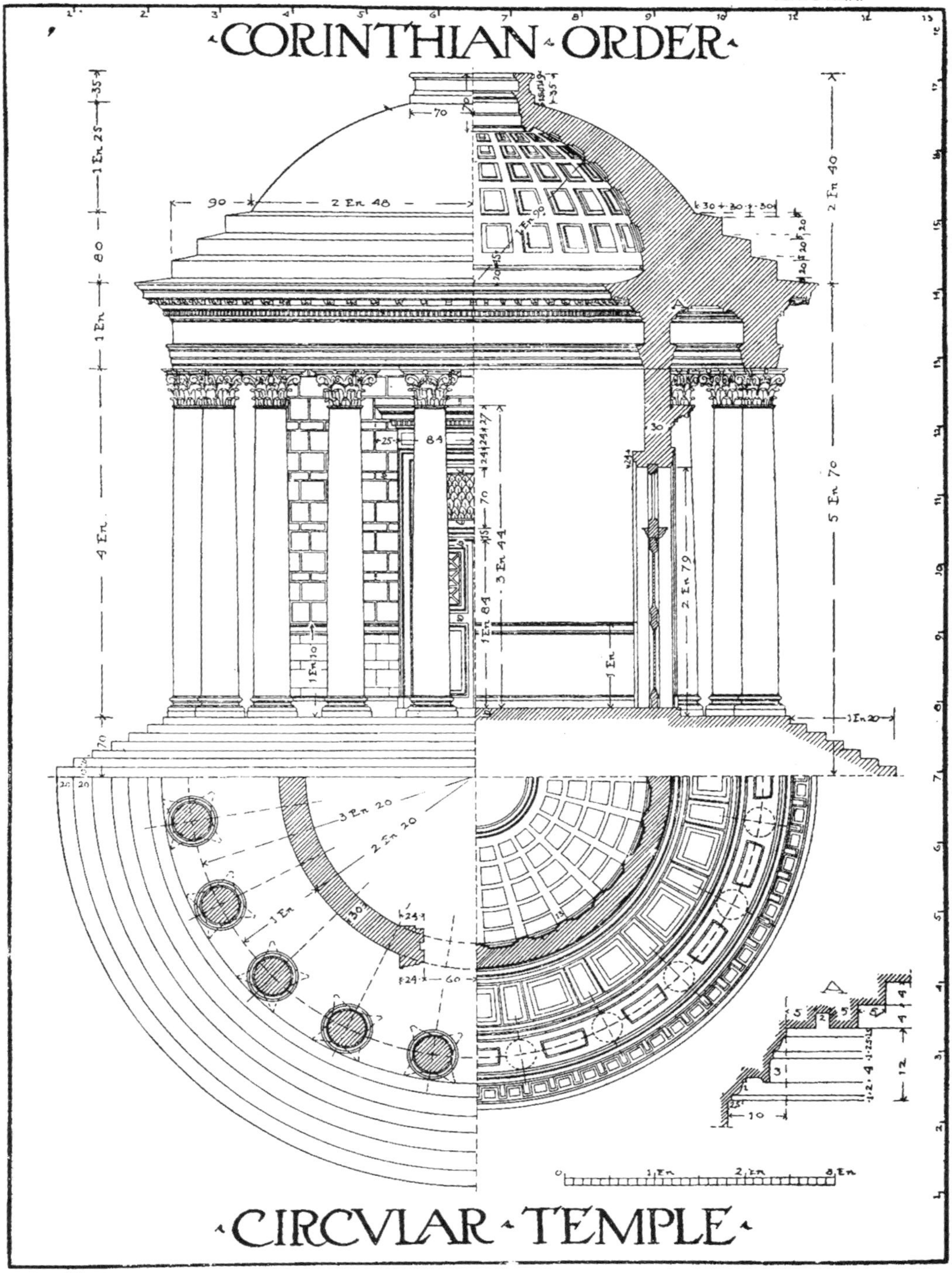

CORINTHIAN ORDER

CIRCULAR TEMPLE

ROMAN ORDERS PLATE XXXII

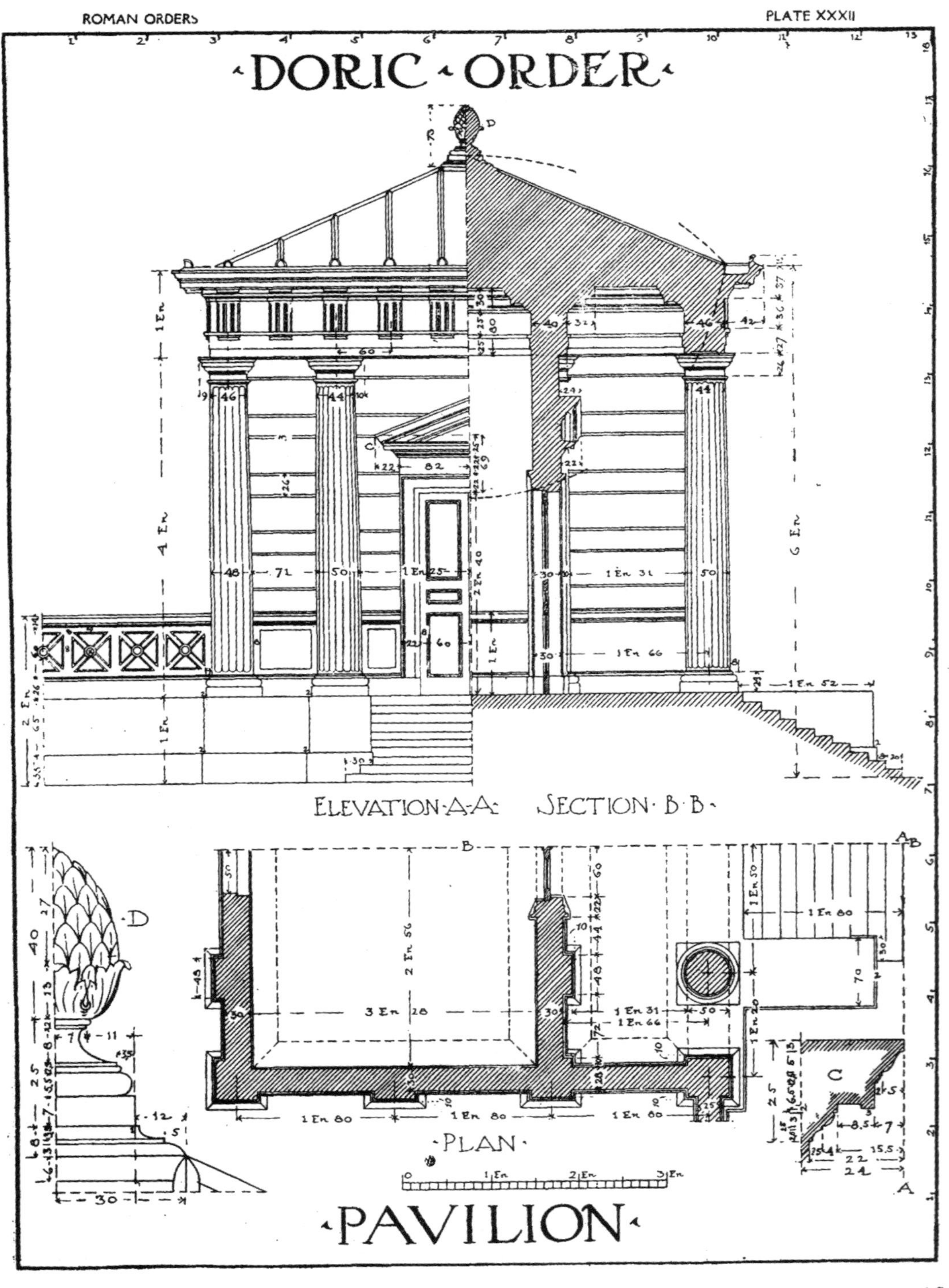

IONIC ORDER

ELEVATION

SECTION

A-A

C-C

B-B

PLAN

TEMPLE WITH PORTICO

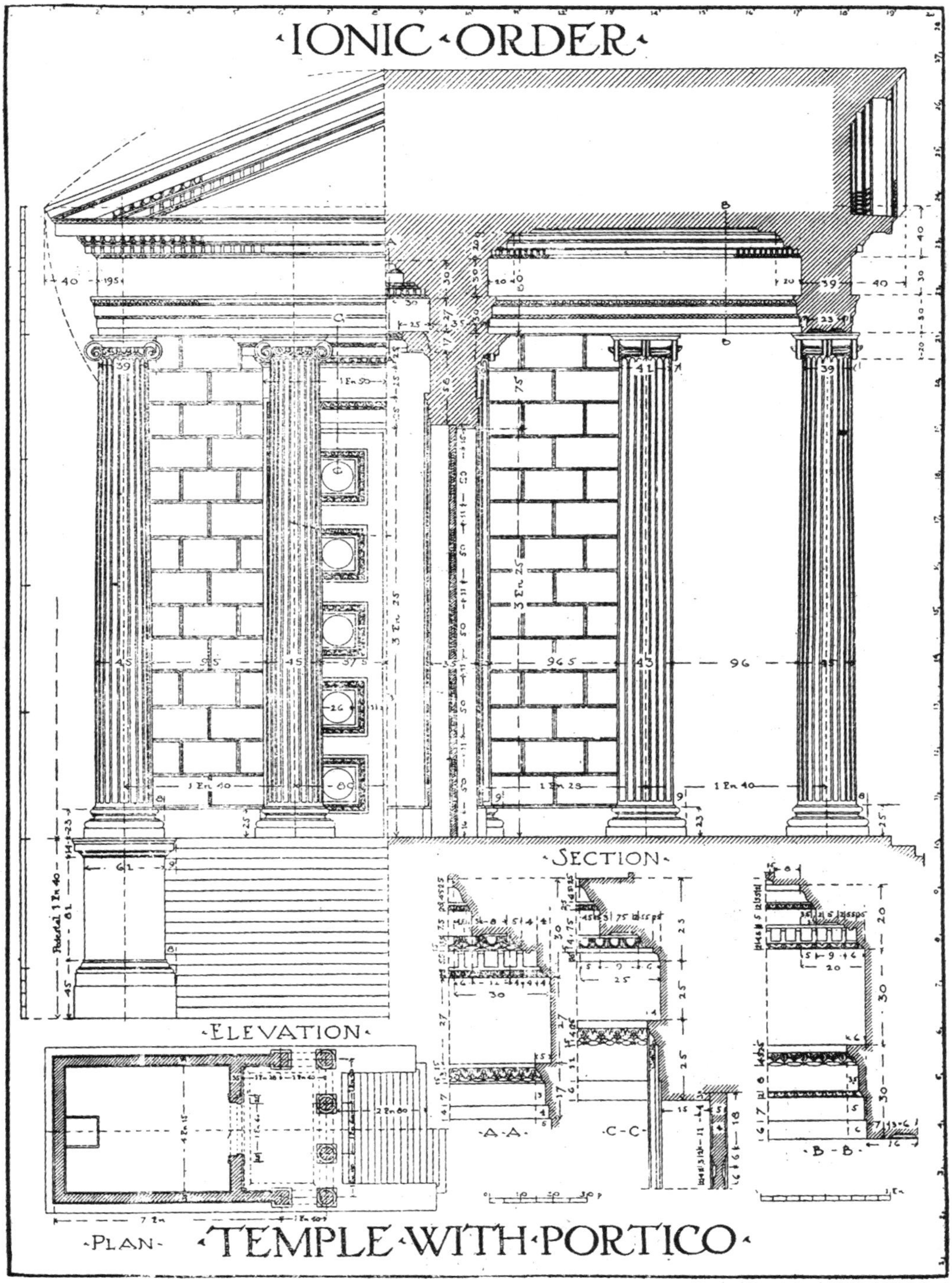

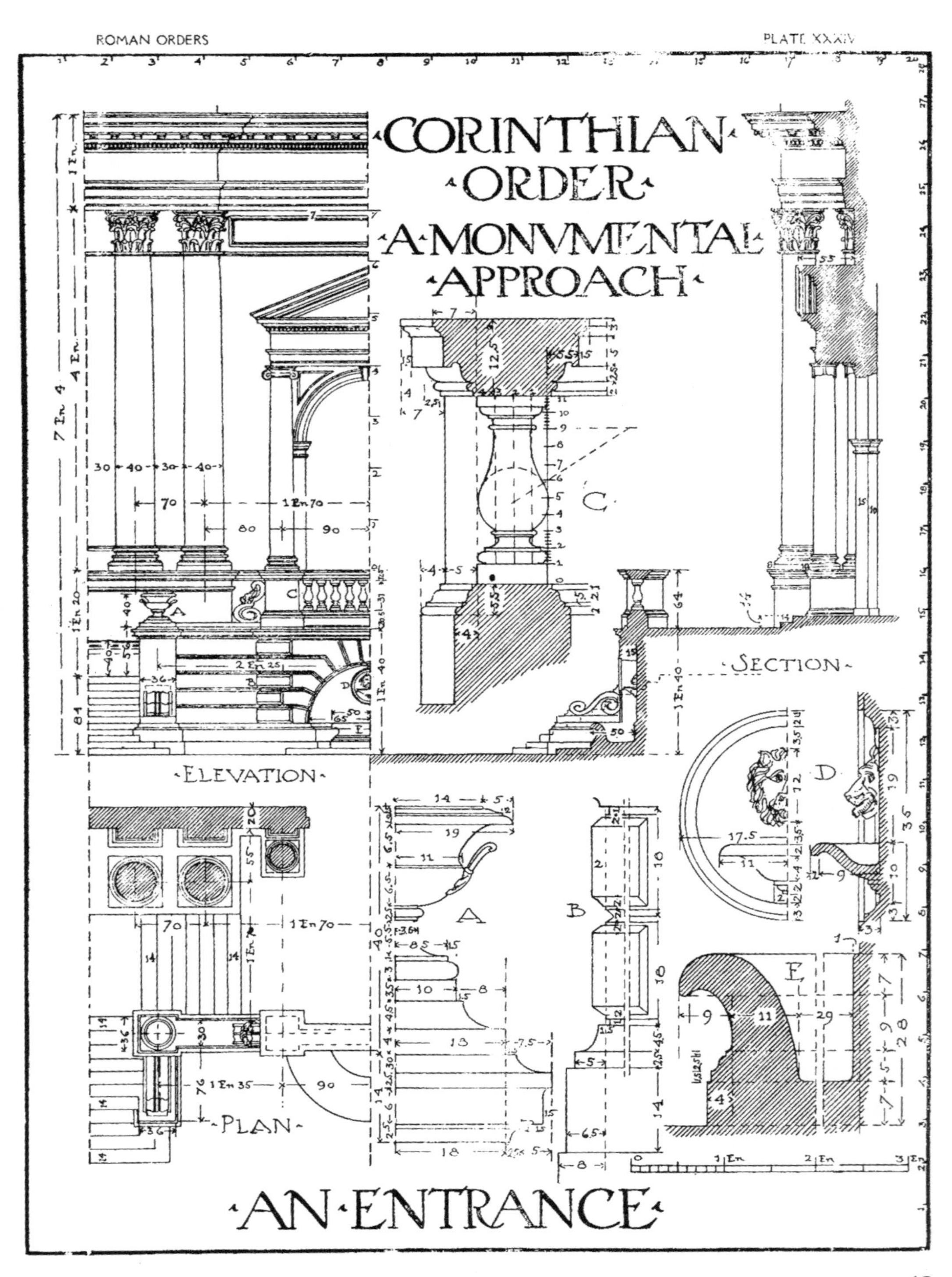
CORINTHIAN ORDER
A MONUMENTAL APPROACH
ELEVATION
PLAN
SECTION
A
B
C
D
E
AN ENTRANCE

營造學（十三）

杜彥耿

第三章

第一節 石作工程（續）

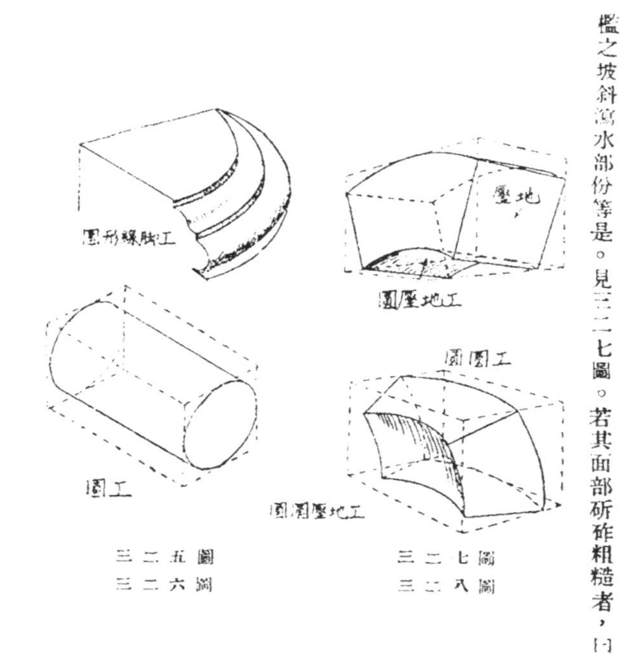

圖三二五
圖三二六
圖三二七
圖三二八

壓地 亦稱落堂，係自石面挖鑿下陷者，如斜板，闊槽，窗檻之坡斜瀉水部份等是。見三二七圖。若其面部斫砟粗糙者，曰半壓地。光面平者，則曰細壓地。然於此壓地之上，更有隱起華或磨磚等者。

線脚 線脚云者，簡單釋之，卽弧線之變幻也。是以於圓形之柱幹，則不相宜。線脚之施於石工者，種類頗夥，其作用則不外裝飾或藉增觀瞻耳。如三二四圖。線脚之斫砟，有以人工者，亦有用機器者。手工者，初於石之兩頂端，依照套板（卽型板，係用薄板或白鐵皮割成所需線脚之剖面形。）繪劃線條如所需要之線脚形式，然後在兩端依形線先加斫鑿，次及中間打剝，而麤擿，而細漉，而斫砟。欲求線脚之挺直與準確，須用一直尺，卽平直之木條，頻加試探。用機器鑿製線脚者，法與刨金屬之鉋床同，卽將石置於活動之床上，頻頻來復；每經一次來回，漸將無用之石剝去，而漸漸形成線脚矣。

文明之進化無已，機械之改進亦日新。上述將石置於石床上，如推刨金屬之法者，已成明日黃花；現在普通咸以氣壓錐鑿代之。

試以機製與手工兩者所成之石面，作耐久之比較，則機械不敵手工。何哉？蓋用機械連續斫砟，以致石面發熱，發生化灰作用，此後復經空氣之侵蝕，故毀壞自如較易。然倘能於斫砟之時，將器械保持冷度如手工者，並防止震鑿過猛，以致受傷者，則其耐久性自亦佳勝。

磨礱 磨礱之工，係將石面用砂石與水磨礱，俾成光潔；於初磨之時，應加黃砂，漸磨平整，漸將黃砂減少；最後僅用砂石磨之。若有大宗石面，須加磨礱者 應用機器爲之。機器磨擦，單用砂石與水，無需黃砂。

磨亮 精賓之石，如花崗石，雲石等，經將石面磨礱後，復施磨亮，法將石置於機器臺桌之上，用調合紛（石膏粉，滑粉與硝酸等混合之粉。）橡皮磨擦後，即呈晶瑩光鑑之鏡面。

圜工 將石鑿成圓體，若圓形之柱幹，見三二六圖，或大型之圓線脚者，謂之圜工。

圜壓地工 將石鑿成凹圓形，如大型之凹線及法圈圈底者。見三二七圖。

圜圜工 例如石工之刻鑿圓柱，並作凸肚形者，見三二八圖。

圜圜壓地工 石工之於內底成圓凹形，如圓頂之內将等者，見三二八圖。

圓形線脚工 係爲平面或立面之呈圓體，而線脚則盤繞於此圓體者。見三二五圖。

陰角 兩條線脚之銜合於裝角，而其角度小於一百八十度者。

陽角 兩條線脚之銜台於外角，而其角度大於一百八十度者。

陽角轉彎 線脚之盤過陽角，止住於一個平面者。

蛀紋工 此項石工，大都用於牆角限子石；邊緣闊六分，邊框之中，斫鑿殊不整齊，如蛀蟲蛀蝕之紋；其低陰之處，更用鑿鑿成麻點。如三二二圖。

起槽工 此種石工，亦大都用於牆角限子石，四面邊緣切齊，中間突出約三分，鑿豎直之條子，濶亦三分，見三二一圖。

基礎及大方脚 石牆之築砌，大抵起於三和土基之上；然遇石脚之基礎，則單將不整齊之面，加以施平。大方脚普通二皮，條石剖面形長方，厚約九寸，而牆垣即築於其上。見二三八圖。

石牆之分類 石牆之分類，略如下列數種：

一，亂石 小亂石；亂石旱砌；亂石灰沙砌；冰片式亂石；亂石正砌；不正砌；方石亂經砌；亂石正經砌。

二，整石正經砌

三，石面 石面磚背；石面亂石背。

亂石牆垣之築砌，厚度殊不畫厚，最多不逾九寸；形式一如普通亂石牆，亦不整齊。

亂石牆

小亂石牆 此種牆垣，頗行於粉筆石區域。蓋此種礦區之碎石，於礦底特多。且此小亂石之體積特小，形體亦極複雜。較大之石，則選作牆面；其露於外層之面部，特選硅質者任之。在門或窗之旁側，則砌以磚塊或石塊，俾臻穩固。小亂石每砌六尺，必間一帶磚砌，或較大石塊鑲砌之腰箍，如二四三圖。牆之以小亂石鑲作浜子，藉增觀感者，亦頗具雋味，如三二九圖。

亂石牆 以不整齊之亂石，築砌之牆垣，是謂亂石牆。

亂石旱砌 在石礦礦區，築砌牆垣，每用亂石疊砌；然不用灰沙，每皮之高度約十二寸，上蓋壓頂，俾抗雨水，如二四〇圖。

亂石灰沙砌 選擇礦區蠻石之較整齊者，用灰沙叠砌，如二四一圖。

附圖三二九

冰片式亂石 此項如二四二圖之牆，用石灰石築砌，每皮自六寸至三尺不等。然此牆適用於外牆，而不適用於內部牆垣，以其有生潮之特性也。

亂石正砌 以亂石組砌成行，如石之太不整齊者，用器將突出之角劈去，俾略為平齊，如三三〇及三三一圖。汰節省每皮石工窩砌灰沙之煩，則僅砌出面部份；而中核則以亂石片實之，然後澆灌灰漿。

圖三三一　圖三三〇

亂石小繫砌 集各種大小之石，組砌成式；而此牆之命名，係得自小塊之石，如三三三圖。中有叉線者，是謂繫石，原於英文之Sneck stone。三三二圖為此牆之剖面。

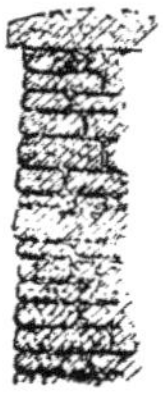

圖三三三　圖三三二

整石亂砌 石之大小，雖不一致；然均方正，以之組砌成牆，如二五三圖式。

整石正砌 整塊之石，依式組砌；每塊石之頭縫，不與對上之一塊相同，而與更上之一塊同，如磚作工程之頂走砌者，見三三四及三三五圖。角上更有限子石，石之四緣正中面，係毛石面者。

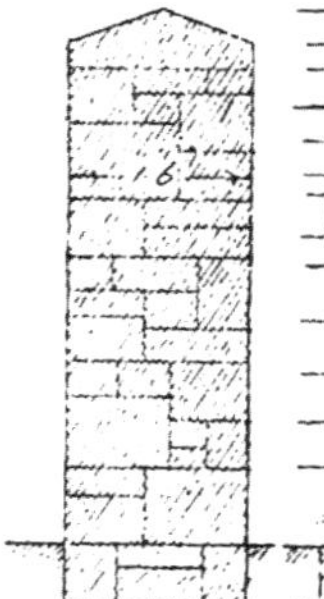

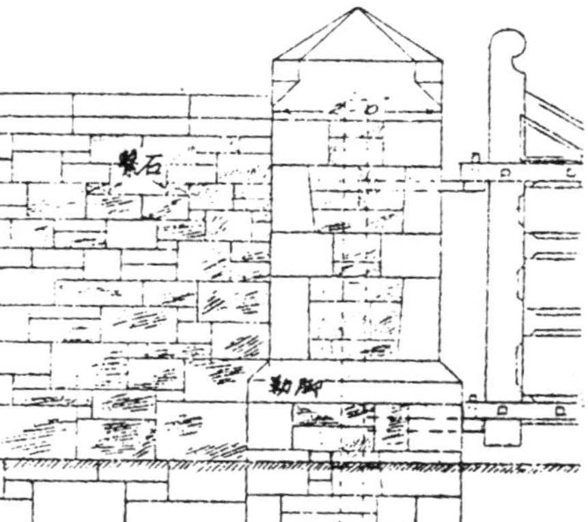

(附圖三四一)　亂石牆

(附圖三三八)　小亂石牆

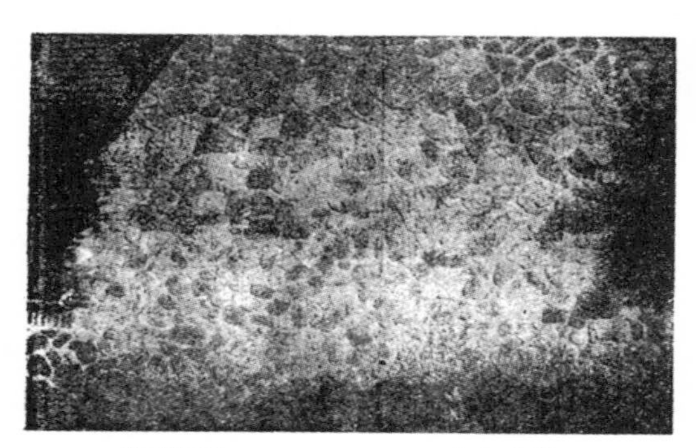

(附圖三四二)　冰片式亂石

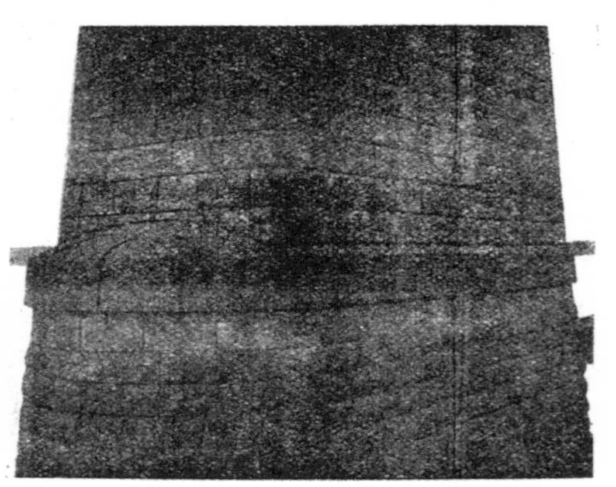

(附圖三三九)　整石正砌

(附圖三四三)　整石亂經砌

(附圖三四〇)　亂石小緊砌

蘇包式砌 石之組砌，式如磚作工程之蘇包式者，卽在同一皮上以一頂一走間砌者，見二三六及二三七圖。

石工 凡以石作壁壘，壁之裏外完全用石，或外面用石裏面用磚襯砌，或用亂石者。石工之出面部份咸皆斫琢正齊，面部及側面；底面，亦妥爲工作者。普通厚十二吋；而接縫最濶不過一分，見二三八及二三九圖。其組砌方法，猶如磚作工程之蘇包砌式，而每塊石之邊口有作打叠或.角槽者，見二三九圖。

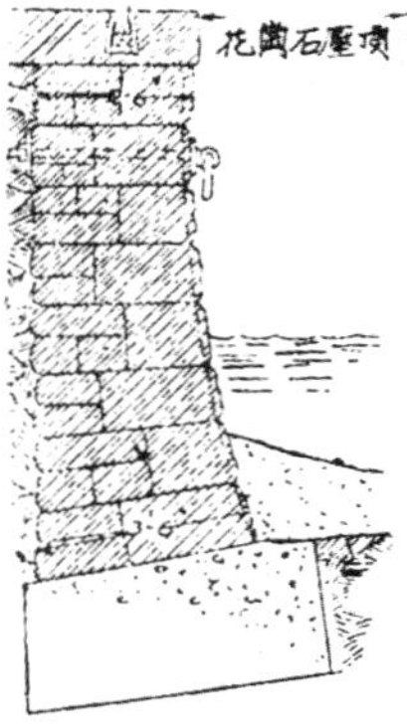

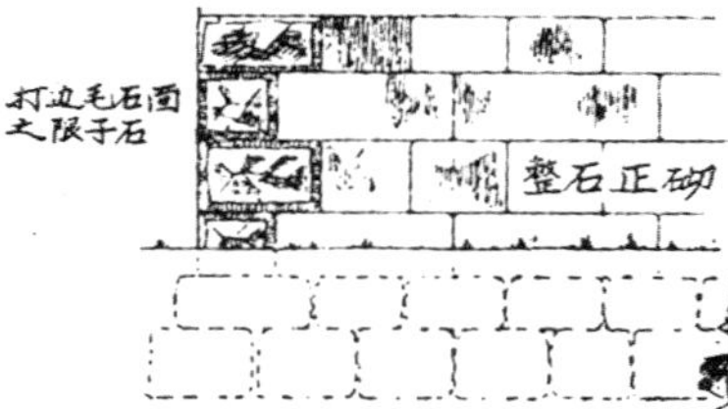

圖二三六

圖二三七

圖二三四

圖二三五

接縫 石工組砌之接縫，事前應於工作圖上慎密計劃之。最要者依照古典式則例構築，如二三七圖，殊爲重要，須注意下列各條：

一、每皮之平面，必須佈成直角，以應自上傳下之壓擠力。

二、合接之處，不受他部牽壓者，如窗檻，地檻之橫斷應力。

三、接縫處之石，不使成銳利之角。

第一條所述者，關於任何石工之平面佈成直角，則無坡斜傾瀉之弊矣。

第二條係特爲窗檻地檻及過梁而論；蓋窗檻或地檻若於其全長度加以窩砌，則兩面礅子或牆垣下沉時，勢須遭受斷裂之患。欲制止此弊，應將檻之兩端窩砌，而使中段留隙。在小空洞之上架置過梁，則可節省石料；如二七九圖。他若大空洞上架設過梁，以擔受上部壓下之分量者，另詳過梁一項。磚作工程之窗檻或地檻，常於事後補嵌；藉使新砌牆垣下沉時，窗檻或地檻不受斷裂之影響。長大之窗檻石，如三一四圖，係依窗旁牆角度頭切斷之，斯亦保全窗檻不受兩旁度頭下沉而致斷裂也。

第三條，關於柳條蕊石工窗堂之邊梃中梃與上部柳條蕊子接合之處，或其他類似石工之鑲接工者。所謂石者，係由細粒所組成，故凡銳角，殊易剝落，因之柳條蕊子雖有弧形者，應加截短，而接合之角必成直角，如三一四圖。他如任何束腰線，柳條蕊子及其他線脚，均不能在轉角處鑲接。石工之接合法式，有下列數種：

一、雌雄接縫

二、錠筍接合

三、避水搭接

依據第一項下，復分雌雄接縫，三均接，水泥膠接，插筍接及石珈接等，茲再縷述如下：

雌雄接 石之邊際兩邊低陷，中間一條突起，形成一條雄縫；而對面之另一塊石，則成一條雌縫，如三四四及三四五圖。此種式制之石板，普通用於平臺，俾雌雄縫口咬接，不使活動；並可藉互依之作用，而分散擠力於每塊平臺之石。

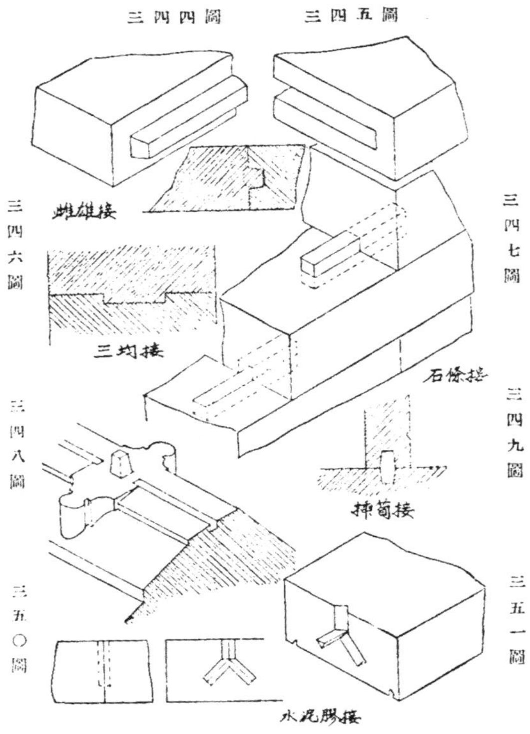

三四四圖　三四五圖

雌雄接

三四六圖　三四七圖

三均接

石條接

三四八圖　三四九圖

插筍接

三五〇圖　三五一圖

水泥膠接

[附圖三四三至三五一]

（待續）

介紹建業防水粉

宮室之美，爲文明進化之象徵；西洋文明，較我國爲發達，固無可諱言者，建築卽其一也，故其房屋之崇高偉大，室內之講求衛生，每爲吾人所豔羨者。惟近年來我國建築界之貢獻，亦有顯著之進步，建築防水粉卽其一端，該粉功能防避潮濕，使建築物乾燥，對於人身之健康，及器具衣服等裨益匪淺；具油毛毡防濕之長，而無油毛毡易腐之弊。至品質之優越，尤其餘事耳。聞滬上福煦路浦東同鄉會及漕溪路曹氏墓園等工程，均採用該粉，成績卓然。製造該粉之中國建業公司在上海愛多亞路中匯大樓云。

國外建築界奇俗攷

朗琴

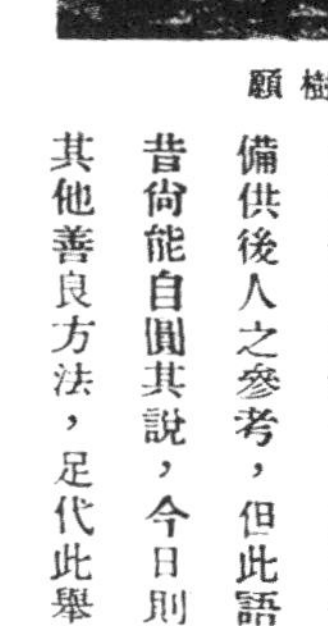

願樹葉常綠！願闔宅平安！

建築界每多奇俗，如置放奠基石之類，積習相沿，吾人往往不加究詰，照例遵行者。但處今文化昌盛之日，在置奠基石之時，雖貯報章刊物，通用貨幣及其他瑣屑物件，抑亦未免怪悖不倫。雖云此舉在保留今日之文化，備供後人之參考，但此語在昔尚能自圓其說，今日則有其他善良方法，足代此舉；若仍沿用舊習，難免因循之譏矣。

自批評方面言，置放基石之典禮雖覺奇突，然尤足稱怪者，即在屋頂豎立矮樹是。（見圖）此種習俗幾與置放基石同樣普遍，但其起源及用意，則不可知。嘗見建築工程之骨構達至最高點時，工人即縛樹枝或灌木之類，繫於頂點，怡然取樂，此在局外人亦所深知。英國名此曰「升頂禮」（Roof-raising）。在美之中西部，因此種禮節通常用於倉廩，故有名之「升倉禮」者（barn-raising）。在東部則下至茅廬草舍，上至摩天高樓，均以樹飾頂，如數年前紐約華爾街之五十三層大廈歐文信託公司，當時即以樅樹飾於頂柱者也。

試究此種舉動之用意安在，雖建築工人亦不能確切答覆，言人人殊。有謂此係為構築至最高點時之一種紀念。有謂此係表示在建築之過程中，並未發生不幸事端。有謂此舉能使工人及該屋將來之居住者得享幸運。但此均為一種傳說，吾人繼自祖先，盲目遵行，固不問其底蘊也。

習俗背景之檢討

欲明此種習俗之起源，必先追溯人類文化之初期。原始人巢居穴處，樹木對其生命，實甚重要。蓋樹上果實纍纍，取摘不竭，維持生計，唯此是賴。復以低垂之樹枝，蔓延之葛藤等，形成一種天然棲身之所。至於已枯之木，則鑽木取火，作為燃料，以遣長夜，兼可取暖。此時人類對於樹木，漸起崇敬之心，而拜樹教於焉發生。彼輩認為樹木多有獨立之人格與精神，正如人類相同。瑞典及挪

初民留樹之頂，使其神靈不滅，托庇護佑。

屋頂升樹既畢，工人列隊歡呼。

威等國居民，且謂人類源於樹木者。故人類死後靈魂歸復於樹，於是樹木能有知覺，又爲彼輩必然之論斷。據云現時居於Needwood Forest（英國古森林）之居民，在斫伐樹木之前，必須先得樹木之允許（?），由砍樹者喃喃祝禱，祈求許可，否則蓋恐遭殃也。此種習俗，世界偏僻之處，現尚存在。卽如德國古代法律，亦曾規定有敢斫伐長立之樹者，處以重罰。其酷刑如將犯罪者之臍帶挖出，釘於彼所斫伐之樹上，然後驅之繞樹而行，使其腸臟圍於樹上而後已，此舉蓋使已枯之樹皮，灌以沸騰之熱血，使其復活也。

第一次之屋頂豎樹禮

原始人因畏敬樹木之故，不得不放棄結樹枝而成之茅舍，別圖棲息之所，此尤爲婦女所迫切要求者。但有一困難之點，卽樹木建屋之主要材料，若加採用，如何始可避免其憤怒；否則疫癘饑饉，火患災難，將相繼而至，殊費考慮也。幾經思索，唯有仍向樹木祈求，得其允許，然後斫伐。迨樹木表示首肯（?），彼輩始敢摧伐。繼思樹身交架爲屋，曷不留其樹頂枝幹，俾樹木之靈魂得以長存。於是房屋落成，屋頂樹枝飄搖，多一點綴。並爲表示誠意，慰藉樹魂起見，乃開張筵席，舉行慶祝。並將酒澆於樹之四週，解其饑渴。然後合家聯歡聚餐，狂吞大嚼，以賀新居之完成也。

動機之變換

時代不息前進，崇拜樹木之觀念，亦隨之變換，進展至最後階段；在人類心理上，卒將每樹有靈魂之說，歸於消滅，而進化至森林之神，自由來往於樹間者。此神已不若先前之凶殘，而具有一種新的足資欽敬之性格。舉凡日光之映照，甘霖之下降，稼禾之豐收，及婦女之多子，牲畜之繁殖，皆其所賜也。

此時屋頂豎立樹枝之習，雖仍存在，但已不若先前之乞憐於樹，求其寬恕，而在謀森林之神，得有安全棲息之處，藉此並可庇護其土地之肥沃，人畜之蕃衍。迨後人類復將屋頂之樹，飾以彩色之帶，光亮之紙張，及繪色之蛋，與成束之鮮花等。蛋與鮮花蓋爲生命與肥饒之象徵，此時人類亟望五穀之豐收、牲畜之繁盛，實爲形成此後農業社會之一因也。

歐洲之屋頂升樹禮

瑞典名屋頂升樹禮爲「答拉沙」（Taklasol），意係「屋頂啤酒」（roof-beer），由此可以窺見此種典禮之性質。瑞典與挪威所盛行者為赤楊木之花圈。此種花圈用紅絲帶相繫，懸於屋之頂端。有時並以尖塔形之燈懸為花圈之正中，其邊則繪書建築師與承造者之姓名，並建築用具如斧鋸鉄鎚之屬。德國有數處則將樅樹紮成皇冠形，並繫以光亮之彩帶等。每逢此種典禮，人民至為興奮，舉凡學校學生，及鎮長市長等，均在被邀之列。隊伍排列成行，向新屋前進，花冠則由全鎮最美麗之女子執持。到達目的地後，由工頭置於屋頂，並喃喃祝以頌辭焉。

迎合潮流之升旗禮（旗傍隨懸工人揚手稱慶）

美人對於此習之觀察

美人之與此禮節相對者，厥為中西部農人自造倉庫之升倉禮。此種集合與其謂為具有社會性的，不若謂為實利主義者。倉主將建築之骨架準備後，邀集鄉間鄰居，羣起助其豎立，此時婦女則準備筵席，以便歡飲。迨倉庫之骨架舉立，則樹枝已飄搖屋頂，羣衆亦開懷暢飲矣。

近時屋頂升樹禮，雖有規模極大者，但均具有娛樂之性質，有若吾人之對於聖誕樹。但聖誕樹不僅點綴佳節，尚有其他意義。業主常乘此良辰，邀集親友，建築師及工人等，盛張筵席，藉資聯歡。此舉實使上下之間，發生好感，直接之影響，並能使工匠勤慎工作，增進技術上之效能也。

近時之代替物

此古老之建築界舊習，現已進展至最後階段。較大城市，樹木不易常見，故有以國旗代替樹枝者。國旗雖為樹枝之代替物，但有樹枝，仍屬採用。最顯著者，如數年前之紐約人壽保險公司大廈。紐約並有一公寓建築，初用旗豎立屋架之頂，後由工人自鄉間採得樹枝，卽將旗除去，代以樹枝。蓋鋼架之建築物，不盡用旗替代，美國全國之造橋工程，幾全用樹枝飾其頂端也。

文化日進，思想殊異，昔時豎立樹木作為增進幸福之象徵，此種觀念已不復存在，不久且將歸於淘汰，而全以國旗代之。此舉之解釋，乃為建築工人愛護國家之表示，現已公認之矣。

玻璃磚

瑚琴

現時房屋建築，有以玻璃爲磚者，多用於屋之內部。此種新穎建築材料，不僅增飾美觀，亦能引入快感。例如一餐室之牆，全以玻璃起砌，室外種植仙人掌或其他植物，花木扶疏，隱映窗上，對影淺酌，至饒幽趣。查此種玻璃之功能，係爲半透明者，和柔之陽光既能照入，而室內之行動，則不爲室外所窺得。揩拭亦易，常能保持清潔，且寒冬酷暑，火患氣蒸，霧露酸質，油污惡味等，均能不受影響。現時房屋設計者已將此種玻璃磚，充分採用於廚房及浴室等建築。若居室之不欲使人窺見者，則將此磚用爲窗飾，俾便陽光之射入。此種玻璃質地堅固，不易損碎云。

建築史（八）

杜彥耿譯

羅馬建築

總論

地理，歷史及社會

一一九、地理 早期文明之孵育滋長，薈萃於地中海諸岸，如埃及，腓尼基，希臘，依特剌斯坎及迦太基等，咸由强盛而趨衰落。獨意大利雖係古國，至今仍巋然獨盛。（見八十圖）意大利半島與歐洲大陸間之聯絡線，被崇峻之阿爾品山脈所阻斷。在阿爾卑斯山西麓，則亞平寧山起矣。蔓延半島，意大利因被割作二部。曰北部平原者，界於兩大山脈間狹地。既有亞平寧山屏於其南，更有地中海與亞得利亞海圍於東西兩岸，故此平原實爲豐腴之地，而其他一部，大體均爲山地，有阿諾江與台伯江，及伊特魯立亞，拉丁姆，坎佩尼亞等諸平原，位於亞平甯山之西。

一二〇、地質 平原多爲淤積之地，大都係自火山灰燼與沙泥等凝結而成，故石灰石與建築用石雲石等殊夥。

一二一、氣候 意大利南北兩部氣候之不同，是爲值得注意者。北方之平原，因阿爾卑斯山巔積雪所播冷風之侵襲，故氣候寒冷，而南部則因地中海熱流之傳達，故氣候和煦，據多方之考察，其地氣候極如西班牙南部諸省。

一二二、宗教 羅馬宗教之崇尚者，是爲人之想像偉力與自然之現象。故朱匹忒爲光明之神，朱諾與偕雅娜爲月神，味斯塔爲火之聖母。其他如土地之神，農事之神，是皆爲羅馬人所崇奉者，

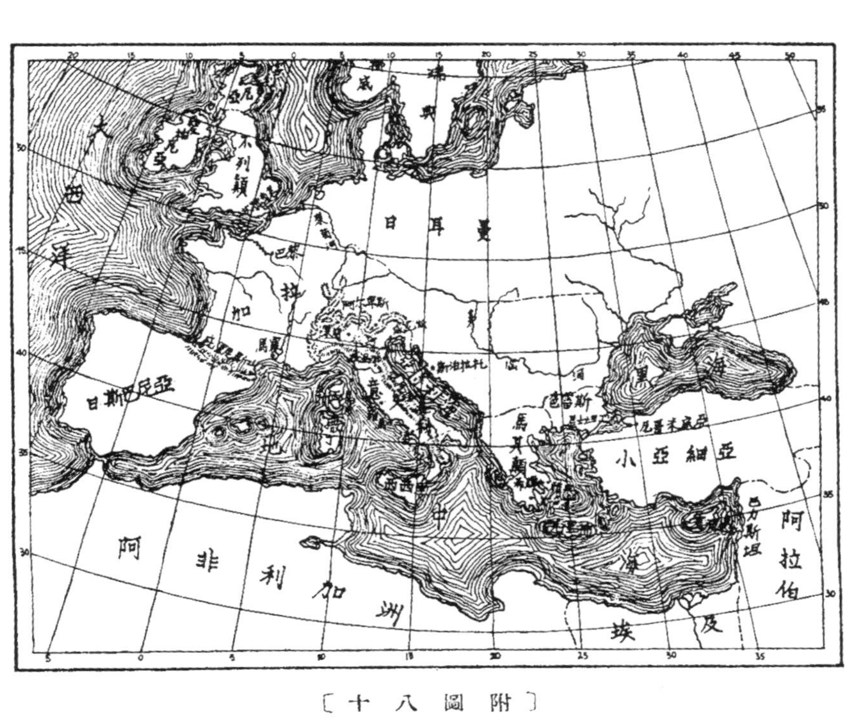

〔附圖八十〕

並特定節日，以行祝祭等禮。

一三三、歷史 意大利最早之居留者，尚在歷史有稽考之前。迨後落於皮拉斯齊神之掌握，復經希臘與羅馬言語與神話等之媒介，爲所融化。繼起者爲伊特剌斯坎。時文化漸盛，入後則此盛强一時之帝國，漸然衰崩，時拉丁乘機崛起，遂屋伊特魯立亞，是爲羅馬恢復國土之第一次。根據傳說，羅馬於紀元前七五〇年，選舉國君以後，則世代相傳。迨至第七代塔克文尼阿斯．蘇必勃斯時爲二四〇年之後，則改制共和。迫近紀元前之五世紀，羅馬共和國，開始克制其鄰境伊特魯斯坎數城，但彼克勒特族抄台伯江之捷徑，立即恢復其失地，並將羅馬攻陷，付之一炬。重操戰勝之權威，回復其以前之地位。但意大利幾經艱困之奮鬥，卒有其南部與中部之根據地，復經第三次甲冑戰之成功，始再稱霸，時爲紀元前二九〇年也。

（譯者按：一三四至一三九節因全係歷史上之鬥爭。略地史，與建築無關，故從略）

羅馬建築之風格

圓穹建築及其則例

一四〇、法圈屋面建築 伊特魯斯坎藝術，佈種於早期之羅馬後。漸感希臘建築之影響，而採行希臘式例及其建築方法。然對於伊特魯斯坎之法圈建築，依舊保守，並不放棄。玆後復經羅馬建築師之從而發揮之，則凡面積巨大之屋宇，亦能以法圈屋面覆之。並逐漸發展完臻，兼可應用於涵洞橋樑，故法圈之高度與跨度，往往頗巨。因習用法圈之故，又定出各種法圈之方式，若建大廈之屋面及圓頂之於公共會堂浴場及其他場所之跨度極大者。早時法圈屋頂之式，殊爲簡單，其半圓形之頂，猶如捲蓬車頂（見圖八十一）祇係連續之法圈，起於兩腳並行之牆上，若八十二圖。則爲縱横交叉之法圈穹頂，坐於獨立之混凝土或磚石礅子之上，俾將兩旁之牆，亦行删去，庶集多數綜錯之穹頂，成一大室。

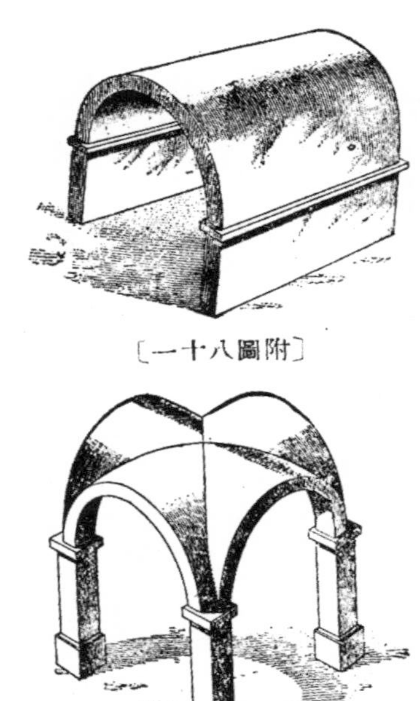

〔附圖八十一〕

〔附圖八十二〕

一四一、圓頂建築 從建此種圓頂之法，更進而創出縱横交叉之法圈穹頂，聯合綜錯，坐於跨度開濶之礅子，因之屋內可任意佈成寬暢之殿廡（如一〇二圖）而法圈穹頂之石，選用輕質之石，爲澆搗混凝土之主材，穹頂之澆搗，用佳質之天然水泥，以一次澆成一個整塊，故無發生推力之弊。羅馬人能澆製極大之圓形穹頂，而圓頂之重量，完全坐於堅厚之牆或礅子。例如支托八十九圖悲誦廟圓頂之牆，其厚度有二十尺之巨。

一四二、混合則例 紀元前二百年佔領希臘之後，所得希臘建築之影響更甚。惟依照希臘之則例，如陶立克，伊華尼與柯蘭新之外，羅馬復加兩式，曰混合式與德斯金，前者參融外來與其本國於一爐，後者係根據伊特魯斯坎而改變者。羅馬建築之高度頗高，故一根柱子每不能到頂，因分層構築，每層之柱子及台口式例，各不相同者，如希臘式其下，而羅馬式其上等（見八十三圖）斯爲古時建築之一例，是即得諸羅馬馬塞拉斯戲院之一部分。

〔附圖八十三〕

羅馬建築之莊嚴，構造之科學化，堅實及佈局之謹嚴：是其特著。但美術之精細，則羅馬實不及希臘之善飾也。

羅馬建築之例子

公共建築，私宅及紀念物

一四三、公會所 公會所者，爲一露天之廣場，用爲政治行動之集合，或審理案件及交通等，在各城市均佔重要地位。其最古者，曰羅馬公會所，係一大而不方正，四面包圍之場地，介於羅馬大寺及帕拉泰因山之間，四週有寺院，法庭，及其他公共房屋圍繞之。羅馬公會所初本作爲市場，迨後變爲公私商業買賣之場，其商舖或貨攤則設於場之南北部。公會所分爲講壇及公會所本身。有數處公會所週圍繞以廊廡，中間並設有寺廟者，構築於離羅馬人民昔時聚合場不遠之鄰近區域。

一四四、廟 羅馬之廟，就大體言，摹倣希臘之各種方式，然亦有不相同

〔附圖八十四〕

之點，是可於古希臘與羅馬之宗教建築探求之。例如依照羅馬則例，外面廊廡並不將長方形之廟宇，完全環繞者，但八十四圖與八十五圖之列柱，係採取楹廊列

柱之典式，週繞牆間，而柱突於牆面之外，約爲柱子對徑十分之七五。羅馬廟殿建築之含伊特魯斯坎式例者，如羅馬大寺之三殿。其因感希臘建築之影響而於羅馬倣建者，以希臘之四柱式爲最多，而希臘之屋頂亦頗多倣築。最後因有捲蓬式屋頂與圓頂之引用，致起一大轉變。

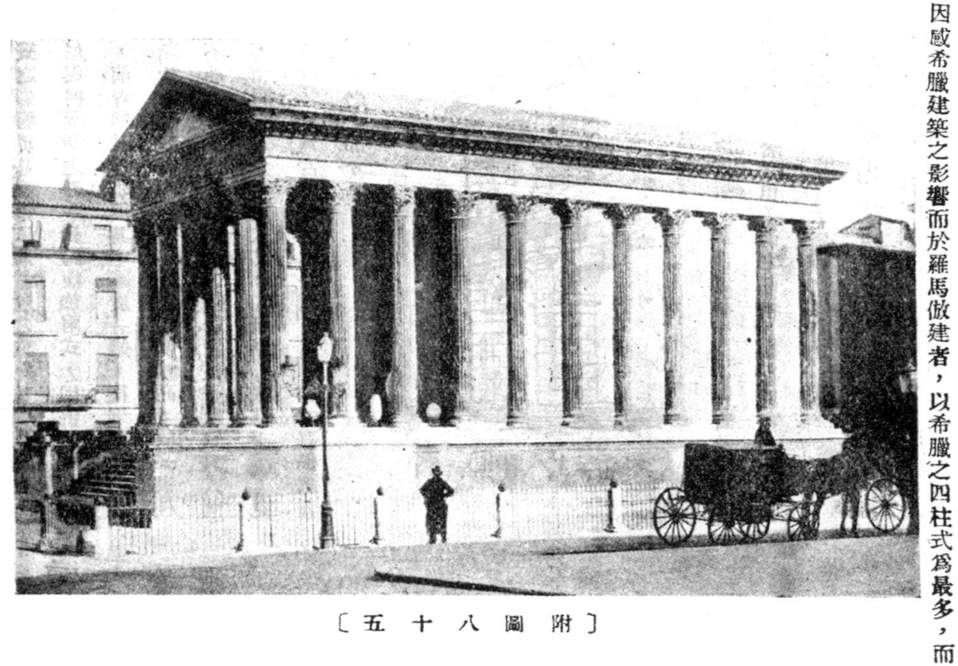

〔附圖八十五〕

一四五、小型之伊華尼式福條那維顛立斯廟，是卽爲最好之羅馬長方形廟之例子。（見八十四圖）內含一殿及一楹廊，於此或其他羅馬廟宇在正面之出階，兩傍有礅子而勒脚週繞。圖八十五示法國尼姆地方羅馬柯蘭新式之廟，建於哈德良(Hadrian)時代，是爲嵌壁列柱建築之最高式例。

密涅發卡爾雪狄凱(Minerva Chalcidica)八柱式柯蘭新廟建築，是爲羅馬建築之最優美者，位於卡匹托(Capitol)山脚，如惠思

〔附圖八十六〕

配西安(Vespasian)所建，係雷公殿(Temple of Jupiter Tonans)現在僅存三柱。又有圓形之廟兩處，一在提服利(Tivoli)，係火神廟。又一在羅馬者，則爲創始神殿(Mater Matuta)(見八十六圖)

〔附圖八十七〕

一四六、羅馬廟宇最爲壯嚴者，允推多神廟(Pantheon)如八十七圖及八十八圖爲廟之外觀與內景，建於紀元前二十七年，爲阿古利巴(Agrippa)所建者。平面圖八十九及剖面圖九十閱之更覺清晰。廟內係一圓形大殿，前面爲楹廊，十六根柯蘭新式柱子圓殿之對經爲一四二呎六吋，其高度自地平面以至圓頂，高與殿之對徑同。內部圓頂分成深厚之方塊浜子，外部之圓頂，現在視之不甚特殊，然其初建時必係輝煌之鍍彩金頂，後被蓋以古銅瓦片，以至不彰。紀元後六六三年，此項古銅頂瓦被君主君士坦士二世拆去，現在

〔附圖八十八〕

之鉛皮係於一四五四年時所蓋者。內部之圓頂殊形顯殊者，頂上圓形天窗對徑二十七尺，此種建置，誠屬世無倫比。直至現在，雖因雲石之被剝落，然依舊爲一莊嚴之建築物。當初建時多神廟完全爲獨立之建築，現在連接阿古利巴浴堂之牆垣，係在後添接者。

（羅馬部份未完）

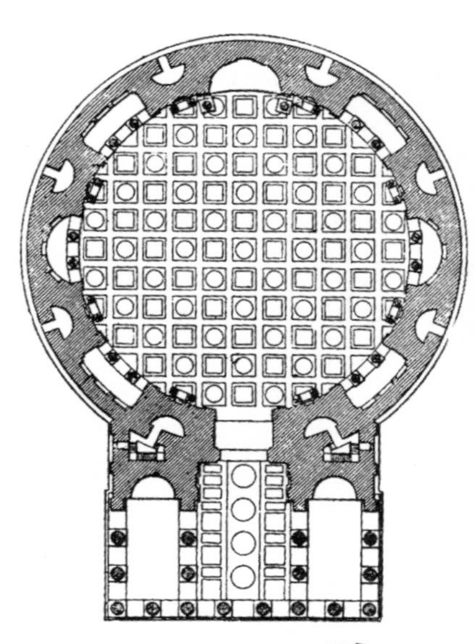

〔附圖八十九〕

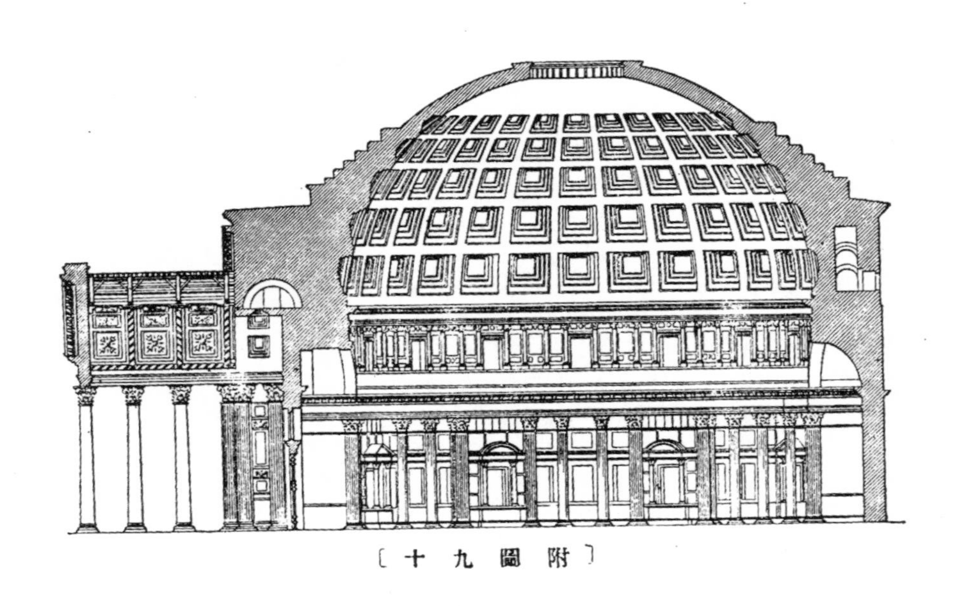

〔附圖九十〕

營造廠之自覺

（續第四頁）

其實自己的人格却已失盡不算外，社會上的沒有是非，也就根此一點劣念所發生，造成種種惡果，自己也便是其中受苦的一份子。故光明正大，才是處世立身之本，利人適足以利己，尤其是建築師工程師處處要保持師的尊嚴，師的中正不偏，與師的人格完全，而建設機關中的技術人員，也要同建築師工程師一樣，把自己的人格看作第二個生命，不要對包工者施欺騙。要知道包工者原是國民之一，他把所受到的欺騙手段轉欺他人，這樣循環報施，國家決不會得着好處。

營造廠之亟須自覺者，在已投標賬後，不應再有減低標價，互相競逐的行爲。同業公會也應趁立法院將現行法放任主義改爲干涉主義，以適目前實際需要修改同業公會法案之便 嚴訂規則，加以取締；他如會員不遵守公會決議，或不出席各種會議，應如何分別情節，加以處分等法案者二。

營造廠於標賬決定後，辦理簽訂合同手續之不平者，例須現金担保外，再加信用担保及合同條文之種種不平是，試舉現金担保與信用担保之不平言之，營造廠素例在簽訂合同時，應先向業主領取造價若干，而復由營造廠找覓妥實信用担保人，担保該營造廠不致領取造價定銀後，發生變故，方得謂平。但今日營造廠與業主簽訂承攬合同，非特無定銀之收受，反要拿出現金担保。更嫌現金担保之不足，加以信用担保；兩者兼施，營造廠實受苦萬分。緣營造廠既須提現金作担保，復須墊款將工程築至相當程度，經建築師或工程師愼重勘看，認爲滿意，方簽領款證書，持向業主收取第一屆造價。屆時該業主若係誠實可靠，自無問題，設因該業主忽生變故，領款無着，除停止工作，向法院控訴，損失當已不貲 而合同中對營造廠則束縛重重，獨對業主則無需將全部造價預先存儲銀行，只作造價，不移別用之規定，故危機殊大，爰引實例如下：

（一）著者於九年前承建某局新署工程，初不知其負欠怡和洋行儀器費三十餘萬元，不能清還，及新署建築費無十足準備等情，貿然從事 結果是賠錢，費口舌，吃力不討好；中間復經北伐軍事的大變故，局長與重要職員的更換，致其間所遭受之麻煩，更難罄述。

（二）一個業主租地一方，即在這地上設計建築市房，工程開始，收了營造廠一萬元的現金担保。至第一期付款時，付兩張期票，一係七千元，一爲八千元。到期兌現八千元的退票。經幾度往返催理退票，而第二期領款又屆，該業主毫無辦法，祇得停工。後幸地主出而取消租約，工程得由 主付款，繼續完工。

（三）在熱鬧市區中租屋一處，委託建築師設計將該屋改成最時式之食堂，將原有房屋拆得單剩一個外殼，內部完全更動。中途這最時式食堂的公司解體，不單營造廠損失無着，連建築師的公費，亦無從索取，惟有控訴發起人。此案業已三年，尚未了結。

（四）愛多亞路西段一片空地上，立着幾根鋼筋水坭柱子，露於柱外的幾根鋼筋，銹爛得快完了，這便是業主無款，中途停工的陳蹟。其他類此的很多，不必列舉。

業主應將造價十足準備，不特單爲營造廠之保障，抑亦爲一切木材水料商行及工人等的保障。因工程若爲款絀停工，營造廠亦當不能付清行款及工款，故行商及工人亦連帶受害，影響所及，不祇一偶。

業主將造價十足準備，建築師工程師的領款證書，可比殷實銀行本票一樣信用。手續與信譽都由此健全，不若現在一紙領款證書 業主擱着不付，並要指出許多不近情理的指摘，對於工程上種種，吹毛求疵，實行其延宕不付款的政策，而令中間之建築師或工程師，多方爲難。這全由於合同條款不平等所種下的病根。

營造廠的自覺，是要堅決反對現金担保

制度，並不要認作有奶的便是娘，應當審察奶裏有沒有奶汁者三。

至於條文中之關稅統稅的增加，亦由承攬人負責，與任何不測事件之發生，亦由承攬人負責等條，殊爲不妥。蓋關稅與統稅的增加，或國家新增任何稅則，自不能由承攬人負責，此理甚明。例如水泥統稅，初本每桶六角，後於民國二十二年十二月五日財政部通令於該日起，統稅每桶六角，改爲一元二角。此種稅率之改變，不若貨物市價高下，可以預訂合同購辦，物價漲落無何影響者可比。現幸中國建築師學會特訂統一工程合同及建築章程，尚稱公允。惟仍有多點　未臻完美。例如一件工程或一種建築物之須經建築師或業主之滿意是。因業主之對建築爲門外漢，故聘建築師爲之設計監造。今復於章程中授以滿意之權，則彼藉此所賦一條，百不滿意，建築師工程師將以何術彌縫之？此非特建築師工程師之作繭自縛，承攬人將於兩個嚴婆之下，誠難乎其爲媳。此爲營造廠亟起自覺在條文上起一翻革命掙扎者四。

自招標以至開標，簽訂承攬合同，既有如許不直，則於實施工程以至完成，其間種切，何祇十倍於此，故亦不便一一詳列。若以抽象的講，黃砂不潔，必要時須加洗濯；這條在任何一份建築章程中大概都有這樣的一款。但是事實上洗濯黃砂，誠可說是僅有。然今有一駐場監工，指斥黃砂不潔，必須洗濯，，承攬人不能反對不洗，在上者也不能指說他不是。如此洗了一回，尚稱不潔，須要重洗，並申說這些洗黃砂的工人不靈，漸漸說到他自已有工人介紹，可以包洗。承攬人至此，也只好樂就。此後彼所介紹之工人，不必眞將黃砂洗濯　黃砂也就不潔自潔了！承攬人處此情境，除用籠絡手段，此外毫無保障。其於籠絡手段不敏者，輕輕被加上偷工減料四字，已夠麻煩。嘗有一承攬人，自從去年二月被扣到現在，尚沒有下落，這種事情，在吾國固屬特有，要亦爲營造廠人之智識程度低淺者居多，故遂有此種事件發生，而一般營造廠人對此案件尚漠然視之，一若與其風馬牛不相關般。人言兔死狐悲，今遥兔死狐不悲，無怪在建設進程中極佔重要之營造廠，其地位之低落，有不可想像者，要亦非無因也。此爲營造廠亟宜自覺者五。

（未完）

快燥水泥

快燥水泥，原名西門放塗，爲建築材料中之最新出品，用以拌製混凝土，一經舖用，在二十四小時後，其堅靭之程度，足與普通水泥澆後三個月者相捋。按此種水泥之製造，係以石灰及鋁屬鑛物鎔解於高熱度之爐中。然後將其傾倒而出，盛於陶器之中，一如溶解之鋼鐵。迨凝結後將其擣成粉狀卽可。自此種水泥發明後，在鋼骨水泥建築史上，實開一新紀元。此種材料用於房屋及堤防道路等建築，尤爲適宜，而不受海水及硫磺質水性之溶解，尤爲其特殊之點。本埠經理處爲北京路二號立興洋行云。

更正

本刊第四卷第二號「中國之建設」欄內所載江西中正橋造價二十八萬元，係總計造價九十餘萬元之悞，合亟更正。

中國式私人住宅

杜彥耿

作者曾於上次中國建築展覽會中，與多人談及中國式私人住宅，應特倡一種新的式樣，平面佈局，須既經濟又適用；外表觀感，須具有中國的風味。

建築展覽會閉幕後，特倡一新的中國式住宅式樣之動機，日縈旋於作者腦海中；因不揣譾陋，於本刊住宅欄，作公開之研討焉。

本期所擬之住宅，下層內含客廳，起居室，三個臥室，浴室及廚房，伙食房，衣橱等。上層汽樓中爲二個臥室，貯藏室，川堂及碉樓一處，碉樓亦即爲水箱間，設於水電不通給水不便之區，自鑿一井，將水抽引至水箱，濾瀝後，復經水箱，接管通至廚房沿室等處。水箱間作成碉樓形式者，所以防宵小之侵刼；並可藉此登樓照探及抗禦。

圖之右邊下角，示壁間煤油燈之裝置，俾電流不通之區，於壁間通隙置煤油燈，光可照兩室，煤氣由壁孔上洩，使室內無惡臭之弊。燈藏壁間，外罩玻框，玻璃上繪以精巧之圖畫，妙趣不下於電燈及壁燈；而最便利者，熄燈時不必將燈取出，祇須將壁間機紐移上，則索於棟上之鐵蓋下，火自熄滅。倘於黑夜起身需亮，則可於枕下預置電筒，以備需用。

欲別倡一新的式樣，固匪易事；貿然之間，欲得佳構，亦屬難事，故下期平面圖不改，擬致力於立面圖之改進，冀有所得，以供讀者。讀者倘能於每次之平面佈局及立面式樣，加以批評，固不勝企翹者也。

（本期圖樣見後頁）

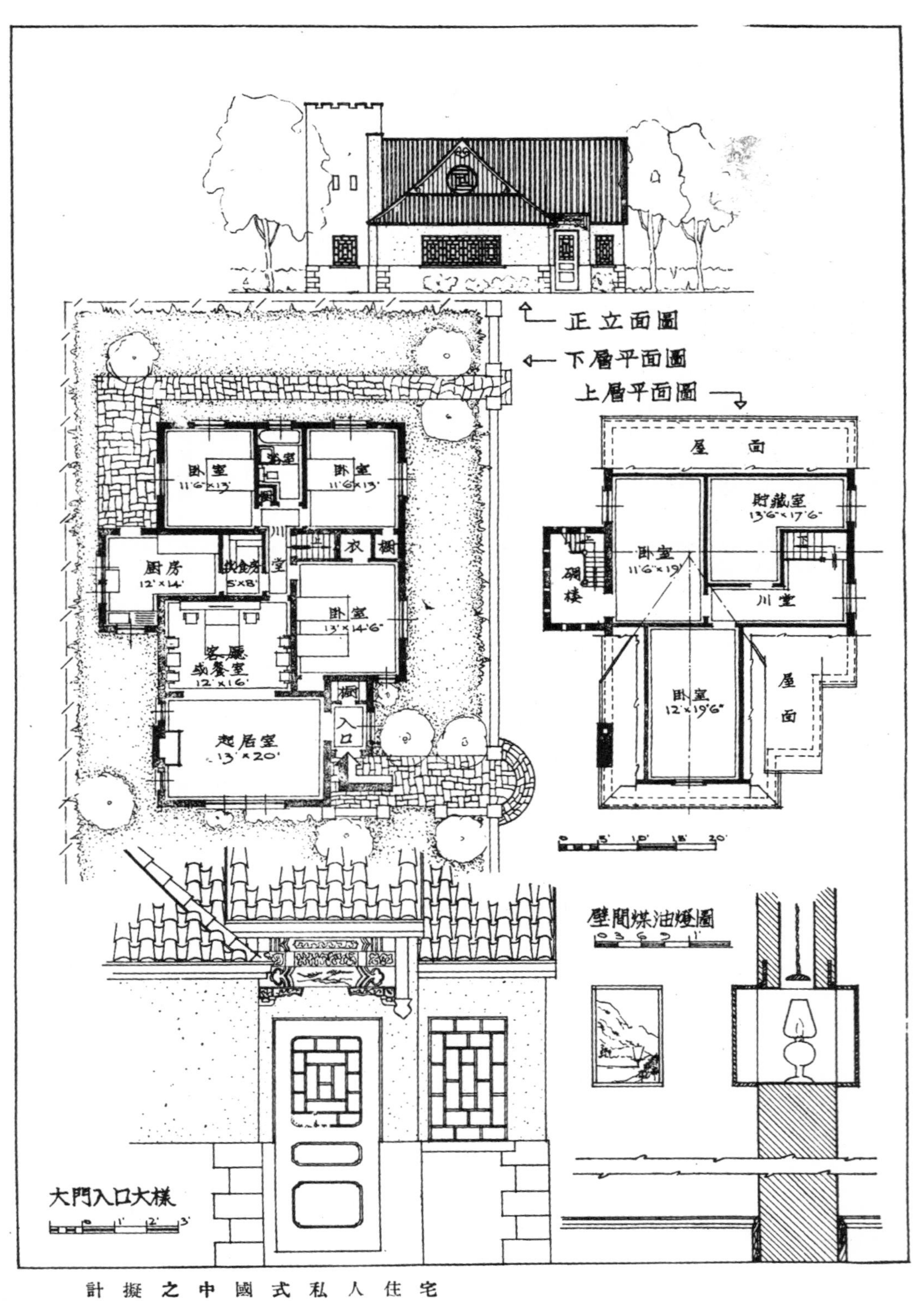
正立面圖
下層平面圖
上層平面圖
臥室 11'6"×13'
浴室
臥室 11'6"×13'
廚房 12'×14'
伙食房 5'×8'
衣
櫥
臥室 13'×14'6"
客廳或餐室 12'×16'
櫥
入口
起居室 13'×20'
屋面
貯藏室 13'6"×17'6"
臥室 11'6"×19'
樓梯
川堂
臥室 12'×19'6"
屋面
0 5' 10' 15' 20'
壁間煤油燈圖
大門入口大樣

中國式私人住宅之擬計

希臘古典式建築，通常每因室位過大，地面浪費頗多。但此屋設計，僅佔地 25'×33', 式樣壯觀，至足引人注意，宜其得美國優良住宅協會之榮譽推薦也。屋之正面漆以白色，其他外牆係用牆面板，窗戶、外面之門及屋頂木瓦則爲綠色。

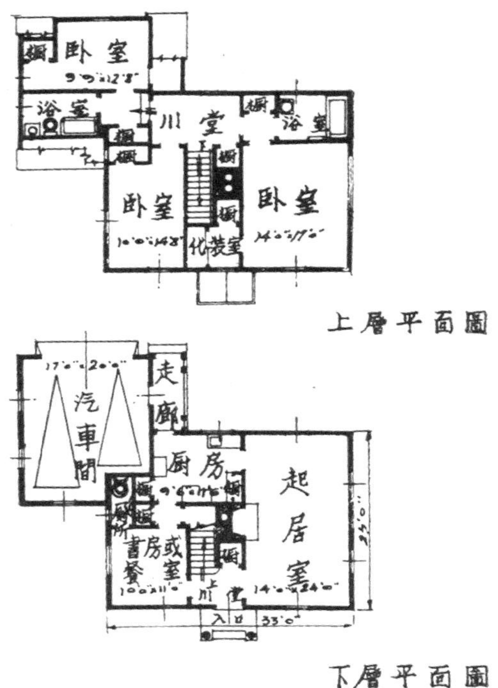

上層平面圖

下層平面圖

張效艮先生遺像

悼張效良先生

先生諱毅，字效良，江蘇南匯人。年十七歲，即繼承遺緒，置身建築界；發揚光大，蔚成吾業巨擘，足允克紹箕裘者矣。歷任上海市營造廠業同業公會主席等職，對於本會之發起，亦多所贊助。其他團體公益事業之有關大衆福利者，靡不踴躍參加，惟恐落後。先生處世應事，待人接物，一以精誠純篤出之；光明磊落，肺腑相示，使人於晤談之頃，油然興敬仰之感，蓋以德動人，其力至偉也。同業間有糾紛，得先生調停，片言立解，重於九鼎。私人請求週濟者，更竭誠相助，力促其成；富而好施，於先生見之。惟先生自奉甚儉，力戒奢華，日常生活，撙節是尚。所主持之事業至夥，如久記營造廠久記木材行等，不殫細述，事無纖巨，必躬親處理，不容簡忽。以致三十餘年來，操勞操心，工作過度，近時氣體，較前日見衰弱。方期加意攝養，重返健康之域，不意遽罹心臟之症，於本年六月一日巳時病故，享年五十有四。未登耋耄，哲人其頹；本會輓之以聯曰：「鴻業振一時允矣陶朱稱善賈」「鵑啼驚五夜奇哉傅說忽騎箕」，痛哉！

本會驚於張先生為國內建築界之柱石，品高德超，志潔行芳，立身處世，足資矜式。茲遽溘逝，實失模楷，不有追思之舉，何申景仰之誠，爰經聯合上海市營造廠業同業公會與上海市木材業同業公會，及與張先生有關或素識之團體人士等，發起舉行追悼會。並於六月十日召集發起人談話會，當場推定籌備委員每團體各四人，負責籌備此事。即日成立「張效良先生追悼會籌備委員會」，設籌備處於南京路大陸商場六樓六二〇號。一俟將追悼日期及地點向張先生家屬接洽定當後，即可登報並通函各界，公開徵求參加追悼，以誌哀思。並擬設立「效良建築工業職業學校」，藉為張先生留一永久紀念，兼盡為國育材之意。現時國內中等建築工程人才缺乏，此舉確甚切要；吾人以緬懷先進作育專材之旨，剏辦此校，當不難促其實現也。

傢具與裝飾

圖爲起居室中書架之一角。椅上之織物係手工製成，頗爲精緻。

圖中室內之桌作L形，裝置日光燈，活動圖畫板，書架，旋轉之飲料櫥，及各樣之抽屜等。電話亦裝置旋轉之架上，隱藏而且便利，至為得宜。水汀亦圍護與桌面相同之木材，如此可以增加架櫥及抽屜等之地位，誠設計繪圖室之精構也。

本會附設正基建築工業補習學校全體師生攝影

本會附設正基建築工業補習學校第一屆畢業典禮師生合影

專載

本會附設夜校更改編制（校務委員會議決 二十五年秋實行）

本會附設正基建築工業補習學校，創立於民國十九年秋季，編制分初級部三年，高級部三年，修業年限共六年，揆與上海市教育局所頒佈補習學校修業年限至多四年之規定，頗多未合。茲經校務委員會（現任委員爲陳松齡、應興華、姚長安、賀敬第、湯景賢）議決，自二十五年秋季，就初級部各年級起，以兼顧現在之學科內容爲原則，遵照規定，更改修業年限爲四年，稱爲「專修科」。並爲補救程度較低之入學者起見，另設「普通科」一年，修習及格，升入專修科一年級肄業。原有高級部各年級，除高級三年級本學期應屆畢業外，其餘高級一二年級仍照常開班，逐年結束，俾入學各生，得竟學業。事關更改編制，已由校方根據決議，呈准上海市教育局備案，自二十五年秋季起實行。招生通告將載下期本刊，茲將重訂章程，錄刊如後：

上海市建築協會附設 正基建築工業補習學校簡章（二十五年秋季重訂）

宗旨 利用業餘時間進修工程學識培養專門人才爲宗旨

編制 普通科一年專修科四年（普通科專爲程度較低之入學者而設修習及格升入專修科一年級肄業）

授課 本校授課時間每日下午七時至九時普通科一年級及專修科一二年級每週授課十二小時專修科三四年級每週授課十小時

程度 本校係爲秋季始業（即每年之秋季爲第一學期）於每年寒暑兩假各行招考一次各級投考程度如左

普通科一年級 高級小學畢業或具同等學力者

專修科一年級 初級中學肄業或具同等學力者

專修科二年級 初級中學畢業或具同等學力者

專修科三年級 高級中學工科肄業或具同等學力者

專修科四年級 高級中學工科畢業或具同等學力者

報名 依照本校公佈報名日期及地點親來塡寫報名單隨繳手續費一元（錄取與否概不發還）領取應考證憑證於規定日期到校應試（如有學歷證明文件應於報名時繳存本校審查）

考試 新生考試日期及各級考試科目均由本校逐屆規定詳載招生通告（普通科一年級得免試入學照章報名領取應考證後憑證於開學日到校辦理入學手續）

入學 新生入學手續本校於開學前一星期分別通告之各生均應遵照辦理

繳費 本校普通科專修科各年級每學期應繳各費其數如左須於入學時一次繳清

普通科一年級 學費十四元 雜費二元 共十六元正
專修科一二年級 學費十八元 雜費二元 共二十元正
專修科三四年級 學費廿四元 雜費二元 共廿六元正
新生入學每人另繳銀質校徽費一元正

附告：如由上海市建築協會會員具函蓋章負責保送得減免學費二元

學科 本校普通科專修科各年級修習學科列表如左

普通科一年級

第一學期	每週時數	第二學期	每週時數
國文	3	國文	3
英文	4	英文	4
算術	5	算術	5

專修科一年級

第一學期	每週時數	第二學期	每週時數
英文	3	英文	3
自然科學	3	自然科學	3
代數	6	幾何	6

專修科二年級

第一學期	每週時數	第二學期	每週時數
商業英文	2	商業英文	2
幾何畫	4	圖形幾何	4
三角	6	解析幾何	6

專修科三年級

第一學期	每週時數	第二學期	每週時數
工程畫	4	建築材料	4
微積分	6	應用力學	6

專修科四年級

第一學期	每週時數	第二學期	每週時數
房屋建築	4	結構原理	5
材料力學	6	鋼筋混凝土學	5

附註：（一）『每週時數』係指每週講授鐘點而言演習時間概不在內
（二）右列各級修習學科如有更動當於每屆開學時詳載『學期一覽表』

考試 本校考核學生成績以平日積分小考（每六星期舉行一次）及大考（學期終舉行之缺課逾上課時間四分之一不得參與）平均計算之修得成績由本校於學期結束時報告各生保護人

計分 本校計算學科成績以百分之六十爲及格並採行等級計分法分爲A.B.C.D.E.五等A爲特等（90—100%）B爲上等（80—89%）C爲中等（70—79%）D爲及格（60—69%）E爲劣等（60%以下）須補考及格始准升級

畢業 學生修滿規定年限經考試成績及格由校發給證書（上海市教育局驗印）

一覽 本校於每屆開學時印有『學期一覽表』詳載各級授課時間

表教職員履歷表校曆及學生請假規則等分發繳費註冊各生

附則 本簡章有不適用時得由本校隨時修改之

附錄本校各科用書一覽（用書如有更動當於每屆開學時詳載學期一覽表）

國文 古今文選選讀（由校免費發給講義）

英文 普1 Graybill & Chu: The New China

劉維向編：初中簡易英文文法（商務出版）

專1 Graybill & Chu: The New China

Olin D. Wannamaker: 實用新英文典（商務出版）

商業英文 李文彬編：英文商業文牘備要（商務出版）

算術 Wentworth & Smith: Complete Arithmetic

代數 Wentworth: Elementary Algebra

幾何 Wentworth & Smith: Plane & Solid Geometry

三角 Granville: Plane Trigonometry & Tables

解析幾何 Wentworth: Analytic Geometry

微積分 Love: Differential & Integral Calculus

自然科學 Washburne: Common Science

幾何畫 Holbrow: Geometrical Drawing

圖形幾何 Moyer: Engineering Descriptive Geometry

工程畫 French: Engineering Drawing

建築材料 Moore: Materials of Engineering

房屋建築 Riley: Building Construction for Beginners

應用力學 Poorman: Applied Mechanics

材料力學 Boyd: Strength of Materials

結構原理 J.B.T.: Modern Framed Structures, Part 1.

鋼筋混凝土學 Hool: Reinforced Concrete Construction, Vol. 1.

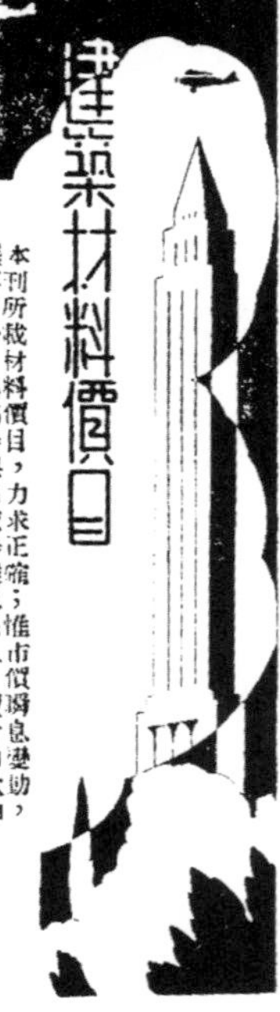

本刊所載材料價目，力求正確；惟市價瞬息變動，漲落不一，集稿時與出版時難免出入。讀者如欲知正確之市價者，希隨時來函詢問，本刊當代為探詢詳告。

磚瓦

（一）空心磚

十二寸方十寸六孔	每千洋二百十元
十二寸方九寸六孔	每千洋一百九十元
十二寸方八寸六孔	每千洋一百六十元
十二寸方六寸六孔	每千洋一百二十五元
十二寸方四寸四孔	每千洋八十元
十二寸方三寸三孔	每千洋六十五元
九寸二分方六寸六孔	每千洋六十五元
九寸二分方四寸半三孔	每千洋五十元
九寸二分方三寸三孔	每千洋四十元
四寸半方九寸二分四孔	每千洋三十二元
九寸二分四寸半三寸二孔	每千洋二十元
九寸二分·四寸半·二寸半·二孔	每千洋十九元
九寸三分·四寸半·二寸·二孔	每千洋十八元

（二）八角式樓板空心磚

十二寸方八寸八角四孔	每千洋一百八十元
十二寸方六寸八角三孔	每千洋一百三十五元
十二寸方四寸八角三孔	每千洋九十元

（三）深淺毛縫空心磚

十二寸方十寸六孔	每千洋二百二十五元
十二寸方八寸半六孔	每千洋一百八十九元
十二寸方八寸六孔	每千洋一百八十元
十二寸方六寸六孔	每千洋一百三十五元
十二寸方四寸四孔	每千洋九十元
十二寸方三寸三孔	每千洋七十二元
九寸三分方四寸半三孔	每千洋五十四元

（四）實心磚

九寸四寸三分二寸半紅磚	每萬洋一百二十六元
八寸半四寸一分二寸半紅磚	每萬洋一百二十元
十寸·五寸·二寸紅磚	每萬洋一百十四元
九寸四寸三分二寸紅磚	每萬洋九十五元
九寸四寸三分二寸三分紅磚	每萬洋一百〇五元
九寸四寸三分二寸三分拉縫紅磚	每萬洋一百六十元
十寸五寸二寸青磚	每萬一百十九元
九寸四寸三分二寸青磚	每萬一百元
九寸四寸三分二寸三分青磚	每萬一百十元

（以上統係外力）

（五）瓦

一號紅平瓦	每千洋五十五元
二號紅平瓦	每千洋五十元
三號紅平瓦	每千洋四十元
一號青平瓦	每千洋六十元
二號青平瓦	每千洋五十五元
三號青平瓦	每千洋四十五元
西班牙式紅瓦	每千洋四十五元
西班牙式青瓦	每千洋四十八元
英國式灣瓦	每千洋三十六元
古式元筒青瓦	每千洋六十元

（以上統係連力）

新三號青放	每萬洋五十三元
新三號老紅放	每萬洋六十三元

以上大中磚瓦公司出品

輕硬空心磚

		每塊重量
十二寸方十二寸四孔	每千洋二八八元	卅六磅
十二寸方十寸四孔	每千洋二三六元	廿六磅
十二寸方八寸二孔	每千洋一七七元	十九磅半
十二寸方六寸二孔	每千洋一三三元	十七磅
十二寸方四寸二孔	每千洋八十九元	十四磅

十二寸方三寸二孔	每千洋七十元	十半二磅
九寸二分方八寸二孔	每千洋九十三元	十二磅
九寸二分方六寸二孔	每千洋七十元	九磅半
九寸二分方四寸半二孔	每千洋五十四元	八磅二五
九寸二分方三寸二孔	每千洋五十元	七磅二五

硬磚

二寸二分四寸五分九寸半	每萬洋一〇五元	六磅
二寸二分四寸一分八寸半	每萬洋八十五元	四磅半

以上長城磚瓦公司出品

鋼條

四十尺四分普通花色	每噸一四〇元
四十尺五分普通花色	每噸一二六元
四十尺六分普通花色	每噸一三二元
四十尺七分普通花色	每噸一三六元
四十尺一寸普通花色	每噸一三六元
盤圓絲	每市擔六元六角

泥灰石子

象牌水泥	每桶洋六元三角
泰山水泥	每桶洋五元七角
馬牌水泥	每桶洋六元五角
拔灰	每擔洋一元二角
黃沙	每噸洋三元
石子	每噸洋三元半

木材

洋松八尺至卅二尺再長照加	每千尺一百十元
一寸洋松	每千尺洋一百十二元
寸半洋松	每千尺洋一百十三元
洋松二寸光板	無市
四尺洋松條子	每萬根洋一百六十五元
一寸四寸洋松一號企口板	每千尺洋一百四十五元
一寸四寸洋松副頭號企口板	每千尺洋一百十元
一寸四寸洋松二號企口板	每千尺洋一百元
一寸六寸洋松一號企口板	每千尺洋一百[illegible]元
一寸六寸洋松副頭號企口板	每千尺洋一百十五元
一寸六寸洋松二號企口板	每千尺洋一百元
一二五四寸洋松一號企口板	無市
一二五四寸洋松二號企口板	無市
一二五六寸洋松一號企口板	無市
一二五六寸洋松二號企口板	無市
柚木(頭號)僧帽牌	每千尺洋六百元
柚木(甲種)龍牌	每千尺洋五百三十元
柚木(乙種)龍牌	每千尺洋五百元
柚木(旗牌)	每千尺洋五百三十元
柚木(盾牌)	每千尺洋四百八十元
硬木	無市
硬木(火介方)	每千尺洋一百八十五元
柳安	每千尺洋一百九十元
紅板	每千尺洋一百六十元
抄板	每千尺洋一百八十元
十二尺三寸六八皖松	每千尺洋六十五元
十二尺二寸皖松	每千尺洋六十五元
一二五四寸柳安企口板	每千尺洋二百十元
一寸六寸柳安企口板	每千尺洋二百十元
一二五四寸企口紅板	無市
二寸一半建松片	市尺每千尺洋六十八元
九尺四分建松板	市尺每丈洋三元八角
九尺八分建松板	市尺每丈洋六元八角
六尺半五分青山板	市尺每丈洋三元五角

本松毛板	市尺每塊洋三角
本松企口板	市尺每塊洋二角二分
六尺半二分杭松板	市尺每丈洋二元
七尺半二分甌松板	市尺每丈洋二元一角
六尺半八分皖松板	市尺每丈洋四元六角
九尺八分皖松板	市尺每丈洋五元六角
六尺半五分皖松板	市尺每丈洋四元二角
台松板	市尺每丈洋三元五角
七尺半四分坦戶板	市尺每丈洋二元六角
七尺半三分坦戶板	市尺每丈洋二元四角
六尺二分機鋸紅柳板	市尺每丈洋二元五角
六尺三分毛邊紅柳板	市尺每丈洋二元五角
六尺二分俄松板	市尺每丈洋二元六角
六尺半二分俄松板	市尺每丈洋二元八角
七尺半毛邊二分坦戶板	市尺每丈洋一元七角
六尺半五分機介杭松	市尺每丈洋四元二角
白松方	每千尺洋九十五元
紅松方	每千尺洋一百十五元
麻栗方	每千洋一百三十五元
啞克方	每千洋一百三十五元
俄麻栗板	每千尺洋一百四十元

五金

（一）釘

美方釘	每桶洋二十元〇九分
平頭釘	每桶洋二十元八角
中國貨元釘	每桶洋六元五角

（二）牛毛毡及防水粉

五方紙牛毛毡	每捲洋二元八角
半號牛毛毡（馬牌）	每捲洋二元八角
一號牛毛毡（馬牌）	每捲洋三元九角
二號牛毛毡（馬牌）	每捲洋五元一角
三號牛毛毡（馬牌）	每捲洋七元
建業防水粉	每磅國幣三角

（三）其他

鋼絲網（27"×96" 2¼lbs.）	每方洋四元
鋼版網（8'×12' 六分一寸半眼）	每張洋卅四元
水落鐵（每根長二十尺）	每千尺五十五元
牆角線（每根長十二尺）	每千尺九十五元
踏步鐵（每根長十尺或十二尺）	每千尺五十五元
鉛絲布（闊三尺長百尺）	每捲二十三元
綠鉛紗（同上）	每捲洋十七元
銅絲布（同上）	每捲四十元

水木作工價

木作（包工連飯）	每工洋六角三分
水作（同上）	每工洋六角
水木作（點工連飯）	每工洋八角五分

內政部登記證警字第二五五四號

建築月刊
THE BUILDER

中華郵政特准掛號認為新聞紙類

廣告刊例
Advertising Rates Per Issue

地位 Position	全面 Full Page	半面 Half Page	四分之一 One Quarter
底封面外面 Outside back cover.	七十五元 $75.00		
封面及底面之裏面 Inside front & back cover	六十元 $60.00	三十五元 $35.00	
封面裏面及底面裏面之對面 Opposite of inside front & back cover.	五十元 $50.00	三十元 $30.00	
普通地位 Ordinary page	四十五元 $45.00	三十元 $30.00	二十元 $20.00
小廣告 Classified Advertisements	每期每格三寸半闊洋四元 一寸高 - $4.00 per column		

廣告槪用白紙黑墨印刷，倘須彩色，價目另議；鑄版彫刻，費用另加。
Designs, blocks to be charged extra. Advertisements inserted in two or more colors to be charged extra.

第四卷 第四號

民國二十五年四月發行

刊務委員 竺泉通 江長庚 陳松齡
主編 杜彥耿
廣告 藍克生 (A. O. Lacson)
發行 上海市建築協會 南京路大陸商場六二〇號 電話 九二〇〇九號
印刷 新光印書館 上海聖母院路聖達里三〇號 電話 七四六三五號

定價

每月一冊 全年十二冊

訂購辦法	價目	郵費 本埠	郵費 外埠及日本	郵費 香港澳門	郵費 國外
零售	五角	二分	五分	一角八分	三角
預定全年	五元	二角四分	六角	二元一角六分	三元六角

晶明玻璃磚

玻磚一物，已成現代建築上重要材料，曩唯仰給於外人，然而舶來玻磚，往往未盡合用，本廠獨能代客隨意範製，其品質之堅實晶瑩，式樣之玲瓏別緻，保證稱心滿意，本市市立圖書館所用之各種玻磚，即係本廠出品，堪以窺見一斑，固不僅杜塞漏卮已也。倘蒙惠顧，竭誠歡迎，邦人君子，幸共鑒之。

中國化學工業社附屬晶明玻璃廠謹啓

製造廠…小沙渡路五四一號　發行所…河南路二五七號（有493）

中國地板建築公司

上海白利南路二七一號　電話二一四一四

本公司係華商獨資創辦開設十有餘年專門承做包舖各種雕刻美術花紋硬木地板及機器砂磨泡力水打蠟等一切地板工程應有盡有如蒙賜顧無不克己並備有各種地板樣子及花紋樣簿承索即奉茲將本公司所包做各大廈住宅公署之地板工程不克詳載略舉於左

上海揚子飯店　上海胡瑞元先生住宅　浦東杜宅藏經樓　南京中國銀行　南京金陵中學　南京交通部　上海戴耕莘先生住宅　上海公和洋行　上海業廣地產公司　南京山西路汪公館　南京交通部

上海成都路巡捕房　浦東中央酒廠　浦東德士古大班住宅　南京交通銀行　南京褚委員住宅　上海法工部局營房福履理路　上海法工部局大打樣住宅　大上海大戲院　上海美華地產公司　上海中央研究院棉紡織染實驗館

上海工部局醫院　浦東德士古洋行　蘇州中國銀行　南京中央醫院　南京唐總監住宅　上海法工部局營房貝當路口　上海蘇州路中國銀行　上海工部局中學堂星加坡路　上海中央研究院　南京交通部郵趣局

註冊商標

建築上之超等材料

三寶牌石膏粉

本廠特聘留德化學專家　採購湖北應城所產上等石膏　用德國精良機械　製造成粉　品質潔白細密　具有天然結晶性堪與舶來品並駕齊驅　極合各種建築之用

說明書化驗單樣品請向營業課函索

上海分銷處　愛多亞路中匯大樓四樓四四五號　應城石膏公司上海辦事處　電話八三七五〇號有無線電報掛號〇七六二

製造廠　漢口宗關水廠隔壁　電話三三五六五號

營業課　漢口特三區鼎安里三號應城石膏股份有限公司　電話二四五五五號　有無線電報掛號二〇一九

應城石膏股份有限公司　石膏物品製造廠謹啓

建築界的唯大貢獻！

新成鋼管電機製造廠股份有限公司

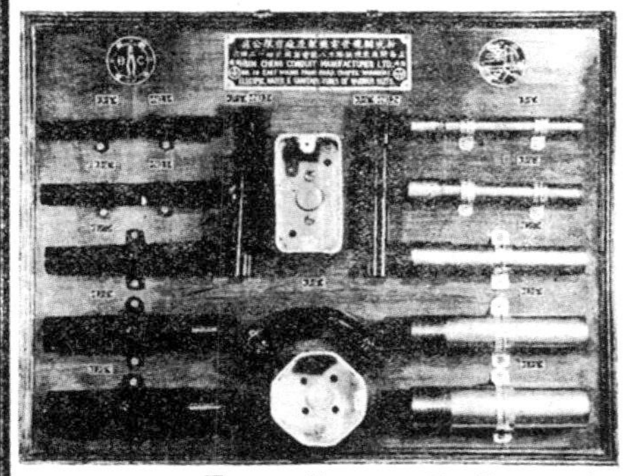

科學倡明萬象競爭我國建設方興未艾對於電氣建築所用物品向多採自舶來利權外溢數實堪驚本廠有鑒於斯精心研究設廠製造電氣應用大小黑白鋼管月灣開關箱燈頭箱等貢獻於建築界藉以聊盡國民天職挽回利權而塞漏卮當此國難時期務望愛國諸君一致提倡實爲萬幸但敝廠出品曾經實業部註册批准以及軍政各界中國工程師學會各建築師贊許風行全國質美價廉早已膾炙人口予以樂用現爲恐有魚目混珠起見特製版刊登千乞認明鋼鉗商標庶不致誤

廠址及事務所
上海閘北東橫浜路德培里十八號
電話華界四一二四六

接洽處
利泰電料行
上海吳淞路三七五號
電話租界四三四七九

附註
樣子及價目單函索卽寄

本廠承建之南昌勵志分社

中央黨部黨史陳列館

馥記營造廠

總事務所　上海四川路三三號　電報掛號一五二七　電話一七三三六　一七三三七

總廠　上海戈登路三五五號

分事務所　南京陶閣新村—馥記大樓　南昌荷包巷五九號

分廠　河南　重慶　九江　廣州　杭州　青島　南京　貴溪　鎮江　邵伯　淮陰　劉澗

第一堆棧　上海閘北廣林街

第二堆棧　上海浦東慶甯寺

分事務所分廠電報掛號七四五〇

本廠承造各埠建築達數十處都千萬餘金略舉如下備資參考

本埠工程

儉德儲蓄會……福生路
寶隆醫院……白克路
公共宿舍……聖母院路
中華碼頭……浦東周家渡
劉公館……亞爾培路
上海牛皮廠……白利南路
七層公寓……國富門路
義泰興碼頭……浦東董家渡
公和祥碼頭及棧房……浦東
七層公寓……海格路
交通大學工程館……徐家匯
公和祥碼頭……百老匯路
四行念二層大樓……派克路
大新百貨公司……南京路

外埠工程

中山紀念堂……廣州
美領事署……廈門
總理陵墓第三部工程……南京
陣亡將士公墓全部……南京
宋部長官邸……南京
稅警團營房……海州
海軍船塢……青島
孫院長公館……南京
兵工分廠……鞏縣
浙江大學農學院……杭州
美豐銀行……重慶
勵志分社……南昌
航空學校……南昌
中正橋……南昌
浙贛路貴溪橋……貴溪
航空倉庫……京—滬—濟
導淮船閘……邵伯—淮陰—劉澗
航空分校工廠棚廠工程……洛陽
中央黨部黨史陳列館……南京
導淮開闢三河活動土方工程……安徽
廬山訓練所宿舍……廬山

VOH KEE CONSTRUCTION CO.

浙贛路貴溪橋

長城機製磚瓦
股份有限公司
註冊商標
TRADE MARK
貨價比普通磚廉
貨品較任何機器磚高
總公司 製造廠 騰越路一四四號 電話五一一七九
事務所 牛莊路七四二號 電話九〇九八〇
出品
堅韌硬磚
輕硬空心磚
瀉水瓦片
如蒙垂詢價格及索閱貨樣請電話通知即當送奉
証明
壓力、吸水量、耐久性均經上海工部局詳細化驗負責証明成績超越一切磚瓦
合作五金股份有限公司出品
優點
精確 美觀 堅固 價廉
出品
門鎖 抽屜鎖 拉手 文具 鉸鏈
註冊商標 GMC TRADE MARK
K.T.O.H.C. L TRADE MARK 註冊商標
MARCH
製造廠
總務處 上海塘山路七九六
發行所 上海牛莊路七四二
電話 九〇九八〇
電報掛號 九六〇二

本廠承裝網籬工程之一
國立同濟大學游泳池
自製鉛絲網籬
兼代設計裝置
公勤鐵廠股份有限公司
總廠
上海楊樹浦臨青路
電話
五〇二一四・五〇一六七
電報
二〇六〇
分廠
廣州河南南華中路

中國近代建築史料匯編（第一輯）

建築月刊

第四卷　第五期

VOL.4, NO. 5 第四卷 第五期

建築刊

大中機製磚瓦股份有限公司

製造廠浦東南匯縣下沙鎮

本公司因鑒於建築事業日新月異材料選擇尤關重要特聘專門技師購置德國最新式機器精製各種青紅磚瓦及空心磚等品質堅韌色澤鮮明自應銷以來已蒙各界推爲上乘樂予採購茲略舉一二以資參攷其他惠顧諸君因限於篇幅不克一一備載諸希鑒諒是幸

大中磚瓦公司附啟

曾經購用敝公司出品各戶台銜列后：

本埠

國立中央實驗館	兆豐花園	和興公司承造
墾業銀行	北京路	趙新泰承造
開成造酸公司	軍工路	王錦記承造
中匯大廈	愛多亞路	久記承造
南成都路巡捕房	南成都路	新蓀記承造
四行念二層大樓	靜安寺路	馥記承造
工部局巡捕房	平涼路	新蓀記承造
中新第九廠	東京路	協盛承造
揚子飯店	雲南路	潘榮記承造
百老匯大廈	百老匯路	新仁記承造
雷斯德工藝學院	熙華德路	久泰錦記承造
博德運綫線廠	定海路	創新承造
中央巡捕房	福州路	新申承造
中華書局總廠	澳門路	湯秀記承造
上海市立醫院	市中心區府南左路	陸根記承造
國立上海商學院	西體育會路	陸根記承造
建設大廈	福州路	陶桂記承造
永安公司新廈	南京路	陶桂記承造
怡和啤酒廠	定海路	創新承造
三菱銀行大廈	四川路	金洪記承造
明星公司有聲攝影場	楓林橋	自建
哈同大廈	拋球場	陳永興承造
浦東同鄉會大廈	愛多亞路	新昇記承造
中國銀行	仁記路	陶桂記承造

外埠

金陵大學	南京	利源建築公司承造
航空學校	杭州	新金記康號承造
中國銀行	青島	錦生記承造
太古堆棧	廈門	喃閩治港公司承造
中央政治學校電政	南京	大昌公司承造
江蘇銀行	南京	鈕永記承造
中國國貨銀行	南京	成泰承造
永利硫酸錏廠	浦口卸甲甸	新金記康號承造
連雲港發電廠	海州	方記建築公司承造
國立戲劇研究院	南京	陸根記承造
天生港發電廠	南通天生港	自建
瓊州海關	廣東瓊州島	自建
江蘇省立蘇州女子師範學校	蘇州盤門新橋巷	自建

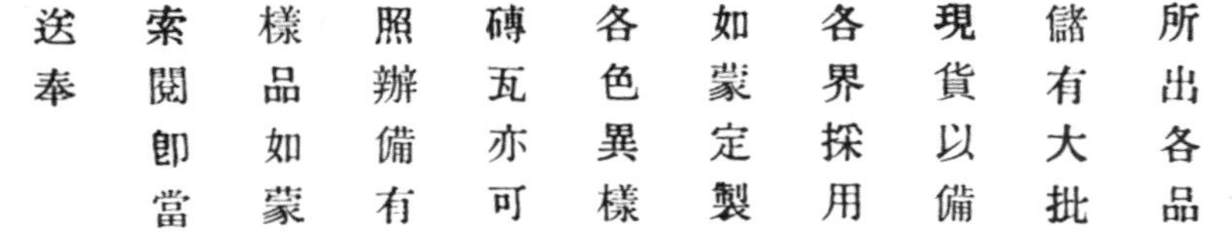

所出各品儲有大批現貨以備各界採用如蒙定製各色異樣磚瓦亦可照辦備有樣品如蒙索閱卽當送奉

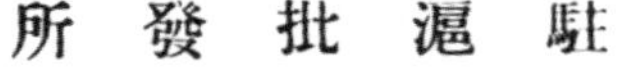

駐滬批發所

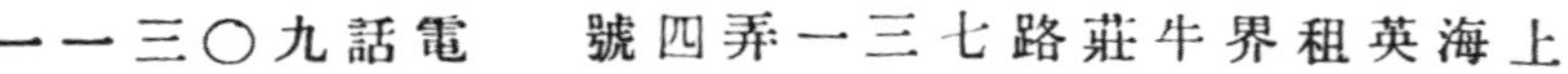

上海英租界牛莊路七三一弄四號　電話九〇三一一

DAH CHUNG TILE & BRICK MAN'F WORKS.

Sales Dept. House No. 4, Lane 731, Newchwang Road, Shanghai.

TELEPHONE 90311

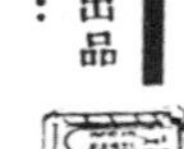

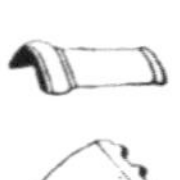

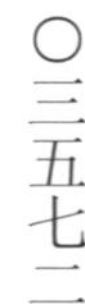

長城機製磚瓦
股份有限公司
註冊商標
TRADE MARK
價比普通磚廉
貨品較任何機器磚高
總公司 騰越路一四四號 電話五一一七九
製造廠
事務所 牛莊路七四二號 電話九〇九八〇
出品
堅韌硬磚
輕硬空心磚
瀉水瓦片
如蒙垂詢價格及索閱貨樣請電話通知即當送奉
證明
壓力、吸水量、耐久性
均經上海工部局
詳細化驗負責證明
成績超越一切磚瓦
合作五金
股份有限公司
出品
優點
精確
美觀
堅固
價廉
出品
門鎖
抽屜鎖
拉手
文具
鉸鏈
CMC
TRADE MARK
K.T.O.H.C.
L
TRADE MARK
MARCH
製造廠
總務處
發行所
上海牛莊路七四二
電話 九〇九八〇

全球建築師均用鋁爲窗框或門框

由司各脫名建築師設計之英國劍橋大學新圖書館，其窗框全用鋁合金爲之。

窗框及房屋上其他部分。如用適度之鋁合金爲之。可收調和與實用，堅韌與輕巧耐久之益。而不致汚及四圍之物料。鋁合金具有天然酸化面膜而經過適度之化學的鍛煉。雖能保持漆色。然並不需按時髹漆。

鋁之爲物，於美觀無敵外。又復貢獻種種利益。絕不坼裂。因其開展之時，可以回復其原來之廣袤。而毫不扭歪。因此得免翹曲與分裂之弊。又可抵抗天時與銹蝕之美質。且也鋁性溫柔。能製爲各種形式，顏色，與物品。於此有甚重要者。卽須用適度之鋁合金是也。本公司研究部在同業中爲最大。甚願隨時貢獻一臂之助焉。

現代化之建築必需現代化之金屬

著名建築師在美國六處大廈中均用鋁其事實如下

（一）紐約市皇家大廈｜所有市招，拱側，球飾，電梯門及飾件，均用鋁爲之，舟纜椿外包以鋁。飛簷亦用鋁鑄成。

（二）物克多無線電大廈｜所有窗臺，客廳中之裝飾金屬物，外部裝飾金屬物，均用鋁爲之。

（三）芝加哥好望信託儲蓄銀行大樓｜所有銘刻嵌板及壁上金屬片，客廳門框，階上方眼格，走廊方眼格，郵箱，花樓欄杆，開支票檯，檯燈附件，日曆框，銀行中報告員之小口門，金庫屏風，銀行天井之大門，均用鋁爲之。

（四）米希干聯台實業銀行大樓｜所有拱側，銀行業務間之窗戶，名字板，店招，街名，方眼格，旗杆腳，樓梯及花樓欄杆，均用鋁爲之。

（五）紐傑賽州夏嘘塔｜所有拱側，檻，窗格，方眼格，窗格，市招，屏風，園帶，階廊，客廳，電梯門，電燈附件，狹條，壁柱，均以鋁爲之。

（六）紐約克雷斯勒大樓｜所有拱側，窗台，旗杆腳，門承軸，天窗，窗戶，通氣裝置，牆欄杆，牆頂石嵌板，出水管之口，均用鋁爲之。

左圖爲上海國際大飯店內通餐廳之正門，其門框及拉手，經鄔達克建築師證明，均係鋁合金所製。

須知鋁之爲物質輕而堅。能抵禦銹蝕。最適外部用途。至用於內部時。其新穎之美飾作用，與夫爲社會人士所樂用。均屬毫無問題。

鋁能表示現代設計之秀雅與氣勢

歡迎垂詢詳情

鋁業有限公司

上海北京路二號

上海郵政信箱一四三五號

（三）

上海市建築協會附設
私立正基建築工業補習學校招生

民國十九年秋創立 ○ 上海市教育局備案

宗旨 本校以利用業餘時間進修工程學識培養專門人才為宗旨（授課時間每晚七時至九時）

編制 自二十五年秋季起更改編制為普通科一年專修科四年（普通科專為程度較低之入學者而設修習及格升入專修科一年級肄業）

招考 本屆招考普通科一年級專修科一二三年級及舊制高級二年級（專四及高三並不招考）各級投考程度如左：

普通科一年級　高級小學畢業或具同等學力者（免試）
專修科一年級　初級中學肄業或具同等學力者
專修科二年級　初級中學畢業或具同等學力者
專修科三年級　高級中學工科肄業或具同等學力者
前高級二年級　高級中學工科畢業或具同等學力者

報名 即日起每日上午九時至下午五時親至南京路大陸商場六樓六二〇號上海市建築協會內本校辦事處填寫報名單隨付手續費一元（錄取與否概不發還）領取應考証憑証於指定日期到校應試

考科 各級入學試驗之科目　（專一）英文・算術　（專二）英文・幾何　（專三）英文・解析幾何　（高二）物理・微分

考期 九月六日（星期日）上午九時起在本校舉行

校址 派克路一三二弄（協和里）四號

附告 （一）普通科一年級照章得免試入學投考其他各年級者必須經過入學試驗
（二）本校章程可向派克路本校或大陸商場上海市建築協會內本校辦事處函索或面取

中華民國二十五年七月　日　校長　湯景賢

科學儀器館

本館經售各種：

比例尺，計算尺，丁字規，曲線規，三角板，量角器，里數計，透明紙，米厘紙，以及各種繪圖儀器，圓規，劃筆，步弓，螺絲，圖釘，針脚，腊布等，無不

貨品高尚　售價低廉

如蒙惠購　無任歡迎

本館經售之德國 Otto Fennel Sohne 經緯儀及水平儀等，種類甚多，堅固耐用，極合於市政工程及道路建設之需要，式既新頴，價更低廉，全國測量界中，無不一致歡迎，餘如求積器，縮圖儀，平板測量器，鋼捲尺，皮捲尺，箱尺，羅盤儀等，一應俱全，備有目錄，承索即奉。

館址

上海四馬路石路東

電話 九一一七六

營業時間 上午九時起 下午七時止

新耀金工廠

本廠專造各種鋁質（鋼精）建築及工業用品如建築上之門窗欄杆招牌門鎖配件及工業上之汽車飛機或各種工廠鋁質機件及用具等

上海平涼路一八四一號　　電話五二二九五號

DURAMETAL WORKS, LTD.

Specialized in Aluminum Castings & Fabrication For Building & Engineering Lines.

Samples free – Estimate supplied

1841 Ping Liang Road, SHANGHAI.　　TELEPHONE 52295

目　錄

插　圖

頁數

英國客姍大旅社……(1—6)

第十七軍陣亡將士紀念碑亭……(7～9)

各種建築型式……(10—14)

滬西羅別根路一牧場……(15—20)

英國愛佛林新村……(21—22)

傢具與裝飾……(39—40)

住宅設計……(41—42)

譯　著

營造廠之自覺(續完)……杜彥耿(3—4)

建築史(九)……杜彥耿(23—29)

房屋設計之哲理……朗　琴(30—31)

營造學(十四)……杜彥耿(32—38)

贈閱"聯樑算式"揭曉啟事……(43—47)

建築材料價目……(48—50)

第四卷 第五號

引索告廣

司公瓦磚中大

士富李

司公朗門道

司公瓦磚城長

司公金五作合

行料材築建亞大

司公釘製國中

司公限有業鋁

司公膏石城應

行洋和美

行洋士孔

司公業窰國中

司公版製光新

作畫彩秦金蔣

校學習補業工築建基正

館器儀學科

廠工金耀新

誌雜築建國中

司公電瓷記福中益

廠灶爐和永廣

廠造營記馥

廠磁新啓

行洋時吉

廠管鋼成新

廠工鐵銅國中

廠鐵勤公

廠造營記仁新

司公古太

如欲徵詢

請函本會服務部

本會服務部爲便利同業與讀者起見，特接受徵詢。凡有關建築材料，建築工具，以及運用於營造場之一切最新出品等問題，需由本部解答者，當即照辦（均由函覆）。茲爲略示限止起見，特訂辦法數則如后：

（一）詢問具有專門性之建築及工程問題，每題應附郵資二十分，多則類推。

（二）詢問各題，本部有選擇答覆之權。審閱不合，除扣去復函寄費外，原件及郵資一併退還。

（三）請求代索樣本或樣品，應預計原件重量，附足回件寄費。如不能照辦，除扣去復函寄費外，所餘郵資一併退還。

（四）來函須將問題內容或樣品種類等，及詳細地址，繕寫清楚；否則如有誤投遺失，概不負責。

（五）來函請寄上海南京路大陸商場六樓六二〇號上海市建築協會服務部。

FRONT ELEVATION

英國"客姍大旅社"正面圖

SIDE ELEVATION

THE KIRK SANDALL HOTEL, DONCASTER, E.

英國"客姍大旅社"側面圖

STAIRCASE TOWER 扶梯棚

ROOF EXIT 屋頂出口

THE KIRK SANDALL HOTEL, DONCASTER, E. 英國"客姍大旅社"

營造廠之自覺（續）

杜彥耿

營造廠地位低落，不被社會所器重，但在一般人的腦海中，却留着凡業營造者，雖係粗卑之業，然獲利發財的機會則頗易的深刻影象。但是業營造者是否粗陋下賤不學無術，便能勝任的麼？試把營造廠人應具的資格，縷述如下：

一、資本　營造廠承包工程一處，動輙數十百萬不等。此後橋路堤壩等工開始，尤須要有資本雄厚的營造廠承之。

二、技能　業營造者，不比其他技術人員，只要顧到一方，例如工程師祇須單顧工程的範圍，建築師祇要顧到建築師分內的範圍，便能稱職。營造廠却不然，諸凡工程，建築，材料，工具，機器，法律，交際等等，都要具有相當的程度。

三、才幹　營造廠之工人最爲複雜，來去聚散，初無一定。且工人良莠不齊，品類至雜，故人事管理，尤感困難。他如處事接物，當機立斷，毫無躊躇。配購貨物，銀錢進出書函往來等，除建築工程應具之智能外，尙須要有簿記，經濟，法律等的幹才。

上述三種係營造廠人應具資格之犖犖大者。然試一探現在營造廠人具此資格者，究有幾人。可以截然說一聲一個也沒有。故整個的建築工程事業雖大，却找不出一個中心人物，無怪社會人士漠視營造廠人矣，

偌大的營造事業中，既找不出一個代表人物，似甚難堪。但其中却有個緣故。因爲營造廠人的出身初不一致，上述營造廠中的工人臨時湊合，聚散無常，宛如一羣雜色的軍隊。營造廠人也是如此。凡業營造的，其出身毫無標準，其中最爲正宗的，要算是營造廠裏的學徒；從學徒而看工；從看工而合夥業營造廠；復由合夥而獨立門戶。其他如建築師，工程師，建築師工程師事務所的繪圖員，木匠，水作，木器店，地產商，建築材料商，甚或有地皮掮客，律師，羽士，陰溝匠，裁縫，西崽及花園工匠等都有。營造事業中有此諸色人等參加其間，無怪團結不易，精神渙散；整個的營造事業，遂致沒落到現在的地步。若不急起直追，終至不可收拾。

營造廠人的自覺，要聯合實力，結成一個資力雄厚的大公司，因之購辦材料，置備工具器械，訓練專門人才，都可趨向合理化者六。

所設的大公司，實在是爲了要適應現在環境的需要。因爲凡百建設，現在方才開始，所以有待於營造廠的努力甚繁，故期望營造廠之能改善組織也甚切。庶幾遇有巨大工程，克奏如手使臂的效能。

大公司躉批購貨，自比零星分拆的要利便得多，價格也便宜。再如工具，現在普通的工具，每家至少要置備一副，沒有工程的時候，擱置廠中，頗不經濟。他如新式機器則缺乏資力去購辦，以致營造事業的設備方面，常在水平線以下的程度。要知現在的工程，不如以前那樣可用簡單的工具或是徒手便可應付的可比。有了新式器械，後要有新式工人去管理使用，否則便要促短器械的壽命。甚或新器械的利未見，而新器械的弊却百出。更要有科學化管理的辦事員，據此自必要開班特別訓練人才。凡此種種，除却大

的公司外，小型營造廠莫能舉辦，建築事業也無由進步；整個國家的進步，因被建築事業的落伍，牽累而受影響。因為建築事業影響於社會甚大；平時對於建設既不可少；在非時常期則各種防禦工程以及交通等的建置，尤非建築不可。於此可知營造事業對於國家社會的重要，吾人豈可苟且延待，漠然視之。

有了大組織，不單是經濟力量集中，便是人才也可分工合作，各盡所長去發展。而且資力既然雄厚，不一定向人兜攬營造工程，儘可擇目前最切要的工作做去。例如現在租屋居住，租金過高，大公司有鑒及此，可向離市較遠處，購地訂章，分期付款，代造住宅。公司既獲其利，社會蒙益，亦匪淺鮮呢！

營造廠亟待自覺之種種，已如上述，其尤有不能已於言者，為營造廠之對於屬下問題耳。屬下者，包括看工，或即駐營造地之主任，木匠，翻樣，水作，關轄等等，都要設法加以訓練不可。如現在般任其自然，若營造地之小木匠，小泥水等的童工制度，也亟須要加以改善。又如小工等問題，都要加以剴切的研究。不然，比如現在般的散失材料，與材料的糟蹋拆蝕，若用數字記出，必致驚嘆咋舌。例如水作用黃砂水泥砌牆，用在牆上的與糟蹋跌落在地的，要佔三分之一。換句話說，十五寸牆之用 $2\frac{1}{4}'' \times 4\frac{3}{8}'' \times 9''$ 機磚黃沙水泥砌，照算只要水泥五•五八二立方尺，市價每桶六元半，所需水泥應為九元〇七分。黃沙一六•七四五立方尺，市價每噸三元三角，所需黃砂應為二元二角三分二厘。從可知每一方十五寸牆，要糟蹋黃沙水泥值四元三角四分。整個建築損失的數目，也便可觀。所以管飭下屬是一件很重要的事。

營造廠要整飭這許多弊病，必設工業專科，教練匠工，庶可挽回每年無謂的許多損失。尤其是吾國，比如現在所用的木料，多數是外來的洋松，除正當需用外，每年無謂損失在木匠手下者，不知凡幾。故金錢外溢於必要品尚有可原，而溢出之金錢，係為無謂耗廢，寧不冤哉！故營造廠亟應自覺者七。

營造廠要解除外來之壓迫，整頓自身的組織，與改善屬下的程度，都得聯合起一致的陣線，把這三個部曲，一個個的解決，庶幾整個營造事業，才有厚望。國家建設事業在進展途中，因着營造業的努力，也可得着很大的幫助，這不是互利的鐵證麼？希望營造廠人亟起圖之。

（完）

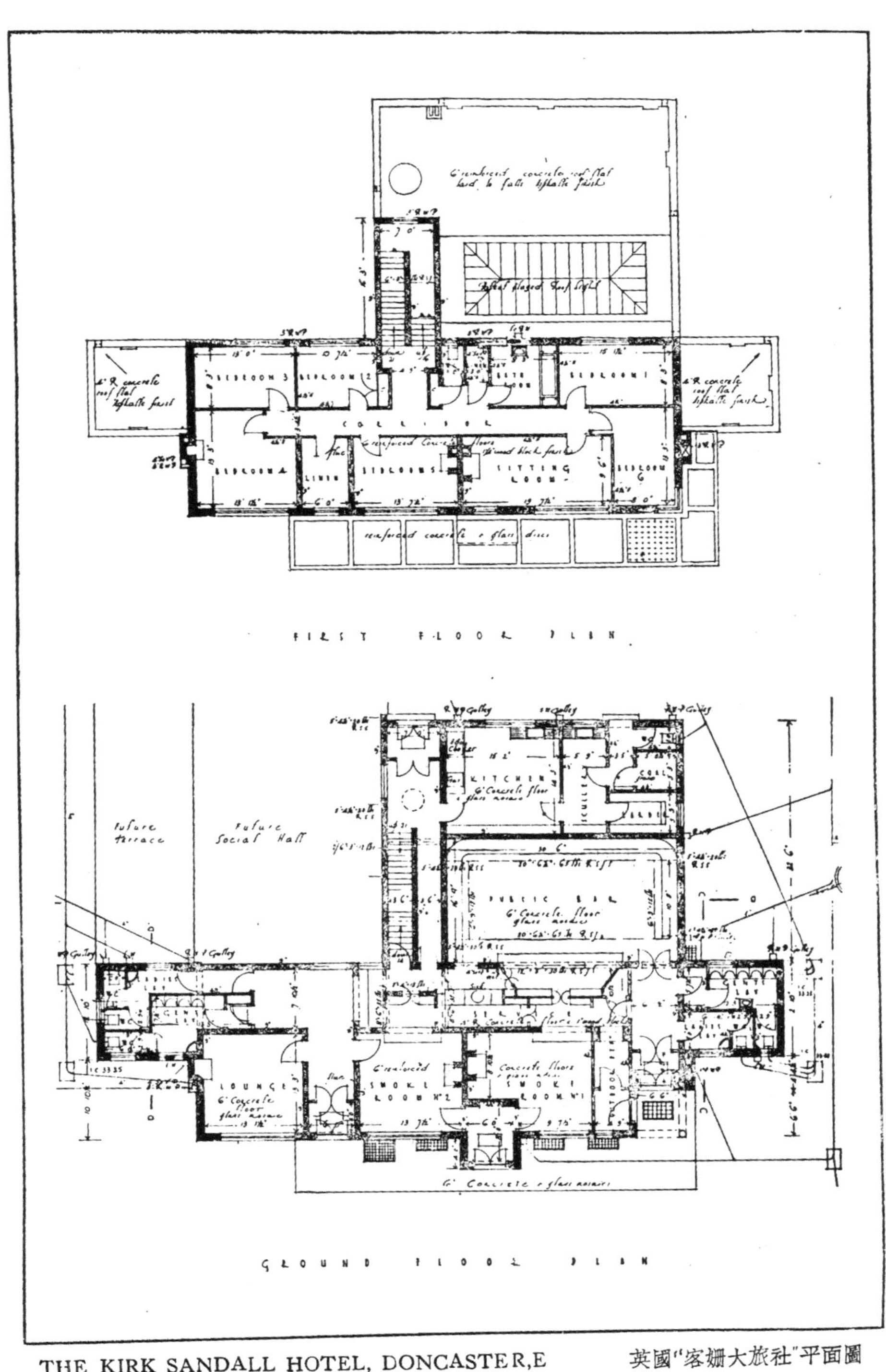

THE KIRK SANDALL HOTEL, DONCASTER,E　英國"客姍大旅社"平面圖

英國『客姗大旅社』

英國建築物外表採用玻璃者頗少。近有玻璃製造商俾根登公司（Messrs. Pilkington Brothers, Ltd.）者，所建客姗大旅社（Kirk Sandall Hotel），則純用玻璃建築。此旅館之面部，係用粉紅及青藍寶石色之磁面玻璃磚所製。經由一玻璃磚爲蓋之天幕後，入至櫻草色玻璃之走廊，牆與地面，均舖玻璃磚，由此廊直達公共酒吧間。室內有彩帶兩條，周繞釉面玻璃磚之牆間，相互映輝，炫耀人目。其中吸烟室兩間，佈置新穎，尤足引人注意。酒吧櫃後，廊廡洗盥室內之牆，均儘量採用釉面玻璃磚，而地面玻璃之舖置，尤見匠心獨造，精詣絕倫。

THE KIRK SANDALL HOTEL　英國"客姗大旅社"大門入口

第十七軍
抗日陣亡將士紀念碑亭

立面圖

剖面圖

設計者 杜彥耿 劉家聲

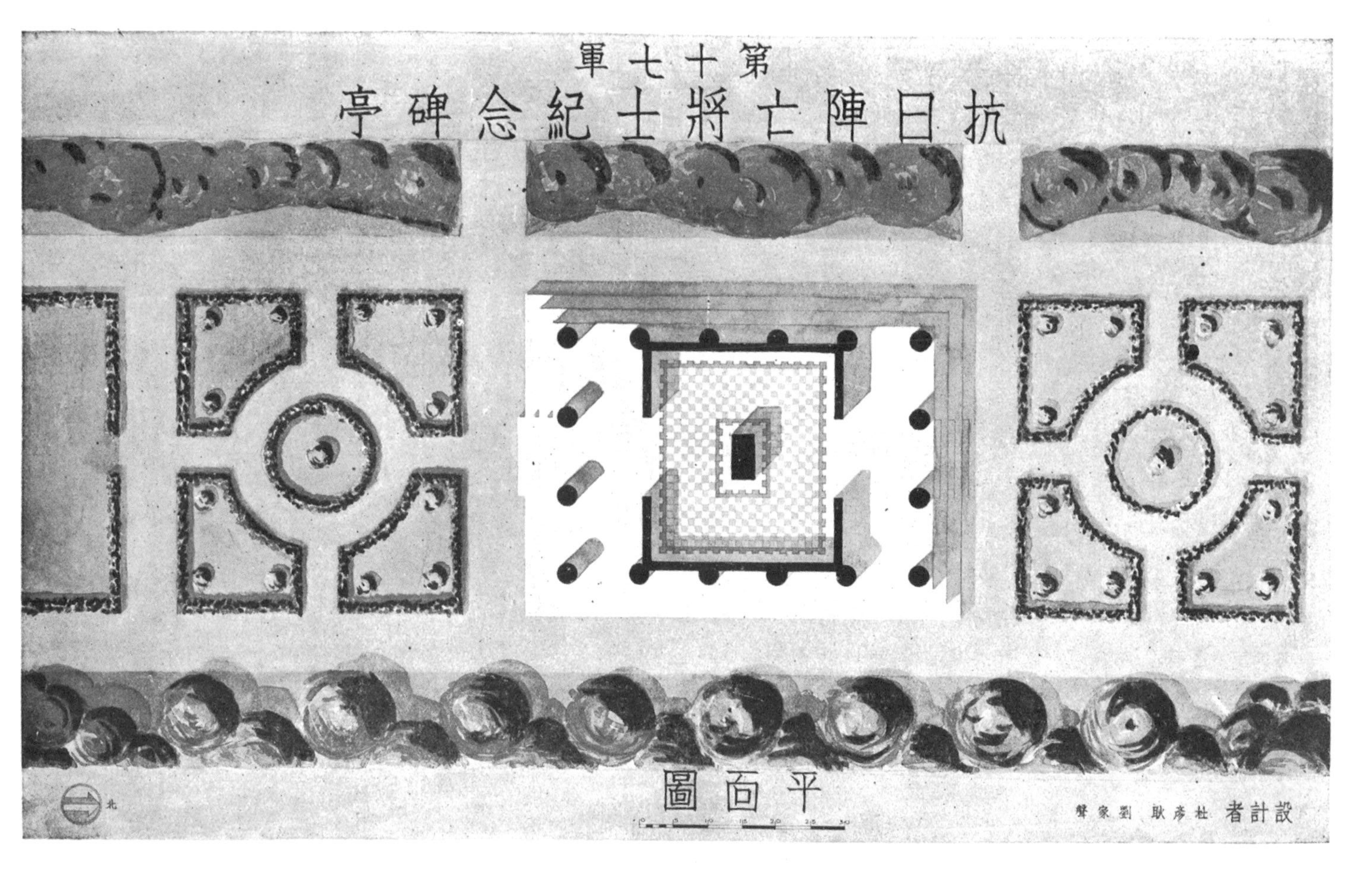
第七十軍
抗日陣亡將士紀念碑亭
平面圖
設計者 杜彥耿 劉家聲
北

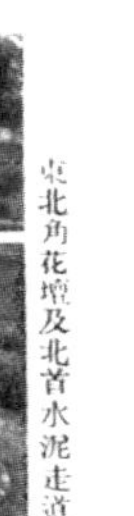

擬建碑亭空地全景

東北角花壇及北首水泥走道

陸軍第十七軍

抗日陣亡將士紀念碑亭之設計

本會前接陸軍第十七軍駐京辦事處來函，云擬在京五洲公園內建築抗日陣亡將士紀念亭一座。亭式擬用西式平頂，材料全用鐵筋洋灰，期於堅固之外，兼能壯麗堂皇。因卽由耿着手設計，以備該軍辦事處之參攷。並函在京本會附設正基學校學生，囑爲就近測量擬建碑亭之處，當承將地形圖及攝影數幀見寄（見附圖），設計繪圖，始得遵循進行焉。

亭既需用西式平頂，因採陶立克式，俾臻古樸壯觀。碑置於亭之中央，左右壁間懸壁畫或浮雕長城戰役之悲壯情景。碑之上頂置圓形玻璃天棚，下襯鉛條玻璃，其圖案作國徽形。牆之內外面與柱子踏步台口等，均用洋灰假石；亭內地平，甃以雲石，或舖嵌銅條磨石子地。

擬建碑亭處之配景

堆置於公園內之碑石基

希臘典型

第三十五頁　僣雅那廟山門平面及立面圖

第三十六頁　僣雅那廟山門詳解圖

第三十七頁　希臘陶立克及伊華尼式柱子圖

第三十八頁　希臘陶立克式則例

〔圖見十一，十二，十三，十四頁〕

TEMPLE·OF·DIANA PROPYLÆA·ELEVSIS

FRONT

PLAN·OF·PORCH

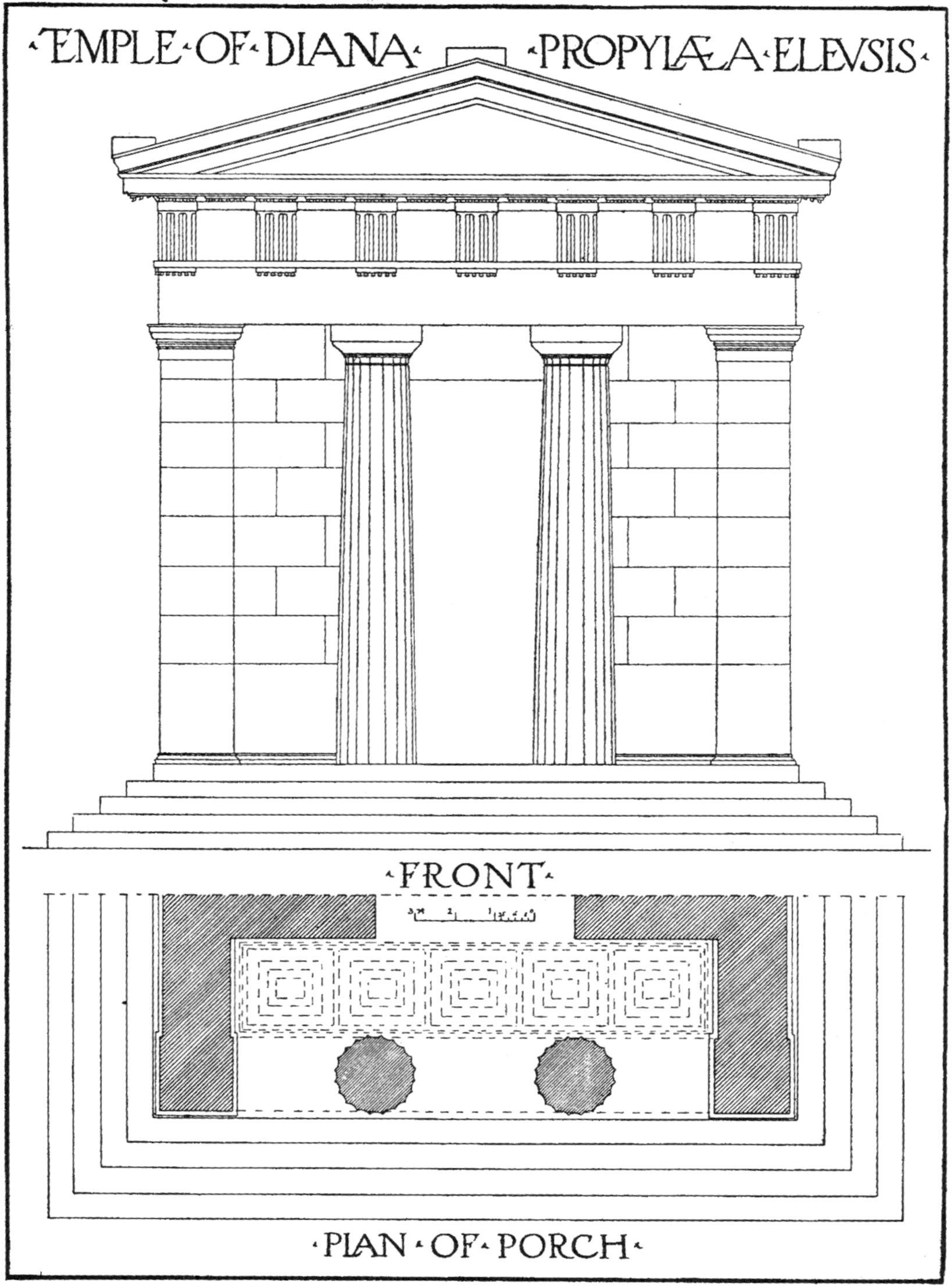

GREEK ORDERS

PLATE XXXVI

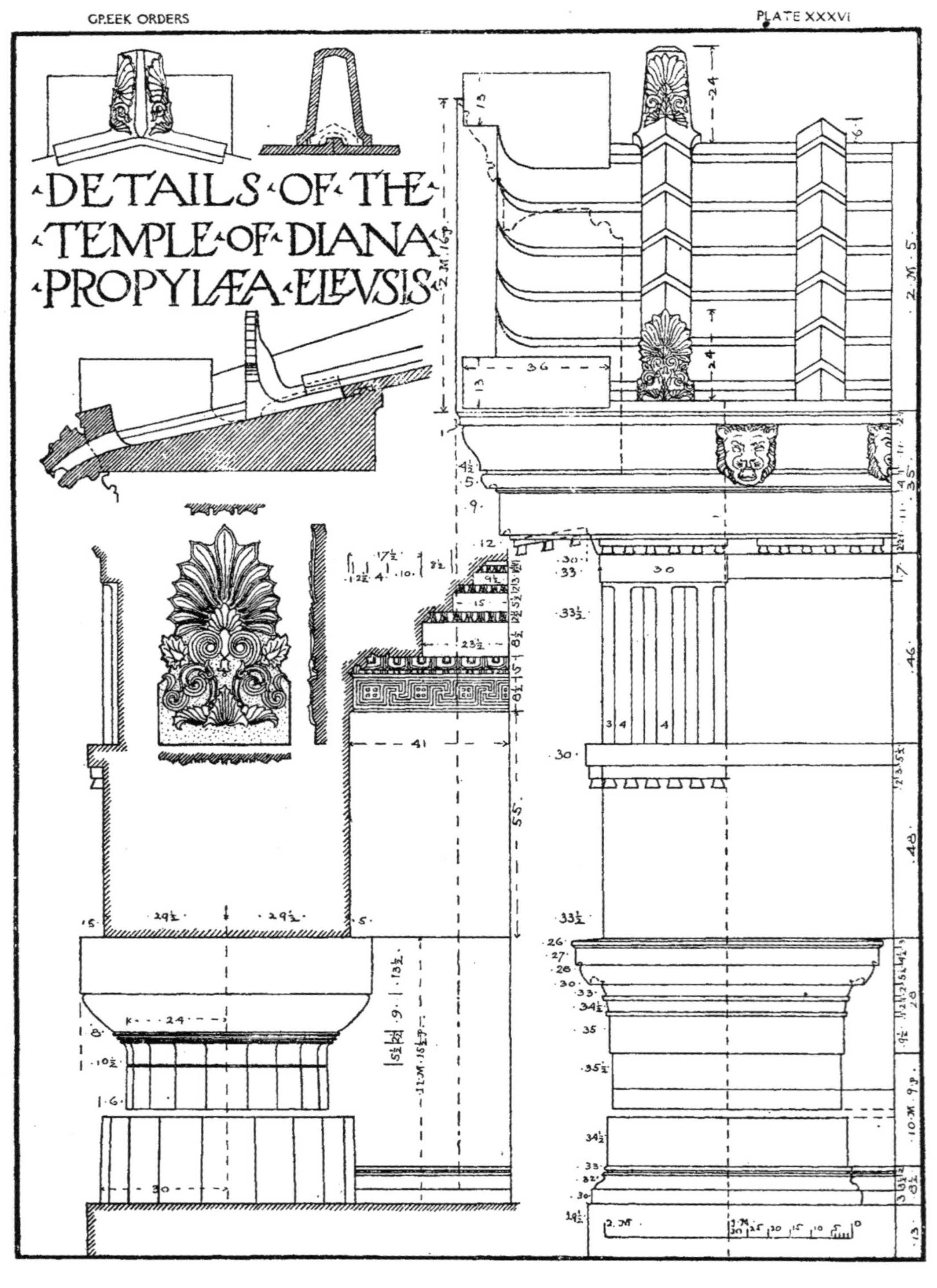

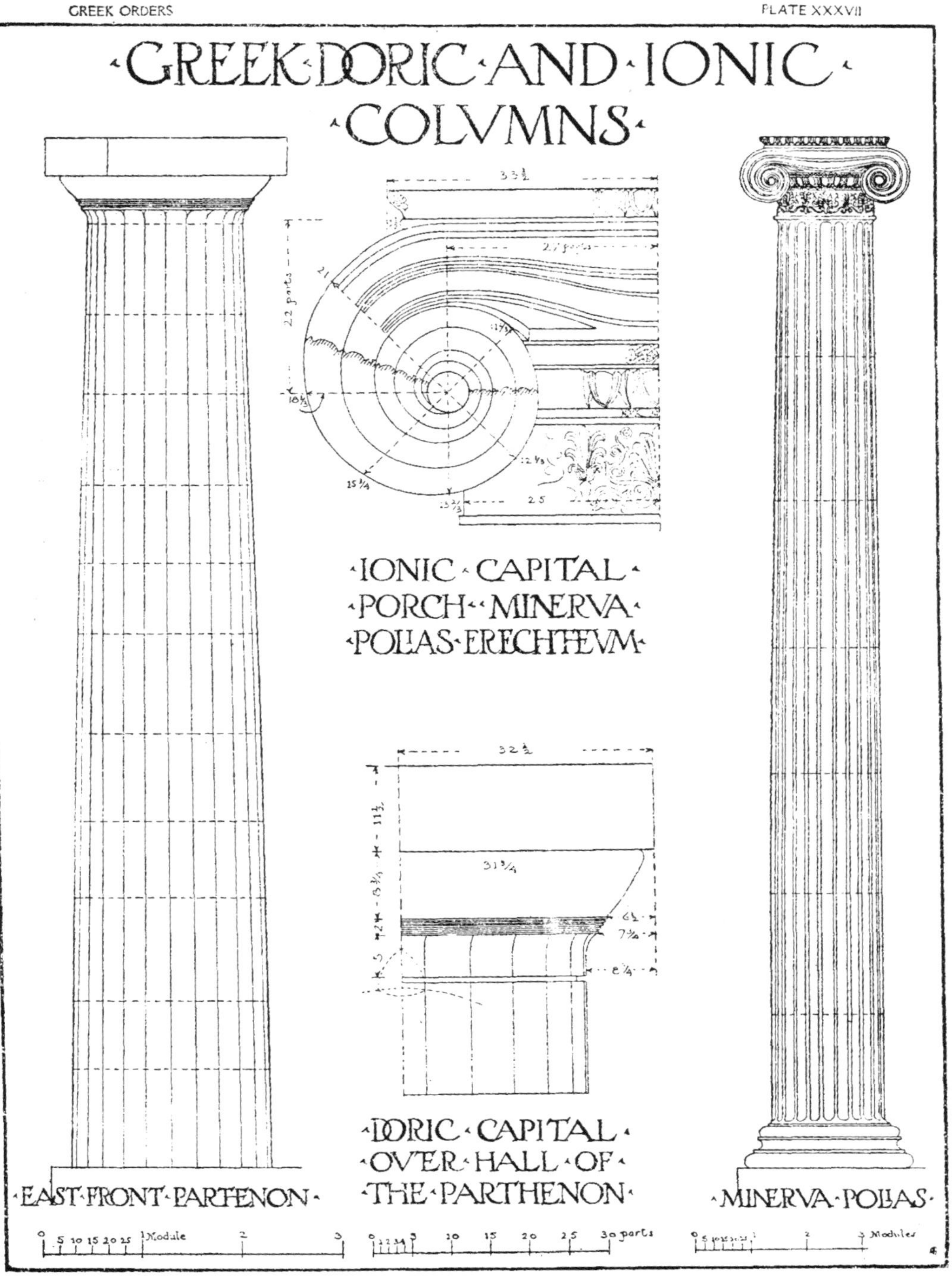

GREEK ORDERS — PLATE XXXVII

GREEK DORIC AND IONIC COLUMNS

EAST FRONT PARTENON

IONIC CAPITAL PORCH MINERVA POLIAS ERECHTEUM

DORIC CAPITAL OVER HALL OF THE PARTHENON

MINERVA POLIAS

GREEK ORDERS PLATE XXXVIII

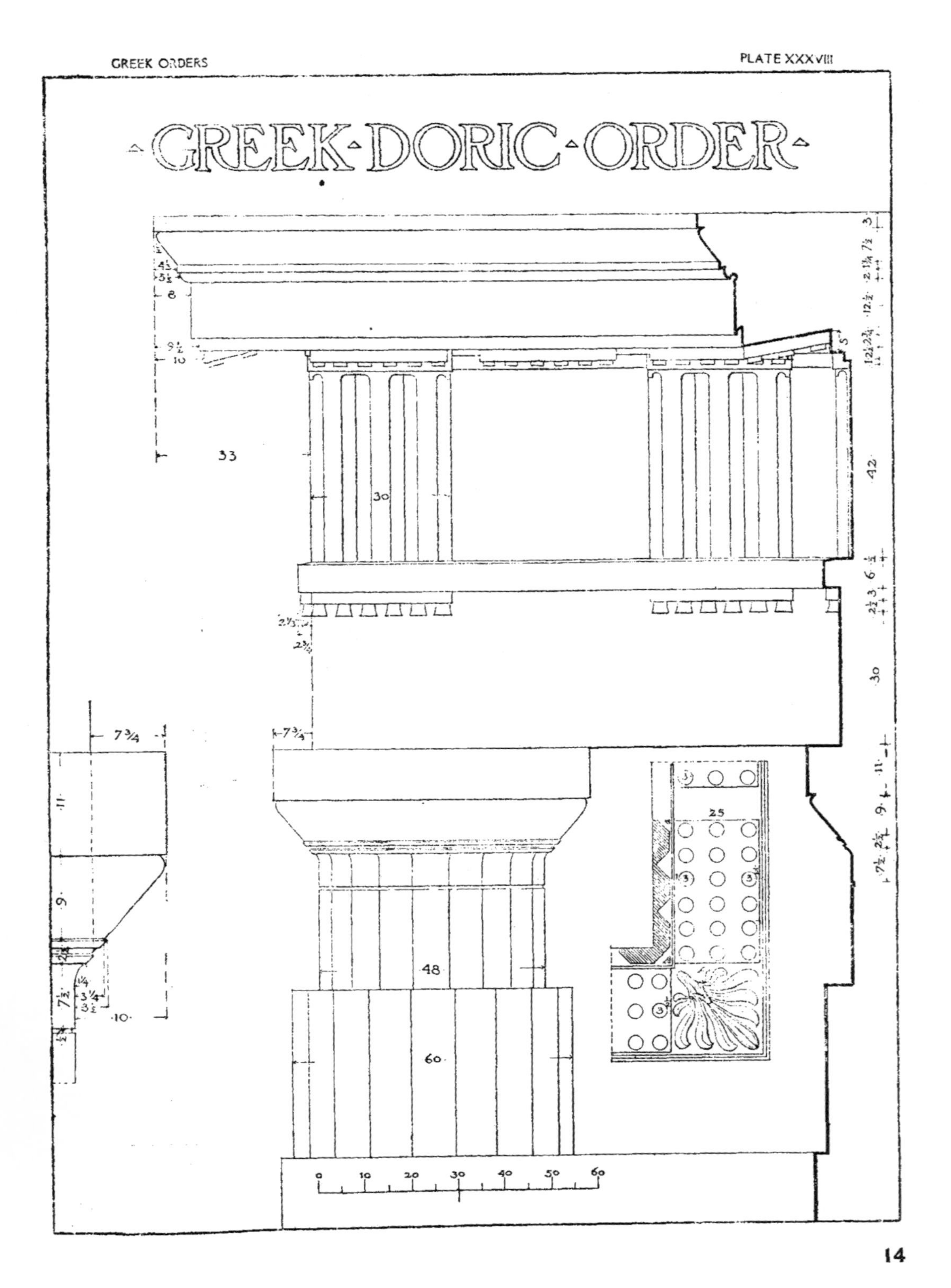

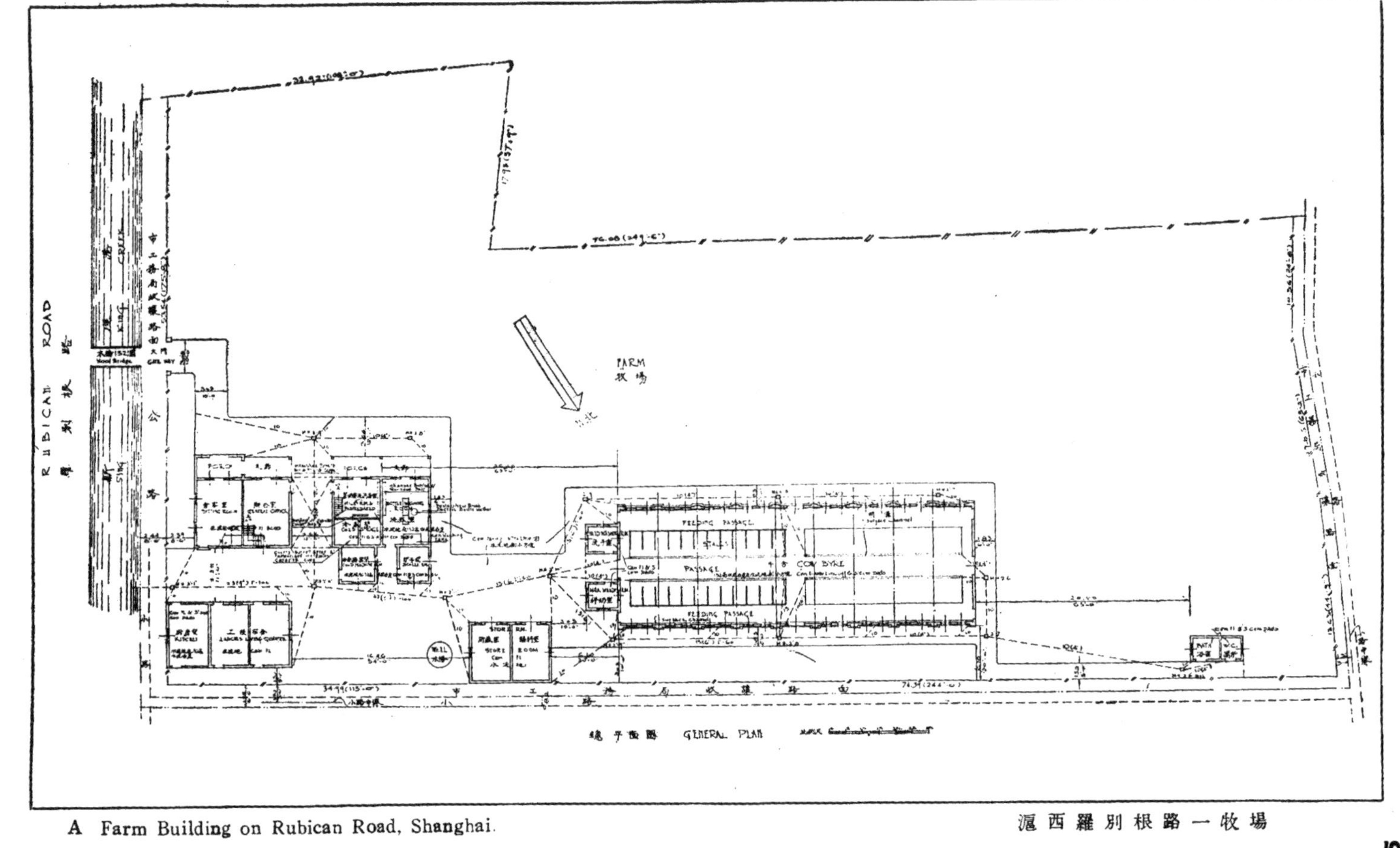

A Farm Building on Rubican Road, Shanghai.

滬西羅別根路一牧場

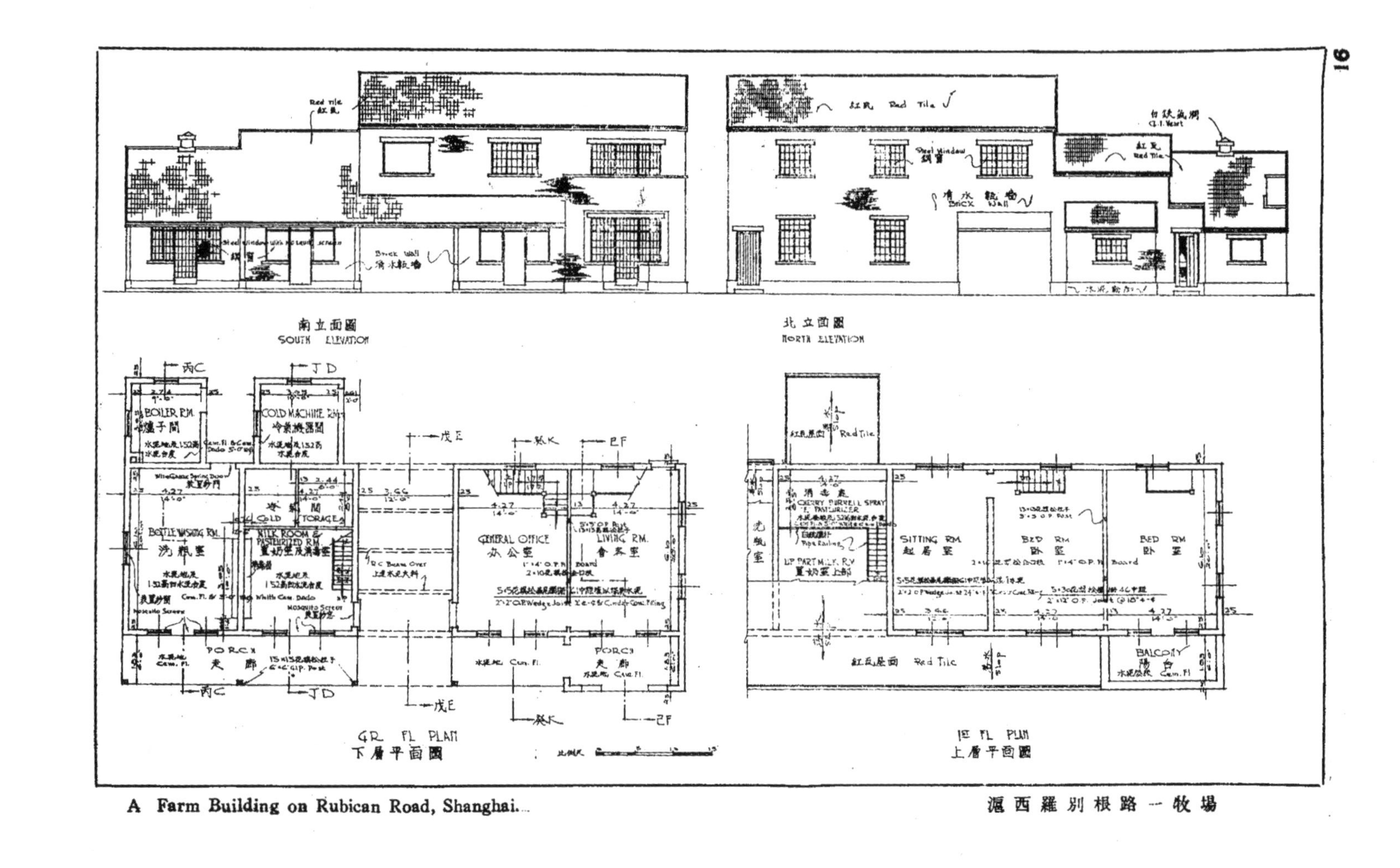

A Farm Building on Rubican Road, Shanghai.

滬西羅別根路一牧場

A Farm Building on Rubican Road, Shanghai.

滬西羅別根路一牧場

SECTION E-E 剖面戊-戊

SECTION F-F 剖面己-己

SECTION D-D 剖面丁-丁

SECTION K-K 剖面癸-癸

SECTION C-C 剖面丙-丙

東立面圖 EAST ELEVATION

西立面圖 WEST ELEVATION

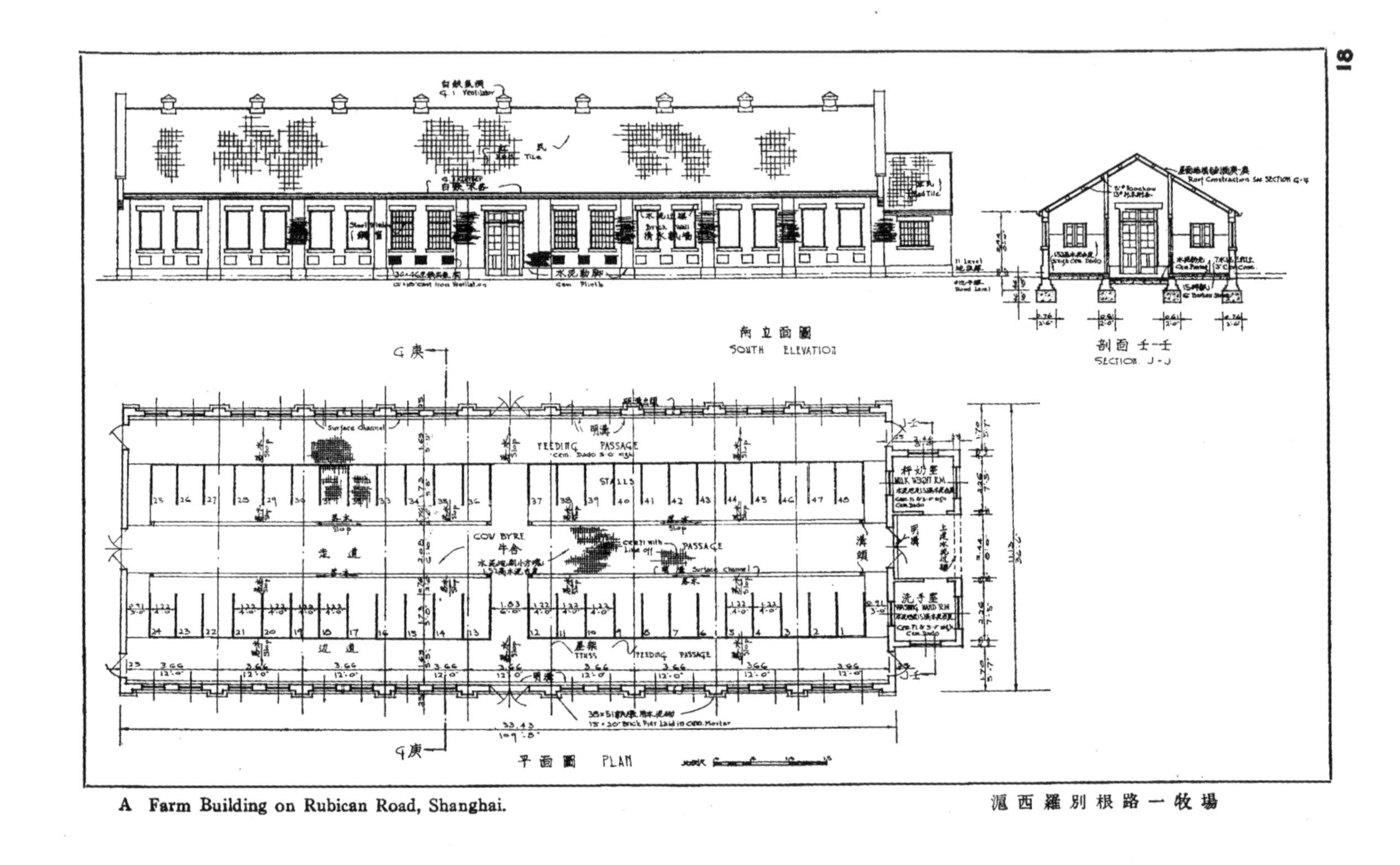

A Farm Building on Rubican Road, Shanghai.

滬西羅別根路一牧場

剖面子-子 SECTION X-X

平面圖 PLAN

牛圈大樣 DETAIL OF STALL

西立面圖 WEST ELEVATION

東立面圖 EAST ELEVATION

剖面庚-庚 SECTION G-G

滬西羅別根路一牧場

A Farm Building on Rubican Road, Shanghai.

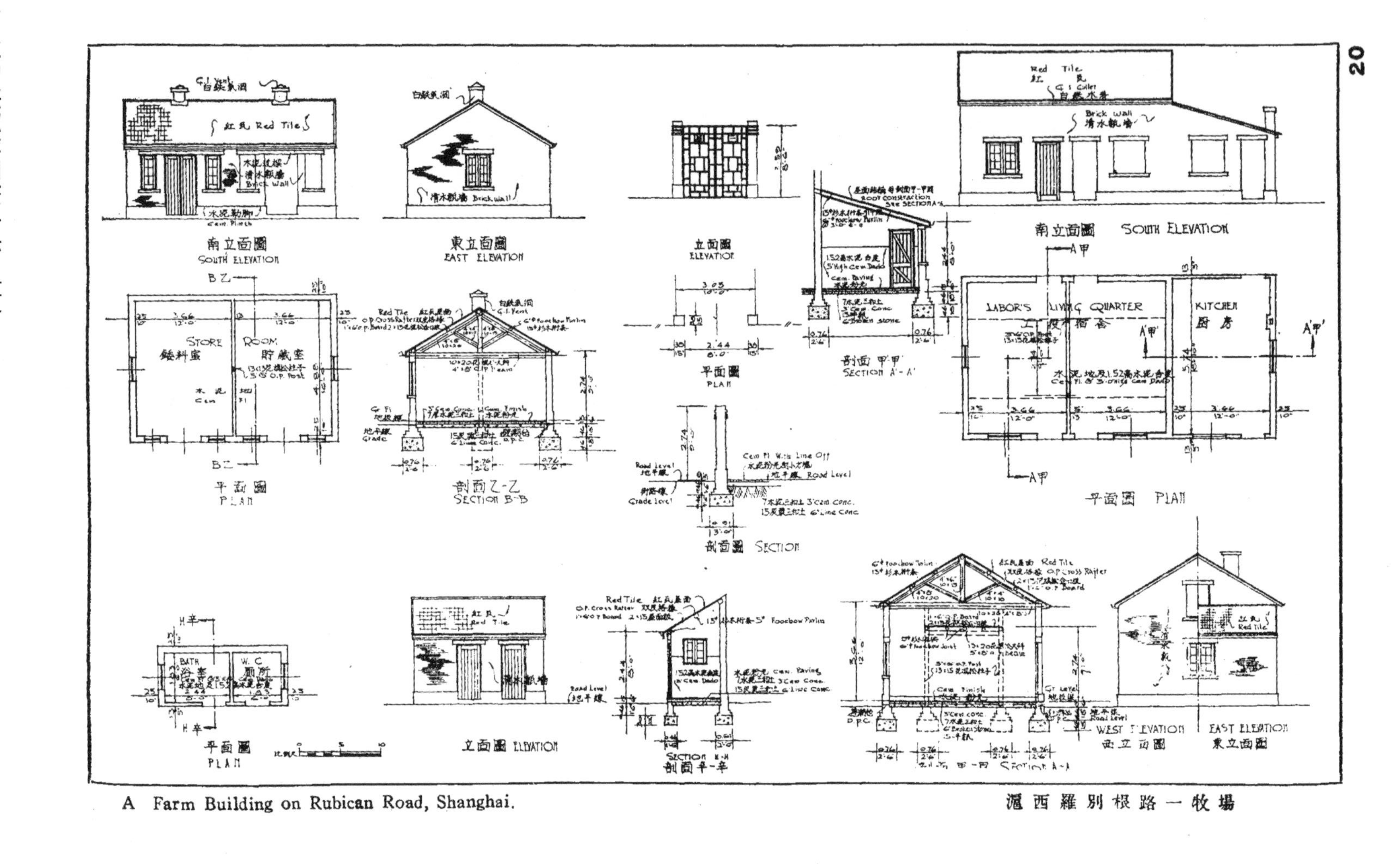

A Farm Building on Rubican Road, Shanghai.

滬西羅別根路一牧場

GENERAL VIEW.
英國"愛佛林新村"外景

"EVELYN COURT," AMUHRST ROAD, HACKNEY, E   Detail of biocks.
英國"愛佛林新村"近景

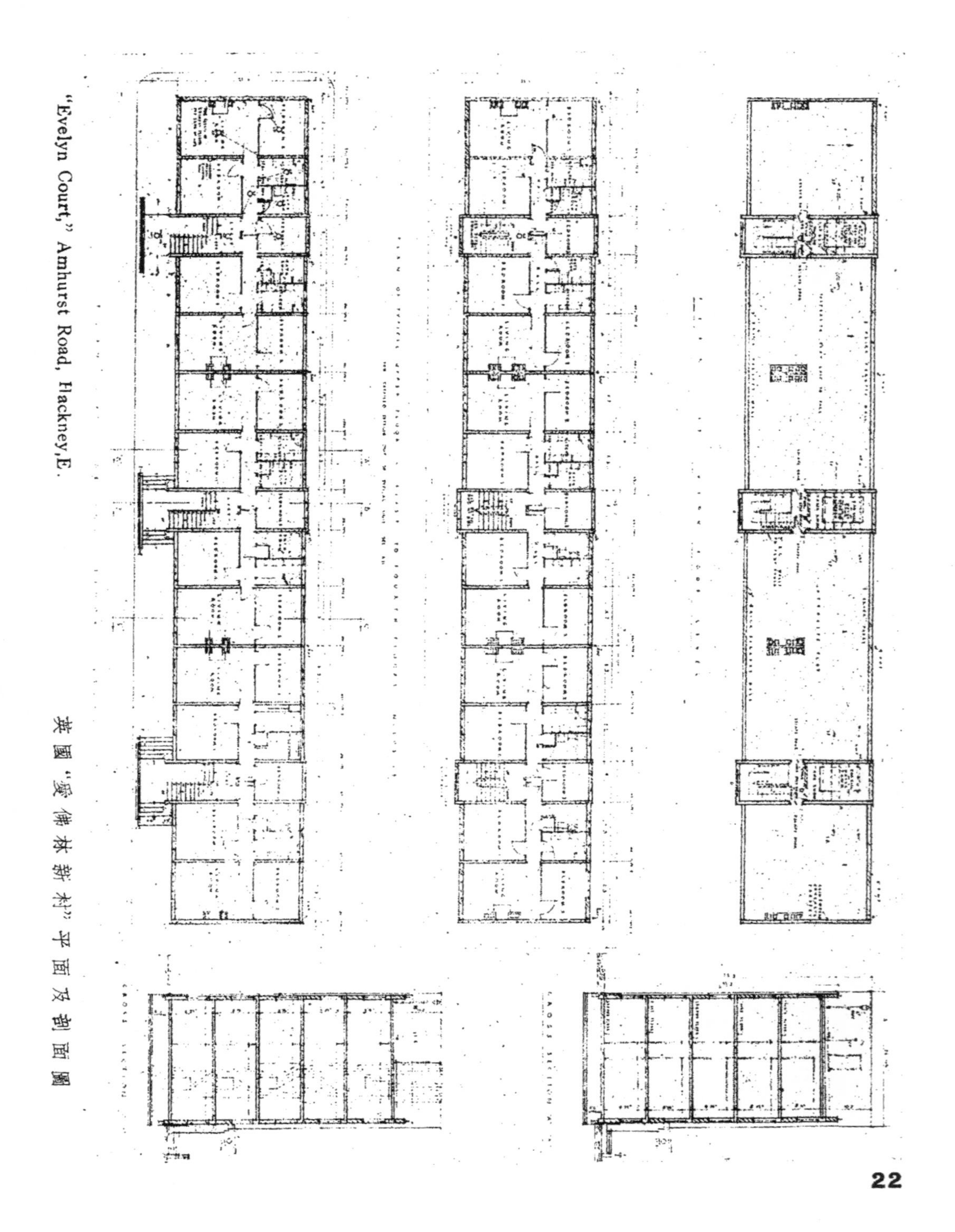

"Evelyn Court," Amhurst Road, Hackney,E.

英國"愛佛林新村"平面及剖面圖

建築史（九）

杜彥耿譯

羅馬建築（續）

一四七、公共浴場　羅馬公共浴場 (Public bath, or thermae) 之組織，係附有希臘體育館與門類頗多之各種熱浴，並有障蔽或留空之列柱楹廊，以資談話，訓話及各種體操之需。羅馬古時公共浴場，遺留至今，而允推特著者，厥惟卡剌卡拉(Caracalla)與戴克里先(Diocletian)兩處，卡剌卡拉浴場，據云建於塞弗拉斯(Severus)在世之時，而一部份則完成於其子當政之候與遞其子位之卡剌卡拉氏；迨公元二一八至二三五年，伊拉加巴拉斯與塞弗拉斯亞歷山大(Heliogabalus and Severus Alexander)之際，方全部告竣。約於公元五百年，鐸狄與多理(Theodoric)一度整修之。此項殘留之建築物，於建築史蹟上，有足珍貴者；蓋藉此可想見當時羅馬建築之一斑也。

一四八、　卡剌卡拉浴場房屋之全部，包括外面廊屋，係架於二十呎高之台基上，其下有圓頂之室，大半用作儲藏及熱室與浴室等之燒火處。卡剌卡拉浴場之地盤見九十一圖，卽係近年所發掘，而知其主要之室位在東北正中者：a為冷氣室(frigidarium or Cooling room)，包括游泳池，兩端各有川堂，以通外廊。b為第一熱室，位於屋之正中，蔚為閎大華麗之佳構。其四邊圓頂之幽室，設置雲石浴盆，中間闢門，以通冷氣室，又一則通圖中d字之蒸氣浴室。第一浴室與兩端川堂之間，係以柱子及屏障分隔之。川堂長一七〇呎，闊八十呎，於花崗石柱子之上，有短矮之台口，圓頂亦卽從茲隆起，此為二至三世紀時之參雜式(Debased style)建築。幽室之門旁，兩邊樹立低矮之柱子，門之內則熱浴浴盆在矣。次為d發汗室，同時亦係通至後面圓廳之川堂，內有Hypocaust floor，下燒層，藉使熱氣之上洩，牆面舖絨毡，c圓廳亦用同樣之裝置，上蓋巨大之圓頂，是為蒸氣室。圓廳兩旁e字各室，均面臨庭園。兩邊寬暢之廊房f，其圓頂亦坐於列柱者。

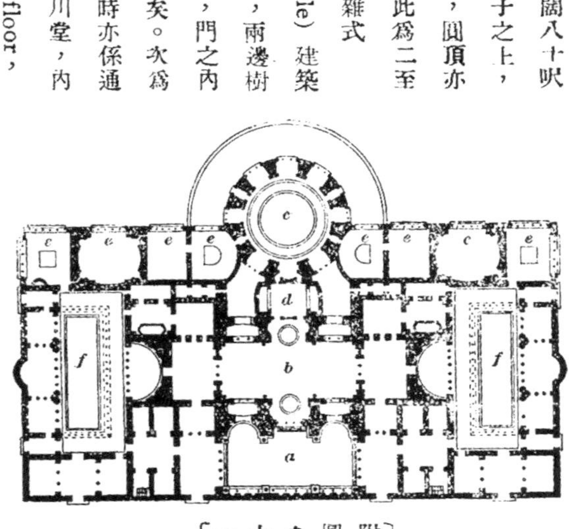

〔附圖九十一〕

一四九、　此盔大浴場之主要各室，尚能斷其用途；然猶有許多房間不能明瞭者；或謂私浴室，或謂化裝室及塗油室(Anointing room)；但其實際之用處，則殊難加諸臆斷。外面庭心面積一千二百方呎，植花卉冬青樹等，繞此庭園者，則為一帶長屋，建於伊拉巴拉斯與塞弗拉斯亞歷山大之時，其在東北一邊，有小型圓頂之房屋，高祇兩層，中間有扶梯之裝置，此項房屋，不知作何用途，或係商舖，或爲私浴室或化裝室；蓋有人不願往公共浴室沐浴者，可在此私浴室浴之。正面一帶長大廊廡，中央大門，係由Via APpia抵達公共浴場者。在廊廡之另一面有廳焉，爲哲學家之會議廳暨師生講習之所，或爲體操及遊戲之處。體育館跑道之週圍，係連續不斷之無數雲石看座，座後水池包括六十四座圓頂池倉，有水道引水池之水，以供浴場之用。

一五〇、 戴克里先浴場，係建於馬克息邁那(Maximianus)，時爲公元三〇二年，乃尊敬其兄離退羅馬之皇戴克里先所建者。依據傳說：有不少基督教徒被迫操役於此浴場，旋復於此殉教者。浴場之構築佈局，與卡剌卡拉浴場相若。

一五一、戲院 羅馬戲院之地盤佈局，雖有數點與希臘戲院不同之處，然大體尚屬相仿。例如羅馬戲院之戲臺，迫近看座；以其自台口至看座後背之牆，成一半圓形；而希臘者則超過半圓也。台之左右各有月樓一座。自大門樓上對音樂班之坐位，留爲國皇及款待者，另一則留爲皇后與宮女者。當地長官及僧人亦有特座之留置；在紀元前六十八年台前十四排座位，均爲武士之座。彼時戲院中概不售票，蓋亦古羅馬帝國時與民同樂之意也。

一五二、 羅馬馬塞拉斯(Marcellus)戲院，見圖九十二，係現在之狀態。院始建於朱理亞愷撒(Julius Caesar)時，完成於奥古都斯(Augustus)時，在紀元前十三年，而以其姪之名馬塞拉斯名該劇院；馬塞拉斯者，屋大維亞(Octavia)之子也。院之構築，殊爲壯麗，並具特殊雋味者。大部份圓形之外層，依然屹立；但其下半部，則業已陷入地下，如圖中所示。外牆爲連環圈式，中間柱子，每層有台口，下層之台口爲陶立克或德斯金式；而其上面之台口，則爲伊華尼式，所採材料，係疏空淡黃之石，外塗美觀之白雲石搗碎之粉。

〔附圖九十二〕

一五三、鬪獸場 當古羅馬帝國時，凡重要之城市，均有鬪獸場之建設。鬪獸場者，爲橢圓形之廣大空場，週繞以梯級看臺，並有闊廊兩道，及扶梯數處，以便往來場之各部。場之設計，係供武士之演鬥，或武士與獸鬥及獸

附圖九十三〔羅馬科羅茜姆鬬獸場〕

與獸互鬥者。有時場中灌之以水，俾演習艨艟水戰。看座自鬬場逐級上升，下面坐位特備為議員，州長及其他重要人物者，並有特座之留置，以為國皇及其侍從，及表演格鬥之勇士所坐者。此項鬬獸場之留存至今者，計有味羅那，潘沛依，拍斯坦，加菩亞(Verona, Pompeii, Paestum, Capua) 以及意大利各處。其在法國者，計有尼母，阿爾兹，夫賴序次(Nimes, Arles, Frejus) 等處。但其最著者，莫若九十三圖之羅馬科羅茜姆(Colosseum)。

一五四、 公元七十二年，惠思葩西安 (Vespasian) 起建科羅茜姆鬬獸場，復由杜密善 (Domitian) 完成之；在此作為格鬥之場者約四百年。場之立面，高計四層，以繞箍全場不斷之台口，分隔層次。柱之式例，有德斯金，伊華尼及柯蘭新。下面三層係連環圈，循環起伏，週繞全場。第四層則幾全為實牆，間以半柱及柯蘭新式花帽頭，上復冠以巨型之台口。週闢八處大門，以資出入；門均闢於下層連環圈下，更置有扶梯多架，以達各處看座；俾大量觀衆，得以進出不紊，蓋據傳屆時有八萬觀客之麕集也。場之外圍以長六〇七呎，濶五〇六呎及高一七〇呎之外牆。挑突於牆外之石，現仍可見之者，蓋用以繫帳篷，張帆布，所以遮蔽觀衆之不為驕陽所炙耳。

一五五、賽車場 羅馬人士除於劇院與鬬獸場之外，尤喜以兩輪馬車賽跑，故遂有賽車場之設置。場作長方形，一端則作圓形，如九十四圖為綸繆拉斯賽車場(Circus of Romulus)，係羅馬帝國諸賽車場之一。b圓形之處，係正對賽車之起點，a小型之圓拱室，曰柙所 (Carceres) 者，分左右入場，場中一帶牆垣 d 曰spina，賽車者卽繞此牆競賽。勝者則經 c 處出場，並恐係站於該

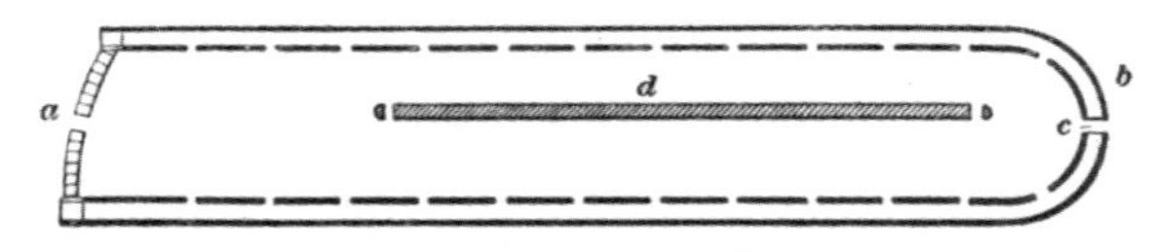

〔附圖九十四〕

〔附圖九十五〕

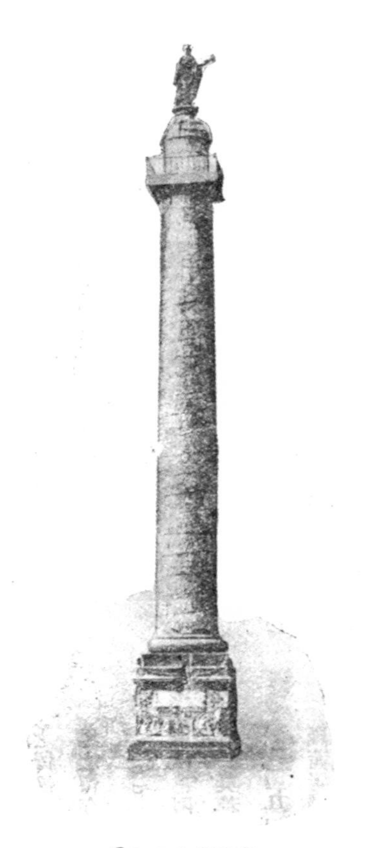

〔附圖九十七〕

〔附圖九十六〕羅馬君士旦丁凱旋門

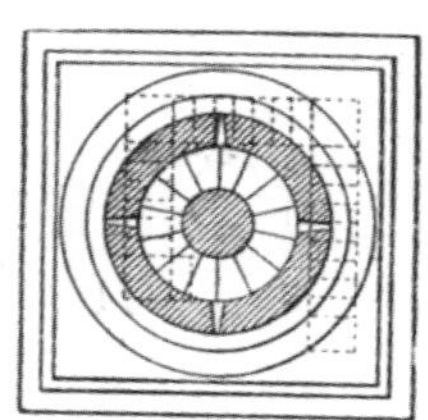

(a)

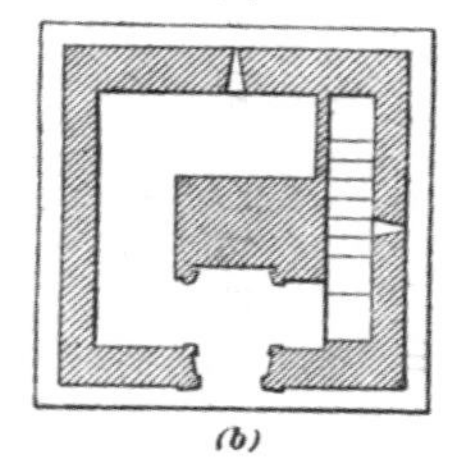

(b)

〔附圖九十八〕

處受賀者。看座週圍跑道與鬬獸場之看座相同。馬克息馬斯(Maximus)賽車場者，爲羅馬最大之賽場，建於塔克文尼阿斯普立斯扣斯(Tarquinius Priscus)執政之時，復經愷撒(Caesar)擴大之，奧古都斯及提庇留(Augustus and Tiberius)裝飾之。場長二千呎，寬四百呎，據云能容十五萬人。

一五六、凱旋門　此種紀念建築物，係爲慶祝得勝之國皇或將帥之凱旋而設者；普通越路搆架，俾受賀者經越此門以入首都。九十五圖泰塔斯門，是爲最古者，包括一個拱門，飾以柱子台口及上部之字碑等。建於較後者，爲羅馬君士旦丁凱旋門，兩旁有小拱門之設置，爲羅馬最大最顯壯者，位於帕拉泰因(Palatine)山下附近，科羅茜姆鬬獸場之凱旋路上。門之搆築，有八根柯蘭新柱子，柱巔立雕像；而其浮雕或出諸建造圖拉眞(Trajan)牌樓者之手。

一五七、紀念柱　巨大之紀念柱，乃憶念戰功而建者；柱頂立大像，九十七圖爲圖拉眞紀念柱，建於公元一一四年。柱爲陶立克式，十二呎對徑，以三十四塊雲石堆起，周繞浮雕，狀闘拉眞戰克達謝(Dacians)一役之形像。巨大之銅質帝像屹立柱頂焉。近頂處有挑臺，可循柱內梯級緣登柱頂。柱身間留有空洞，俾光線及空氣可流射柱內。至扶梯之大門，係關於下面方形之柱脚礅子者。礅子拱托柱子者，雕以戰爭軍器及碑文。圖九十八a示紀念柱中心之盤梯，d爲礅子之平面圖。柱之總高度，包括方形礅子及銅像，約一四〇呎。

一五八、坟墓　羅馬坟墓，式樣頗多，大抵分佈於離城數里之一帶公路旁；其保守最完全而足資觀摹者，厥爲革拉蘇(Crassus)之妻愷茜拉墨的拉(Caecilla Metella)之墓，如九十九圖。墓含一圓形之塔，坐於一百呎轉方之台基上。塔用石灰石砌疊，上有美觀之壁緣及台口，塔頂本有圓錐形之石或雲石屋面；於中古時代始改如現在之城牙齒牆頂者。

奧古都斯(Augustus)之墓，當皇在世時，建於干波斯馬齊烏斯(Campus Martius)，四個圓柱坐於白雲石之座，柱之狀下粗而漸上漸細，迨至最上之端，則偉大之帝像在焉。

〔附圖九十九〕

一五九、橋樑涵洞　良以羅馬人特具搆築法圈之技藝，故凡用圈拱所成之橋梁與涵洞，無不堅固美觀。不少佳搆之橋工，現尚能於帝國各處見之。據云：圖拉眞曾建一橋，跨越多腦河(Danube)者，高凡一五〇呎，闊六〇呎，自橋墩至彼橋墩之跨度爲一七〇呎。

羅馬及其他城市水源之仰給，咸藉宏大之涵洞以輸送之；間並鑿渠，俾導水自水源以至仰給之處。渠之穿山越嶺也，通之以隧道，跨越山凹，則建巨大之磴子及法圈等工程。當第一世紀之末葉，羅馬造九道給水涵洞，如阿奎克羅狄亞（Aqua Claudia）及阿尼奧諾服斯（Anio Novus），皆長四十六英里及五十九英里，入城則脊聚衆流於一涵洞，復分上下兩出水管。

一六〇、公會堂　羅馬之公會堂，其用途有二：曰公正之審理庭，及貨市之交易所，或即商人雲集之地。最初之公會堂，係一長方形之屋，寬不逾深之半，或寬度不過長度之三分之一。依屋之深度，排列柱子多行，形成甬道二條或四條，而大殿則圍於列柱之中核，樓上廊廡建於屋之兩端及甬道之上。多數公會堂建置半圓形之幽室，又名後殿（Apse），位於屋之一端或兩端，該處地板升起，以資法官升坐之台壇。木架之屋頂，構築殊爲簡單，普通咸平淡不華，迨後經帝皇之執管，則公會所之建築，轉趨宮殿化矣。

一六一、　圖拉真公會堂遺址，近今發現於羅馬者，長三八五呎，闊一八〇呎，屋中有四行列柱，兩端各有半圓形之後殿，殆爲法官審判而設，如一〇〇圖。圖中a爲方天井，b爲大殿，c爲甬道，d爲東法庭，e爲西法庭，f爲圖拉真紀念柱，g爲希臘圖書室，h爲拉丁圖書室。

又有馬克森細阿（Maxentians）公會堂之發現，如一〇一圖，其構置佈局，完全與前者不同。此屋之a爲大殿，b爲甬道；每一甬道以拋脚磴子劃分三個部落：a'爲大法庭，b'爲第二法庭，大殿之屋頂爲半圓形之脊肋，穹頂劃分三部。甬道之屋面較大殿爲低，頂形半圓，長七十六呎，大殿長八十三呎，自地板面至屋面之高度計一二〇呎。多數之羅馬公會堂，後均改爲基督教堂；而早期之基督建築，亦即肇基於斯時。

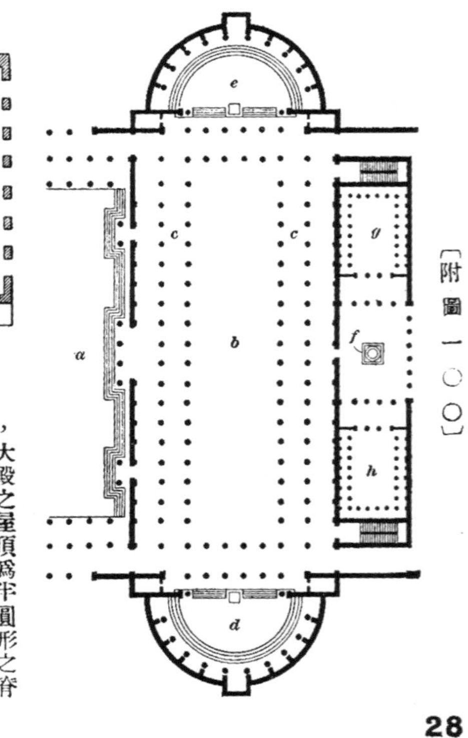

〔附圖一〇〇〕

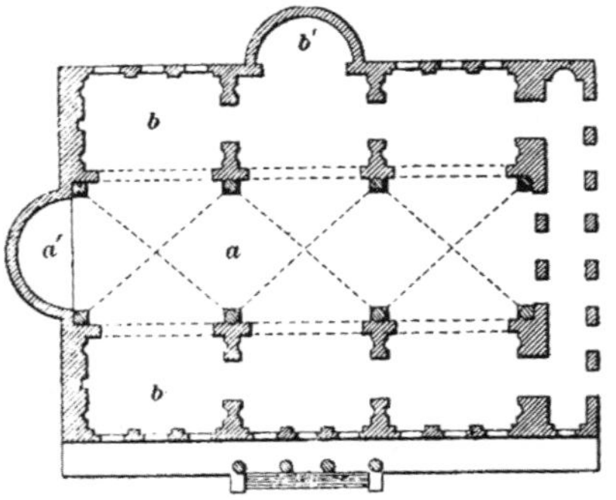

〔附圖一〇一〕

一六二、宮殿　建於羅馬帕拉泰因(Palatine)山上之宮室，因年代久遠，湮沒太甚，故難以辨認其建築之式例。如其中閎偉之杜密善宮，內含朝庭及勤政殿，與皇室，教堂等，咸有列柱之圍繞，而內宮各院則排列於巨大天井之週圍。

在杜密善宮遺址中，發現御座殿，經面臨帕拉泰因山之正面楹廊入殿；殿內裝飾，因其地位之重要，而知其奢華之程度矣；若壁間昂貴之雲石，及十六根柯蘭新式之柱子，均高二十八呎。八個壁龕內置崇宏之巨像，藉以點綴宮殿之壯麗閎奐，門旁舖砌希臘雲石，迴槽之門柱，則以卡麟(Corinan)雲石爲之。屋面係以列柱支持之。

一六三、住屋　羅馬私家住屋，可分兩種：即村居與市居是。前者架屋數椽，自成園囿，逸趣橫生，無塵囂之亂耳。市居則反是，背園林清幽之勝，而來市㕓中構築層樓高屋多幢，分租於羅馬一般平民居住。

在鬧市中之市居房屋，其下層往往闢設店舖；此項店舖與上面居住者，雖在同一屋面之下，但彼此並無些微關係。當奧古都斯之時，鑒於市中高屋，殊應取締之必要，乃有最高七十呎之限制，後復減低至六十呎。屋之用材，初以曬乾土磚與木材，後訂章改用石礅子及用混凝土或煉甎砌牆。迨尼祿(Nero)當政之時，重訂建築新章；耐火材料之採用也，如火成岩石之灰色以至黑色者，用作外牆。重行規定房屋之高度與牆之厚度，街道之濶度，及其他對於市政極有裨益之章則。

一六四、　公元七十九年時，潘沛依市(City of Pompeii)被燬；該市爲古羅馬市㕓之大好參考，可以想見當時生活程度之一斑，蓋不僅富室爲然，即平民居住者亦可窺其梗概；而潘沛依市街尤足資研習都市設計者之大好資料也。

一六五、潘沛依　潘沛依之市街，極少超出二十呎之寬度者，所以依當時之定章也。路面舖石，兩旁留狹隘之人行道，道旁羅列狹小之店舖；店面祇一方頭容堂，初無建築藝術可言。依據羅馬習俗，凡主要建築，則爲審判所，商場，宗教建築及市政管理署，連合於兩進建築。最著者如大公會堂，以白石舖地，高二層，週繞連環法圈，陶立克及伊華尼式柱子　柱頂飾置市內有名人物之雕像。和味廟位於公會堂之北，左右並有勳功牌樓之建豎及其他建築：包括臨時小菜場，參議廳、愛普羅廟，麥克來廟，及猶麥却交易所等，均位於東西各處　功績牌樓之在和味廟東者，係紀念尼祿而建者；包括雲石殿，殿內有壁龕，陳列雕像及噴泉等項。在西首之一座牌樓、不知伊誰所建，已無從考證。和味廟之北爲麥克來街，爲潘沛依市內最濶之街衢，貫通域牆以達公會堂者。

幸福廟，公共浴場及跨越街道之加力苟拉牌樓，(Arch of Caligula)爲城中最饒興味之區。城之東南，有三角形之公會堂，及附屬之不少其他建築，爲城中最大最先建築之處也。靠近南邊城牆處，有伊華尼式之廊，爲城中有名士紳之紀念建築也。公會堂之東西，各建陶立克式之廊廡。陶立克式之赫邱利廟(Temple of Hercules)，爲城內最大最古之建築，屹立於城之極南。在此廟之西邊，有半圓形之石座及日晷一座，日晷刻贈者之名字。其他公共建築之附近三角形公會堂者，如劍術學校及劇院兩處，其中較大之一處，能容五千觀衆。斯坦屏(Stabian)浴場及埃西與尼斯邱雷琵廟(Temples of Isis and Assculapius)　貼近東南城牆之鬬獸場，有八處大門通行場內外。

（待續）

房屋設計之哲理

朗琴

下文爲美國筆尖雜誌於一九三〇年舉行圖樣競賽時，評判者對於得選諸作之結論。閱時雖嫌稍久，評語則多中肯，固不受時間之限制也。但見仁見智，觀點各異；原著者曾加聲明，讀者亦宜注意也。

若將廚室，伙食間，僕役室，浴室，及冰箱間等，位於屋之前部，面臨街道，實爲不良之投資，此係就已往經驗而證明之事實也。汽車間位於前面，更屬不合理論，此由於牢不可破之傳統性所致。

常言「我之家庭是我之城堡」，深種人之心中，亟應加以革除。經歷數世紀之發展，制定某種設計原則及建築方式，始與吾人情理中所謂「家庭」(home)之名相稱。故一「房屋」(house) 在堪稱爲「家庭」之前，必須備具上述條件者也。

主要之起居室，位於房屋之後，並無策略之可言。時常餐後，休憩於起居室中，若有人過訪，聞步履之聲而不識誰何，迨相見之下，其人非初意所願接談者，將現驚訝之色，則其情狀又爲如何？故此爲笨拙的，驚擾的，與不自然的。

若「朝南」("Southern exposure")之哲理實行，則建於街道屋面向北之一切房屋，其起居室勢必面臨屋後鄰居之庭院，其間烟灰瀰漫，晒衣架重叠，而一切之私生活咸出現於是。蓋此種房屋，面既朝南，自屬將廚室，伙食間，僕役室等闢當屋後也。故此爲不自然的，吾人惟有服從自然，方合理也。

「朝南」之哲理，其方式一如故事中歡樂之結局，在今日機械化之建築工程中，無需加以考慮者也。現在房屋之興建拆卸，盡如人意，毫不受日光空氣及冷熱等之影響。夏時炎威逼人，吾人在起居室中，欲將日光驅除，其困難倍較寒冬或氣候不穩之時也。在一設計優良之房屋中，若在十一間起居室內每室置一寒暑表，其熱度盡屬相同。但面臨西北之起居室中，在夏日其熱度較室外涼爽十二度至十六度也。

在設計時若將老虎窗，大門，及烟囱置於建築物之一邊，因假牆(Sham wall)掩蔽汽車間門關係，勢須將房屋之佈局偏重於一端。若將烟囱移置於另一山牆，雖未能謂爲盡善，但稍有藝術的創造矣。再者，圖樣之設計，若爲常式的，冷淡無趣的，機械的而非藝術天才之作品，只能稱之爲房屋，不能名之爲家庭也。此實短少家庭所備具之條件，令人不能有緊密，安靜，閒適及蔭蔽之感，而此皆爲家庭所必具之特質也。

許勃氏(Schbert)曾謂「我之音樂爲我心靈與我之理智之結晶；而我之心靈所發抒者，似尤感動衆人」云。有識者均知音樂與建築具有密切之關係。此種之概念，遂使歐洲之著作家及思想家，描述建築爲「凍結之音樂」(frozen musie)。此種比較誠屬適當，蓋音樂實爲最自由最不守法，實際上在藝術中最爲科學化者也。但每一純正之建築，必須具有嚴格之建築原理，固不問建築物之目的爲何如。若建築物之最初目的，在表示或紀念某種情感，如哀痛，感謝，致獻及類似等情，則科學化與實用兩者，卽與建築之審美原理連帶發生關係。反之，若求便利計，則美觀與宏偉兩者，亦相聯繫焉。

希臘之廟宇及哥德式之大禮拜堂等，一切神明之抽象概念，均藉機械學之原理而實現。相反者，爲南非洲　種未開化人之草舍，美屬印第安人之茅屋，其或污穢不堪之小工廠烟囱等，若建築得宜，各盡其功能，則亦不背建築之審美原理也。

自然非爲自相矛盾的；藝術之與科學，美觀之與功用，若瞭解得當，絕不抵觸。汽車爲運輸之工具；係用於屋外，非爲內部之裝飾者也。汽車與房屋之關係，猶與昔日之車馬相同，但汽油，戲司林等之惡味，遠較昔日之馬房爲甚，而昔時亦未有將馬房置於屋內或屋傍者，至於關置屋前，更少見聞矣。

當一汽車在未用時，其安置之室與住屋相連接，若欲計劃盡善，確爲極費考慮之事。但於不得已時，亦不宜將汽車間關置屋前，雖有假牆掩護，終非優良之策　且建築一術，不容有所虛僞，非若舞台佈景，假牆之功能，數小時卽足，而在建築上則絕不允許者也。卽就有識者言，時須檢驗其車輛機件，亦願於身沾油污之時，露於屋前道路之上手，屋後有其安藏之地，恐亦不出此也。

（十四）

杜彥耿

第三章

第一節　石作工程（續）

三均接　依照石之全厚度，平均劃分，中間一條雄縫，兩邊兩條高縫；或中間一條雄縫，兩邊兩條低縫。縫之深約一吋半，如三四八圖。此種接縫之作用，爲防止側推力之襲迫，以致石牆地位之移動者，如水堤等是。亦有用石條接以三均接合，如三四七圖。石條長一呎，高四吋，闊二吋，嵌於上下兩石之石槽。

水泥膠接　此種接法，大都用於蓋頂石者，於石之頂端鑿V形之槽，澆以水泥，俾使兩石膠合，藉免側推移動之虞，見三五〇及三五一圖。

插筍接　插筍接者，亦爲防止側推移動之一種法式。插筍之用材，有以一片硬石，石條或紫銅者，約一吋見方，長二吋以至五吋，如三四八及三四九圖，而用水泥窩膠之。插筍接攏豎直與坦平均可；尤以豎直者設於建築物之頂端或根際，可免側推力，如闌干及柱子等是。

石卯接　以小石卯子，用水泥凝嵌石縫，俾石不被側推移動，此係最經濟，簡單而習用之法也。

依第二項之錠筍接合下，復分錠搭，鉛筍，石錠筍，控制鐵，開脚螺絲等，縷述如下：

錠搭　金屬之錠搭，與插筍之作用類似，用以聯接兩石；惟於石之安置穩妥，不稍乖離，尤爲注重。若山牆之壓頂，台口石，束腰石等之挑出部份，施以錠搭，俾與牆身或構架支柱等聯結。錠搭係一片塊之金屬物，其長度視需要而定，兩端彎曲約一吋半，成直角，鈎入燕尾狀之石洞，如二六一及二六二圖。錠搭普通有以熟鐵或紫銅等爲之者；惟用熟鐵，須於事先塗以柏油，或以純水泥塗刷之，俾不生銹。然以鐵之拉力特强，是以錠搭用鐵製者最爲合適；紫銅雖不銹蝕，然其拉力終較弱於鐵。

膠凝錠搭之材料，最佳者爲水泥，青鉛及松香柏油。澆時須特加注意者，卽錠搭週圍，均須澆足，不可稍留空隙。凡工程之露於外者，以澆製青鉛爲最妥，以其能恃久而不受潮濕之影響，以致錠搭生銹也。

鉛筍　石工之鑲接，藉澆青鉛者，如二六四圖，於兩石之頂端，各鑿燕尾狀之洞；迨將石安置妥貼，隨以熔烊之靑鉛澆入洞中，俟冷却，則兩石已結成一片矣。

石錠筍　以七吋長，二吋闊，一吋厚之石板，割成雙燕尾狀，或即錠筍式，嵌入兩石銜接之處，復以水泥膠之，如二六三及二六五圖。

控制鐵　鐵質之長筍，鈎於台口石之後；緣因台口石挑出牆外頗巨，藉此庶免其重心壓擠牆之外沿之危險。法於台口石之後面穿洞，以控制鐵牽制之。

開脚螺絲　螺絲脚較上部爲大，置於燕尾狀—即上口小下口大之石洞，復用水泥或靑鉛澆灌，窩實使之不上移，如三五五圖。

設因上掀之力頗大，開脚螺絲不足以制止，則螺絲易以控制鐵，置於鑿通之石洞，上蓋鐵板，並以螺絲帽絞緊。

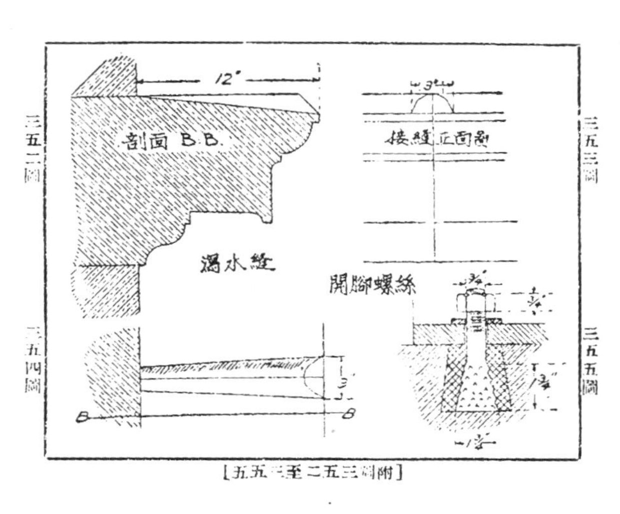

〔附圖三五二至三五五〕

第三項爲避水搭接，緣石之露於外者，其接縫頗易被雨水滲入，故有瀉水縫及高低縫等之施行，茲分述之如下：

瀉水縫　台口石之接縫，或其他平置石工之接縫，可於兩石銜合處起脊，並斫砟瀉水，使水瀉去，不復再能滲入石縫。如三五二至三五四圖。

高低縫　此種高低縫之石工，施於石屋面與壓頂等之須緊密避水之縫者，分兩種：一，兩石均做高低縫；二，祇蓋於上之一石，做高低縫。關於前者，兩石之厚度相等，其接蓋之面部，須平舒者。後者之石，下部較上部爲厚，即在下部斫高低縫，留上部使搭

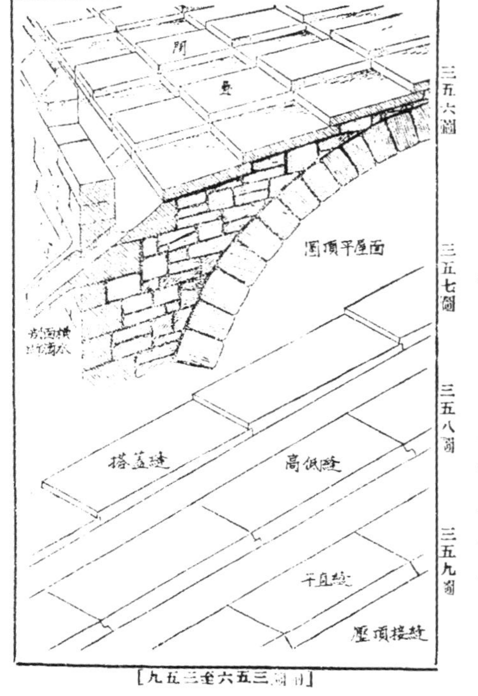

〔附圖三五六至三五九〕

蓋於其他一石之上，其厚度至少須六分，如三五七及三五八圖。

所用之石，倘係軟石，或疏空之石，而其背部露於外者，應用柏油牛毛毡或青鉛皮蓋護之。

石過梁 方頂之空堂，或即門堂或窗堂之上，架跨石料過梁；惟因石料之耐拉力殊弱，不能用作大梁。故凡跨度大者，必須注意其能否擔荷重壓。

過梁可分兩種：其跨度小者，以一根石過梁當之；設跨度大者，可以數根石梁叠置之。

石過梁可分(a)跨越短跨度，或梁之厚度頗厚者，無須其他分擔壓擠之建築物加於過梁之上。(b)過梁之上加砌法圈，如二七六及二七八圖之亂石小鑿砌牆。(c)過梁之於亂石牆或其他石工牆垣，不便加砌法圈於過梁之上者，則砌平開圈，如二七九至二八一圖，其中間一石即老虎牌—或稱圈心；此處特名之曰節損石，以其於砌時在節損石與過梁之間，並不施用灰沙，而以小木榫代之。迨牆叠砌至相當高度，拆去木榫，故上面之重量不致直壓於過梁之上，藉免過梁受壓斷損之虞；然於全牆完工時，節損石與過梁石之間，祇於外面嵌以灰縫。

過梁之上，不砌法圈，亦無平開圈；然跨度頗大，一石恐不勝任，有分數石鑿雌雄縫聯繫之者，或通鐵條以繫之。

圖三六〇至三六二示一雌雄縫聯繫之石過梁，石之接縫係垂直，而於中段夠鑿半圓形之雌雄槽。此法不僅石工用之，甎工間亦有用之者。

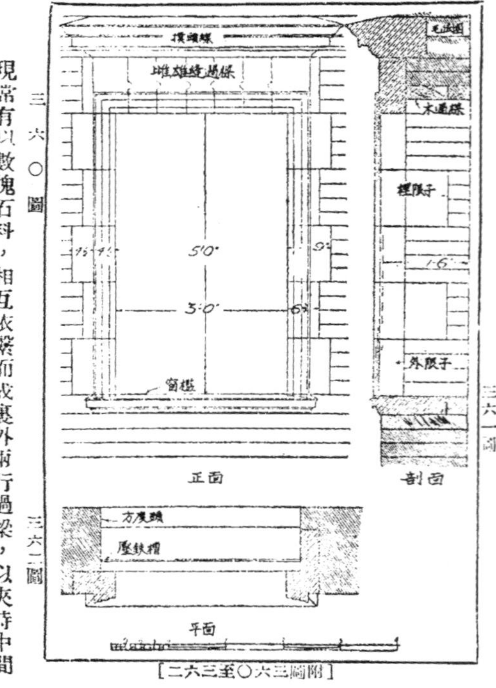

〔附圖三六〇至三六二〕

現常有以數塊石料，相互依繫而成裏外兩行過梁，以夾峙中間工字鋼梁者，如三六六圖，係跨越全個跨度，而兩端擱着於柱子。裏過梁與外過梁之銜合於過梁底之天盤者，用小型紫銅鈎搭住，復用石屑與水泥之混凝補填之。此係過梁之底面接合其上，裏外過梁之接搭，係用鐵搭經越工字梁或穿越工字梁腹而搭合之。工字鋼梁須注意其被銹蝕，故須用防止發銹之油漆塗抹之。

石過梁之跨越店舖門面，而其開間頗大者，應置工字梁以任上部之壓擠力。石過梁則以數方石料聯成之，其後背鑿起口，俾適嵌坐於工字梁之間，再用鐵搭鈎之，以螺絲帽住石梁與工字梁，如三六七圖。

圖三六九及三七〇示鋼架建築石台口挑出頗鉅之構造法。普通石工，其台口之中心重量，完全着於牆身，故無在台口以上之建築

物足使台口向外傾撲之危。惟於鋼架建築，其牆身似必單薄，是以巨大台口之挑置，勢須慎重擘劃。因之每塊台口石，應用懸挑之法，置石於鋼質挑梁，挑梁則鉚於鋼大梁。挑梁之位置，係伸於台口，兩石之間，每塊台口石之一端，擱着於挑梁之一半。

法圈過梁　法圈過梁，通常爲平開圈，可分(a)斜縫或雌雄筍縫，(b)斜縫及踏步接，(c)垂直縫及暗避不見之隆起法圈。

(a)兩面斜縫均向中心，並以雌雄縫聯接；縫中灌以水泥。如二五〇至二五二。

(b)兩面斜縫均向中心，並做成踏步式；而踏步接於外門頭線之上口，如此足使中間之圈心石，不致向下鬆落，見三七一至三七三圖。

(c)此式因欲附合台口之典型，如三六三至三六五圖，故過梁石之接縫垂直，而於中心構成暗法圈。惟此法注重於外觀之壯麗，而其構造殊欠堅固。

附圖三六三至三六六圖

三六三圖　三六四圖

三六五圖　三六六圖

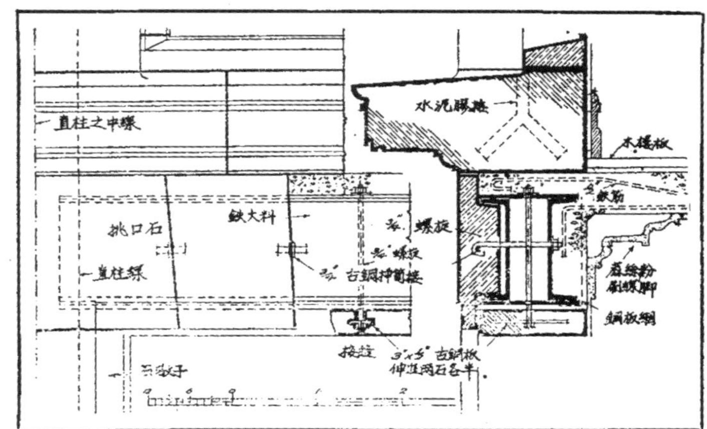

三六七及三六八圖

三六九及三七〇圖

三七一圖　三七二圖　三七三圖

正面　剖面　平面

［附圖三七一至三七三］

石法圈　此種法圈之圈底或施平，以應方頭之空堂，或築弧形，如一八七至二〇一圖，並包括圈之以光平圈石鑲砌斜縫者，如三七四圖。依據斑斕亭式：凡法圈中心一塊老虎牌，必須向外突出，如三七七及三七八圖。如有圈石之大者，應鑿槽痕，俾膠以水泥，庶圈石組砌不致活動。法圈之爲弧形者，其圈背亦應作弧形或作踏步遞退式。圖二七二示圈背亦作弧形者。

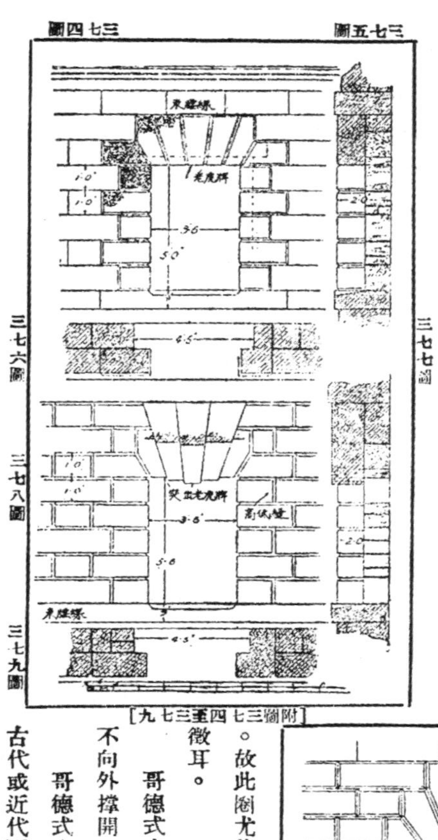

三七四圖　三七五圖　三七六圖　三七七圖　三七八圖　三七九圖

［附圖三七四至三七九］

石工之組砌整列，或甎工之法圈圈背，每有用踏步式遞退者。此種法圈頗合實用，尤以相近牆末之牆角處爲甚；蓋此圈不如他種圓拱圈之壓擠，自圈頂壓下向兩邊圈腳撐開者。圖三八〇及三八一示此圈之方式。三八〇圖更示圈石之斫成肩形，以資搭砌入於牆身。故此圈尤能增加堅固，惟圈頂之高度過高，或亦美中不足之一特徵耳。

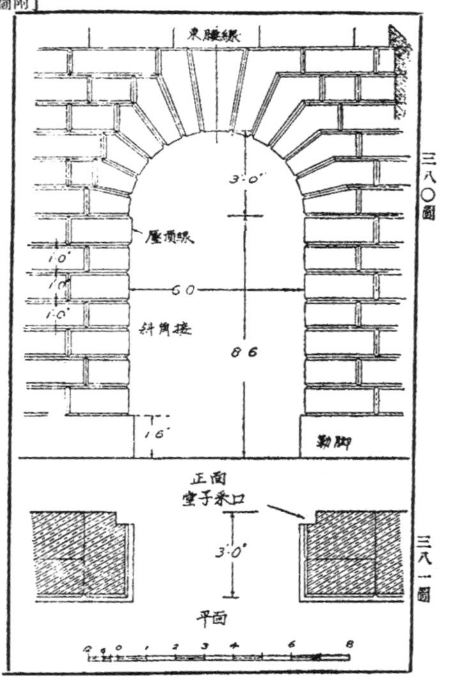

三八〇圖　三八一圖

哥德式之法圈，其圈頂爲尖形，而圈背係弧形者。欲求圈腳之不向外撐開，須以圈背之用踏步式遞退者，最爲結實。

哥德式之法圈，特盛行於古代建築；惟其牆之鉅厚，則不限於古代或近代哥德建築。圖三八二至三八四示一門堂之層層度頭之繁複，與斜八字角度頭，藉使裝於幾在牆之中心之門便於開啟，不爲蠢厚之牆阻礙。圖三八二至三八四之哥德式拱圈裏外不同者，亦正因便利門之啓閉也。

三八二圖　三八三圖　三八四圖

窗堂之用此式者，初僅單扇，後漸改進爲複扇，而有柳條槅扇等之形成，如二七二至二七五圖，此卽含一薄柱於中間，而外包一大法圈，藉任從上傳下之重量；其所需之窗堂，卽開於中梃之間。此窗之玻璃，大部近向外邊，裏面度頭咸係斜度頭，俾光線透入室內較大。一窗之含柳條心者，見三一四圖。

楹廊及欄干　圖三八五至三九〇示半個立面及側面，剖面及平面，半個向上看之平面與陶立克式楹廊及欄干大樣。並示石工牆面之塊分，圈石之踏步式遞退或肩形，及石工中間以鐵欄干之適稱佈置等項。

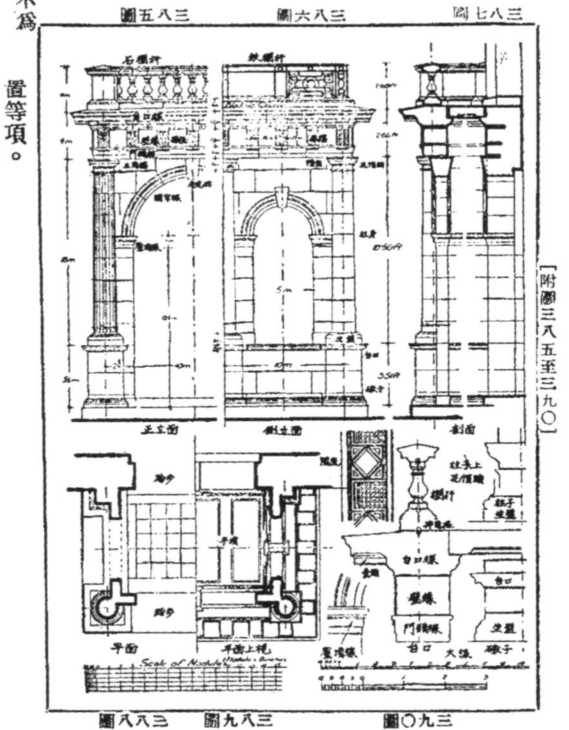

附圖三八五至三九〇

三八五圖　三八六圖　三八七圖　三八八圖　三八九圖　三九〇圖

石屋面　圖二六八至二七一示一突出之六角肚窗屋面之做法。圖三五六示圓頂屋面之以石蓋護之法，爲中古時代軍事與紀念物建築所習用者；係以石片置於亂石疊成之圓頂上，據此用石片舖蓋屋面有兩式：一爲間疊，一卽搭舖；而每塊石片，均有坡度，俾資瀉水。

壁龕　壁間闢置壁龕，大都用以置雕像者。其平面普通作多角，半圓或橢圓形；而其上端之一部圓頂則作球形，圖三九一至三九五示壁龕各部圖樣。

上述之各種石作工程，咸皆偏重歐式。茲再將中國建築中之石作，分別縷述如下：

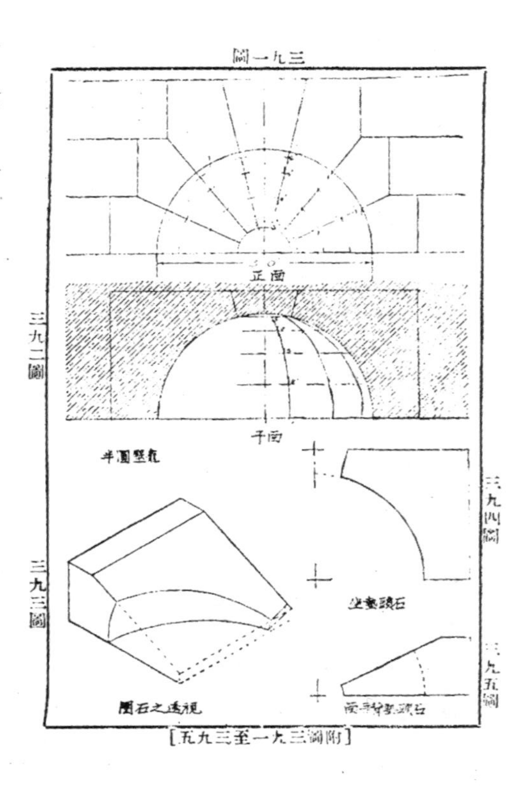

［附圖三九一至三九五］

磉皮及磉珠

磉皮係一塊四方之礎石，磉珠爲圓形之石珠，座於磉皮石上；而木柱卽立於磉珠之上，此兩者是爲柱礎。根據宋李明仲之「營造法式」，曰：柱礎之名有六：曰礎，碩，磶，磌，礩，磉，今謂之石碇。圖三九六及三九七示磉皮及磉珠與柱礎。

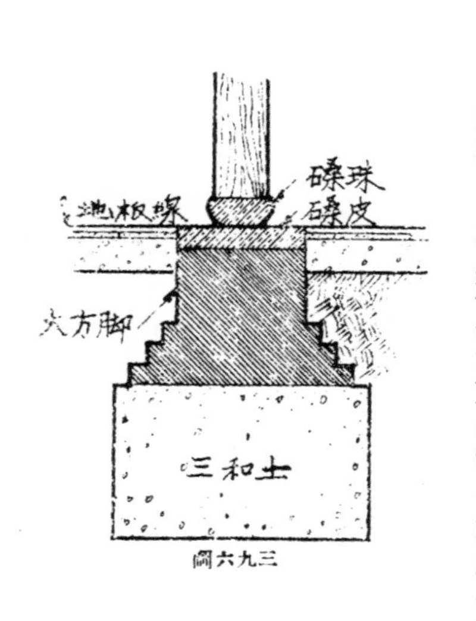

圖九六三

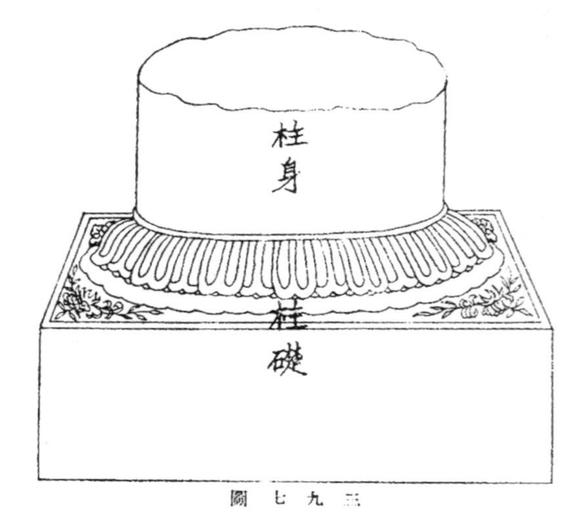

圖七九三

（待續）

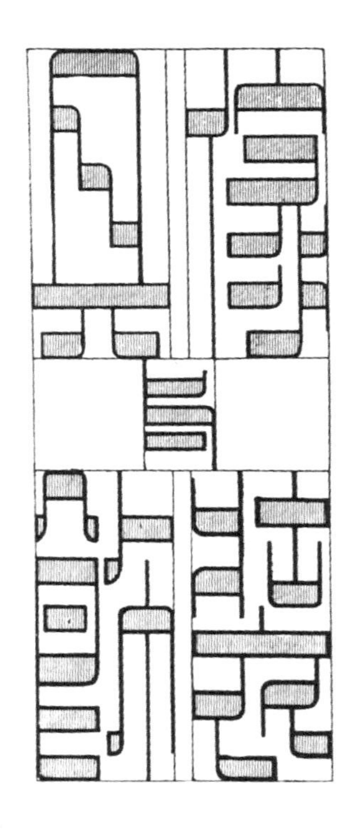

〔上〕睡椅及扶手椅舖以石色棉紗織物，頗為醒目。

〔下〕此為汽樓臥室佈置之一角。有衣櫥一，杯碟櫥及書架等。兩旁杯碟櫥裝有架子，書架並有寫字板。簾帷之後，並可置放小型之衣箱等件。

壁龕睡榻，亦有小型杯碟櫥及書架之設置，實簡而切要，地氈為棕黑色，襯以灰色之牆，室中光線，至為靜穆。

圖中安樂椅，所用銅管，係鍍克羅米者，鋪以泡立水漆獸皮。桌亦鍍克羅米銅管製成。上二層為白色玻璃，下為黑色者。

此圖桌玻璃厚六分，置於黑色大理石及鍍克羅米之支柱上，式樣極為新穎。

此為早餐桌及椅之設計。椅係金屬管所製，以鍍·蛋白色，鋪置棕色之皮。坐墊及靠背均裝有彈簧，極為舒適。桌之構製與椅同，玻璃檯面作灰綠色，置於橡皮托子之上。地上鋪以灰色之地氈，牆為白色。

此小住宅盛行於美國西部及西南部。前爲平台或內庭，後有走廊，藉此可使起居室之空氣，流通自如。

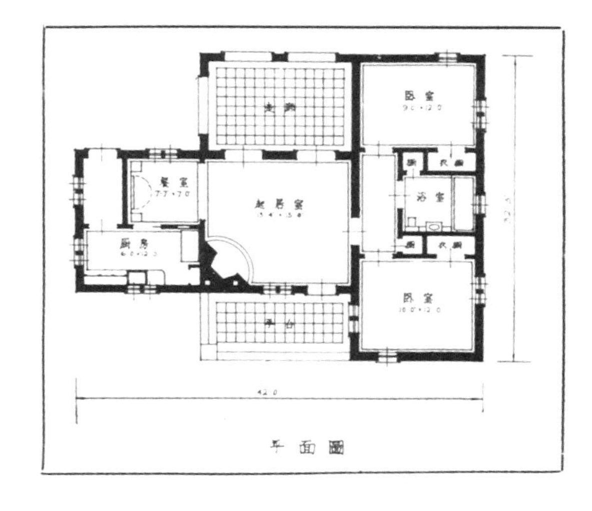

平面圖

附告：茲因作者設計第十七軍陣亡將士紀念碑亭(見本期銅圖)，上期預告刊登之中國式私人住宅之立面圖，准移刊下期（即四卷六期），此啓。

此小住宅建於二年以前，工料雖簡，而住宅必要設置則悉備具。屋中有寬大之臥室二間，樓上並有浴室一間。屋主若認爲需要，可將廚房與起居室間，用門隔離，無需圖中所示濶大之拱圈也。現在一般住屋，對於簷口線已逐漸減小，甚且隱而不顯。此屋簷口線甚大，做造者已加改善矣。

32′0″
臥室 14′0″×11′0″
廚房 10′0″×18′6″
浴室
臥室 14′0″×12′10″
起居室 17′0″×25′0″
走廊 14′×8′
36′6″

平面圖

贈閱「聯樑算式」揭曉啓事

本會自在建築月刊四卷三，四兩期刊登贈閱「聯樑算式」啓事以來，辱承讀者先進，工程專家，珠玉紛投，競函應徵；熱烈贊助，至感高誼。惟以限於名額，未能盡量錄取，滄海遺珠，在所難免，幸乞鑒諒是禱。茲將錄取者台銜公佈於後（以收到應徵函件先後爲序），所有批評文字，當於收到後轉請「聯樑算式」原著者胡宏堯先生，附註意見，陸續刊登，俾就正高明焉。

附錄取者台銜一覽

姓名	籍貫	畧歷	備註
楊哲明	安徽宣城	復旦大學工學士 江蘇省建設廳指導工程師	因公出勤 原書退回
顧仲新	江蘇無錫	前國立勞働大學工學士 軍政部軍需署工程處技正	
侯書田	山東卽墨	唐山交通大學工學士 正太鐵路局工務處工務員	
陳炎仲	四川合江	英國倫敦建築學會建築學校畢業 歷任天津市工務局技正科長等職	評文未到
陸咏懋	陝西柞水	美國康乃爾大學 大夏大學土木工程系主任	
王敬立	浙江黃巖	美國意利諾大學土木工程碩士 北平市政府技士建設委員會技正	
胡景儔	山東陽穀	國立北洋大學工學士 山東省建設廳技正	
王菊三	江蘇江陰	前國立勞働大學工學士 金溧路金壇段工務所段長	

批評"聯樑算式"意見書彙輯

（一）　侯書田

本書所根據之算式，悉由克勞氏力率分配法(Cross Method of Moment Distribution)演出，固無新穎原理，蓋僅將克勞氏法之各級繁煩力率分配計算，歸納得一算式而代以C_1, C_2, C_3等及K_B, K_{B-1}, K_{B-2}等變數而已。是故兩者之出發點及最後目的地均同；而僅於所取方法稍有區別耳。

自克勞氏創著力率分配法後，爲學術界放一異彩，其有助於聯樑及 Rigid Frames 之計算，早爲舉世學者所公認。今胡先生所著"聯樑算式"之根據，旣爲克勞氏之力率分配法，則對於原理，固無庸批評，茲者僅就管見，將胡先生之聯樑算式及克勞氏之力率直分配法而加以比較矣。

（一）首須申說者：克勞氏法之應用爲廣泛的，無論聯樑或 Rigid Frames 均可藉以解決，而“聯樑算式”之應用，則爲特指的，僅能用以解決聯樑一類也。由理論上言“聯樑算式”僅止於六節聯樑，惟以實際應用言，則不等硬度六聯樑，固亦足以包括一般情形矣。

（二）由所採用之計算方法言：“聯樑算式”爲直接替代公式者，克勞氏法則爲依一致原理逐步演算者，固各有利弊也——正如胡先生言：“克勞氏法運用手續，未見其簡”（見本書自序第 2 頁），“聯樑之節數多者，經十次以上之分配，猶不能得一精確答數，似未便作普泛之應用。又設當分配之中，偶不經意，因一數字或一符號之差誤，致毫厘千里之差，在所難免，爲慎重計，自必校核或二次重算，果不幸而兩次推求之數值，相差懸鉅，孰是孰非，非經第三次之複算不可也。若此一再計算，手續繁瑣”(見本書第一章第1頁)。但“聯樑算式”中變數繁多（如∞_1, ∞_2,…；β_1, β_2,…，P_1, P_2,…，w_1, w_2,…，C_1, C_2,…，K_1, K_2…等）令人一見生畏，而替代偶不經意，亦可致毫厘千里之差。不過由讀者程度着想，欲運用克勞氏法，必須具有較深數理及力學，而“聯樑算式”祇需直代公式，初學者或易運用也。

（三）至於答案精確度，則兩者固一樣也。其精確度克勞氏法中視力率分配次數之多寡，次數愈多，結果愈精；“聯樑算式中”視變數C_1, C_2, C_3…等所算項數之多寡，項數愈多，結果愈精，而兩者固不能得一絕對準確値也。

以上係鄙人原則上對於本書之意見，以下將本書之優點及缺點，分別再加申述。

（一）本書優點：——

1．本書第二章之單樑算式及圖表爲著者一大貢獻，各題概以圖表表示，使讀者一目了然，易於領會，而排列之簡美(Concise and Clear)猶其餘事。

2．各種聯樑算式順序編制 (In natural and logical order)，合理而清楚，使讀者腦中有一自然之軌跡可循，不致迷糊。

3．第六章之力率函數表及第七章例題中之各種荷重組合之力率表，簡明醒目，又將問題主旨表出，誠屬可貴。

4．附錄之各種圖表，若鋼筋面積，材料應力及重量等表，頗有助於實際應用，且各項單位均係公尺公斤制，尤合我國需要。

（二）本書缺點：——

1．對於克勞氏法原理之申述，似欠詳細洽確，非初學者所能瞭解——若第一章第2頁第5行所謂“點之高於兩力率之一者”一語，實有難於捉摸之苦。又若第一章第8頁第六圖之用M'_{B-1}而不用M_{B1}（即雙動支端樑內端節之欠修支上，不用 Moments for fixended beam 而用 Moments for cantilever beam），亦令初學者莫知其所以然。

2．(a) 第七章第225頁第8行所謂“求聯樑各節之最大正力率，必先求該聯樑間節荷重各支點之力率（理由詳後）”，而迄未見詳述。

(b) 第七章第228頁第8行中有“可將集中及遞變各重，化爲相當之匀佈重計算之” 之句而所謂相當之匀佈重者，究竟爲何，作者迄無說明。

3. 第二章第37頁各圖中，未將W之位置表明，臆度著者原意，應將各圖繪製如下：

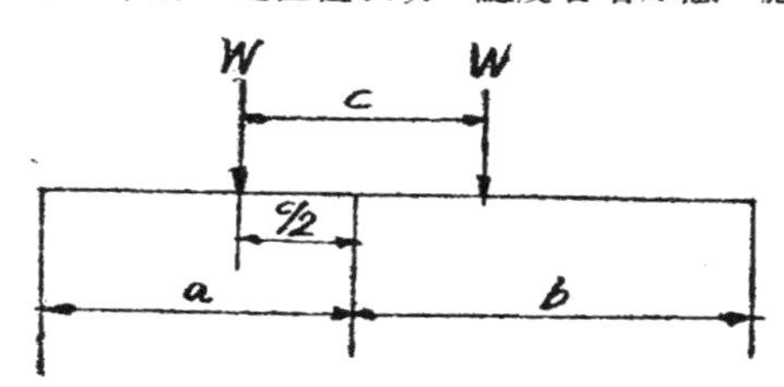

4. 本書排版錯誤太多——今於書中所附勘誤表外，另再檢舉若干如下：

勘　誤　表

章數	頁數	行數	字數	誤刊	更正	備註
1	6	7		$M_{B\cdot1}=\frac{2EI_1}{l_1}i_B$	$M_{B\cdot1}=\frac{4EI_1}{l_1}i_B$	算式（XIV）
1	13	13		$S=\frac{4n_3}{n_3+3n_4}=\frac{1}{2}$	$S=\frac{4n_3}{4n_3+3n_4}=\frac{1}{2}$	改正勘誤表(一)之錯
1	14	1		$R=\frac{1}{2}$	$T=\frac{1}{2}$	末一式
1	1	7	5	得	答	
2	37	2		$P=\frac{c}{t}$	$P=\frac{c}{l}$	
2	38	44		—of411	—o,411	
2	39			第十八圖及第十九圖		
				縱坐標應書ω或β之值較佳		
				橫坐標應書C_5或C_6之函數較佳		
		又		橫坐標之指數位置不對	（應向右移兩格）	
3	98	末		第6字及7字應對換卽		
				誤刊最卽	更正卽最	
4	163	15		$\frac{\beta_1-2w_2\beta_1+w_6P_1}{64}$	$\frac{\beta_1^3-2w_2\beta_1+w_6P_1}{64}$	算式C_4
6	210	2	16	C	c	
7	241	20		d_B	d_c	
4	245	末		$d_1=l'_2=65^{cm}$	$d_1=d_1'=65^{cm}$	

原著者附註

查本書命名爲「聯梁算式」，唯一使命在求算式之準確與否；其體材原屬算式之應用，與對數表三角函數表等同一作用，固無從發明新穎學理也。侯君原文第二節所言，請將本書第七章之例題，用克氏力率分配法一推算之，其繁冗自可明瞭矣。至於函數之太煩，著者甚表同情，將來擬另用切線或曲線以代之。原文對於「本書缺點」可得而答覆者，爲

（1） 不識力學者，本不足以語原理。本書爲算式體，故原理文章，不便太長。至於書中第一章第二頁第五行所謂"點之高於兩力率之一者"，卽上項中"必有一中和點"之點，更接以"假此點作標準"，應無難於捉摸之苦矣。又第一章第八頁第六圖之用M'_{B-1}而不用M_{B-1}，請照第五頁第四圖將該聯樑分成兩單樑，自可明瞭矣。

（2）a.（理由詳後）詳見第二二六頁至二二八頁圖解法及演算法。

b.此爲無需申述之問題，卽該樑上之總重除該樑支距之平均單位重。

（3） 爲不可知的，否則a與b之長無理可言矣。

（4） 本書錯誤之多，實爲一大缺點，承侯君指正有十數點之多，至深感謝。

（二）　　陸咏懋

前讀某學報曾載有Coefficients of support moments in Continuous Beams一篇，係根據Three moment theorem，將各種跨度及各種載重演出，列爲公式，以爲參考張本。惟其所舉之跨度及載重情形，幷不完全，不能在任何情形之下，皆可應用；則已失其求便利之本義矣。今閱『聯樑算式』一書，係根據克勞氏力率分配法最新學理，化爲算式，則當更精確。其中雙動支單定支及雙定支不等硬度二至六聯樑各算式，最感興趣。惟若將節數增至八或十，則應用當較爲廣泛。按克勞氏算式，其最佳用處，除在Continuous Beams with simple supports之外，尤其對於Continuous girders with columns與Continuous frames 各種複雜問題，隨各別情形處理之便。故貴著者若將來再進而作聯架算式之研討，則可與此聯樑一書，前後連繫．其效用必更大也。

原著者附註

（一） 聯樑之節增至八節或十節者，事實上甚不多見，卽或有之，因物體之漲縮關係，須設置漲縮接縫，不能相聯矣。

（二） 單聯架算式及複聯架算式兩書，原爲預定之目標，稍俟時日，再請指教。

（三） 克勞氏法應用之廣，尙不止所述之單架聯架兩種；餘如橋架屋頂架拱橋圈等，均可援用。（見本刊二卷九期林同棪君之"克勞氏力率分配法"）

（三）　　王敬立

本書介紹克勞氏力率分配法，對該法之基本原理有詳細之說明，對該法演算之各步驟有清晰之分析，並指示其繁複之點何在，繁複之程度若何。其各種算式圖表亦甚有用，眉列如下：

（一） 單樑算式中最有用者爲雙定支單樑之兩端力率（簡稱兩定力率Fixed-End Moment）表。

（二） 不等，對等硬度聯樑算式將繁複之力率分配算式改成純粹數學問題，準確之程度與算演之速率加增，但物理之涵義反晦。

（三） 等硬度等勻佈重聯樑之力率函數表對求該種聯樑之最大正力率與最大負力率最爲有用，因可一目了然產生此最大力率之荷重組合也。

但本書亦有可商榷之處，克勞氏講力率分配法時特別注意於其物理之涵義，故在其Continuous Frames of Reinforced Concrete一書中開始卽講如何草描樑架荷重後撓曲之狀，如何估定反折點(Point of Inflection)，更如何由簡單之力學約略畫出樑架之力率圖，以爲訓練初學者判斷能力之根底。然後引至力率分配法，其講解與本書略相彷彿，惟多介紹與藉重 "硬度"之定義並盡量避免公式以保持物理之觀念。蓋因物理之涵義彰明，便於記憶尋索，初學者苟致力於此則全部理論均在胸中，自能按步推算，縱演算有誤亦容易發覺也。

兩定力率亦可用克勞氏之柱力比喻法 (The Column Analogy) 以求之，清晰簡單，足資核校。

核校聯樑之力率克勞氏亦有簡單之法（見Continuous Frames of Reinforced Concrete, Cross and Morgan P. 119）非必如著者所云"…或二次重算，非經第三次之複算不可決也"（見本書第一章第1頁）

更有一事應加注意者卽力率正負號之規定是也。克勞氏主張"使樑向下凸之力率爲正" (Positive moment tension to sag the beam)"本書各公式圖表似亦依此主張。爲求一貫起見，樑之兩支定率似亦應採用此種規定，然本書第一章第2，3兩頁則用順鐘向者爲正反鐘向者爲負，無疑其爲遷就i角及∽之符號規定，似宜特加說明，俾免淆混。

本書第6頁公式XIV似應爲$M_{B\cdot1}=\frac{4EI_1}{l_1}i_B$非$M_{B\cdot1}=\frac{2EI_1}{l_1}i_B$。

本書第87，88兩頁之㊂一定支受力率，樑內仍受影響發衞力率頗疑有誤。按定支之定義爲硬度無限大，卽無論施如何大之力率支點決不轉動，然則樑身內何能因此發生力率。此節經用柱力比喻法反覆核算頗能證明筆者所信之不誣，望著者重核算之。

（原著者附語，准下期續刊。）

磚 瓦

（一）空心磚

十二寸方十寸六孔	每千洋二百十元
十二寸方九寸六孔	每千洋一百九十元
十二寸方八寸六孔	每千洋一百六十元
十二寸方六寸六孔	每千洋一百二十五元
十二寸方四寸四孔	每千洋八十元
十二寸方三寸三孔	每千洋六十五元
九寸二分方六寸六孔	每千洋六十五元
九寸二分方四寸半三孔	每千洋五十元
九寸二分方三寸三孔	每千洋四十元
四寸半方九寸二分四孔	每千洋三十二元
九寸二分四寸半三寸二孔	每千洋二十元
九寸三分・四寸半・二寸半・二孔	每千洋十九元
九寸三分・四寸半・二寸・二孔	每千洋十八元

（二）八角式樓板空心磚

十二寸方八寸八角四孔	每千洋一百八十元
十二寸方六寸八角三孔	每千洋一百三十五元
十二寸方四寸八角三孔	每千洋九十元

（三）深淺毛縫空心磚

十二寸方十寸六孔	每千洋二百二十五元
十二寸方八寸半六孔	每千洋一百八十九元
十二寸方八寸六孔	每千洋一百八十元
十二寸方六寸六孔	每千洋一百三十五元
十二寸方四寸四孔	每千洋九十元
十二寸方三寸三孔	每千洋七十二元
九寸三分方四寸半三孔	每千洋五十四元

（四）實心磚

九寸四寸三分二寸半特等紅磚		每萬洋一百三十元
又	普通紅磚	每萬洋一百二十元
八寸半四寸一分二寸半特等紅磚		每萬洋一百二十四元
又	普通紅磚	每萬洋一百十四元
十寸・五寸・二寸特等紅磚		每萬洋一百二十元
又	普通紅磚	每萬洋一百十元
九寸四寸三分二寸特等紅磚		每萬洋一百元
又	普通紅磚	每萬洋九十元
九寸四寸三分二寸三分特等紅磚		每萬洋一百十元
又	普通紅磚	每萬洋一百元
九寸四寸三分二寸二分拉縫紅磚		每萬洋一百六十元
十寸五寸二寸特等青磚		每萬一百三十元
又	普通青磚	每萬洋一百二十元
九寸四寸三分二寸特等青磚		每萬洋一百十元
又	普通青磚	每萬洋一百元
九寸四寸三分二寸三分特等青磚		每萬一百二十元
又	普通青磚	每萬一百元

（以上統係外力）

（五）瓦

一號紅平瓦	每千洋五十五元
二號紅平瓦	每千洋五十元
三號紅平瓦	每千洋四十元
一號青平瓦	每千洋六十元
二號青平瓦	每千洋五十五元
三號青平瓦	每千洋四十五元
西班牙式紅瓦	每千洋四十五元
西班牙式青瓦	每千洋四十八元
英國式灣瓦	每千洋三十六元
古式元筒青瓦	每千洋六十元

（以上統係連力）

以上大中磚瓦公司出品

新三號青放	每萬洋五十三元
新三號老紅放	每萬洋六十三元

輕硬空心磚

		每塊重量
十二寸方十五寸四孔	每千洋二八八元	卅六磅
十二寸方十寸四孔	每千洋二三六元	廿六磅
十二寸方八寸二孔	每千洋一七七元	十九磅半
十二寸方六寸二孔	每千洋一三三元	十七磅
十二寸方四寸二孔	每千洋八九元	十四磅

貨名	價目	
十二寸方三寸二孔	每千洋七十元	十半三磅
九寸二分方八寸二孔	每千洋九十三元	十二磅
九寸二分方六寸二孔	每千洋七十元	九磅半
九寸二分方四寸半二孔	每千洋五十四元	八磅二五
九寸二分方三寸二孔	每千洋五十元	七磅二五

硬磚

貨名	價目	
二寸二分四寸五分九寸半	每萬洋一〇五元	六磅
二寸二分四寸一分八寸半	每萬洋八十五元	四磅半

以上長城磚瓦公司出品

鋼條

貨名	價目
四十尺四分普通花色	每噸一四〇元
四十尺五分普通花色	每噸一二六元
四十尺六分普通花色	每噸一三二元
四十尺七分普通花色	每噸一三六元
四十尺一寸普通花色	每噸一三六元
盤圓絲	每市擔六元六角

泥灰石子

貨名	價目
象牌水泥	每桶洋六元三角
泰山水泥	每桶洋五元七角
馬牌水泥	每桶洋六元五元
拔灰	每擔洋一元二角
黃沙	每噸洋三元
石子	每噸洋三元半

木材

貨名	價目
洋松 八尺至卅二尺再長照加	每千尺一百十元
一寸洋松	每千尺洋一百十二元
寸半洋松	每千尺洋一百十三元
洋松二寸光板	無市
四尺洋松條子	每萬根洋一百六十五元
一寸四寸洋松一號企口板	每千尺洋一百四十五元
一寸四寸洋松副頭號企口板	每千尺洋一百十元
一寸四寸洋松二號企口板	每千尺洋一百元
一寸六寸洋松一號企口板	每千尺洋一百二十元
一寸六寸洋松副頭號企口板	每千尺洋一百十五元
一寸六寸洋松二號企口板	每千尺洋一百元
一二五四寸洋松一號企口板	無市
一二五四寸洋松二號企口板	無市
一二五六寸洋松一號企口板	無市
一二五六寸洋松二號企口板	無市
柚木(頭號)僧帽牌	每千尺洋六百元
柚木(甲種)龍牌	每千尺洋五百三十元
柚木(乙種)龍牌	每千尺洋五百元
柚木(旗牌)	每千尺洋五百三十元
柚木(盾牌)	每千尺洋四百八十元
硬木	無市
硬木(火介方)	每千尺洋一百八十五元
柳安	每千尺洋一百九十元
紅板	每千尺洋一百六十元
抄板	每千尺洋一百八十元
十二尺三寸六八皖松	每千尺洋六十五元
十二尺二寸皖松	每千尺洋六十五元
一二五四寸柳安企口板	每千尺洋二百十元
一寸六寸柳安企口板	每千尺洋二百十元
一二五四寸企口紅板	無市
二寸一半建松片	市尺每千尺洋六十八元
九尺四分建松板	市尺每丈洋三元八角
九尺八分建松板	市尺每丈洋六元八角
六尺半五分青山板	市尺每丈洋三元五角

本松毛板　市尺每塊洋三角

本松企口板　市尺每塊洋三角二分

六尺半二分杭松板　市尺每丈洋二元

七尺半二分甌松板　市尺每丈洋二元一角

六尺半八分皖松板　市尺每丈洋四元六角

九尺八分皖松板　市尺每丈洋五元六角

六尺半五分皖松板　市尺每丈洋四元二角

台松板　市尺每丈洋三元五角

七尺半四分坦戶板　市尺每丈洋二元六角

七尺半三分坦戶板　市尺每丈洋二元四角

六尺二分機鋸紅柳板　市尺每丈洋二元五角

六尺三分毛邊紅柳板　市尺每丈洋二元五角

六尺二分俄松板　市尺每丈洋二元六角

六尺半二分俄松板　市尺每丈洋二元八角

七尺半毛邊二分坦戶板　市尺每丈洋一元七角

六尺半五分機介杭松　市尺每丈洋四元二角

白松方　每千尺洋九十五元

紅松方　每千尺洋一百十五元

㢚栗方　每千洋一百三十五元

啞克方　每千洋一百三十五元

俄㢚栗板　每千尺洋一百四十元

五金

（一）釘

美方釘　每桶洋二十元〇九分

平頭釘　每桶洋二十元八角

中國貨元釘　每桶洋六元五角

（二）牛毛毡及防水粉

五方紙牛毛毡　每捲洋二元八角

半號牛毛毡（馬牌）　每捲洋二元八角

一號牛毛毡（馬牌）　每捲洋三元九角

二號牛毛毡（馬牌）　每捲洋五元一角

三號牛毛毡（馬牌）　每捲洋七元

建業防水粉　每磅國幣三角

（三）其他

鋼絲網（27"×96" 2¼lbs.）　每方洋四元

鋼版網（8'×12' 六分一寸半眼）　每張洋卅四元

水落鐵（每根長二十尺）　每千尺五十五元

牆角線（每根長十二尺）　每千尺九十五元

踏步鐵（每根長十尺或十二尺）　每千尺五十五元

鉛絲布（闊三尺長百尺）　每捲二十三元

綠鉛紗（同　上）　每捲洋十七元

銅絲布（同　上）　每捲四十元

水木作工價

木　作（包工連飯）　每工洋六角三分

水　作（同　上）　每工洋六角

水木作（點工連飯）　每工洋八角五分

內政部登記證警字第二五五四號

建築月刊
THE BUILDER

中華郵政特准掛號認為新聞紙類

定價

訂購辦法	價目		郵費		
		本埠	外埠及日本	香港澳門國外	
零售	五角	二分	五分	一角八分	三角
預定全年	五元	二角四分	六角	二元一角六分	三元六角

每月一冊 全年十二冊

第四卷 第五號

民國二十五年四月發行

刊務委員 竺松齡 陳江長庚 泉通 杜彥耿

主編 杜彥耿

廣告 藍克生 (A. O. Lacson)

發行 上海市建築協會 南京路大陸商場六二〇號 電話九二〇〇九

印刷 新光印書館 上海聖母院路聖達里三〇號 電話七四六三五

廣告刊例
Advertising Rates Per Issue

地位 Position	全面 Full Page	半面 Half Page	四分之一 One Quarter
底封面外面 Outside back cover.	七十五元 $75.00		
封面及底面之裏面 Inside front & back cover	六十元 $60.00	三十五元 $35.00	
封面裏面及底面裏面之對面 Opposite of inside front & back cover.	五十元 $50.00	三十元 $30.00	
普通地位 Ordinary page	四十五元 $45.00	三十元 $30.00	二十元 $20.00

小廣告 Classified Advertisements 每期每格 一寸高三寸半闊洋四元 $4.00 per column

廣告概用白紙黑墨印刷，倘須彩色，價目另議；鑄版彫刻，費用另加。
Designs, blocks to be charged extra
Advertisements inserted in two or more colors to be charged extra.

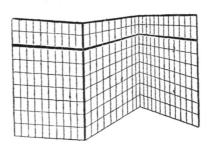

本廠承建之南昌勵志分社

中央黨部史陳列館

馥記營造廠

總事務所	總廠	分事務所	分廠	第一堆棧	第二堆棧
上海四川路三三號 電報掛號一五二七 電話一七三三六 一七三三七	上海戈登路三五五號	南京陶園新村—馥記大樓 南昌荷包巷五九號	河南 重慶 九江 廣州 杭州 青島 南京 貴溪 鎮江 邵伯 淮陰 劉澗	上海閘北廣林街	上海浦東慶甯寺

分事務所分廠電報掛號七四五〇

本廠承造各埠建築達數十處都千餘萬金畧舉如下備資參考

本埠工程

儉德儲蓄會	福生路
寶隆醫院	白克路
公共宿舍	聖母院路
中華碼頭	浦東周家渡
劉公館	亞爾培路
上海牛皮廠	白利南路
七層公寓	國富門路
義泰興碼頭	浦東董家渡
公和祥碼頭及棧房	浦東
七層公寓	海格路
交通大學工程館	徐家匯
公和祥碼頭	百老匯路
四行念二層大樓	派克路
大新百貨公司	南京路

外埠工程

中山紀念堂	廣州
美領事署	廈門
總理陵墓第三部工程	南京
陣亡將士公墓全部	南京
宋部長官邸	南京
稅警團營房	海州
海軍船塢	青島
孫院長公館	南京
兵工分廠	鞏縣
浙江大學農學院	杭州
美豐銀行	重慶
勵志分社	南昌
航空學校	南昌
中正橋	南昌
浙贛路貴溪橋	貴溪
航空倉庫	京—滬—贛
導淮船閘	邵伯—淮陰—劉澗
航空分校工廠棚廠工程	洛陽
中央黨部史陳列館	南京
導淮開閘三河活動土方工程	安徽
盧山訓練所宿舍	盧山

VOH KEE CONSTRUCTION CO.

浙贛路貴溪橋

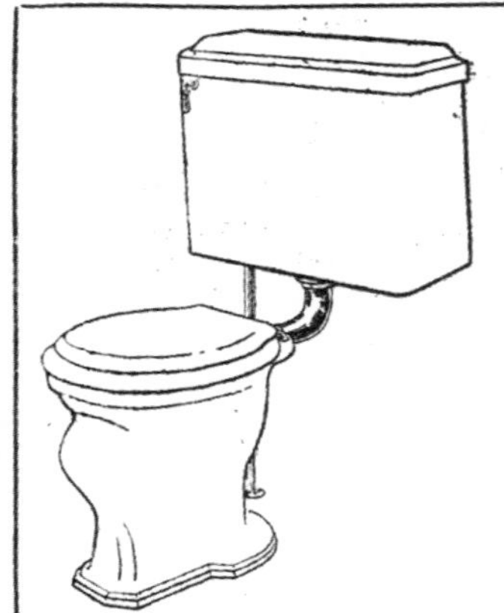

唐山

啓新磁廠

專製各種陶器衛生器皿應用各樣隔電磁以及舖地磚等無不堅固精良如蒙賜顧毋任歡迎

駐滬批發所

上海北京路一三七號隔壁弄內　電話一九九一七

CHEE HSIN POTTERY

SANITARY—APPLIANCES, QUARRY—TILES, MOSAIC—TILES

Big improvement regarding quality.

Quick delivery either from stock or Factory at Tangshan, North China.

For Particulars please apply to:

CHEE HSIN POTTERY—Shanghai Agency

Next to 137 Peking Road.

SHANGHAI

Tel. 19917

Armstrong Products

For Floors

ACCOTILE　　RUBBER TILE
CORK TILE　　LINOTILE
LINOLEUM

For Walls

LINOWALL

A decorative and durable wall covering.
Distinctive designs for every type of interior.

Masonite Products

1. TEMPERED PRESDWOOD for Furniture, Concrete form, Floors, Wall Panneling, Cabinet Making, etc.
2. STANDARD PRESDWOOD for all Interior Walls & Ceilings.
3. QUARTER BOARD for Walls and Ceilings.
4. INSULATION BOARD for Interior Finishes, insulation and sound absorption.

本行經售：一

雅氏合土瀝青地磚
雅氏橡皮地磚
雅氏軟木地磚
雅氏油牆毯
雅氏油地氈

本行經售各種用於牆壁及地板之材料，美觀耐久，各式俱備，設計新穎，不同凡響，如蒙採用，定能滿意。

(1) 美生油板 可作家具，水泥壳子，地板，牆壁及衣櫥之用。
(2) 美生光板 用於內牆及平頂
(3) 美生二分板 用於牆壁及平頂
(4) 美生隔絕板 用於內牆，以隔絕聲響。

經久耐用・經濟美觀

備有大批現貨

如蒙委託估價或索取樣品概不取費

Durable, Artistic, Economical.
Estimates and Samples given without obligation.
Skillful workmanship and under Foreign Supervision.
Stock Carried.

EXCLUSIVE AGENTS :--

GETZ BROS. & CO.

66 Nanking Road .... Tel. 16851-3

獨家經理

美商吉時洋行

南京路六十六號　　電話一六八五一至三

本廠承裝鐵絲網工程之一
國立同濟大學游泳池
自製鉛絲網籬
兼代設計裝置
公勤鐵廠股份有限公司
總廠 上海楊樹浦臨青路
電話 五〇二一四·五〇一六七
電報 二〇六〇
分廠 廣州河南南華中路

永光油漆
出品
厚漆
調合漆
凡立水
水牆粉
乾牆粉
地板蠟
其他花色繁多不勝備載
註冊商標
狗牌
牛牌
熊牌
羊牌
猴牌
特點
原料——多數購自歐美名廠
製造——聘請英國著名油漆專家督製
品質——優良並經各大建築師認與舶來品無異
定價——特別低廉
服務——凡遇有油漆工程發生困難問題本公司備有專家可供諮詢
上海永光油漆有限公司
總經理 太古公司 法租界外灘 電話八二〇二〇
瑪瑙石

中國近代建築史料匯編（第一輯）

建築月刊

第四卷 第六期

50 CENTS

The BUILDER

大中機製磚瓦股份有限公司

製造廠浦東南匯縣下沙鎮

本公司因鑒於建築事業日新月異材料選擇尤關重要特聘專門技師購置德國最新式機器精製各種青紅磚瓦及空心磚等品質堅韌色澤鮮明自應銷以來已蒙各界推爲上乘樂予採購茲略舉一二以資參攷其他惠顧諸君因限於篇幅不克一一備載諸希鑒諒是幸

大中磚瓦公司附啟

曾經購用敝公司出品各戶台銜列后：

本埠

國立中央實驗館	兆豐花園	和興公司承造
墾業銀行	北京路	趙新泰承造
開成造酸公司	軍工路	王錦記承造
中匯大廈	愛多亞路	久記承造
南成都路巡捕房	南成都路	新蓀記承造
四行念二層大樓	靜安寺路	馥記承造
工部局巡捕房	平涼路	新蓀記承造
申新第九廠	東京路	協盛承造
揚子飯店	雲南路	潘榮記承造
百老匯大廈	百老匯路	新仁記承造
雷斯德工藝學院	熙華德路	久泰錦記承造
博德運絨線廠	定海路	創新承造
中央巡捕房	福州路	新申承造
中華書局總廠	澳門路	湯秀記承造
上海市立醫院	市中心區府南左路	陸根記承造
國立上海商學院	西體育會路	陸根記承造
建設大廈	福州路	陶桂記承造
永安公司新廈	南京路	陶桂記承造
恰和啤酒廠	定海路	創新承造
三菱銀行大廈	四川路	余洪記承造
明星公司有聲攝影場	楓林橋	自建
哈同大廈	拋球場	陳永興承造
浦東同鄉會大廈	愛多亞路	新昇記承造
中國銀行大廈	仁記路	陶桂記承造

外埠

金陵大學	南京	利源建築公司承造
航空學校	杭州	新金記康號承造
中國銀行	青島	錦生記承造
太古堆棧	廈門	嗬蘭治港公司承造
中央政治學校電政	南京	大昌公司承造
江蘇銀行	南京	紐永記承造
中國國貨銀行	南京	成泰承造
永利硫酸錏廠	浦口卸甲甸	新金記康號承造
連雲港發電廠	海州	方記建築公司承造
國立戲劇研究院	南京	陸根記承造
天生港發電廠	南通天生港	自建
瓊州海關	廣東瓊州島	自建
江蘇省立蘇州女子師範學校	蘇州盤門新橋巷	自建

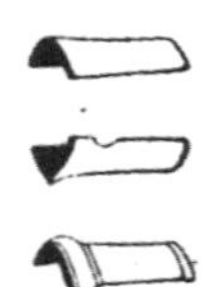

所出各品儲有大批現貨以備各界採用如蒙定製各色異樣磚瓦亦可照辦備有樣品如蒙索閱卽當送奉

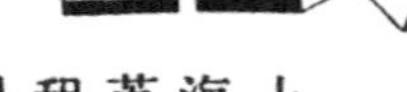

駐滬批發所

上海英租界牛莊路七三一弄四號　電話九〇三一一

DAH CHUNG TILE & BRICK MAN'F WORKS.

Sales Dept. House No. 4, Lane 731, Newchwang Road, Shanghai.

TELEPHONE 90311

上海北京路第二號

立興洋行

電話一一六二一〇號

快燥水泥（原名西門放塗）

最合海塘及緊急工程之用因其能於念四小時內乾燥普通水泥則需四星期之多

CIMENT FONDU
CIMENT FONDU
LAFARGE ALUMINOUS CEMENT COMPANY LTD.
LONDON

立興快燥水泥為英國倫敦之拉發其水泥廠所特製世界各國無不聞名為最佳最快燥之礬土水泥雖海水侵襲決無絲毫影響打樁・造橋・基礎・碼頭・機器底脚及汽車間地板最為合用如荷垂詢無任歡迎

全球建築師 對於現代大廈均用現代金屬

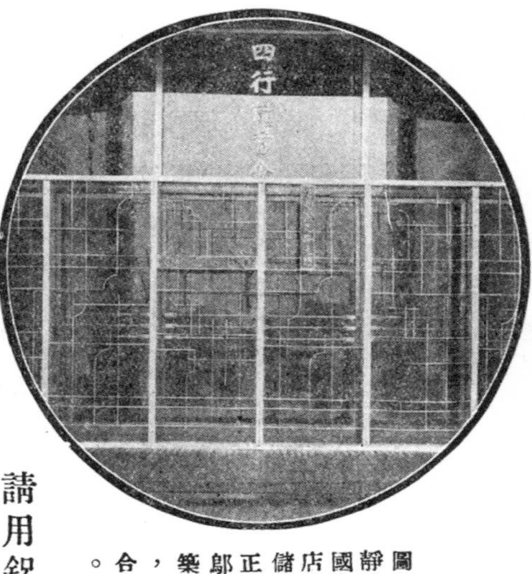

圖示上海靜安寺路國際大飯店下四行儲蓄會之正門，經鄔達克建築師證明，係用鋁合金所製。

鋁之外部用途之一

樸素明亮之建築物上。裝用鋁合金之窗嵌版。至爲悅目。蓋此種輕巧嵌板。除其美術價值外。對於建造之成本。亦可省費多多。採用適度之鋁合金。可兼調和與實用，堅韌與輕巧而有之。不致污及四圍材料之顏色。

鋁之外部用途。可謂無窮。除其耀然之光輝外。復不坼裂。不翹曲。不分離。其抵抗寒暑與銹蝕之特質。已成確然之事實。

惟於此有甚重要者。卽選用適度之鋁合金是也。本公司當欣然貢獻一臂之助焉。

ALUMINIUM UNION LIMITED

請用鋁以爲隨意之設計

鋁爲有韌性之金屬。最合建築家與營造家之需。鋁能範鑄，能捲起，能壓鑄，能輾捲，能抽細，能釘合，能用火管鍛接或局部鍛合。故能適應種種創造的設計之需要。凡欲得實用材料以實現藝術化之想像者。鋁之爲用，可謂無窮。

鋁能表示現代設計之秀雅與氣勢

歡迎垂詢詳情

鋁業有限公司

上海北京路二號

上海郵政信箱一四三五號

鋁之其他用途

▲內部用　欄杆　坐椅　花沿條
門　桌　雷器附件　階上方眼格
升降機門及飾件　扶手　銘刻嵌版
電燈附件　窗柱　旋梯柱　壁柱
吊飾物　暖氣管

▲外部用途　噴水器　籬柵　旗杆脚
大門　繫舟椿　拱側　市招　屋
頂蓋索　造像　窗框

如圖爲上海國際大飯店之扶梯欄杆，係鋁合金所製。

（一）

上圖係本廠承造上海靜安寺路四行大廈內部鋁金裝修之一

新耀金工廠

本廠承造工程之一斑

(1) 上海靜安寺路四行大廈全部鋁金裝修

(2) 上海大新公司鋁金裝修

(3) 上海市醫院市博物館市圖書館等鋁金裝修

(4) 南京大華戲院內部鋁金裝修

(5) 重慶川鹽銀行全部鋁金裝修

(6) 杭州中央飛機製造廠飛機上各種鋁金鑄件

上海平涼路一八四一號

電話五二二九五號

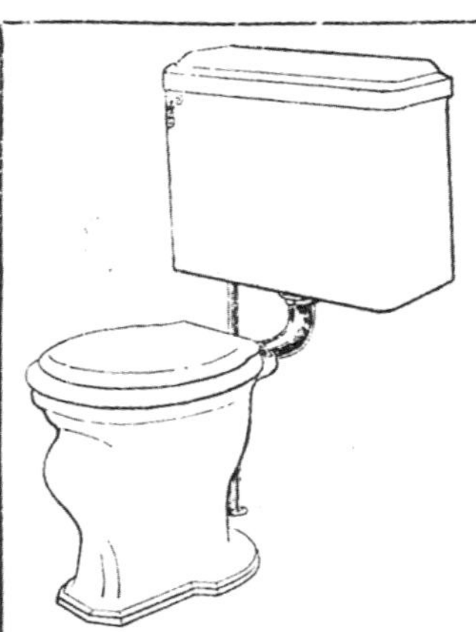

唐山

啓新磁廠

專製各種陶器衛生器皿應用各樣隔電磁以及舖地磚等無不堅固精良如蒙賜顧毋任歡迎

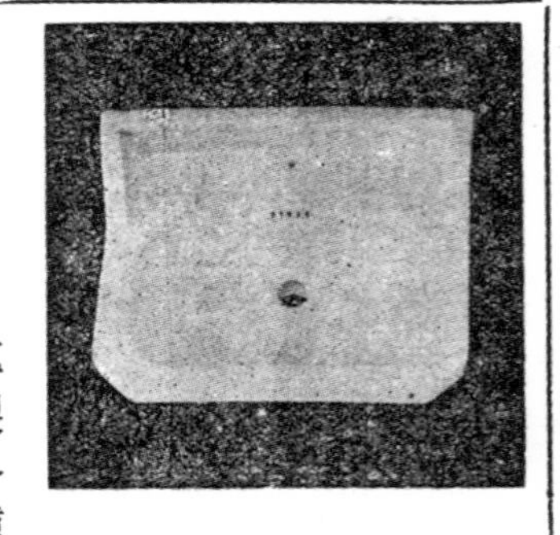

駐滬批發所

上海北京路一三七號隔壁弄內　電話一九九一七

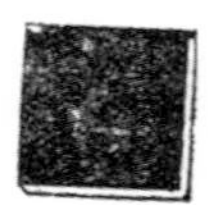

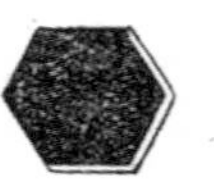

CHEE HSIN POTTERY

SANITARY—APPLIANCES, QUARRY—TILES, MOSAIC—TILES

Big improvement regarding quality.

Quick delivery either from stock or Factory at Tangshan, North China.

For Particulars please apply to:

CHEE HSIN POTTERY—Shanghai Agency

Next to 137 Peking Road.

SHANGHAI

Tel. 19917

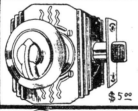

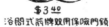

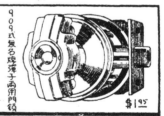

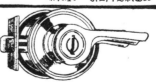

目錄

第四卷第六號

插圖

頁數

甯波老江橋攝影 ……………… (1—4)
上海北區新建之宏昌冷藏棧 ……………… (7—11)
各種建築型式 ……………… (12—16)
小住宅圖樣 ……………… (32—34)
傢具與裝飾 ……………… (35—36)

論著

建築瑣話 ……………… 漸 (5—6)
建築史(十) ……………… 杜彥耿 (17—22)
余擬建之房屋外觀如何？ ……………… 梅逸 (23—24)
營造學(十五) ……………… 杜彥耿 (25—31)
張效良先生追悼會特輯 ……………… (37—42)
贈閱"聯樑算式"揭曉啟事(二) ……………… (43—45)
建築材料價目 ……………… (46—48)

廣告索引

大中磚瓦公司
中國建業公司
李富士
立興洋行
立基洋行
凌陳記人造石廠
孔士洋行
鋁業有限公司
信孚裝璜油漆公司
雅禮製造廠
新耀金工廠
啓新磁廠
吉時洋行
豐源行
大亞建築材料行
信昌機器廠
遠東實業公司陶磁廠
正基建築工業補習學校
勝利鋼窗廠
新成鋼管廠
中國建築雜誌
新仁記營造廠
應城石膏公司
新光製版公司
中國銅鐵工廠
馥記營造廠
公勤鐵廠
太古公司

The Sun Co., Nanking Road, Shanghai.

上海市建築協會附設
私立正基建築工業補習學校招生

民國十九年秋創立 〇 上海市教育局備案

宗旨 本校以利用業餘時間進修工程學識培養專門人才爲宗旨（授課時間每晚七時至九時）

編制 自二十五年秋季起更改編制爲普通科一年專修科四年（普通科專爲程度較低之入學者而設修習及格升入專修科一年級肄業）

招考 本屆招考普通科一年級專修科一二三年級及舊制高級二年級（專四及高三並不招考）各級投考程度如左：

普通科一年級　高級小學畢業或具同等學力者（免試）
專修科一年級　初級中學肄業或具同等學力者
專修科二年級　初級中學畢業或具同等學力者
專修科三年級　高級中學工科肄業或具同等學力者
前高級二年級　高級中學工科畢業或具同等學力者

報名 即日起每日上午九時至下午五時親至南京路大陸商場六樓六二〇號上海市建築協會內本校辦事處填寫報名單隨付手續費一元（錄取與否概不發還）領取應考証憑証於指定日期到校應試

考科 各級入學試驗之科目　（專一）英文・算術　（專二）英文・幾何　（專三）英文・解析幾何　（高二）物理・微分

考期 九月六日（星期日）上午九時起在本校舉行（九月六日以後隨到隨考 九月二十六日停止入學）

校址 派克路一三二弄（協和里）四號

附告 （一）普通科一年級照章得免試入學投考其他各年級者必須經過入學試驗
（二）本校章程可向派克路本校或大陸商場上海市建築協會內本校辦事處函索或面取

中華民國二十五年八月　日　校長　湯景賢

最近落成之甯波老江橋正視圖（又名老浮橋 現改名靈橋）

The front view of Loo Kiang Bridge, Ningpo, China.

甯波老江橋側面圖

The side view of Loo Kiang Bridge, Ningpo, China.

甯波老江橋建築情形之一

View of the Loo Kiang Bridge showing construction in progress.

甯波老江橋建築情形之二

View of the Loo Kiang Bridge showing construction in progress.

View of the Loo Kiang Bridge showing construction in progress.

(上) 甯波老江橋建築情形之三

View of the Loo Kiang Bridge showing construction in progress.

(下) 甯波老江橋建築情形之四

甯波老江橋建築情形之五

View of the Loo Kiang Bridge showing construction in progress.

甯波老江橋橋底攝影

The Bottom of the Loo Kiang Bridge.

建築瑣話

漸

「從心的建設到物的建設」，本會在創立時，便有這口號。意在希望建築界內的建築師，工程師，營造廠以及其他從事建築者，先把心地建設得光明磊落，然後再達到物的建設途徑。但在現社會惡劣環境的核心裏，要求心地光明，不啻緣木求魚，等於夢囈。故建築界內齷齪的消息，不斷地吹到著者的耳鼓。本想緘默不言，坐觀其「盛」；後思若不揭發，聽那烏天黑地消長下去，將不知伊於何底！遂亦如骨鯁在喉，有不能不已於言者。大智大勇之輩，如果見到此文，知所悔改，則又為著者所馨香禱祝矣。

受業主委託後，預伏暗線，招營造廠投標。迨開標後，標賬自九十萬以至五十八萬，而最小者突減至三十九萬元。在不知底蘊者，以為如此小賬，如何可做。不知其於標賬之中，批明有許多建築不在賬內，所謂預伏暗線者，其計遂售。以後逐漸再加，竟亦加至七十萬元之間。設計者索酬五萬三千元，營造廠復出賣設計者，斬不予酬，於是索酬者略使手段，促使該廠不得不俯首就範。不知該廠亦復多狡，竟將事實直告業主代理人，代理人主張付酬，惟不可給付現金，而付票據。在未付之前，將票據先行攝影保存，以應付目前之糾纏，俟工程至相當程度，翻案有據。詎索酬者不知有計，得票欣喜萬狀，惟係票據，故大費躊躇。將票據轉輾經過許多收付，隨後方落索酬者手，以為得計。

工程已至相當程度矣，一日，當業主代理人設計者營造廠畢集之候，營造廠提議向設計者要回前次商借之五萬三千元。設計者初尚抵賴，經不得業主代理人作證，將證據一一提出，於是設計者遂窘態畢露，手足無措。幸彼叔父係為一有來歷者，故亦不便將他過分為難，只要交回五萬三千元，餘都不問。

× × × × ×

中國建築師學會，在二十三年九月七日等日，於各報刊登啟事廣告，略謂「查本會各會員事務所遇有工程招標，概不向營造廠索取手續費。所有押圖費亦於開標後發還…………」

照這段啟事看來，凡屬中國建築師學會的會員，當不向營造廠索取手續費矣。但事有出於不然者，雖担任該會重要職員之建築事務所，亦有向營造廠索手續費者，甯不奇特。按建築師之招營造廠投標，要索手續費的不當，本刊四卷四五兩期「營造廠之自覺」一文中，已明白言之。因為建築師處於業主與營造廠之間的公正人地位，其理解宜如何清楚，態度應如何公正嚴明；他的一言一行，實有舉足輕重之勢。

但最近又有一處工程，初由建築師函邀本市甲種登記的營造廠，前往投標，投標者須繳保證金五千元，圖樣費二十元。迨開標後業主不依習慣，濫引招標簡章「業主不受採納最低或任何標賬之約束」之一欵，竟棄七家小賬，而採取與該業主素有往來的中賬一標。查該中賬與最低標價相較，高出有四萬五千五百餘元之多。業主願出高價，自是無從强其接受低標。然其招標手續，實欠妥慎，而有頗多非議之處。因爲已由建築師函邀營造廠開標於前，復令每一投標者繳納保證金五千元，又圖樣費二十元，可見事前處置，很爲慎重。而應標者亦各抱得標的希望而來，所以也不惜籌措保證金繳納圖樣費，領取圖樣及說明書。窮日累夜，於炎暑逼人之候，詳密估計着造價。迨開標後如因標價較諸他人爲高，自然死心塌地收回保證金，犧牲保證金之利息及圖樣費，自無怨言。若最低之標，因爲信用經驗欠足，或標價太低與細賬不符，改採次低標外，自有得標希望。今逕不依這常軌，而予素有往來或事先已有接洽的高標，使不知底蘊者白白犧牲了無謂的金錢與精神，事實上幾等於受欺，復於其營業信譽上受一打擊。所以理解清楚，確係公正不偏的建築師，對此業主如此措置，當有其公正的表示。不謂其一順業主之意，復將投標者列成一表，詳註各家所開的標價，並申明由業主採定某一標賬，毫不考慮到得標以下的各家，其中身家資望經驗十百倍於得標者，因此遂使失標者難堪到怎樣地步？

× × × × ×

建築師者，自視其地位應如何清高，著者已屢言之。然卑恭奴顏地對着業主者，仍大有人在。例如最近一建築師致書營造廠，內有「奉業主諭………」句，甯非笑話！又如嘗有建築師與業主代理人至營造地閱看工程，正值車送木材進場，代理人問此係何物，建築師答以洋松，代理人復操英語曰：Are you sure？意卽確係洋松乎？建築師竟抖率無詞以答，拘束之態，至堪發噱。

中國建築展覽會閉會時，曾具呈行政院，內有凡建築之能用國貨材料者，應盡量採用之一項，旋經行政院批復照行在案，建築師自宜注意及之。於規訂建築說明書時，宜如何酌採國貨材料，若鋼筋混凝之壳子板，係臨時性質者，國貨板材自可採用，惟其長度有不足時，只得改採舶來品代之。今有建築師視國產板材如仇寇，已於說明書中規訂壳子板統用洋松，而見營造廠購進本松板，運進營造地後，隨卽致書營造廠勒令卽行運出，初不問此項本松板作何用途，遽於信中指說冒充洋松壳子板，須卽車出等語云云。這因爲建築師在說明書中已規定壳子板應用洋松，但不知營造廠購進本松板，尚有其他用途，如木匠作凳，踏脚板，脚手板，工人搭舖等等；若一見運進本松板，便指充作洋松壳子板之用，措置之冒失，有如此者。

× × × × ×

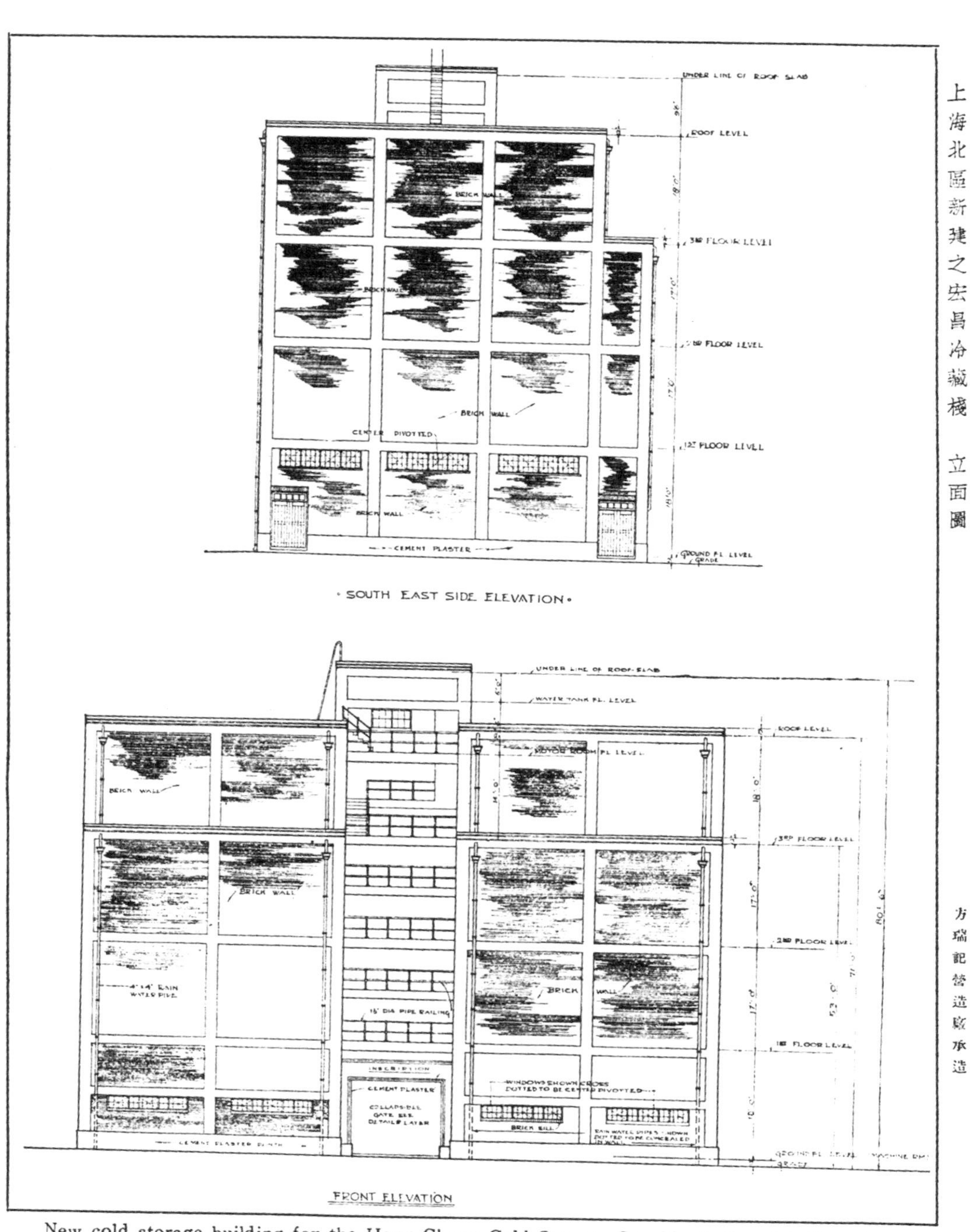

上海北區新建之宏昌冷藏棧 立面圖

方瑞記營造廠承造

New cold storage building for the Hong Chong Cold Storage Co., North District, Shanghai.

C. John, Architect.
Fong Saey Kee, Contractors.

宏昌冷藏棧第一層至三層平面圖

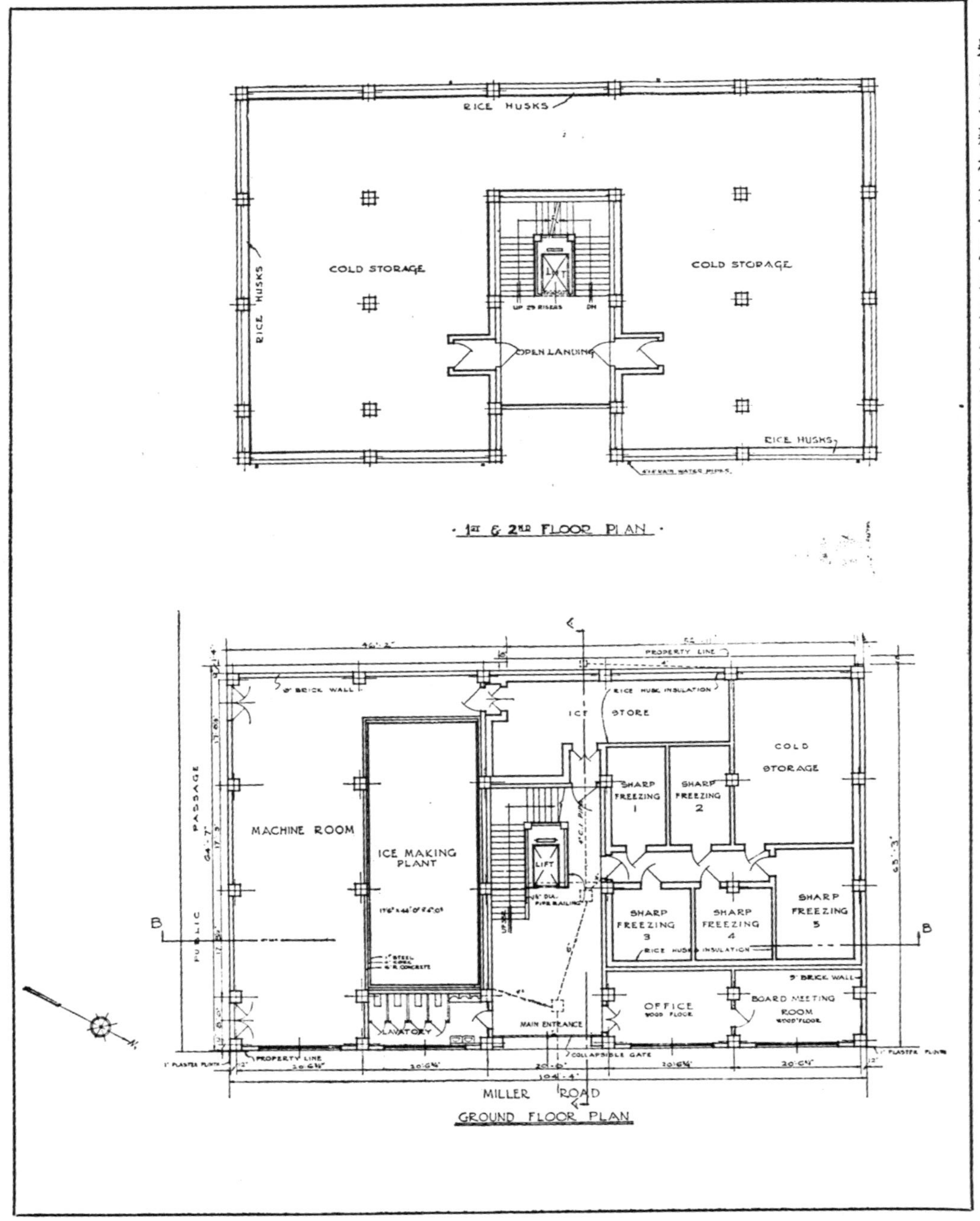

New cold storage building for The Hong Chong Cold Storage Co.

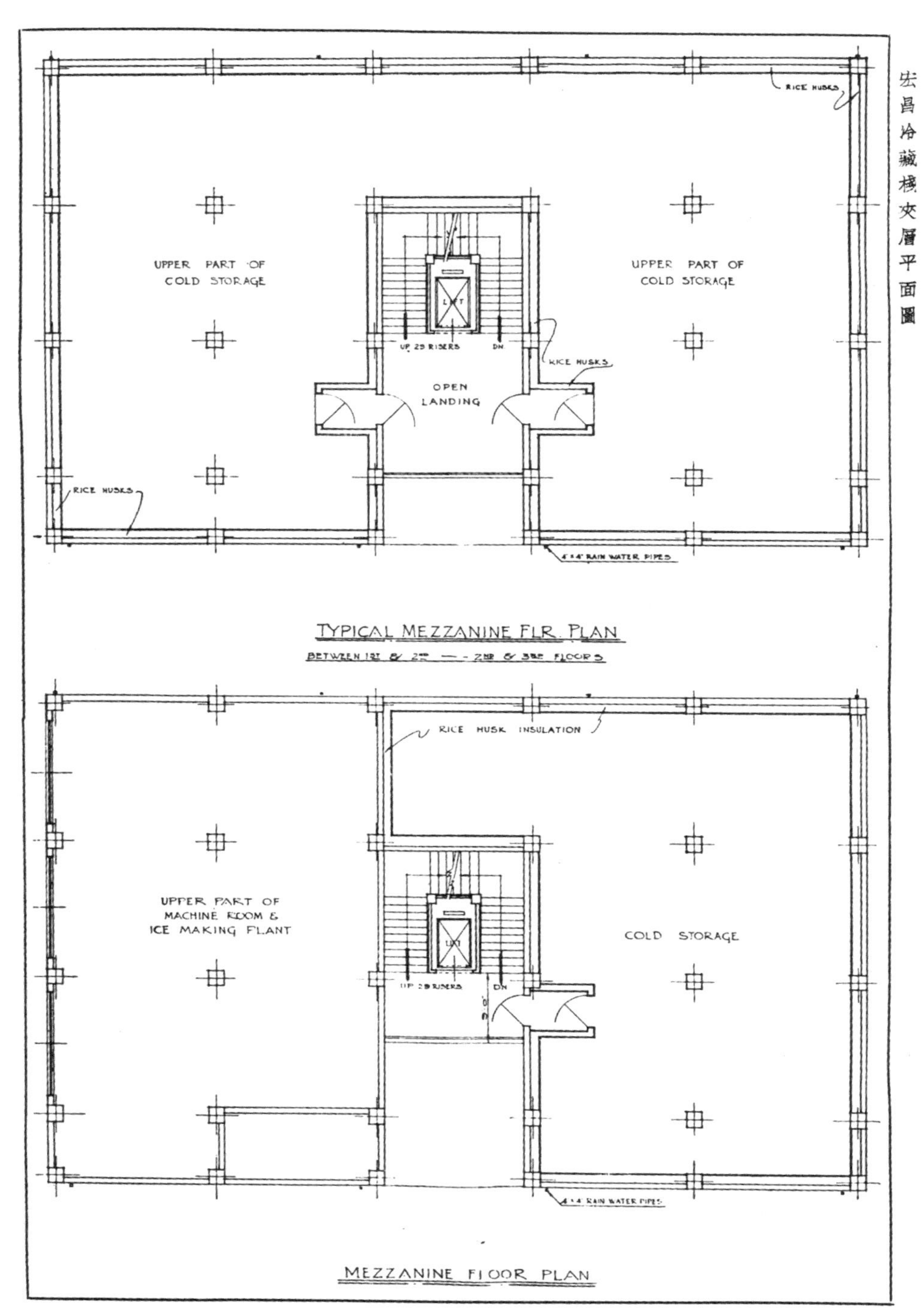

New cold storage building for The Hong Chong Cold Storage Co.

宏昌冷藏棧第四層及屋頂平面圖

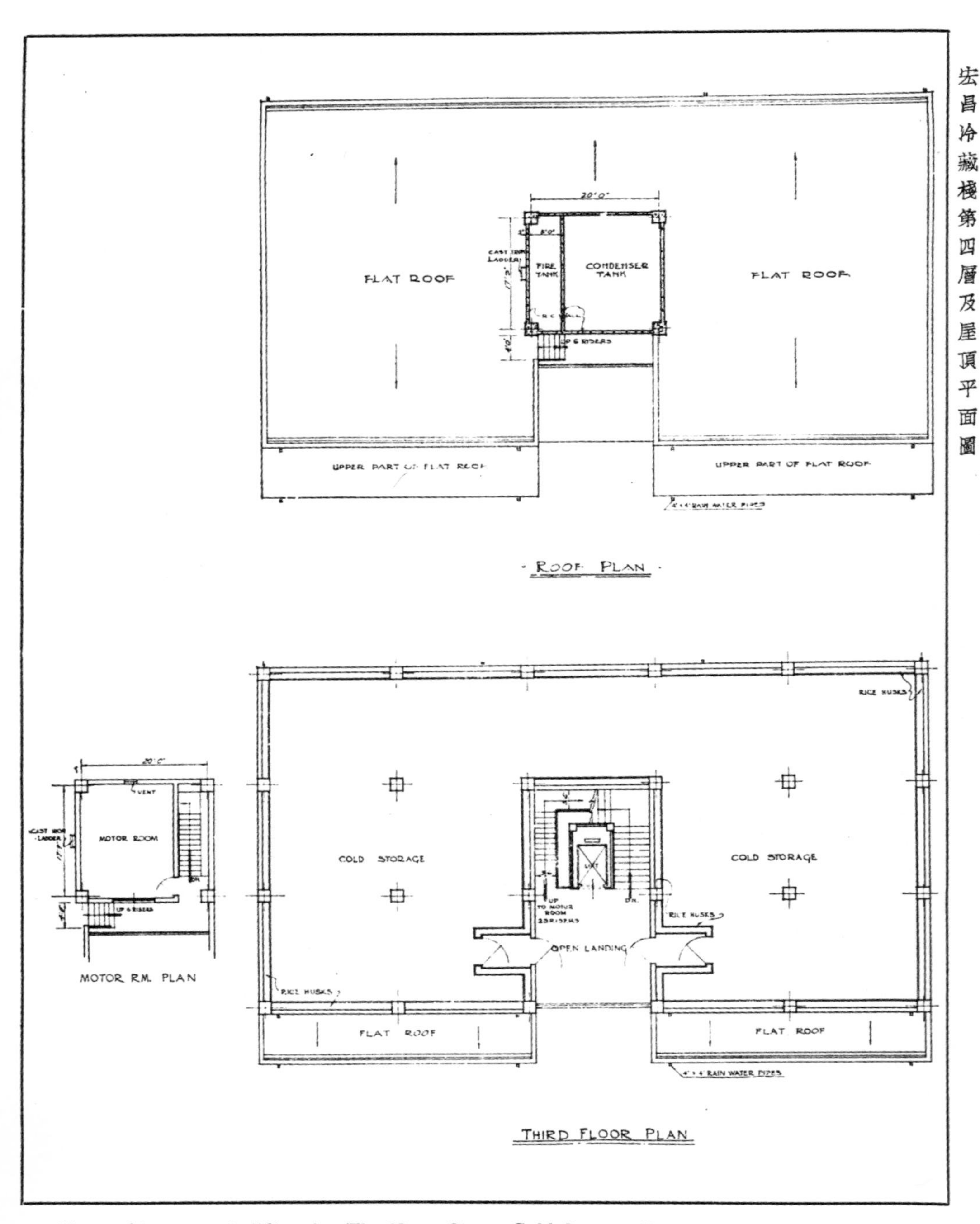

New cold storage building for The Hong Chong Cold Storage Co.

宏昌冷藏棧剖面圖

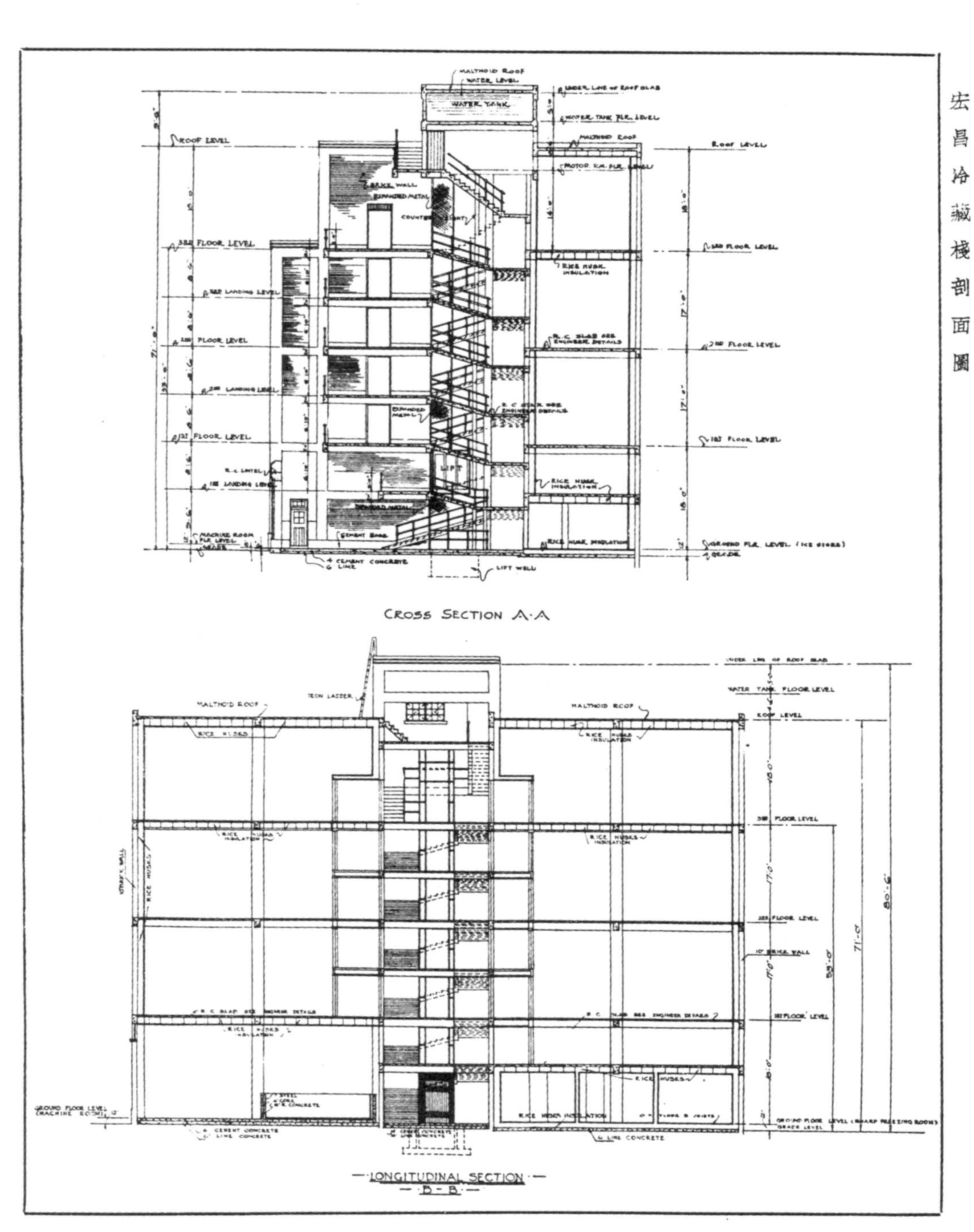

New cold storage building for The Hong Chong Cold Storage Co.

第三十九頁　希臘式各種線脚詳圖

第四十頁　花飾線脚詳圖

第四十一頁　希臘伊華尼式

第四十二頁　希臘伊華尼式花帽頭

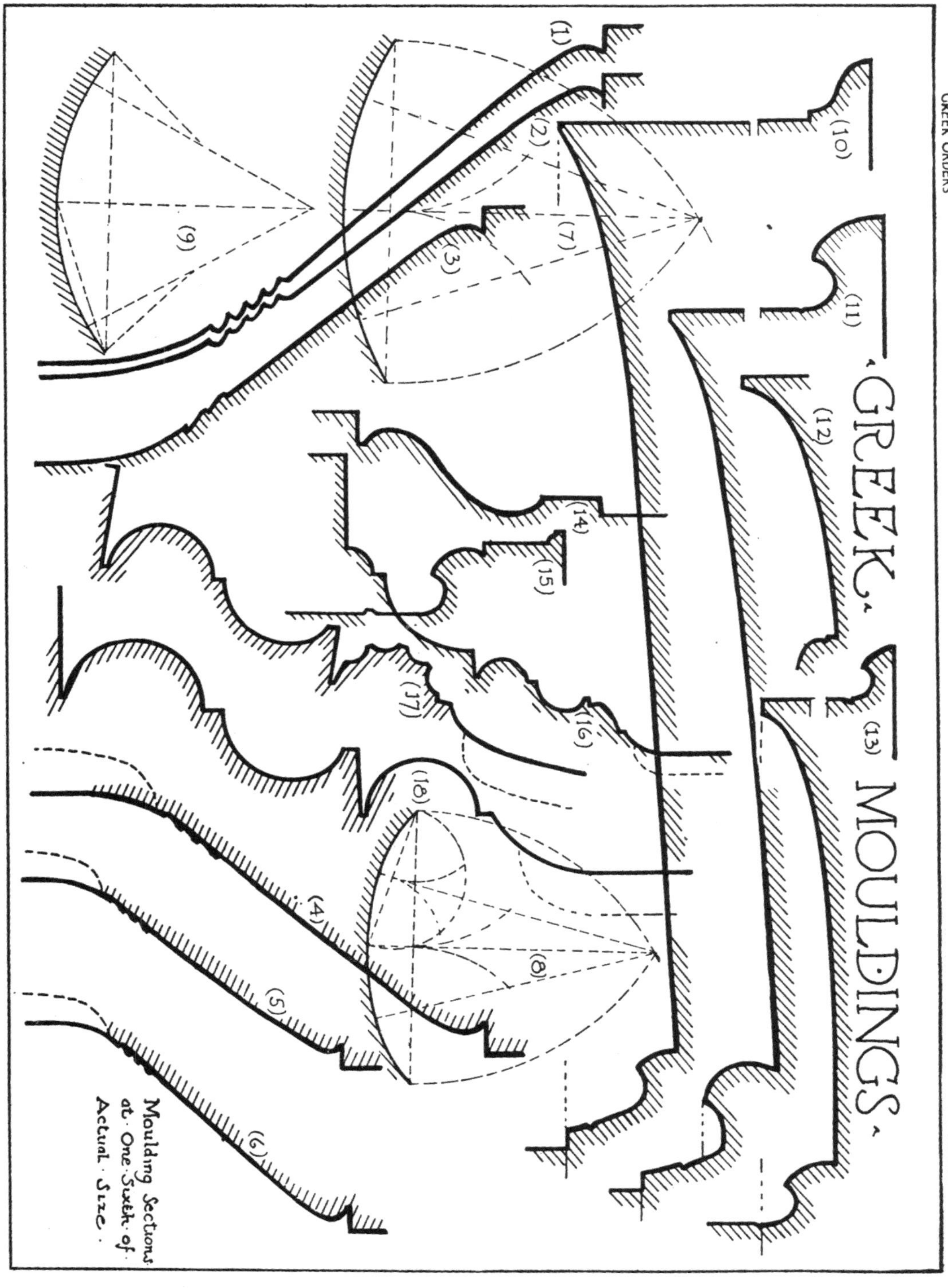

GREEK ORDERS

PLATE XXXIX

GREEK. MOULDINGS.

(1) (2) (3) (4) (5) (6) (7) (8) (9) (10) (11) (12) (13) (14) (15) (16) (17) (18)

Moulding Sections at · One · Sixth · of · Actual · Size.

GREEK ORDERS

PLATE XL

·ORNAMENTED·MOULDINGS·

A

B

E

F

C

D

G

H

I

J

K

L

M

N

O

·P·

·Q·

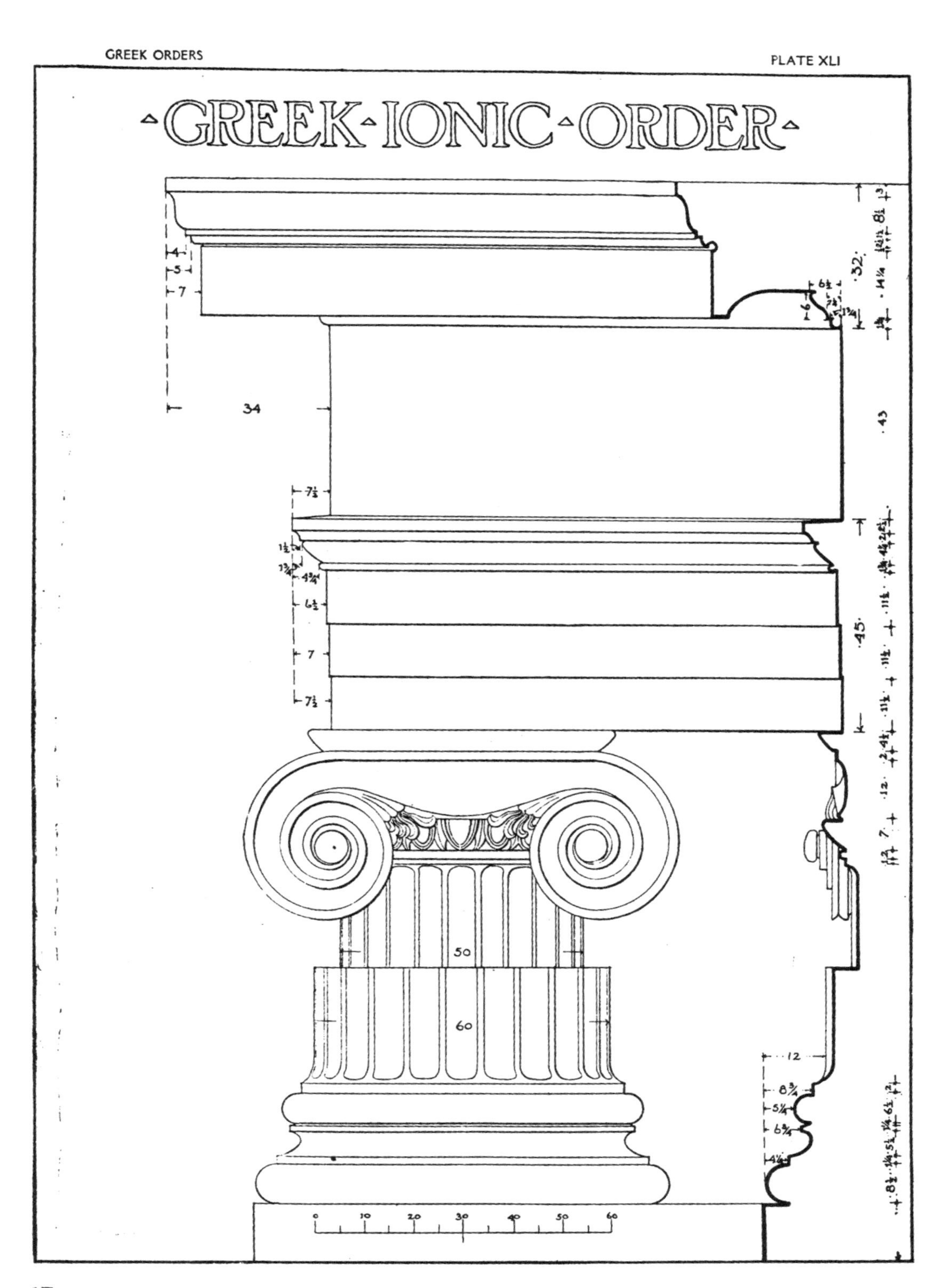
GREEK ORDERS
PLATE XLI
GREEK IONIC ORDER
34
50
60
0 10 20 30 40 50 60

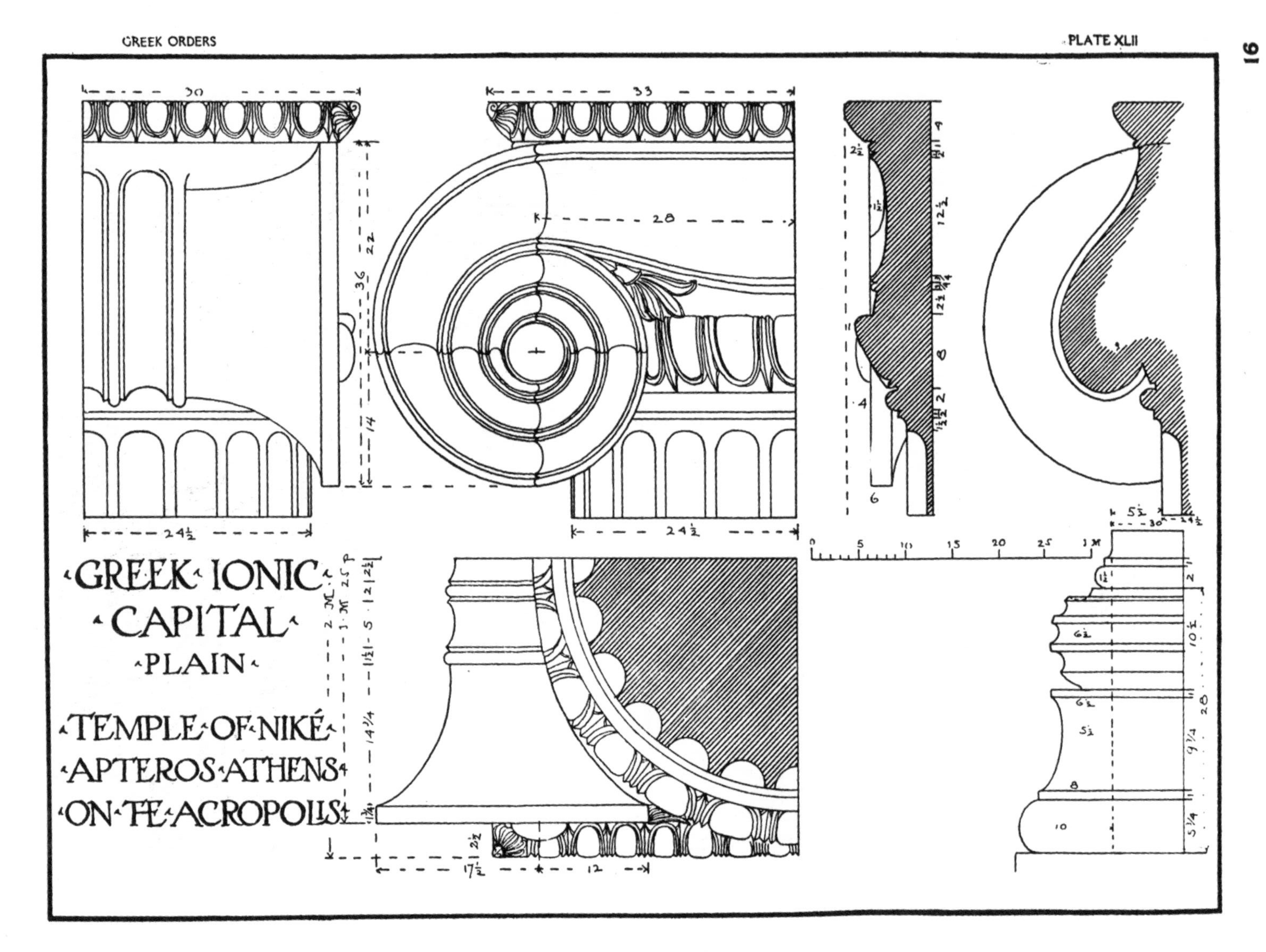
GREEK IONIC
CAPITAL
PLAIN
TEMPLE OF NIKÉ
APTEROS ATHENS
ON THE ACROPOLIS

建築史（十）

杜彥耿譯

羅馬建築（續）

一六六、潘沛依住屋 關於潘沛依市私人之住宅建築，於臨街去處而為富人斥資經營者，如潘銳(Pansa)之宅邸，是屋沿街店面六間，中間闢門房，經儀門，兩邊廂房，如一〇二圖。此著名之住宅，其內部之部序，足以代表當時住宅建築之大概。進儀門a曰Ostium，長方形之天井b曰atrium，中間一個水池c曰Compluvium，用資接受雨水，穿天井，對面三間房屋，其中央一間d曰tablinum，係保藏文契，家屬職銜及其成功等之紀載者。兩端二小廂房e曰alae與中央之一間，陳置家譜及先人之偶像等。

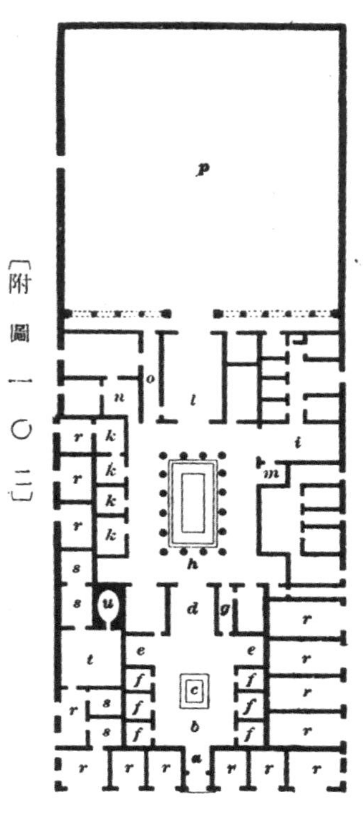

〔附圖一〇二〕

一六七、 小應接室f，位於天井之兩邊，備衖g曰fauces，設於中央正間之一邊或兩邊，藉以貫通後天井h，繞以列柱式之柱子。柱子之式原本希臘典型，較諸前面天井，更為精緻；柱巔加壓沿牆，牆上有時砌窔，用植花卉，庭心鑿池，池邊並栽棕樹。i為膳室，k為臥室，l為起居室，m為接待室，以及其他房屋之建於列柱式庭心之四週。由此復經備衖。而通入園圃p。繞於屋之前面及側面者為店面r，貯藏室s及烘房t與灶房u。

一六八、後期之羅馬私宅 羅馬之私人住宅，本祗一層，後遽加上一層或數層；自下層以達上層臥室之梯，殊為狹小。此等房間之光線，係藉闢於臨街或自天井之窗戶透進。喬皇典麗之私宅中，廳堂之佈置，不祗一處，且均寬大。他如圖書室，藏書室，禮拜堂，精緻之浴室以及其他各室，頗稱完備。廚房毘連伙食室及烘烙麵包房，普通置於列柱式天井之底端，房屋與後面園圃之間，為寬大之楹廊。富有之羅馬人，精搆其私宅者，有以雲石為柱，瑪賽克甃地；及名貴之雕像，陳列室中。室中牆壁，不惜施以油畫，繪神話所傳之仙像及歷史人物故事等作品。

房屋之詳解

地盤，牆垣；屋頂及裝飾

一六九、地盤 羅馬房屋之地盤式樣，普通不外正方，長方，橢圓或圓形，洎後此單純之式調，漸行消滅；其豪奢之公共及私人房屋建築，遂隨之勃興；此等作品，莫不慘澹經營，極盡巧思之能事。舉凡宮殿，廟宇，住宅，公會堂，公共浴場。鬪獸場，戲院，紀念建築物，坟墓，水道，橋梁等之地盤，無不爲鈎心鬥角之成功作品。每一式類之建築，均能切合實用，更兼不落希臘用石過梁之窩臼。利用法圈構築屋頂，並使寬大之面積中間，不用柱子或礅子支撐。

一七〇、牆垣 古時羅馬房屋之牆垣，平常咸用長方形之實磚築砌，或用混凝土內襯，外砌磚或石面。

灰沙於古代引用極早，惟並非用作凝結材料，乃用以舖砌磚石，使灰縫平勻。以後卽將此不切實用之灰沙取消；而將石之平縫與頭縫，使之緊密無隙者。當共和時代及早期帝國時代，每一石與石之接合，用錠笱或鐵搭等鈎合之。早期羅馬時代，採用混凝土爲重要建築材料之一。混凝土之拌合，係用火山灰爐與石灰製成之堅强水泥及以石子，加水混拌而成，用之澆搗牆垣，礅子或屋頂。

一七一、磚 磚之用於牆上或法圈者，均屬出面，係爲觀瞻而設，極少擔荷構築上之重要性；獨牆角上之角磚，爲特別煉製者。羅馬磚之形體，有三角形者，只於出面部份爲磚，而後背則膠合於混凝土中。羅馬建築中之偉大之建築技能與工程之奧巧，內含蘊堅固及恃久之方法。每一重要之牆壁或礅子，類皆堅實一體，十分安全。

一七二、屋頂 羅馬構築屋頂之法：凡於寬大面積之上，架設屋頂，則用混凝土澆搗圜形屋頂。圓球形之屋頂，爲羅馬建築所習用者；抑亦爲羅馬建築具有之特殊點。此外凡私人住宅，長方形之廟宇及公會堂，則有用木構架坡斜形之屋頂。然欲求其經久，則非用法圈構成之圓屋頂莫屬也。

一七三、空堂 跨越空堂，普通全用法圈；惟用希臘柱子及台口等法則，每感跨度不能過大，蓋缺乏之相當巨大之過梁石也。但羅馬建築，善於利用法圈，舉凡門堂，窗堂及連環圈，均甚高大；僅狹小之空堂，方用過梁。

一七四、線脚 羅馬建築之線脚，祇以弧線構成，不若希臘之乖巧與精密，可以第六十圖與一〇三圖相比較。例如一〇三圖(c)

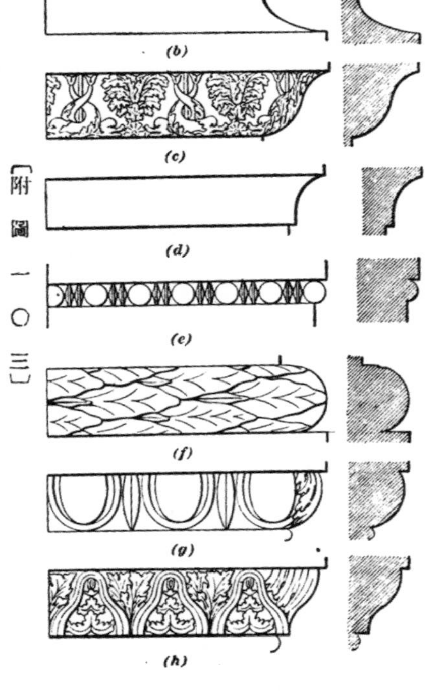

〔附圖一〇三〕

朓脯線較諸希臘突出爲多。而(g)之泥水線實爲圜周四分之一，上蓋一條方線。(f)則係半圓或橢圓，線脚上之雕飾，雖係摹倣希臘，然不及希臘之雅潔遠甚。

一七五、羅馬典型之詳解　羅馬建築，有五種法度。每一種可分下列數點主要部份：(a)礅子；(b)柱子；(c)台口。每一上述之部，復分三個部典如下：

礅子：(1)坐盤；(2)幹身；(3)帽盤。

柱子：(1)坐盤；(2)柱身；(3)花帽頭。

台口：(1)門頭線；(2)壁線；(3)台口線。

一七六、柱子　柱子之名稱與其權衡，隨台口之式別，互為呼應者，共分五種，如一〇四圖；在此圖中A德斯金式，B陶立克式，C伊華尼式，D柯蘭新式，E混合式。每種式類之權衡，見第一表。表中所列之直徑，為柱身最大之部份，亦即為坐於坐盤之根端也。

第一表

羅馬法則之權衡表

名稱	包括坐盤與花帽頭之高度，直徑	台口高度，直徑	台口高度與柱子高度之折台
德斯金	7	1¾	¼
陶立克	8	2	¼
伊華尼	9	1⅘	⅕
柯蘭新	10	2	⅕
混合式	10	2	⅕

台口與柱子之比高　經意大利建築師斑爛亭氏所定者如下：

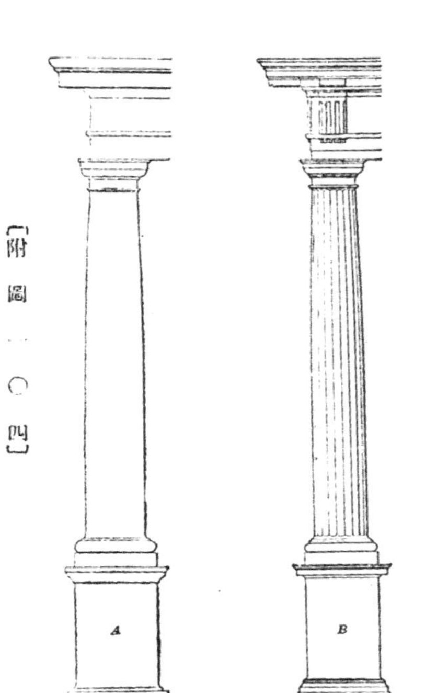

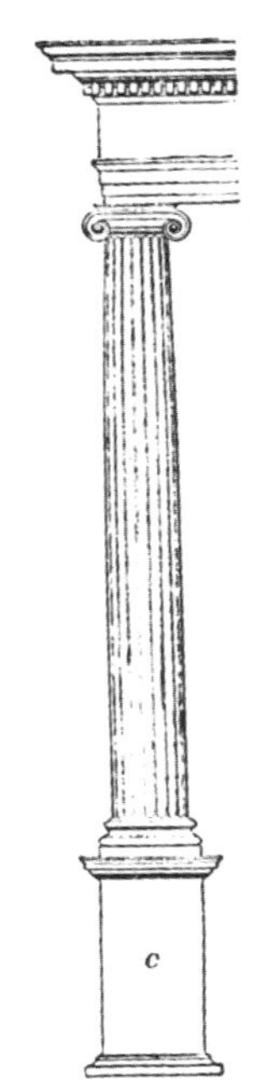

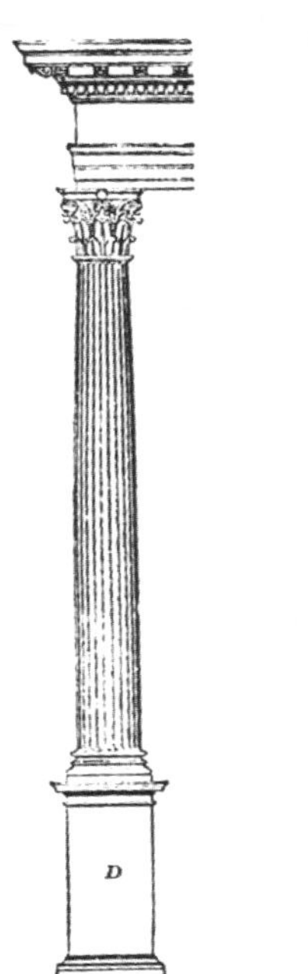

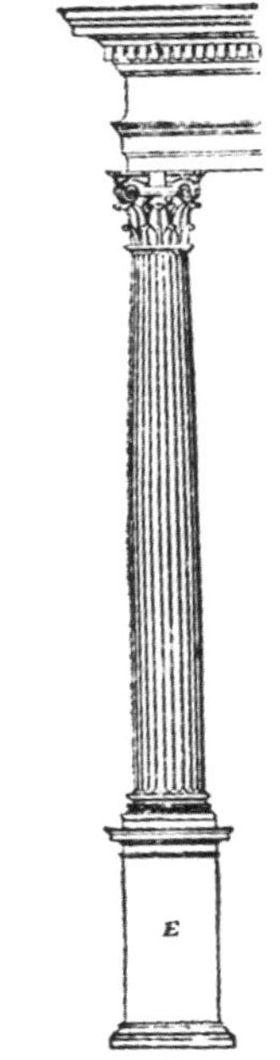

〔附圖一〇四〕

德斯金與陶立克式台口之高，等於柱之高度四分之一

伊華尼，柯蘭新及混合式台口之高，等於柱子高度之五分之一

關於柱下礅子之高度，等於柱子及台口兩者相合之高度之四分之一

一七七、德斯金式詳解

德斯金式見一〇五圖，a為花帽頭，b為台口，c為坐盤。德斯金式花帽頭及坐盤之高，等於柱子對徑之半。花帽頭突出之度，等於柱子最小部份對徑四分之一。坐盤突出之度，等於柱子大頭對徑之三分之一。台口部份，復可分作七分：門頭線佔二分，壁緣佔二分，餘則為台口線。門頭線方線突出之度，等於門頭線高度六分之一。

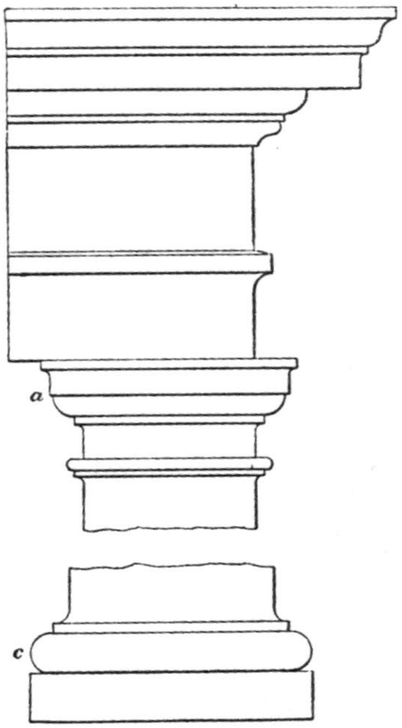

b a c

〔附圖一〇五〕

一七八、羅馬陶立克式詳解

坐盤與花帽頭之高度，各等於柱子對徑之半。坐盤突出之度，每邊各等於柱子對徑一半之三分之一。花帽頭突出之度，等於柱子小頭對徑之四分之一。柱子上端之對徑，較之下端大頭每邊減小柱子半徑之六分之一。台口線突出之度，等於台口高度之半。台口分八個部份：門頭線佔二分，壁緣佔三分，台口線佔三分。羅馬陶立克式詳圖，見一〇六圖(a)，為花帽頭，b為坐盤，c為台口，(d)為台口線突出部份之仰視平面圖。

c a b (a) (b)

〔附圖一〇六〕

一七九、羅馬伊華尼式詳解

圖一〇七(a)示羅馬伊華尼式之各部份：a為台口，b為花帽頭，c為坐盤；(b)為花帽頭四分之一之詳圖；(c)花帽頭之剖面圖；(d)為半個捲渦之正面圖。伊華尼式坐盤及花帽頭，各等於柱子對徑之半，每邊之收縮度等於柱子半徑之六分之一。台口之高分作五部：門頭線及壁緣平均為三分，餘二分為台口線；台口線突出之度，等於自身之高度。門頭線之突出度則等於自身高度之四分之一。花帽頭每邊依柱子小頭半徑之半突出。

〔附圖一〇七〕

一八〇、羅馬柯蘭新及混合式詳解 羅馬柯蘭新式見一〇八圖：(a)爲台口，(b)爲坐盤線脚，(c)爲柯蘭新式花帽頭，(d)示花帽頭反葉。依照花帽頭坐線斜上至捲渦之線之範圍突出之。圖一〇八(e)示半個花帽頭之仰視平面圖；(f)爲台口線突出部份之仰視平面圖，(g)爲柯蘭新古式柱子坐盤，而爲羅馬人所習用者。

混合式見一〇九圖：a爲台口，b爲花帽頭，c爲坐盤。混合式與柯蘭新式花帽頭之高度，等於柱子對徑一又六分之一之高，其他部份之權衡，一如伊華尼式。

一八一、希臘法則之變更 羅馬因不滿希臘樸素雄偉之陶立克式法則，欲加以改革，俾適應彼等之需要；乃增一坐盤，普通係一方盤，上冠坐盤圓線，致將希臘本有之樸素美姿消損。羅馬人之改革伊華尼式花帽頭，亦不工巧；惟柯蘭新式花帽頭，則彼加反葉及美飾，仍不失其本來之優點與美觀，故遂成爲羅馬國之法則矣。混合式花帽頭係由柯蘭新及伊華尼兩者湊合而成。

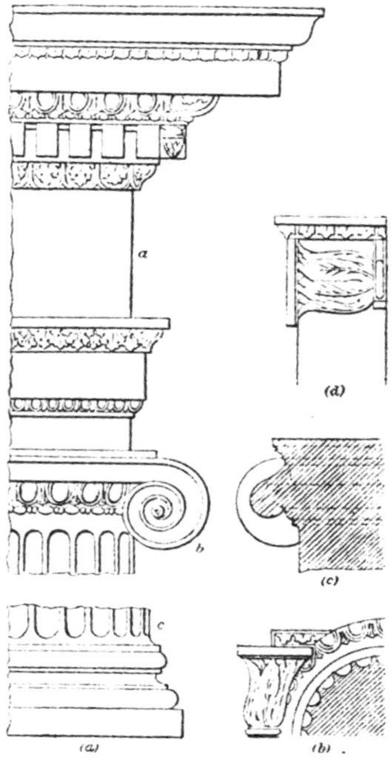

一八二、裝飾 藉資點綴之線脚飾條，大部胚胎於希臘線脚。雕像則全由於古代名貴之石膏美術，古銅，瑪賽克，鑲

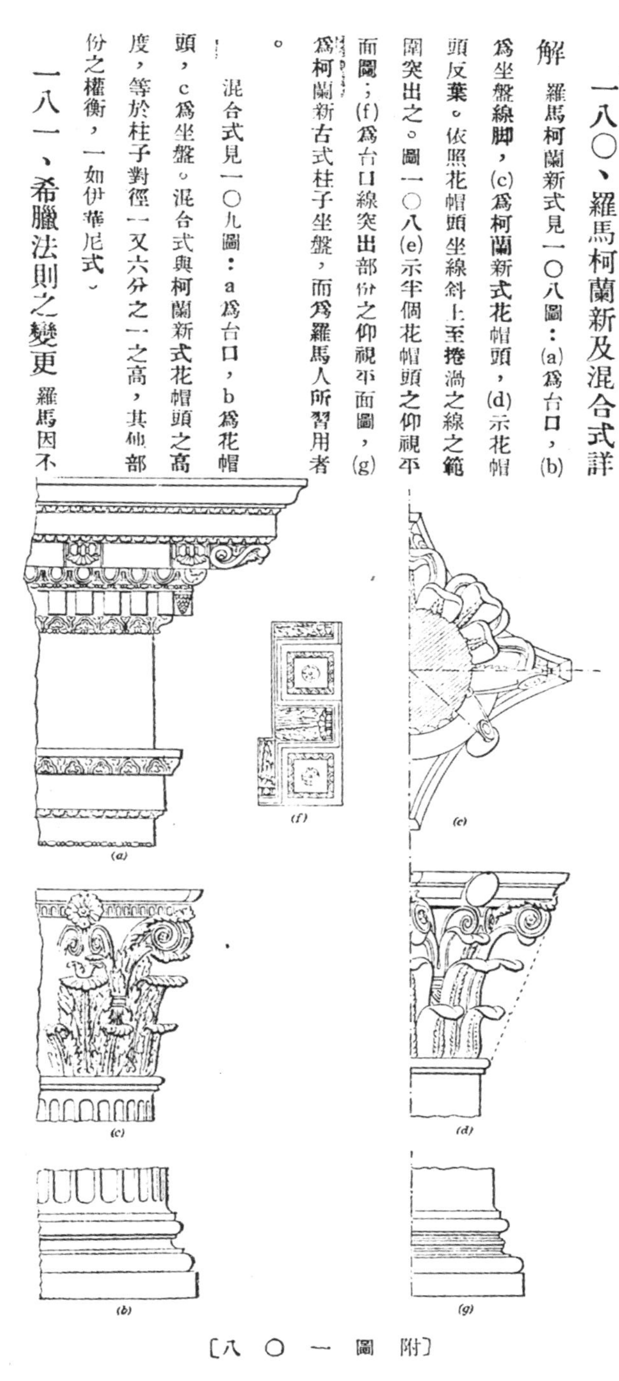

〔附圖一〇八〕

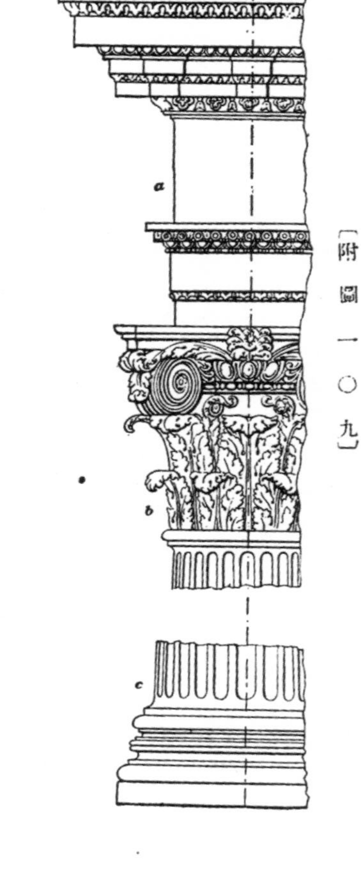

〔附圖一〇九〕

嵌雲石等項。羅馬建築採用粉灰製之飾物殊夥。以色油飾圓頂天花，殊屬普遍。紀念建築之內牆，有用昂貴之雲石爲牆飾，大都分舖成浜子塊格。希臘反葉飾之爲羅馬採用，作爲裝飾者，亦頗盛行，如一〇九圖。懸花，葉飾，美飾及假面飾，爲普通所習用者。圖一一〇爲羅馬標準裝飾之數類，(a)爲雕飾之樸頂線，(b)爲迴紋邊，(c)爲算盤珠飾。

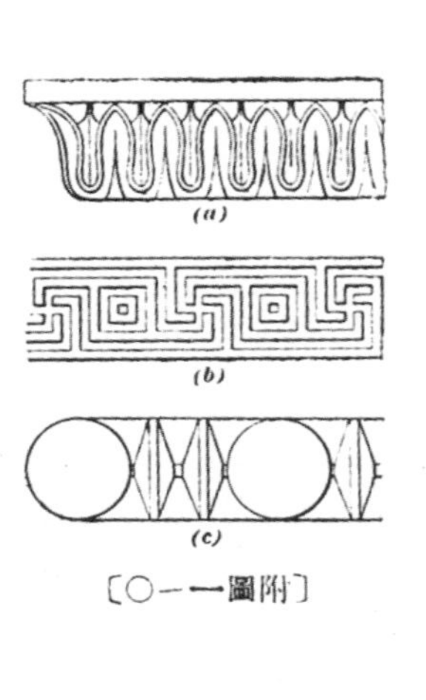

〔附圖一一〇〕

（羅馬建築未完）

余擬建之新屋外觀如何？

梅逸譯

——業主們依下列方法逐步繪出，卽能得一圓滿的答覆。——

業主們非均能諳視藍圖樣的；從不同的平面和立面圖，未必能串連想到整個房屋的外觀。對於房屋有不滿意處，直待建築將成才能發現，此時再加改善，旣與造價有關，或者就根本不能辦到的。

本文之意，使按簡易之透視學，卽可求得擬建房屋之外觀，歷歷如觀照片。但依法製成之圖樣，初僅能窺得全屋之骨幹及各門窗之方位，至各簷口及門窗外框裝飾等項，則需有相當之經驗，始克鈎描如畫；此外再配上些風景，如甬道，樹木，人，畜等，則更臻美善了。

設已得到房屋之藍圖，（通常習用比例尺大約為 1/4"=1'—0"）可裁紙一方，長寬使稍大於 20"×26"，妥為釘於圖板，再依照下列步驟繪製：

第一步：在圖紙中央，由上至下畫一垂直線。

第二步：從藍圖上描繪房屋平面圖之內外牆，左側面及正面，（如圖一）並將各部門窗按比例抄出，佈置於圖紙之上方，使其下房角A在中線上。

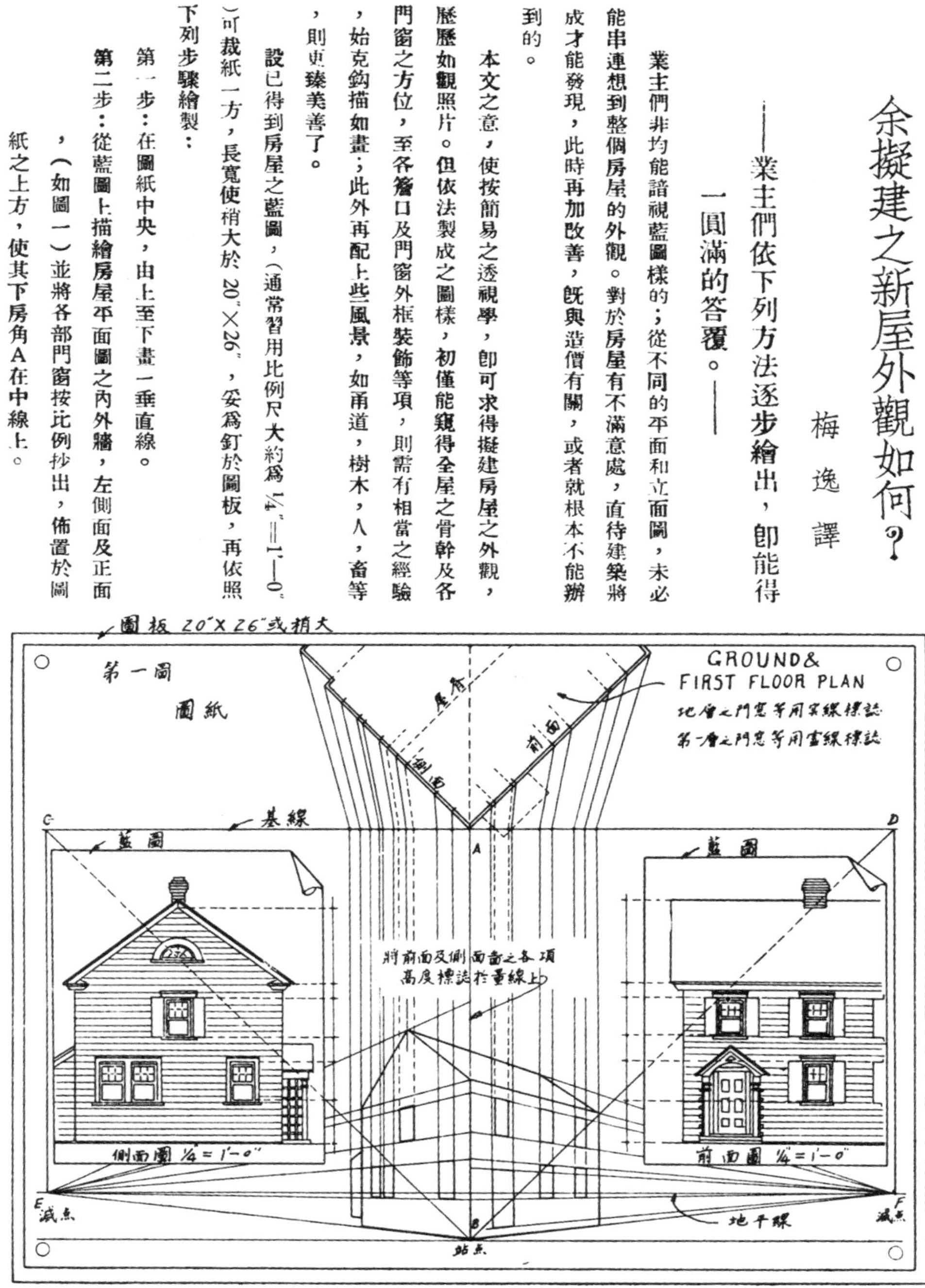

第三步：由A點畫一水平線連圖紙左右端謂之「基線」(Base line)。

第四步：由A點綫垂直線向下量五十呎(在¼″=1′—0″比例約合十二英吋半)得B點，謂之「景點」(Point of sight)或「站點」(Station point)，由B點再畫一水平線得「景線」，(Line of sight)。

第五步：在B點上一小距離(表示眼之水平)畫一水平線，名爲「地平線」(Horizon Line)。

第六步：由「站點」B分畫二45°直線，連「基線」得C及D點。

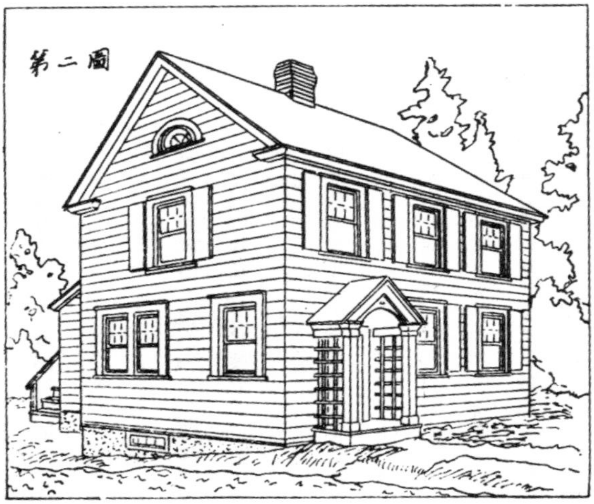

第二圖

第七步：由C及D點向下畫垂直線，交於「地平線」，得E及F兩點，名爲「滅點」(Vanishing point)，卽根據此兩點求透視畫。

第八步：由各房角及門窗各部，分別畫直線，使皆趨集於B點，再將各線與「基線」相交處標清。

第九步：由上條求得基線上之各交點，向下分別引若干垂直線。

第十步：將房屋之側面及正面藍圖，浮置於AB線左右空間處，並量取由地面至屋脊及上下門窗台度等處高度。

第十一步：將上條量得之高度，標注於AB線上，此線卽示最近之牆角，名爲「量線」(Measuring Line)。

第十二步：由「量線」所註之各點，分別引直線至關係之「滅點」，凡側面圖各線，悉連於E點，正面圖各線，連於F點(見第一圖)。再由基線向下投射，由前第八步所得之各點，其與量線引出各線之交點，卽所求透視圖之相當各點。

接連上法求得之各線點，卽求出房屋之外形，並門窗等之確定位置。

做照此法繪製，可求出任何房屋之骨幹圖。至於各部之詳樣，卽憑目力之觀察，當可繪出築成後房屋之透視圖矣。(見第二圖)

營造學（十五）

杜彥耿

第三章

第一節 石作工程（續）

須彌座 即勒脚，亦曰堂，階基或台基，爲中國建築立面三主要部份之一，見三九八圖。

踏道 即係石階，每步高半呎，闊一呎，兩邊垂帶石。「營造法式」稱副子，又兩邊三角封頭曰象眼，見三九九圖。

鈎闌 即闌干，有重臺鈎闌與單鈎闌之分。依據「營造法式」，其名有八：曰櫺檻，軒，梐，牢，闌楯，柃，階檻及鈎闌。見四〇〇及四〇一圖。

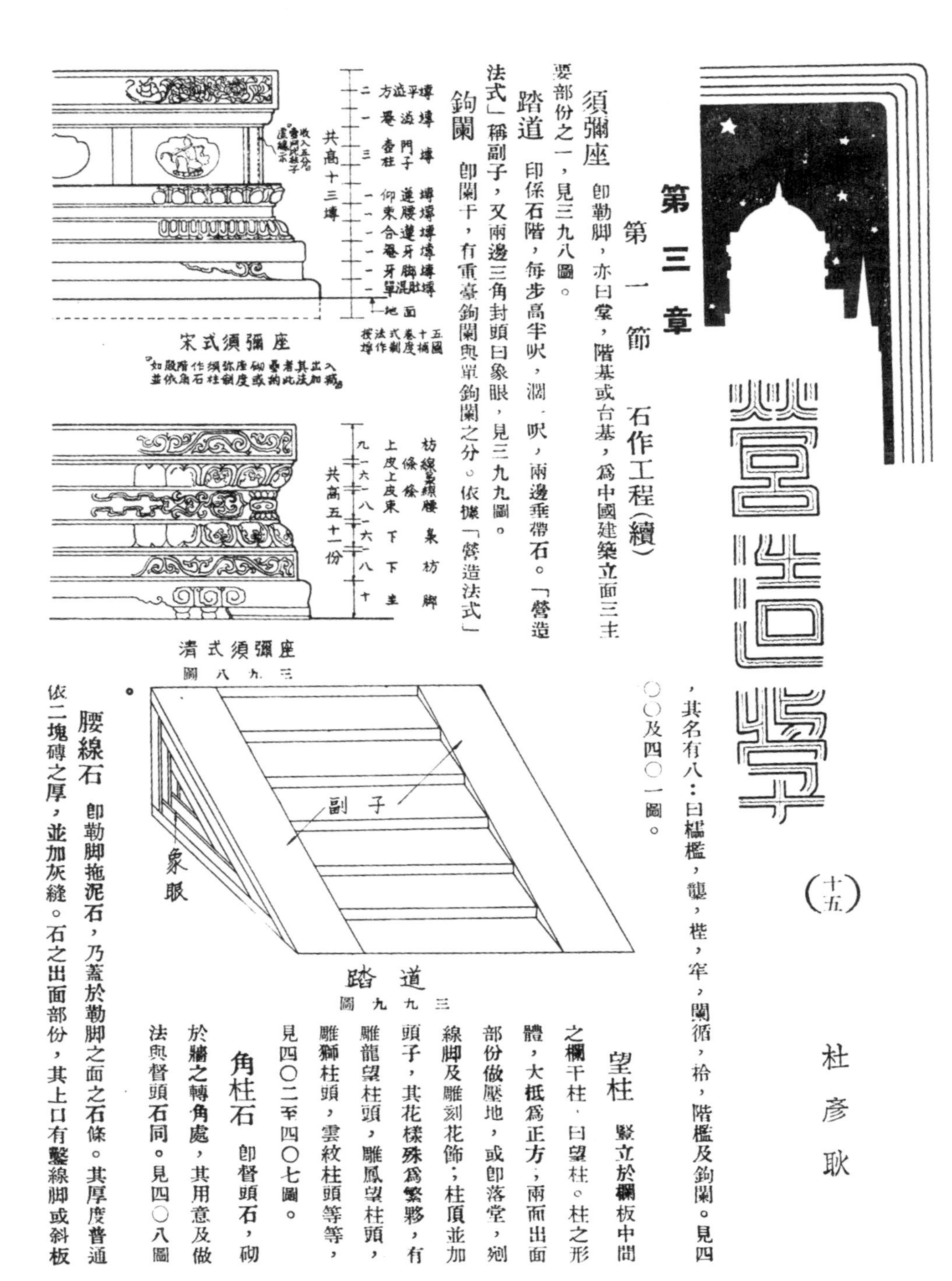

望柱 豎立於欄板中間之欄干柱，曰望柱。柱之形體，大抵爲正方；兩面出面部份做壓地，或即落堂，𠜱線脚及雕刻花飾；柱頂並加頭子，其花樣殊爲繁夥，有雕龍望柱頭，雕鳳望柱頭，雕獅柱頭，雲紋柱頭等等，見四〇二至四〇七圖。

角柱石 即督頭石，砌於牆之轉角處，其用意及做法與督頭石同。見四〇八圖。

腰線石 即勒脚拖泥石，乃蓋於勒脚之面之石條。其厚度普通依二塊磚之厚，並加灰縫。石之出面部份，其上口有鑿線脚或斜板，以資瀉水者。見四〇八圖。

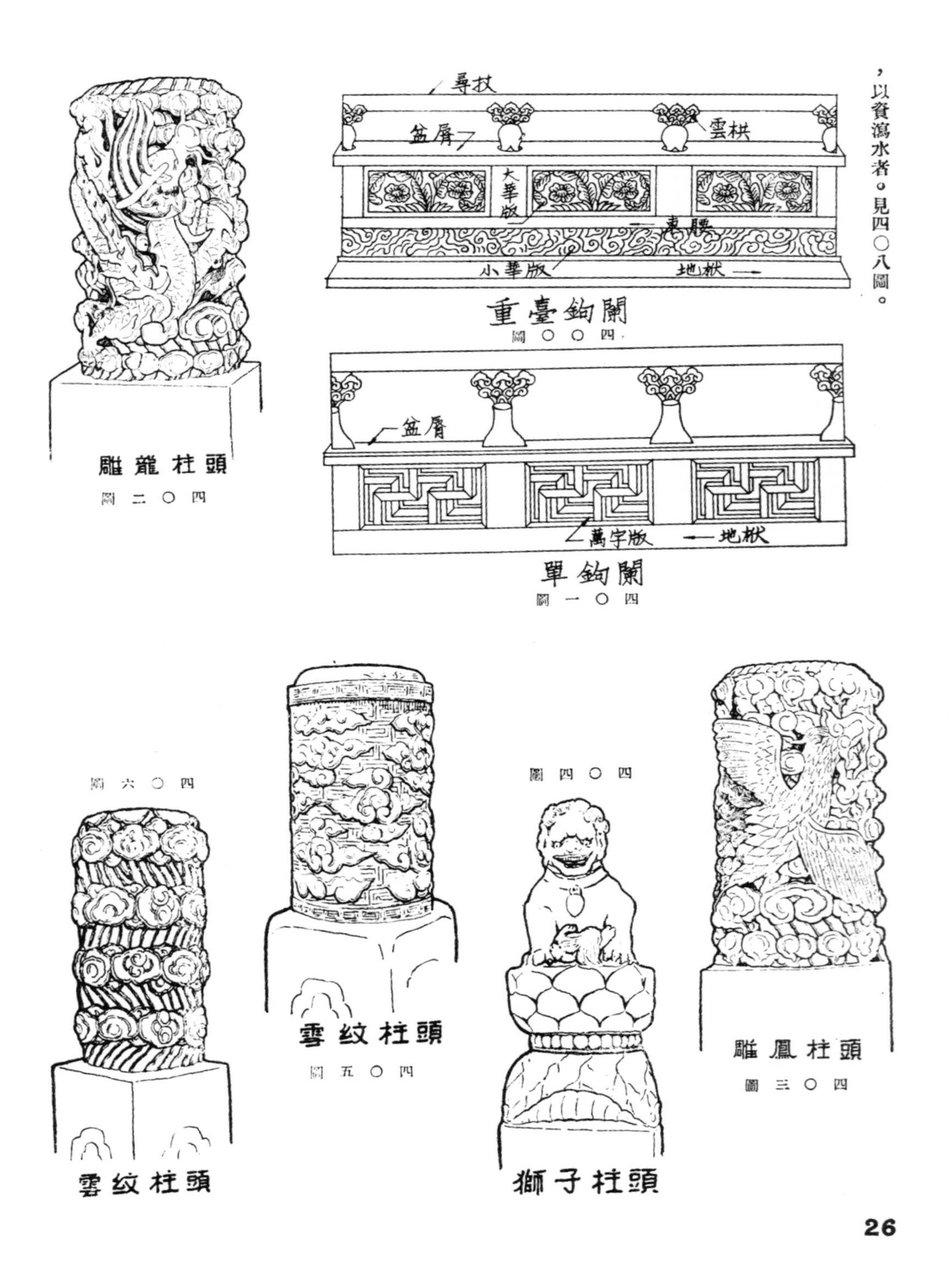

雕龍柱頭
圖四〇二

重臺鉤闌
圖四〇〇

單鉤闌
圖四〇一

圖四〇六
雲紋柱頭

雲紋柱頭
圖五〇四

圖四〇四
獅子柱頭

雕鳳柱頭
圖四〇三

挑檐石 石置於山牆之兩端，簷際鏟牌之底，俾鏟牌之挑砌坐於挑檐石上。如四〇八圖。

石柱 立於台基之上，屋簷之底之柱子，其形體有四方，八角以及雕刻蟠龍柱者。柱之高度約等於柱子根際對徑之七●五，而柱之上端則較下端爲小，如四〇九及四一〇圖。

門枕石 大門轉軸下承托轉軸之石臼；兼作分陳大門兩旁之飾物者。如四一一圖。

抱鼓石 置於大門兩旁，及踏步兩旁垂帶石上者，如四一二圖。

圈石 與前述之搆砌法相同；惟名稱稍有異同者，如圈石爲券石；券石復有券臉石及內券石之分，以及券之兩旁與券石相銜之

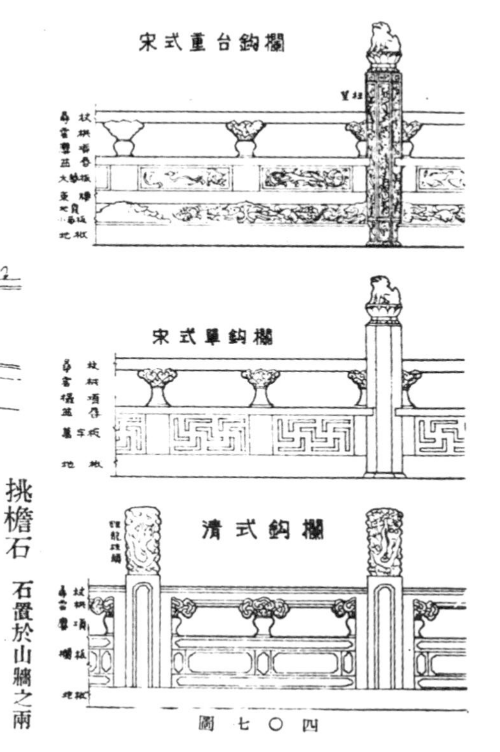

四〇七圖

挑檐石
壓面石
腰線石
角柱石

四〇八圖

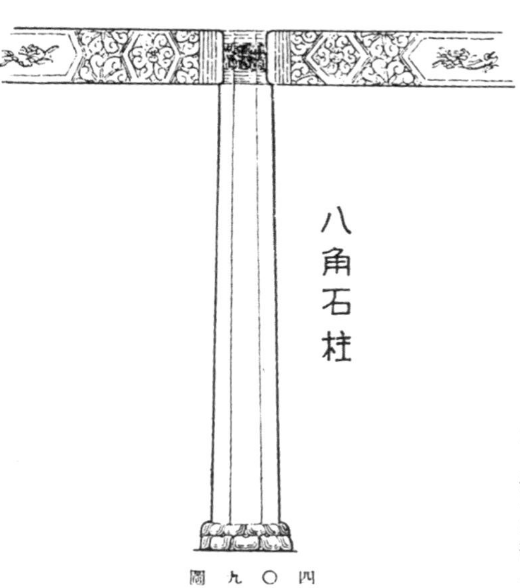
八角石柱

四〇九圖

雕龍石柱

四一〇圖

石牆，曰擅券石等，見四三至四一五圖。

石作工人用器

石工用具，大別之有手工與機器兩種，特製圖如下：

石枕門

圖四一一

吊機 石廠之設置，有二法焉。一係於廠之中央，置吊機，工房則繞於吊機之杆所能及之距離，如圖四一六之abcde爲工房，堆放石料之空地爲fg，以吊機h，吊杆i將石自場地吊送至工房中鋸床，復可吊裝舟車運出。另一式則利用輕便鐵道，然終不及吊機之便利。

抱鼓石

圖四一二

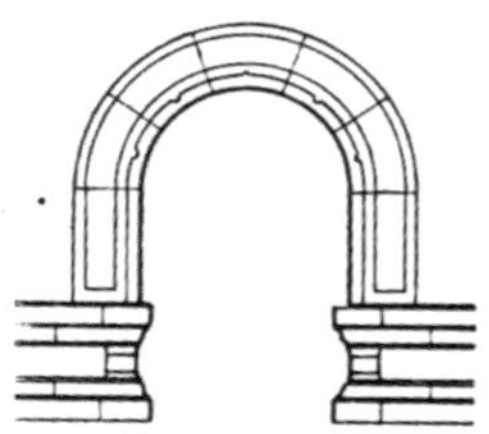

圖四一三

圖四一四

鋸石機 圖四一七爲鋸石機，係用無齒之鋼鋸條一條或數條，將石鋸成板片；機含鋸條，其來去抽鋸，一如木匠之鋸木。法將石擱於車上，而車在軌道上輸送。當鋸石之時，水自管中不停下注，同時頻將黃沙蓋於石之鋸縫，使水冲入鋸縫；迨將整塊之石鋸成片塊，則復由輸送車或吊機送至磨礱及割邊擦亮等手續之處。

割邊機 圖四一九所示之割邊機，係用鋼製之鋼盃鋸片a，邊沿裝以黑色鑽石，以代普通鋸齒，剖割石板b，石板則置於c車上，擱於d鋼架之上，可資往來滑動。圖中e係螺旋，俾將車緊絞於f鋼軌，不致走動。鋸片除鑲鑽石者外，有用較玉石爲硬之矽化炭者，其效用一如金鋼石；而爲現下石廠普通所用者。

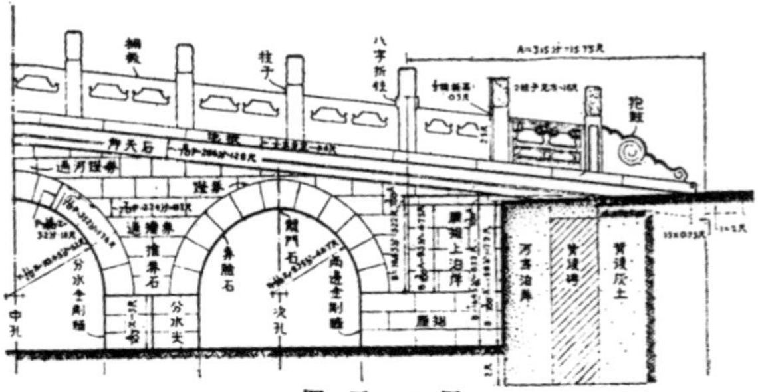

圖四一五

割邊機之又一式（圖四二〇）此機之石a，裝於b台上；此台活動推送至鋸片c，以資割剖，而鋸片亦可藉d鋼架左右移動，又可上下啓落，隨心所欲。鋸片之上裝水管，用以噴射清水，俾減鋸片之熱度。

鉋機 圖四二一爲一鉋機：係一鐵床a置於基礎b上。石料放於床上，用榫塞住，庶石不致活動，遂用各種適合之鉋刀，琢製線脚。

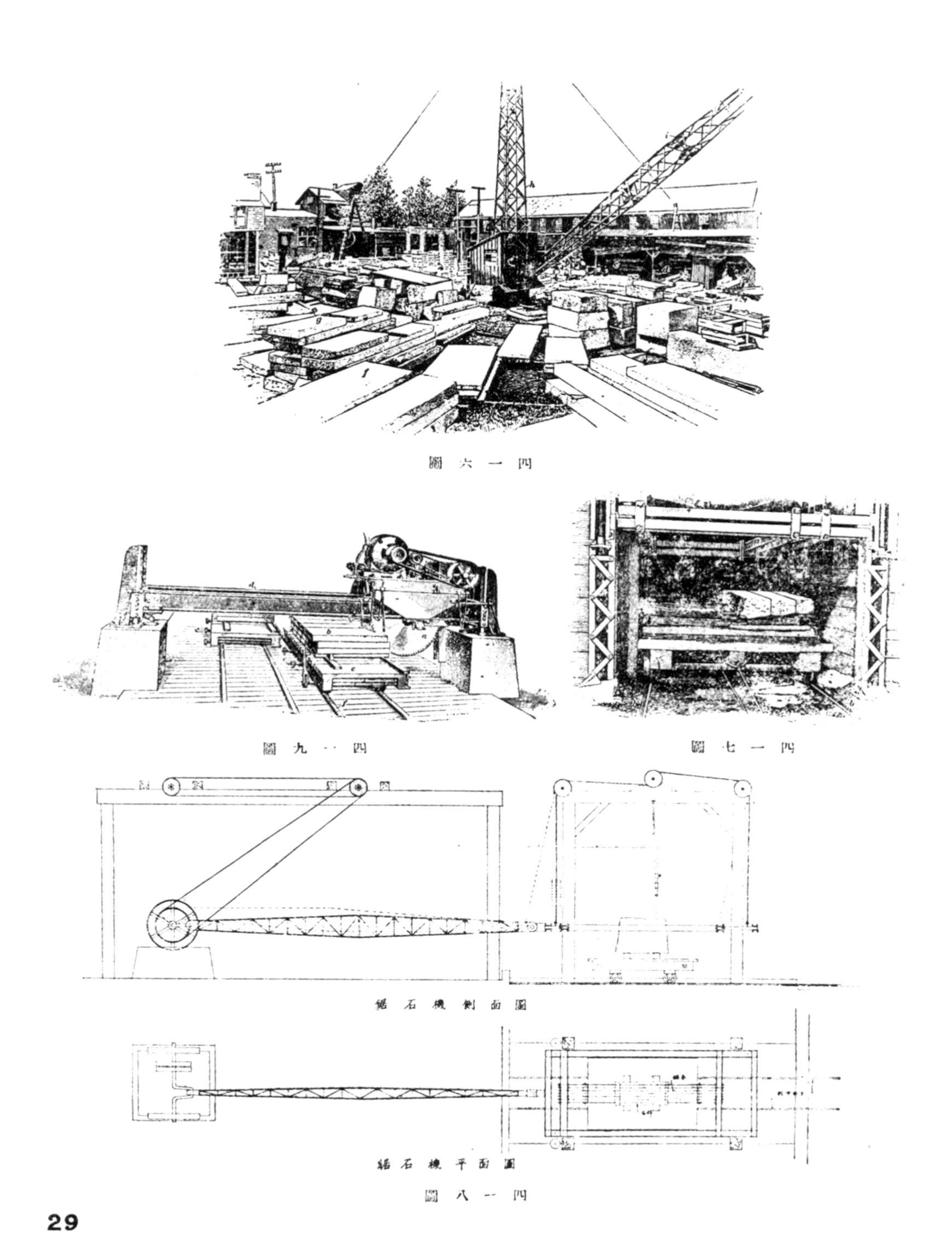

四一六圖

四一九圖

四一七圖

鋸石機側面圖

鋸石機平面圖

四一八圖

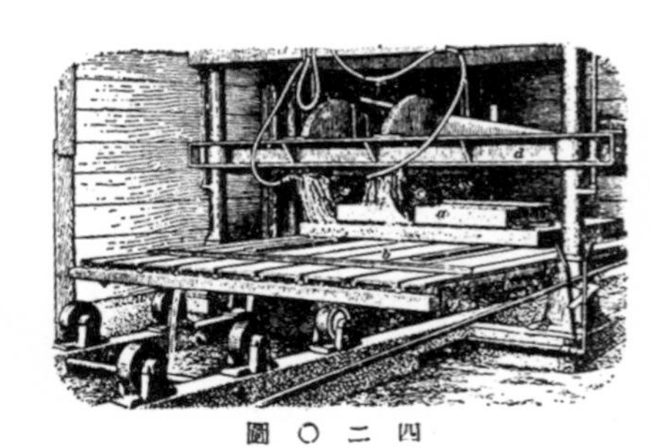

圖四二〇

圖四二二

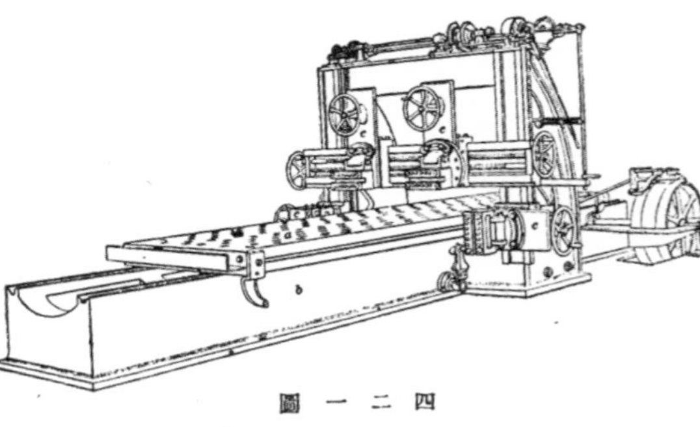

圖四二一

圖四二二示鉋車正在工作。石料a面上業已琢平。側面b亦經鑿子c斫平，石料d以鑿子e鑿其側面，又一同樣之鑿子鑿其面部。石籍f榫以榫住。

車柱機 圖四二三係用作車製圓柱，欄干或其他類似之石工之機。此機可製直徑四十四吋，長二十四呎之圓柱。法將石扣於一端a，及另一端b，石卽旋轉滾動，以鑿子c鑿之。鑿子係裝於器柱d者。

圖四二三

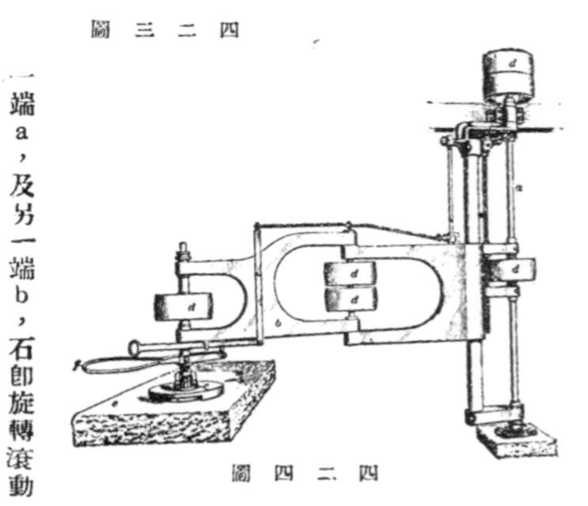

圖四二四

磨礱機 石之出面部份，欲求其晶瑩可鑑，可用如四二四圖之磨礱機磨擦之。機有軸如a，搖梗b，搖梗下端爲磨石c；石之急轉磨擦，係藉皮帶拖動皮帶盤d。此圖未將皮帶描繪者，俾機器部份清晰易覽。磨石緊貼石面e磨礱之，搖手f可移動磨石至石面之任何部份。

汽壓錐鑿 圖四二五至四二八之各汽壓錐鑿，爲新式石廠必備之設置，用以砟斫花崗石及雲石等者。汽壓錐鑿如四二六圖及四二七圖，含汽筒a，藉汽之迫壓而拽動。汽之輸送係經堅强之管b。

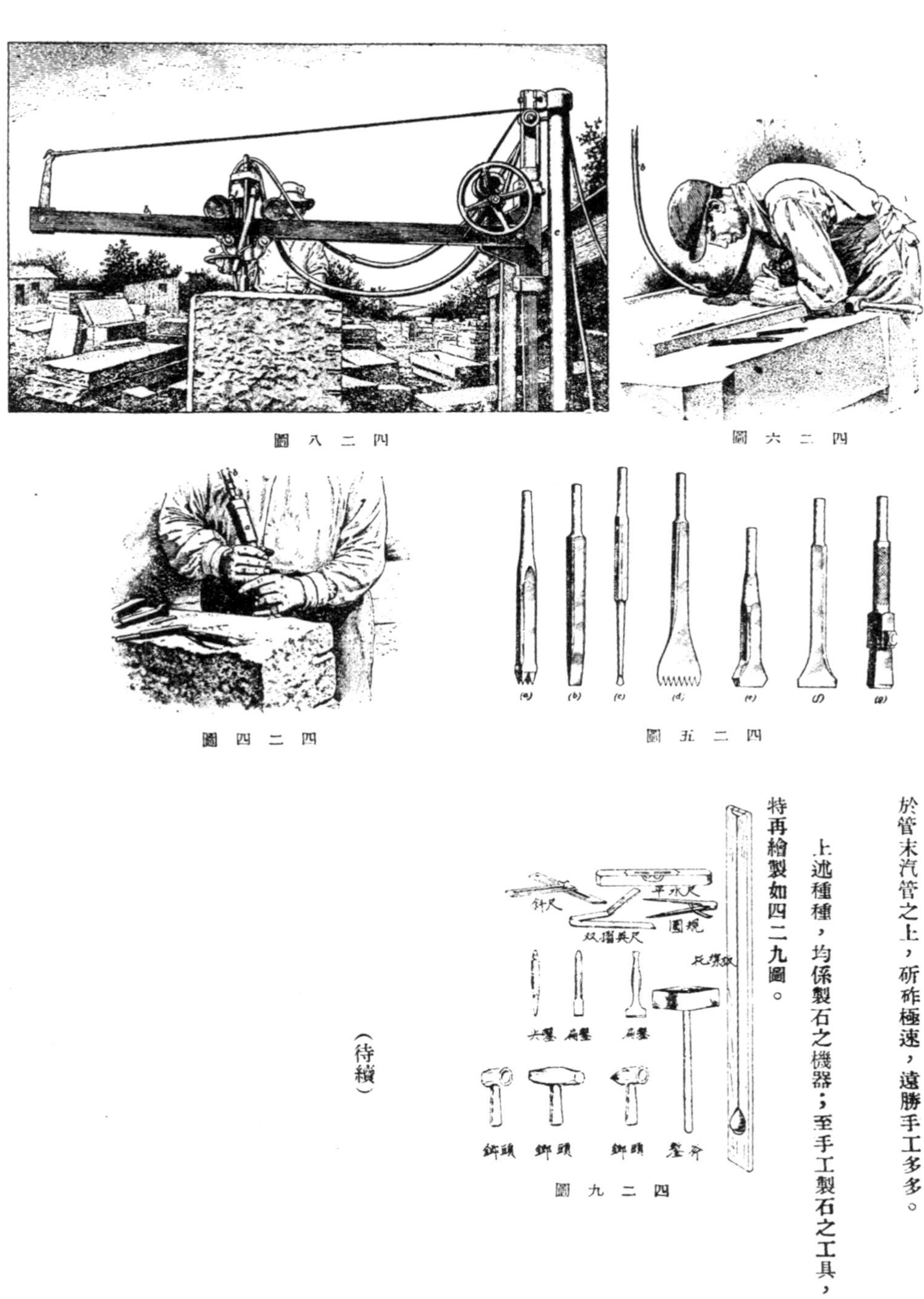

四二八圖

四二六圖

四二四圖

四二五圖

四二九圖

錐之式類頗多，見四二五圖，可選任何需要之一種，裝於管末汽管之上，斫砟極速，遠勝手工多多。

上述種種，均係製石之機器；至手工製石之工具，特再繪製如四二九圖。

（待續）

正立面圖

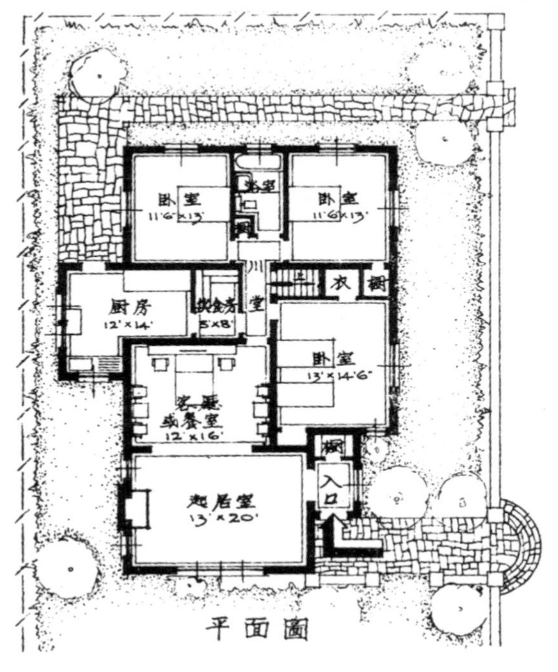

平面圖

這所房屋依據本刊四卷四期所刊小住宅的地盤，另作立面圖，作者原希冀依這地盤有更進步的立面圖，以供讀者參考。可是經了多時的參酌，非特沒有比前較佳的發現，反倒不及。不得已，乃選比較不十分壞的一幅刊佈，聊以塞責。下期當另起爐灶，計劃一種新的地盤和立面圖。

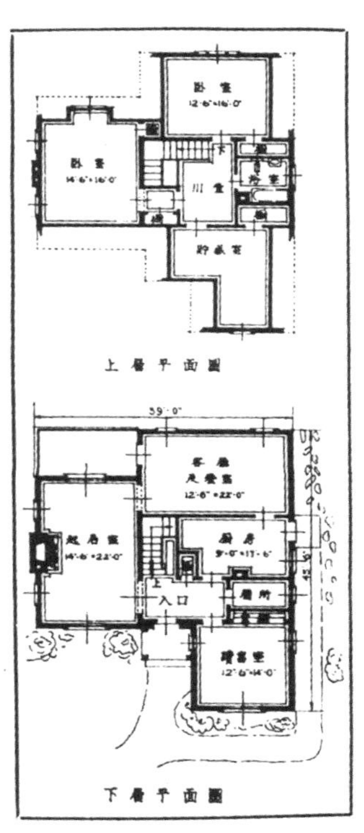

上層平面圖

下層平面圖

幽美的小住宅

此小型之磚砌房屋，有三臥室，建築頗爲經濟。外面有引人注目之八角肚窗，入口處之大門，作V字形，使牆之配置，頗爲平均。下層有頗大之起居室，空氣與光線，兩俱充足。

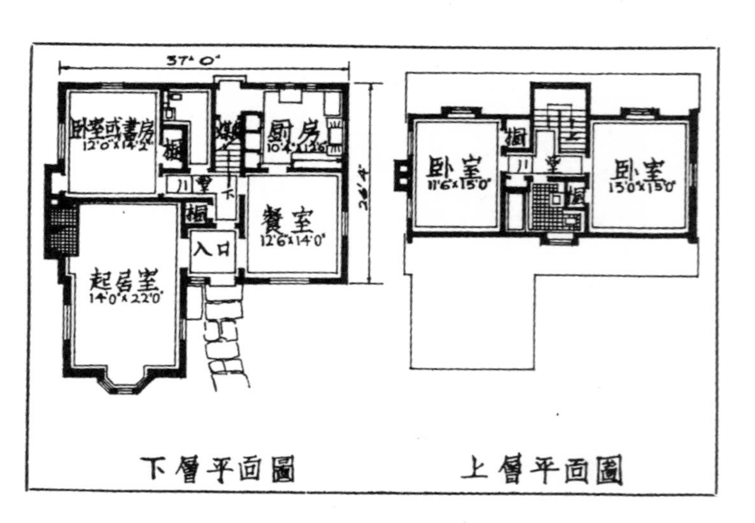

下層平面圖　　上層平面圖

傢具與裝飾

轉動自如有助研
讀之鋁合金製檯燈

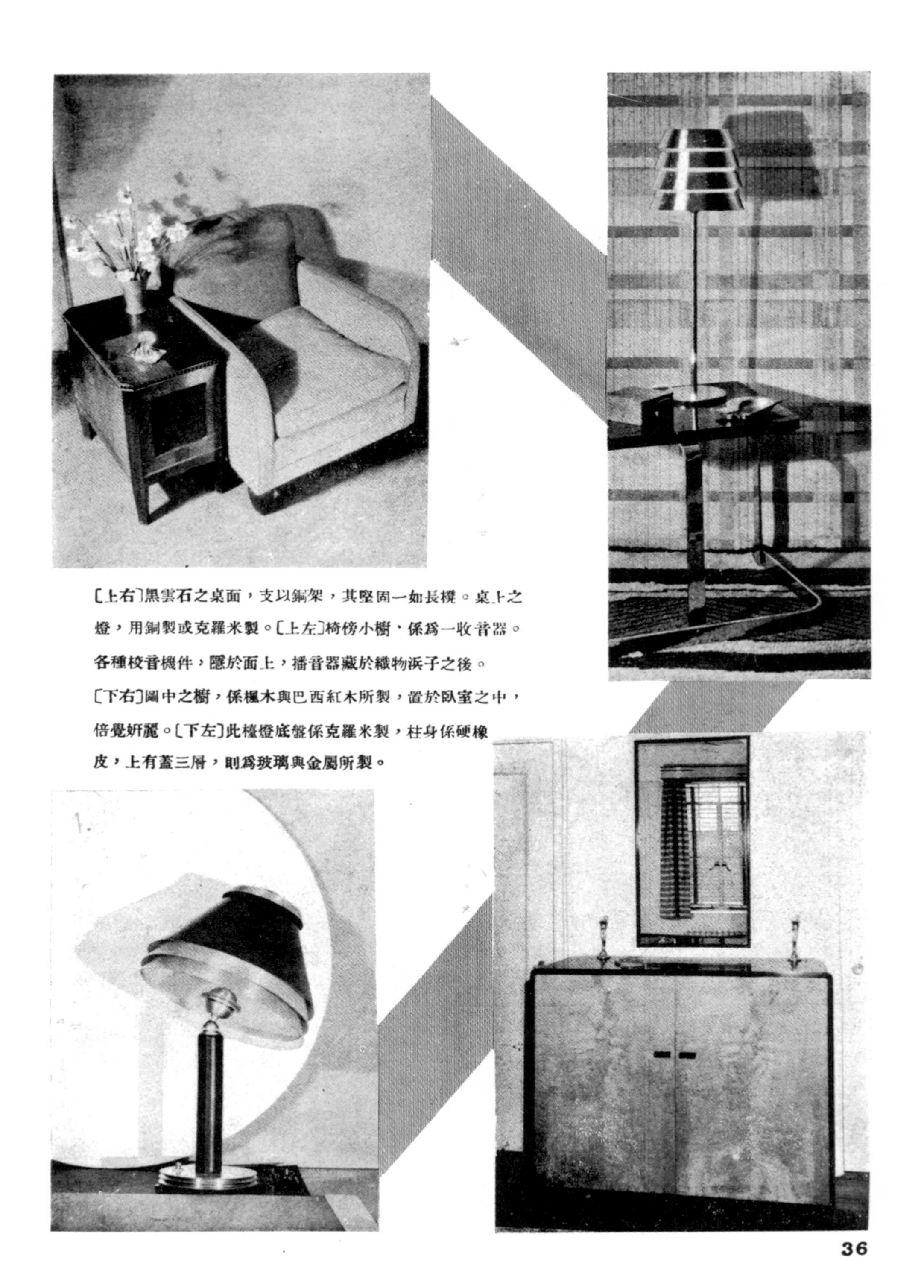

〔上右〕黑雲石之桌面，支以銅架，其堅固一如長櫈。桌上之燈，用銅製或克羅米製。〔上左〕椅傍小櫥，係爲一收音器。各種校音機件，隱於面上，播音器藏於織物浜子之後。〔下右〕圖中之櫥，係楓木與巴西紅木所製，置於臥室之中，倍覺妍麗。〔下左〕此檯燈底盤係克羅米製，柱身係硬橡皮，上有蓋三層，則爲玻璃與金屬所製。

張效良先生追悼會特輯

主席團攝影

陳松齡　杜月笙　黃炎培　張繼光　秦硯畦　王曉籟　李大超　徐怡銘　趙晉卿

來賓演說時攝影

張效良先生追悼會特輯

行追悼禮時攝影

張效良先生追悼會特輯

張效良先生追悼會紀詳

本會及營造廠業同業公會，木材業同業公會，浦東同鄉會等四團體聯合發起，上海市地方協會，律師公會，中華職業學校等共同參加之張效良先生追悼會，已於八月二十九日下午二時，在馬浪路二五三號通惠小學舉行，到張繼光、江裕生、郭樂、賈佛如、秦硯畦、杜月笙、屈映光、黃炎培、顧馨一、王曉籟、瞿紹伊、黃延芳、沈鈞儒、李大超、呂岳泉、黃涵之、顏福慶、黃警頑、沈聯芳、袁履登、陸伯鴻、蔡勁軍、蘇穎傑、及市教育局，市公用局，各慈善機關代表等千餘人。茲將會場情形及張先生經歷分誌如后；張先生為建築及木業兩界鉅子，關於先生之生前及死後，想亦讀者所樂聞歟。

禮堂一瞥

通惠小學門前，搭有松柏彩樓一座，並高懸橫額一方，上書「張效良先生追悼大會」。一入校門，即見另一高大之素色松柏彩樓，與該校雨中操場銜接；場址頗為宏敞，禮堂正中懸有張氏遺像，各界致送之輓聯，誄辭，花圈及幛軸等，懸置場之四週，形成一片白色。由上海貧兒院及上海孤兒院樂隊司奏哀樂，蓋該兩院深受張氏惠澤，而同表哀敬者也。

主席團及大會秩序

主席團為四團體主席委員及會長張繼光，陳松齡，徐怡銘，杜月笙，及李大超，王曉籟，黃炎培，趙晉卿，秦硯畦等九人，（見銅圖）三時正，舉行追悼，儀式如下：㈠主席團就位㈡全體肅立㈢奏樂㈣向黨國旗及總理遺像行最敬禮㈤奏哀樂㈥獻花㈦通惠小學全體學生唱追悼歌㈧行追悼禮㈨默哀㈩讀祭文⑪主席報告⑫演說⑬家屬答詞⑭奏哀樂⑮禮成。

張氏事略

首由主席張繼光致開會辭，繼由本會杜彥耿報告張氏生平事略：略謂公為江蘇南匯人，於民元前三年，被推為水木公所董事；至民元前一年後，被推為董事長。迨民十九年秋，水木公所奉令改組為上海市營造廠業同業公會，仍推為主席委員，任期垂三十年；在此期內，經過六次水木工業要求增加工資風潮，公與張繼光先生暨各董事同業，奔波接洽，誠所謂任勞任怨，當仁不讓。其間有一次風潮最烈，當各董事在城內魯班殿開會，議加工人工資，數萬工人在殿外候訊時，警察局恐肇事端，故亦派警八名，駐殿保護，由工人推派代表與各董事接洽時，因某一董事發言不慎，致觸衆工人

張效良先生追悼會特輯

怒，一聲叫喊，蜂擁攻入殿來，申言欲將該董事置死，八名警士，彈壓不住，遽欲開鎗，公卽趨前立於工人與警士之間，藉爲緩衝，阻止警士開鎗；而工人之攻勢越來越急，警士無法，只得向後退去，董事亦各避匿。迨魯班殿門攻破，工人入殿四處搜索反對增加工資之董事時，僅公一人與衆工人週旋。正在紛擾時，由龍華派來一營軍隊到場，始得平靜；時當局欲拘工人代表，亦經公極力解脫始免。民十七北伐軍抵滬，其時工潮洶湧，不待煩述，諒諸位均能明瞭當時之情境，建築工人，自不例外，亦起而罷工嚮應組工會，亦經公與繼光先生救平，此後工人代表等輒呼張公與繼光先生爲老菩薩，一方固由於工人之諒解，然公之能出以至誠，感人以德，由此可見一斑。故自民國十七年以來，他業風潮迭起，獨建築業相安無事。其他手創之事業，如施診所，醫院醫貧病工人，建營造山莊，設義務學院等，造福同業，不勝枚舉。卽此處通惠小學，亦爲先生聯合同業江裕生，顧蘭洲諸先生手創。

當江浙戰起，內地難民紛逃滬埠，食宿無所，先生憫之，特發起收容所。時不三日，臨時之收容所棚舍，收容難民達二萬餘人。又如上海五卅慘案發生，全市罷市，建築工人亦欲嚮應參加。先生不憚辭費，剴切勸導工人萬勿罷工，蓋此舉適自食其害，初無損於彼帝國主義之凶餤也。況數十萬建築工人，一旦罷工，衣食失賴，不將滋亂乎？故遂竭誠勸止之。一方並派員資助學生總會，藉爲附和愛國運動之表示。並鑑於吾國缺乏對外言論宣傳，初擬特編英文報，刊行於世，後以茲事體大，非一朝一夕所能舉辦。故遂利用英文報紙之投函欄，鼓吹正義。民國二十年秋，全國水災慘重，特籌巨款賑災。該年又逢九一八事變，繼之以一二八滬戰之禍，於是担任造橋也，資助餉糈也，踴躍輸將，惟恐落後。本年春舉行吾國空前之中國建築展覽會於市中心區博物館，先生被推爲副會長。迨展覽會期滿，鄙人曾趨謁先生，猶與談結束展覽會事。不圖數日之後，突聞噩耗，不亦殆哉！總論先生一生樂善好施，和平處事，至誠待人。然先生之美德，不能邀同業之諒解，至今同業間之相互傾軋，圖謀私利，不顧公益者，比比皆是，先生殆覽時傷懷，折其壽年乎？倘望同仁體念先生之德，繼承先生之志，務使建築事業日益發揚光大，建築業者道義相磋，精進相期，則不難掃除一般已往對於本業奚落之觀念，共認爲領袖左右之實業也。惟欲繼先生之志，首重鑄植後進人材，故籌設工業職業學校，以爲作育人才永資紀念之舉，實爲當務之急，望仰慕先生之事業人格者，有以成立之。

報告畢，繼由黃炎培王曉籟兩先生演說，演辭如下：

黃炎培先生演辭

今日張效良先生追悼大會，各公團及個人爭先參加，情

張效良先生追悼會特輯

況熱烈；蓋張先生畢生事業人格，兩俱偉大，無人不受感動，宜其死後無人不惜也。有張先生同鄉浦東某老者，體素全健，突聞溘逝之訊，神經遽失常態，至今未愈，此種出自內心之至誠震悼，不能自持，殊為難得，同時亦足見張先生生前感人之深也。

張先生畢生事業，已詳報告，及追悼大會特刊，但言辭及篇幅均屬有限，遺漏殊多也。余（黃先生自稱下倣此）與張先生忝交二十餘載，每遇舉辦某種事業，無不與張先生有關，而受其精神上之督促與鼓勵，及物質上之援助，至誠待人，有不能不述及私交之一斑者，凡為張先生之友者，若能將其畢生言行及所辦公益事業，詳為彙錄：不難編成巨帙，奉為處世立身接物待人之圭臬，則足補今日所報告及專載之遺漏也。

張先生畢生努力從公，為社會服務，死後受人盛大之紀念，蓋在昭示為人須盡其人生的意義，切莫苟且虛度也。張先生生前明知此點，故嘗謂余曰，人生名利俱空，並無深義；惟盡其一分力量，為公服務，使羣衆受其惠澤，目的即達。其人生觀即在此，亦余所敢代表說明者。試觀張先生耗其一生精力，為公服務，其所舉辦之事：吾人若能乘此追悼會之機會，以張先生之精神是式，及時努力，則將來貢獻於國家社會，正亦未可輕覷也。

張先生之根本觀念非常清楚，分析所得，誠可謂為偉人。余自國難問題日趨嚴重，深知國人心理之不當，亟思有以糾正，其道有七：（一）公正，（二）熱心，（三）切實，（四）和平，（五）精幹，（六）眼光遠大，（七）勇敢。而張先生則具上七點美德，並無缺憾，足稱完人焉！

最近愛多亞路浦東同鄉會新廈之成，張先生贊助之力不少。並主張在會所內建一「魯班廳」，蓋所以紀念水木業工人聚血汗而成者也。廳之建築費預計五萬元，張先生首捐五千元以為倡。——初擬名之曰「毅廳」（先生諱毅），先生力加謙辭，始更今名。——今張先生未能親覩廳之落成而先逝，倍增無限感喟；吾人早日力促其成，亦紀念張先生之一道也。

張先生長公子畢業大同大學，學識綦富，今出而繼續主持先業，定能克紹箕裘。吾儕為紀念張先生計，於公私方面更應時予匡助，使其事業日趨發展，則又為責無傍貸者也。

王曉籟先生演辭

張先生生平對於公益事業，熱心異常；人格之偉大，可以誠摯樸實四字贈之。俗謂「活要健康，死須迅速」，張先生在未死前一天，余尚遇之於新雅（新亞？），握手言歡，狀至樂，不圖翌日遽爾溘逝，故吾人有不得不謹慎提防者，此非怕死，特怕未死前無所建樹耳！張先生軀體雖死，事業已成；吾人在未死之前，均應及時努力也。人生之異於禽獸

張效良先生追悼會特輯

者，惟有交友。交友之道，在生前必須以精誠純篤出之，死後再圖良晤，恐無及矣。張先生在生前立業交友，兩俱成功，足稱完人！余與張先生雖非同執一業，但聚首之機會甚多。彼不慕名利，不居首功。觀乎廟行鎮建築無名英雄墓，蟄欵多至數萬元，而每遇籌欵開會，則默據案席，怡然自若。友儕有仗義發言者，彼仍以謙遜之態度出之，卽此一端，可概其餘也！

演說後，卽由效良先生之姊丈朱吟江先生致謝詞，張壽庚張壽崧兩公子謹致答禮，禮成散會。

輓聯一斑

稽忠許攀交，義俠永垂貨殖傳；鎦樊同僊去，英靈歸向大羅天。（吳鐵城）

貨殖傳中奇人，亦社會圭臬；建築界內鉅子，更儕輩師資（上海市建築協會）

殘編熟讀考工記，遺恨長留馬關橋。（上海市地方協會）

椿影風悲，音容宛在；鶴聲雲散，德音常存。（上海市營造廠業同業公會）

好義急公，爲時之聖；盡心所事，吾慕其人。（李大超）

壯鄉里觀瞻，捐金錢，捐精神，如何大廈未成，僊遊已賦！爲工商領袖，有智識，有膽略，太息哲人早萎，天道寗論！（浦東同鄉會）

贈閱「聯樑算式」揭曉啓事（二）

本會贈閱"聯樑算式,,應徵錄取者八名，其台銜已披露上期本刊。茲續錄取二名，連前共計十名，俾符規定人數。並將續取者台銜及陸續收到之意見書，分別刊錄如下：

附續取者台銜一覽

姓名	籍貫	略歷	備註
朱壽桐	浙江嘉善	國立交通大學土木工程學士 津浦鐵路工務處工務員	
鍾森	河北	國立同濟大學土木工程學士 北平同成工程司總工程師	

批評"聯樑算式"意見書彙輯

（三） 原文見上期本刊

原著者附註

王君提出之商榷點，彌足珍貴，惜本書因體材不合，未能盡量收入，殊屬遺憾。除末段外，其他各點，或無關大旨，或已經更正，恕不詳註。至於末段之意義，殊欠明瞭，請商榷之：

查定支點之硬度無限大，施無論如何大之力率，支點決不轉動(Rotation) 及移滑 (Sliding)，誠然，惟其兩者俱全，方能產生力率，若有轉動而無移滑之旋支 (Hinged Support)；或有轉亦有移滑之動支，其支點力率均爲零，此義稍諳力學者，卽可明瞭，毋庸引證。故疑"然則樑身內何能因此發生力率"之句，或非王君之原文。至本書第87，88兩頁各力率算式，請卽以第87頁第一圖之$M_L=-M$及$M_R=O$ 爲例，著者讀書不多，"Cont. Framed of Reinforced Concrete"一書，尙未過目，故柱力比喩法之原理，不甚了然，現如用三力率定理(Theorem of three moments)證之如下：——

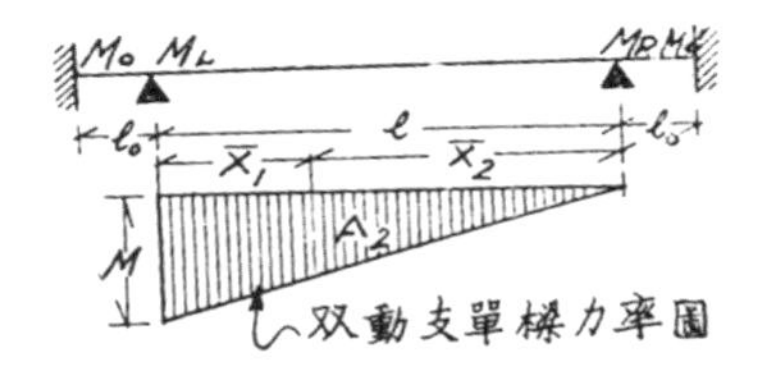

$$M_O l_O + 2M_L(l_O + l) + M_R l + 6\frac{A_2\bar{x}_2}{l} = O \cdots\cdots\cdots\cdots (1)$$

$$M_L l + 2M_R(l + l_O') + M_O' l_O' + 6\frac{A_2\bar{x}_1}{l} + 6\frac{A_3\bar{x}_3}{l_O'} = O \cdots\cdots (2)$$

因l_O,l_O',$\bar{x}_O$,$\bar{x}_3$均爲零，故(1).(2)兩式，可化成如下

$$O+2M_L l+M_R l+O+6\frac{A_2\bar{x}_2}{l}=O \cdots\cdots \quad (3)$$

$$M_L l+2M_R l+O+6\frac{A_2\bar{x}_1}{l}+O=O \cdots\cdots \quad (4)$$

又因　$A_2=\frac{1}{2}Ml$; $\bar{x}_1=\frac{1}{3}l$; $\bar{x}_2=\frac{2}{3}l$

故以上列各值，代入(3)(4)兩式，可得

$$2M_L+M_R=-2M$$

$$M_L+2M_R=-M$$

由上兩式，可得$M_L=-M$,及$M_R=O$

本書對於算式問題，在著者之意，最屬重要。王君爲提及該項問題之第一位，著者極歡迎此類問題之討論，特證明如上，藉作抛磚引玉之計。至如此證明，有無不合之處，尚請王君及諸先進不吝賜敎是禱！

(四)　鍾　森

胡工程師所著之"聯樑算式"一書，係用克勞氏力率分配法，推演各種聯樑，製成圖表，使讀者得到簡捷精確的計算方式。全書組織簡明，分類淸楚，可稱佳著。

以上是我對於"聯樑算式"的總評；至於內容細項，係照原理歸納變數推演而成，不便再作普泛的批評。玆姑以運用本書所得到實用上的意見一種，寫在下面，以塞應徵之責而已。

聯樑支點負力率，自然比較支點間之正力率之値爲大，計算旣求經濟與詳確，則應依照力率的需要，使樑身在支點處，高於在支點間；故聯樑宜有直綫式或拋物綫式之樑角設備，即德文所謂之voute是也。聯樑旣有樑角，其每節樑身的安量，自不一致，且影響到力率的分配。所以我覺得本書，宜於擴充此篇，以便在實用時，得到充分的詳確。

關於聯樑與聯架有樑角設備的安量關係計算，德國Strassner所著之Neuere Methoden等書，論之頗詳；其所用之力率分配與克勞氏之力率分配法雖異，而出於一轍，故對於本書的擴充工作，不妨取來一作參攷。管見所及，不知當否，願向高明一商榷之。

原著者附註

鍾君提出之樑角(Haunch)問題，確屬聯樑問題之一。但鄙意此種問題，應在聯樑之理論上討論之；且影響於聯樑之力率者，猶不止樑角一種，他如聯樑之安量關係，甲斷面與乙斷面之鋼筋不同，則每節樑身之安量亦異，其力率亦遂受影響。又如各支點之寬度問題，按通常設計時所求之支點力率，其支點寬度均作刀口(Knife edge)論，但實際上支點寬度，不但與支點力率發生關係，即支點間之力率，亦不能毫無影響，例如支點b之力率，用刀口支點求出之負力率，如左

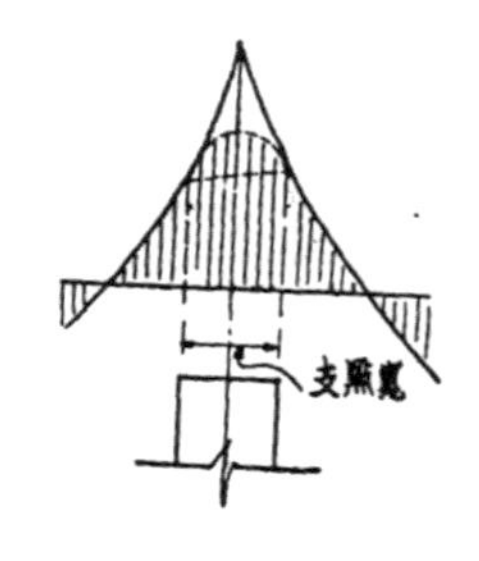

圖之實線所示；而實際上之支點力率，應成點線所示之形式。凡此種種問題，在普通計算上，均嫌手續太繁，略而勿計。若跨度巨大之橋樑工程上，則實有詳細計算之必要。深望鍾君或國內工程專家當編著聯樑理論時，將以上各點，詳細列入，俾便學者作高深之研究何如？

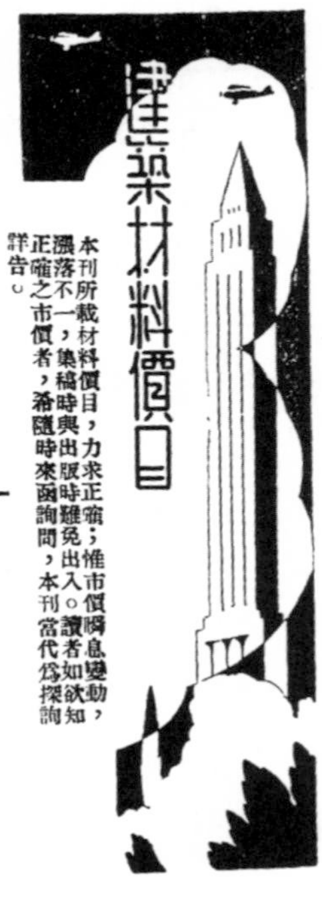

建築材料價目
本刊所載材料價目，力求正確；惟市價瞬息變動，漲落不一，集稿時與出版時難免出入。讀者如欲知正確之市價者，希隨時來函詢問，本刊當代為探詢詳告。

磚　瓦

（一）空心磚

十二寸方十寸六孔　每千洋二百十元
十二寸方九寸六孔　每千洋一百九十元
十二寸方八寸六孔　每千洋一百六十元
十二寸方六寸六孔　每千洋一百二十五元
十二寸方四寸四孔　每千洋八十元
十二寸方三寸三孔　每千洋六十五元
九寸二分方六寸六孔　每千洋六十五元
九寸二分方四寸半三孔　每千洋五十元
九寸二分方三寸三孔　每千洋四十元
四寸半方九寸二分四孔　每千洋三十二元
九寸二分四寸半三寸二孔　每千洋二十元
九寸二分・四寸半・二寸半・二孔　每千洋十九元
九寸二分・四寸半・二寸・二孔　每千洋十八元

（二）八角式樓板空心磚

十二寸方八寸八角四孔　每千洋一百八十元
十二寸方六寸八角三孔　每千洋一百三十五元
十二寸方四寸八角三孔　每千洋九十元

（三）深淺毛縫空心磚

十二寸方十寸六孔　每千洋二百二十五元
十二寸方八寸半六孔　每千洋一百八十九元
十二寸方八寸六孔　每千洋一百八十元
十二寸方六寸六孔　每千洋一百三十五元
十二寸方四寸四孔　每千洋九十元
十二寸方三寸三孔　每千洋七十二元
九寸三分方四寸半三孔　每千洋五十四元

（四）實心磚

九寸四寸三分二寸半特等紅磚　每萬洋一百三十元
又　普通紅磚　每萬洋一百二十元
八寸半四寸一分二寸半特等紅磚　每萬洋一百二十四元
又　普通紅磚　每萬洋一百十四元
十寸・五寸・二寸特等紅磚　每萬洋一百二十元
又　普通紅磚　每萬洋一百十元
九寸四寸三分二寸特等紅磚　每萬洋一百元
又　普通紅磚　每萬洋九十元
九寸四寸三分二寸二分特等紅磚　每萬洋一百十元
又　普通紅磚　每萬洋一百元
九寸四寸三分二寸二分拉縫紅磚　每萬洋一百六十元
十寸五寸二寸特等青磚　每萬一百三十元
又　普通青磚　每萬洋一百二十元
九寸四寸三分二寸特等青磚　每萬一百十元
又　普通青磚　每萬洋一百元
九寸四寸三分二寸二分特等青磚　每萬一百二十元
又　普通青磚　每萬一百元

（以上統係外力）

（五）瓦

一號紅平瓦　每千洋五十五元
二號紅平瓦　每千洋五十元
三號紅平瓦　每千洋四十元
一號青平瓦　每千洋六十元
二號青平瓦　每千洋五十五元
三號青平瓦　每千洋四十五元
西班牙式紅瓦　每千洋四十五元
西班牙式青瓦　每千洋四十八元
英國式灣瓦　每千洋三十六元
古式元筒青瓦　每千洋六十元

（以上統係連力）

以上大中磚瓦公司出品

新三號青放　每萬洋五十三元
新三號老紅放　每萬洋六十三元

輕硬空心磚

		每塊重量
十二寸方十五寸四孔	每千洋二八八元	卅六磅
十二寸方十寸四孔	每千洋二三六元	廿六磅
十二寸方八寸二孔	每千洋一七七元	十九磅半
十二寸方六寸二孔	每千洋一三三元	十七磅
十二寸方四寸二孔	每千洋八十九元	十四磅

十二寸方三寸二孔 每千洋七十元 十半二磅

九寸三分方八寸三孔 每千洋九十三元 十二磅

九寸三分方六寸三孔 每千洋七十元 九磅半

九寸三分方四寸半三孔 每千洋五十四元 八磅三五

九寸三分方三寸二孔 每千洋五十元 七磅三五

硬磚

二寸三分四寸五分九寸半 每萬洋一〇五元 六磅

二寸二分四寸一分八寸半 每萬洋八十五元 四磅半

以上長城磚瓦公司出品

鋼條

四十尺四分普通花色 每噸一四〇元

四十尺五分普通花色 每噸一二六元

四十尺六分普通花色 每噸一三二元

四十尺七分普通花色 每噸一三六元

四十尺一寸普通花色 每噸一三六元

盤圓絲 每市擔六元六角

泥灰石子

象牌 水泥 每桶洋六元三角

泰山 水泥 每桶洋五元七角

馬牌 水泥 每桶洋六元角元

拔灰 每擔洋一元二角

黃沙 每噸洋三元

石子 每噸洋三元半

木材

洋松 八尺至卅二尺再長照加 每千尺一百十元

一寸洋松 每千尺洋一百十二元

寸半洋松 每千尺洋一百十三元

洋松二寸光板 無市

四尺洋松條子 每萬根洋一百六十五元

一寸四寸洋松一號企口板 每千尺洋一百四十五元

一寸四寸洋松副頭號企口板 每千尺洋一百十元

一寸四寸洋松二號企口板 每千尺洋一百元

一寸六寸洋松一號企口板 每千尺洋一百五十元

一寸六寸洋松副頭號企口板 每千尺洋一百十五元

一寸六寸洋松二號企口板 每千尺洋一百元

一二五四寸洋松一號企口板 無市

一二五四寸洋松二號企口板 無市

一二五六寸洋松一號企口板 無市

一二五六寸洋松二號企口板 無市

柚木(頭號)僧帽牌 每千尺洋六百元

柚木(甲種)龍牌 每千尺洋五百三十元

柚木(乙種)龍牌 每千尺洋五百元

柚木(旗牌) 每千尺洋五百三十元

柚木(盾牌) 每千尺洋四百八十元

硬木 無市

硬木(火介方) 每千尺洋一百八十五元

柳安 每千尺洋一百九十元

紅板 每千尺洋一百六十元

抄板 每千尺洋一百八十元

十二尺三寸六八皖松 每千尺洋六十五元

十二尺二寸皖松 每千尺洋六十五元

一二五四寸柳安企口板 每千尺洋二百十元

一寸六寸柳安企口板 每千尺洋二百十元

一二五四寸企口紅板 無市

二寸一半建松片 市尺每千尺洋六十八元

九尺四分建松板 市尺每丈洋三元八角

九尺八分建松板 市尺每丈洋六元八角

六尺半五分青山板 市尺每丈洋三元五角

本松毛板	市尺每塊洋三角
本松企口板	市尺每塊洋三角二分
六尺半二分杭松板	市尺每丈洋二元
七尺半二分甌松板	市尺每丈洋二元一角
六尺半八分皖松板	市尺每丈洋四元六角
九尺八分皖松板	市尺每丈洋五元六角
六尺半五分皖松板	市尺每丈洋四元二角
台松板	市尺每丈洋三元五角
七尺半四分坦戶板	市尺每丈洋二元六角
七尺半三分坦戶板	市尺每丈洋二元四角
六尺二分機鋸紅柳板	市尺每丈洋二元五角
六尺三分毛邊紅柳板	市尺每丈洋二元五角
六尺二分俄松板	市尺每丈洋二元六角
六尺半二分俄松板	市尺每丈洋二元八角
七尺半毛邊二分坦戶板	市尺每丈洋一元七角
六尺半五分機介杭松	市尺每丈洋四元二角
白松方	每千尺洋九十五元
紅松方	每千尺洋一百十五元
麻栗方	每千洋一百三十五元
啞克方	每千洋一百三十五元
俄麻栗板	每千尺洋一百四十元

五金

（一）釘

美方釘	每桶洋二十元〇九分
平頭釘	每桶洋二十元八角
中國貨元釘	每桶洋六元五角

（二）牛毛毡及防水粉

五方紙牛毛毡	每捲洋二元八角
半號牛毛毡（馬牌）	每捲洋二元八角
一號牛毛毡（馬牌）	每捲洋三元九角
二號牛毛毡（馬牌）	每捲洋五元一角
三號牛毛毡（馬牌）	每捲洋七元
建業防水粉	每磅國幣三角

（三）其他

鋼絲網（27"×96" 2¼lbs.）	每方洋四元
鋼版網（8"×12" 六分一寸半眼）	每張洋卅四元
水落鐵（每根長二十尺）	每千尺五十五元
牆角線（每根長十二尺）	每千尺九十五元
踏步鐵（每根長十尺或十二尺）	每千尺五十五元
鉛絲布（闊三尺長百尺）	每捲二十三元
綠鉛紗（同上）	每捲洋十七元
銅絲布（同上）	每捲四十元

水木作工價

木作（包工連飯）	每工洋六角三分
水作（同上）	每工洋六角
水木作（點工連飯）	每工洋八角五分

中華郵政特准掛號認為新聞紙類

建築月刊
THE BUILDER

內政部登記證警字第二五五四號

廣告刊例
Advertising Rates Per Issue

地位 Position	全面 Full Page	半面 Half Page	四分之一 One Quarter
底封面外面 Outside back cover.	七十五元 $75.00		
封面及底面之裏面 Inside front & back cover	六十元 $60.00	三十五元 $35.00	
封面裏面及底面裏面之對面 Opposite of inside front & back cover.	五十元 $50.00	三十元 $30.00	
普通地位 Ordinary page	四十五元 $45.00	三十元 $30.00	二十元 $20.00
小廣告 Classified Advertisements	每期每格三寸半闊一寸高洋四元 — $4.00 per column		

廣告概用白紙黑墨印刷，倘須彩色，價目另議；鑄版彫刻，費用另加。
Advertisements inserted in two or more colors to be charged extra.
Designs, blocks to be charged extra.

第四卷第六號

民國二十五年六月發行

刊務委員 陳松齡 江長庚 竺泉通

主編 杜彥耿

廣告 藍克生 (A. O. Lacson)

發行 上海市建築協會 南京路大陸商場六二〇號 電話 九二〇〇九號

印刷 新光印書館 上海聖母院路聖達里三〇號 電話 七四六三五

定價

每月一冊　全年十二冊

訂購辦法	價目	郵費 本埠	郵費 外埠及日本	郵費 香港澳門	郵費 國外
零售	五角	二分	五分	一角八分	三角
預定全年	五元	二角四分	六角	二元一角六分	三元六角

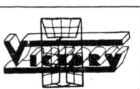

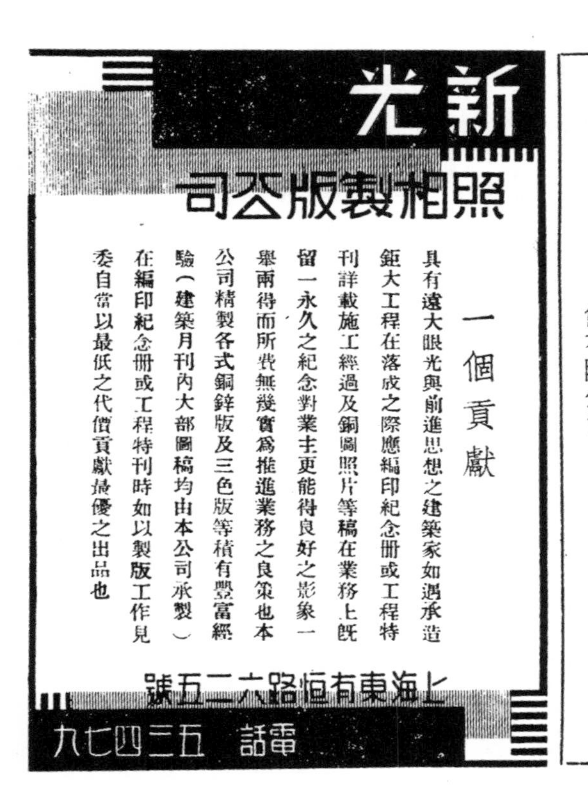
新光
照相製版公司
一個貢獻
具有遠大眼光與前進思想之建築家如遇承造鉅大工程在落成之際應編印紀念冊或工程特刊詳載施工經過及銅圖照片等稿在業務上既留一永久之紀念對業主更能得良好之影象一舉兩得而所費無幾實爲推進業務之良策也本公司精製各式銅鋅版及三色版等積有豐富經驗（建築月刊內大部圖稿均由本公司承製）在編印紀念冊或工程特刊時如以製版工作見委自當以最低之代價貢獻最優之出品也
上海東有恒路六二五號
電話 五三四七九

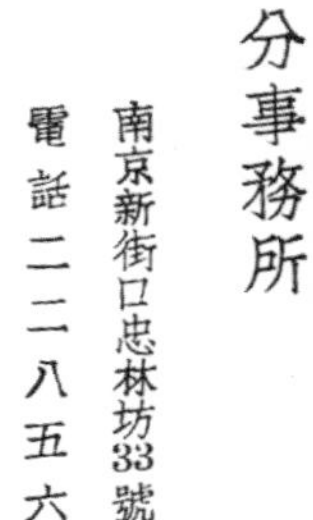

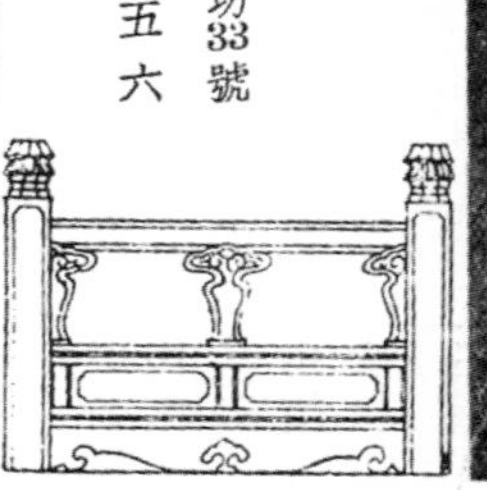

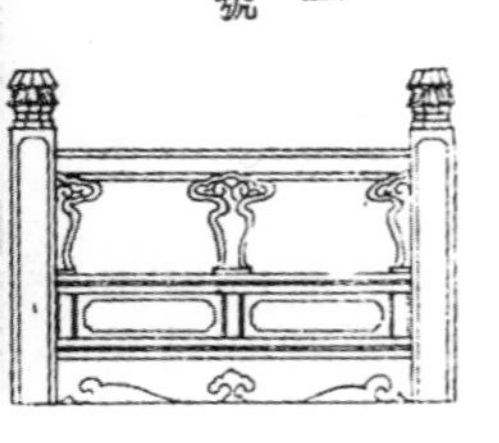

中國近代建築史料匯編（第一輯）

建築月刊

第四卷　第七期

刊月築建
卷四第
期七第
VOL.4
NO. 7
50
CENTS
"THE BUILDER"

大中機製磚瓦股份有限公司

製造廠浦東南匯縣下沙鎮

本公司因鑒於建築事業日新月異材料選擇尤關重要特聘專門技師購置德國最新式機器精製各種青紅磚瓦及空心磚等品質堅韌色澤鮮明自應銷以來已蒙各界推爲上乘樂予採購茲略舉一二以資參攷其他惠顧諸君因限於篇幅不克一一備載諸希鑒諒是幸

大中磚瓦公司附啟

曾經購用敝公司出品各戶台銜列后：

本埠

國立中央實驗館	兆豐花園	和興公司承造
墾業銀行	北京路	趙新泰承造
開成造酸公司	軍工路	王錦記承造
中匯大廈	愛多亞路	久記承造
南成都路巡捕房	南成都路	新蓀記承造
四行念二層大樓	靜安寺路	馥記承造
工部局巡捕房	平涼路	新蓀記承造
申新第九廠	東京路	協盛承造
揚子飯店	雲南路	潘榮記承造
百老匯大廈	百老匯路	新仁記承造
雷斯德工藝學院	熙華德路	久泰錦記承造
博德運絨線廠	定海路	創新承造
中央巡捕房	福州路	新申承造
中華書局總廠	澳門路	湯秀記承造
上海市立醫院	市中心區府南左路	陸根記承造
國立上海商學院	西體育會路	陸根記承造
建設大廈	福州路	陶桂記承造
永安公司新廈	南京路	陶桂記承造
怡和啤酒廠	定海路	創新承造
三菱銀行大廈	四川路	余洪記承造
明星公司有聲攝影場	楓林橋	自建
哈同大廈	拋球場	陳永興承造
浦東同鄉會	愛多亞路	新昇記承造
中國銀行大廈	仁記路	陶桂記承造

外埠

金陵大學	南京	利源建築公司承造
航空學校	杭州	新金記康號承造
中國銀行	青島	錦生記承造
太古堆棧	廈門	嗬蘭治港公司承造
中央政治學校 電政	南京	大昌公司承造
江蘇銀行	南京	鈕永記承造
中國國貨銀行	南京	成泰承造
永利硫酸錏廠	浦口卸甲甸	新金記康號承造
連雲港發電廠	海州	方記建築公司承造
國立戲劇研究院	南京	陸根記承造
天生港發電廠	南通天生港	自建
瓊州海關	廣東瓊州島	自建
江蘇省立蘇州女子師範學校	蘇州盤門新橋巷	自建

所出各品儲有大批現貨以備各界採用如蒙定製各色異樣磚瓦亦可照辦備有樣品如蒙索閱卽當送奉

駐滬批發所

上海英租界牛莊路七三一弄四號　電話九〇三一一

DAH CHUNG TILE & BRICK MAN'F WORKS.

Sales Dept. House No. 4, Lane 731, Newchwang Road, Shanghai.

TELEPHONE 90311

Introducing The Electric BOSCH *Drilling and Chiselling* HAMMER

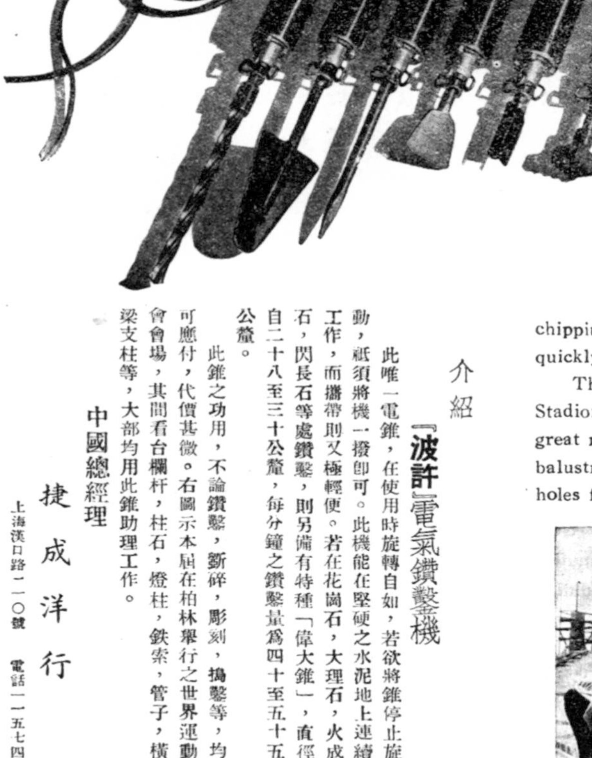

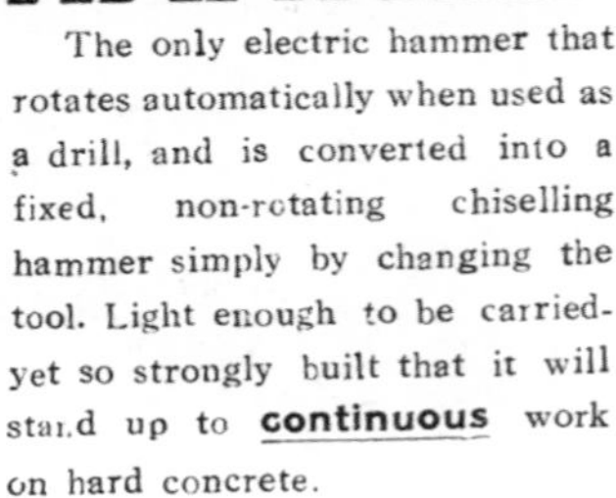

The only electric hammer that rotates automatically when used as a drill, and is converted into a fixed, non-rotating chiselling hammer simply by changing the tool. Light enough to be carried-yet so strongly built that it will stand up to **continuous** work on hard concrete.

For drilling granite, marble, basalt, syenite etc. special WIDIA drills are used with an output of 40 to 55mm per minute, at 28-30 mm diam.

The utility of the BOSCH Hammer for either drilling, chipping, chiselling, keying, stamping or roughening, quickly repays its cost many times over.

The picture below shows the building of the Olympic Stadion in Berlin wher eBOSCH Hammers were used in great numbers for drilling anchor holes for railings, balustrades etc., for keying pillars, for chiselling out holes for lamp standards, cables, pipes, girder supports.

介紹

『波許』電氣鑽鑿機

此唯一電錐，在使用時旋轉自如，若欲將錐停止旋動，祇須將機一撥卽可。此機能在堅硬之水泥地上連續工作，而攜帶則又極輕便。若在花崗石，大理石，火成石，閃長石等處鑽鑿，則另備有特種「偉大錐」，直徑自二十八至三十公釐，每分鐘之鑽鑿量爲四十至五十五公釐。

此錐之功用，不論鑽鑿，斲碎，彫刻，搗鑿等，均可應付，代價甚微。右圖示本屆在柏林舉行之世界運動會會場，其間看台欄杆，柱石，燈柱，鉄索，管子，橫梁支柱等，大部均用此錐助理工作。

中國總經理

捷成洋行

上海漢口路一一〇號　電話一一五七四

Sole Agents:

JEBSEN & CO., Shanghai

110 Hankow Road　　Tel. 11574

General Representatives for China of Messrs. R. Bosch A.-G., Stuttgart.

全球建築師均用鋁爲窗框或門框

由司各脫名建築師設計之英國劍橋大學新圖書館，其窗框全用鋁合金爲之。

窗框及房屋上其他部分。如用適度之鋁合金爲之。可收調和與實用，堅韌與輕巧耐久之益。而不致汚及四圍之物料。鋁合金具有天然酸化面膜而經過適度之化學的鍛煉。雖能保持漆色。然並不需按時髹漆。

鋁之爲物，於美觀無敵外。又復貢獻種種利益。絕不坼裂。因其開展之時，可以回復其原來之廣袤。而毫不扭歪。且也鋁性溫柔。因此得免翹曲與分裂之弊。又可抵抗天時與銹蝕之美質。能製爲各種形式，顏色，與物品。於此有甚重要者。卽須用適度之鋁合金是也。本公司研究部在同業中爲最大。甚願隨時貢獻一臂之助焉。

現代化之建築必需現代化之金屬

著名建築師在美國六處大廈中均用鋁其事實如下

(一)紐約市皇家大廈—所有市招，拱側，球飾，電梯門及飾件，均用鋁爲之，舟纜椿外包以鋁。飛簷亦用鋁鑄成。

(二)物克多無線電大廈—所有窗臺，定廳中之裝飾金屬物，外部裝飾金屬物，均用鋁爲之。

(三)芝加哥好望信託儲蓄銀行大廈—所有銘刻嵌板及壁上金屬片，定廳門框，階上方眼格，走廊方眼格，郵箱，花樓欄杆，開支票檯，檯燈附件，日曆框，銀行中報告員之小口開，金庫屏風，銀行天井之大開，均用鋁爲之。

(四)米希干聯合實業銀行大樓—所有拱側，銀行業務間之窗戶，名字板，店招，街名，方眼格，旗杆脚，樓梯及花樓欄杆，均用鋁爲之。

(五)紐傑賽州夏噓塔—所於拱側，檻，窗格，方眼格，窗格，市招，屏風，圍帶，階廊，客廳，電梯門，電燈附件，狹條，壁柱，均以鋁爲之。

(六)紐約克雷斯勒大樓—所有拱側，窗台，旗杆脚，門承軸，天窗，窗戶，通氣裝置，牆欄杆，牆頂石嵌板，出水管之口，均用鋁爲之。

左圖爲上海國際大飯店內通餐廳之正門，其門框及拉手，經鄔逵克建築師證明，均係鋁合金所製。

須知鋁之爲物質輕而堅。能抵禦銹蝕。最適外部用途。至用於內部時。其新穎之美飾作用，與夫爲社會人士所樂用。均屬毫無問題。

鋁能表示現代設計之秀雅與氣勢

歡迎垂詢詳請

(三)

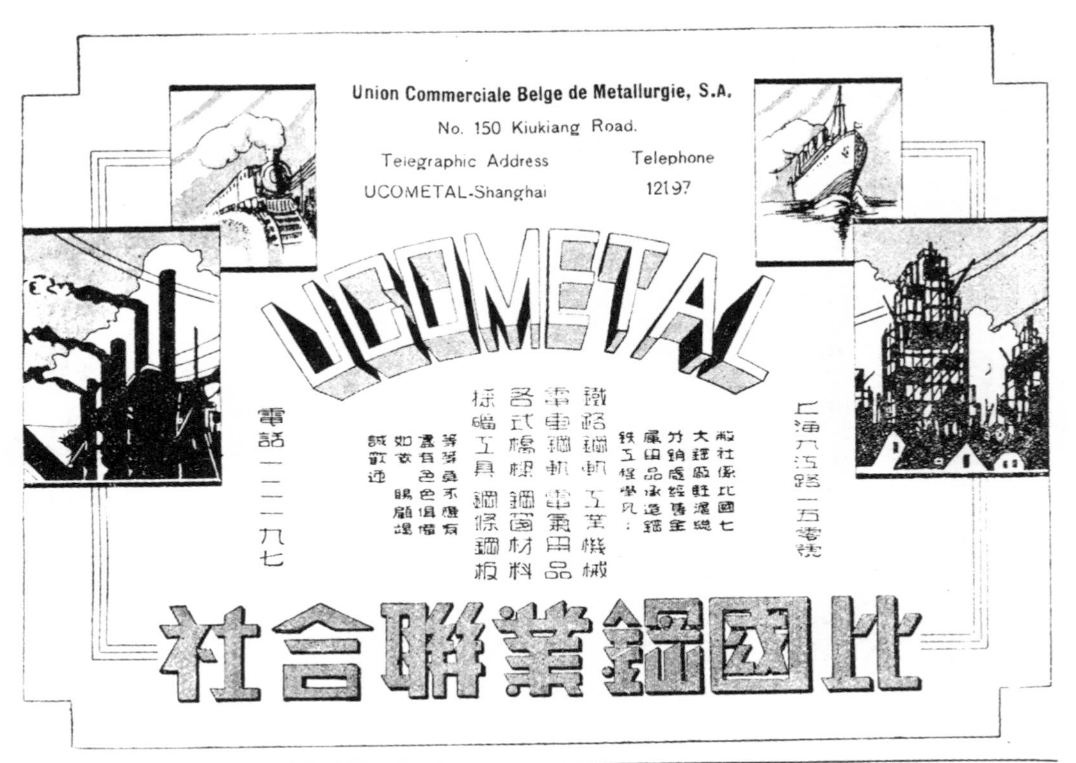

上圖係本廠承造上海靜安寺路四行大廈內部鋁金裝修之一

新耀金工廠

本廠承造工程之一斑

(1) 上海靜安寺路四行大廈全部鋁金裝修

(2) 上海大新公司鋁金裝修

(3) 上海市醫院市博物館市圖書館等鋁金裝修

(4) 南京大華戲院內部鋁金裝修

(5) 重慶川鹽銀行全部鋁金裝修

(6) 杭州中央飛機製造廠飛機上各種鋁金鑄件

上海平涼路一八四一號

電話五二二九五號

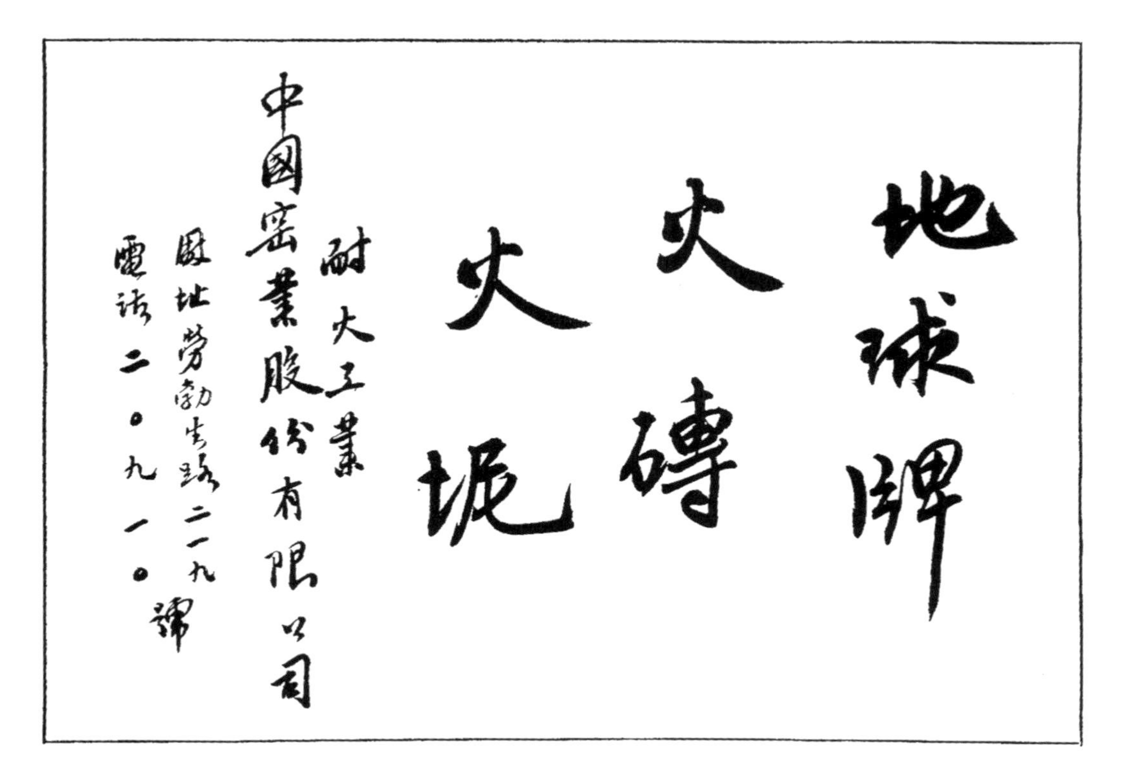

Armstrong Products

For Floors

ACCOTILE RUBBER TILE
CORK TILE LINOTILE
LINOLEUM

For Walls

LINOWALL
A decorative and durable wall covering.
Distinctive designs for every type of interior.

Masonite Products

1. TEMPERED PRESDWOOD for Furniture, Concrete form, Floors, Wall Panneling, Cabinet Making, etc.
2. STANDARD PRESDWOOD for all Interior Walls & Ceilings.
3. QUARTER BOARD for Walls and Ceilings.
4. INSULATION BOARD for Interior Finishes, insulation and sound absorption.

本行經售：—

雅氏含土瀝青地磚
雅氏橡皮地磚
雅氏軟木地磚
雅氏油牆毯
雅氏油地氈

本行經售各種用於牆壁及地板之材料，美觀耐久，各式俱備，設計新穎，不同凡響，如蒙採用，定能滿意。

(1) 美生油板 可作家具，水泥壳子，地板，牆壁及衣櫥之用。
(2) 美生光板 用於內牆及平頂
(3) 美生二分板 用於牆壁及平頂
(4) 美生隔絕板 用於內牆，以隔絕聲響。

經久耐用・經濟美觀
備有大批現貨
如蒙委託估價或索取樣品概不取費

Durable, Artistic, Economical.
Estimates and Samples given without obligation.
Skillful workmanship and under Foreign Supervision.
Stock Carried.

EXCLUSIVE AGENTS :--
GETZ BROS. & CO.
66 Nanking Road..................... Tel. 16851-3

獨家經理
美商吉時洋行
南京路六十六號 電話一六八五一至三

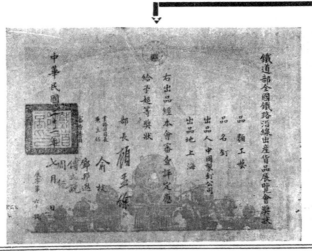

第四卷第七號

目錄

插圖

頁數

滙陰船閘……(1—2)

上海律師公會新會所全套圖樣……(5—14)

法國邊境麥琪諾地底要塞……(15)

建築型式……(16—20)

傢具與裝飾……(41—42)

小住宅圖樣……(43—44)

論著

編者瑣話……漸(3)

中國銀行新廈舉行奠基典禮……(4)

建築史(十一)……杜彥耿(21—31)

現代建築形式之新趨勢……辜其一(32—34)

營造學(十六)……杜彥耿(35—40)

專載……(45)

介紹"波許"電機鑽鑿機……(46)

建築材料價目……(47—49)

廣告索引

大中磚瓦公司
遠東實業公司陶磁廠
李富士
捷成洋行
大亞建築材料行
華新磚瓦公司
道門朗公司
東方成記磚瓷公司
鋁業有限公司
比國鋼業聯合社
新耀金工廠
瑞昌五金銅鐵廠
孔士洋行
美和公司
蔣金秦彩畫作
中國窯業公司
吉時洋行
科學儀器館
中國製釘公司
保裕保險公司
啓新磁廠
中國銅鐵工廠
應城石膏公司
新光製版公司
新成鋼管公司
中國建築雜誌
廣永和爐灶廠
勝利鋼窗公司
馥記營造廠
公勤鐵廠
新仁記營造廠
太古公司油漆部

保裕保險公司

創立於西曆一八八〇年　資本一五三九〇九〇英鎊

本公司創立迄今已有五十餘年資本宏厚管理嚴密服務週到賠款迅速早蒙各界人士所信仰營業種類除水火保險外尙承保各種意外險謹將其性質與效用畧陳於後

團體職工意外傷害險

近年來各工廠商業機關及建築公司之工人職員於工作之際因意外事故之發生致受傷害或死亡者日復增多僱主每因此給付醫藥費及撫卹損失殊重團體職工意外傷害險卽可使僱主以低廉之保費將其所有對於受僱職工此類給付責任在規定條件之下移交本公司負担職工之生計既得保障業主之負担復能減輕其設想之美備與夫服務之週到實爲吾人所不容忽視者也

個人意外傷害險

天有不測風雲人有旦夕禍福設吾人不幸遭遇意外傷害則生產能力頓受影響而支出費用額外增多精神上所受痛苦豈堪言喩個人意外傷害險者卽生產能力之保障人生幸福之護符舉凡因意外傷害以致喪失生命折斷四肢以及雙目失明損失時間等均能得有賠償所需保費猶爲人人所能負担者

意外死亡險

此種保險全年保費僅十二元五角設被保人不幸因意外傷害以致喪失生命者卽可有一萬元巨額賠款有人壽保險之功效而費用則較廉多矣

第三者責任險

吾人若因過失致傷害他人身體或損壞他人財物時依法須負損害賠償之責任此類賠償責任之成例頗多茲畧舉一二以表其義

承攬或建築工程之材料工具機件或架棚之下墜因而擊傷路人或損壞他人財物

磚瓦下墜致路人受傷或死亡

貨物墜自架鈎致傷害路人或損壞他人財物

上述之賠償責任時刻有發生之危險現可將此類責任保險費率極爲低廉

電梯險

高廈巨樓皆有電梯之設備意外事故之發生在所不免如司機失愼或吊線斷裂致電梯下墜因而害及梯內乘客此種意外發生後電梯所有人對被害之電梯乘客例須負賠償之責電梯險卽可代業主負担此種賠償責任所需保費亦甚低廉

此外尙有他種損失或損壞等意外危險亦可保險如水災、風災、汽車、地震、騷擾、旅行時遺失行李等

欲明上述各種保險之詳情及費率請向本公司意外保險部詢問定當竭誠奉告也

南京路沙遜大廈三樓

電話一一四三〇

淮陰船閘

THE NEWLY COMPLETED LOCKS OF HUAIYIN, CHINA.

馥記營造廠承造
Voh Kee Construction Co., Contractors.

放水後之船閘室
The sluice is full of water.

淮陰船閘
THE LOCKS OF HUAIYIN.

馥記營造廠承造
Voh Kee Construction Co., Contractors.

堅厚之閘門
The Strong Gate.

編者瑣話

漸

一年一度的國慶紀念日，又在國人熱烈慶祝聲中消逝了！今年的國慶日，與往年有頗多不同之點，一爲國內統一，從茲上下一心，共謀中華民族的復興，同有着奮發自救的情緒；一因中國積弱已久，年來蓄意猛進，修明內政，努力建設。仍不能邀人鑑諒，依然認爲可侮可辱之民族。因此外力的威脅，抑且變本加厲。試觀各地的變端，如有着預定計劃以資藉口者，故其行動如出一轍般。況這出事亦有時間性，好像唱戲般開場，先來一段引，隨後引起大段的唱做，故明眼人自可觀透個中的底蘊。祇要我們自己充實準備，有恃無恐，臨時由他扮演任何鬼臉，毫不爲懼了！

提起準備，是要各方面有普遍性的發展，才不致有畸形的流弊。故建築界也逃不了要做準備的功夫。例如建築師工程師要不斷討論研究各種地底下的防禦工事。如機關鎗座炮座，指揮所永久陣地等工程，俟有所得，將計劃呈獻政府採用。他如民房建築的改進，並築地下避難所等工事，庶人民不因時局緊張謠言蠭起而紛紛遷家等的慌張舉動。將討論與研究的結果，公諸社會，俾私人及投資地產事業者有所參攷與採取。這是建築師工程師目下所最應注意的幾樁工作。

營造廠的準備工作，重在實際，故平時職工的編制要軍事化，俾有事時任憑政府的調遣，担任道路橋樑及防禦工事等的構築，不使驚惶星散。他如營造廠裏器械機件，無一非爲必要利器，如運貨卡車之改作軍用也，拌水泥機澆搗防禦工事也，吊機之起重軍需品也，發電機也，抽水帮浦也，及磚石沙木等，統可徵作軍用。故望建築師工程師營造廠速行聯合起來，舉行國防會議，各盡國民的天職。不要致力於搬家與調換先令等消極的避難工作，而要積極的起來奮鬥，才對得住祖宗所傳給我們的中華民國！

× × × × × × × × ×

Corner stone of the new premises of The Bank of China laid by Mr. T. V. Soong.

宋子文演說時攝影

中國銀行新廈舉行奠基典禮

上海仁記路外灘正在建築中之中國銀行新廈，業於十月十日舉行奠基典禮，中外各界領袖，均到會觀禮。由該行總經理宋漢章主席，董事長宋子文夫婦親奠基石，聞新廈定明年底完工云。

開會儀式，殊爲隆重，首由宋漢章致詞，旋即行奠基禮，由宋子文夫人安置紀念箱於基石之下，該箱內藏新廈圖樣及黃浦灘風景片，現行各種輔券，中行兌換券及全國中行行員名單等，繼由宋子文氏親奠基石，該石上鐫「中國銀行大廈奠基紀念」等字樣，禮畢，並由宋氏報告興建新廈之意義及感想，演詞甚長，茲摘錄有關建築之一段如下：

「………（上畧）數年以來，中國銀行已經感覺原有的房屋，狹隘不堪，設備簡陋；不過因爲節省經費起見，勉强遷就，一年一年的遷延下去，直到舊屋實在不能將就，方决定建築新廈。至於新廈落成以後的外觀內容和設備，建築師已經在各報紙上發表了一篇文字，說得有聲有色；不過兄弟却有一句話，不能不代表中國銀行聲明，就是無論建築師那篇文字上說得如何冠冕堂皇，中國銀行並不是要修造一華麗的房屋，來表示我們資產的力量，我們唯一宗旨，是要增加我們工作的效率，和顧客的便利。至於裝飾門面的工夫，是我們所不願意做的，董事會將原來造價的預算，一再刪減至百分之五十，就可明瞭我們的用意。今天我們所當注意的，不是物質上的觀察，是精神上的意義。（下畧）………」

上海律師公會新會所

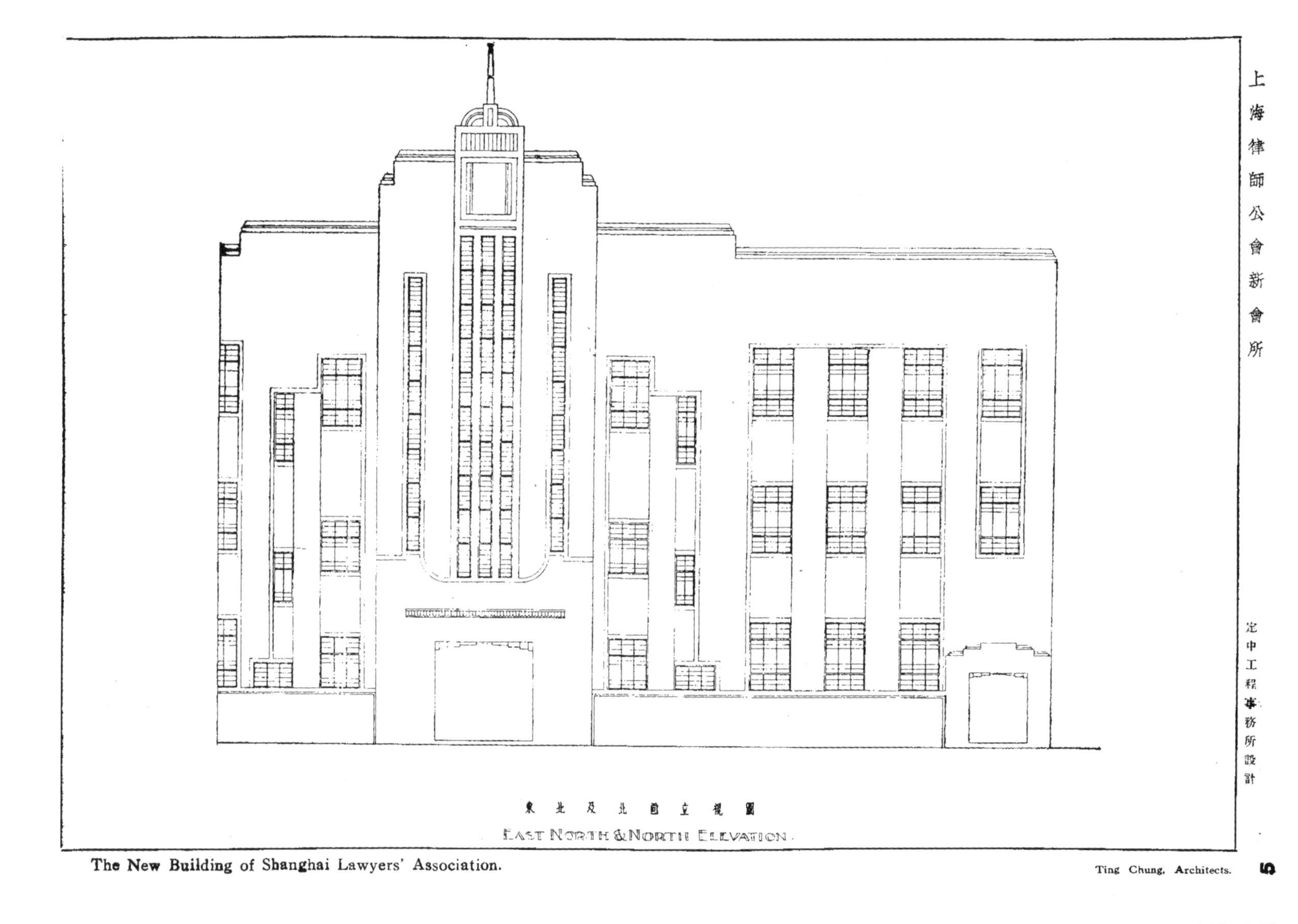

東北及北面立視圖
EAST NORTH & NORTH ELEVATION

定中工程事務所設計

The New Building of Shanghai Lawyers' Association.

Ting Chung. Architects.

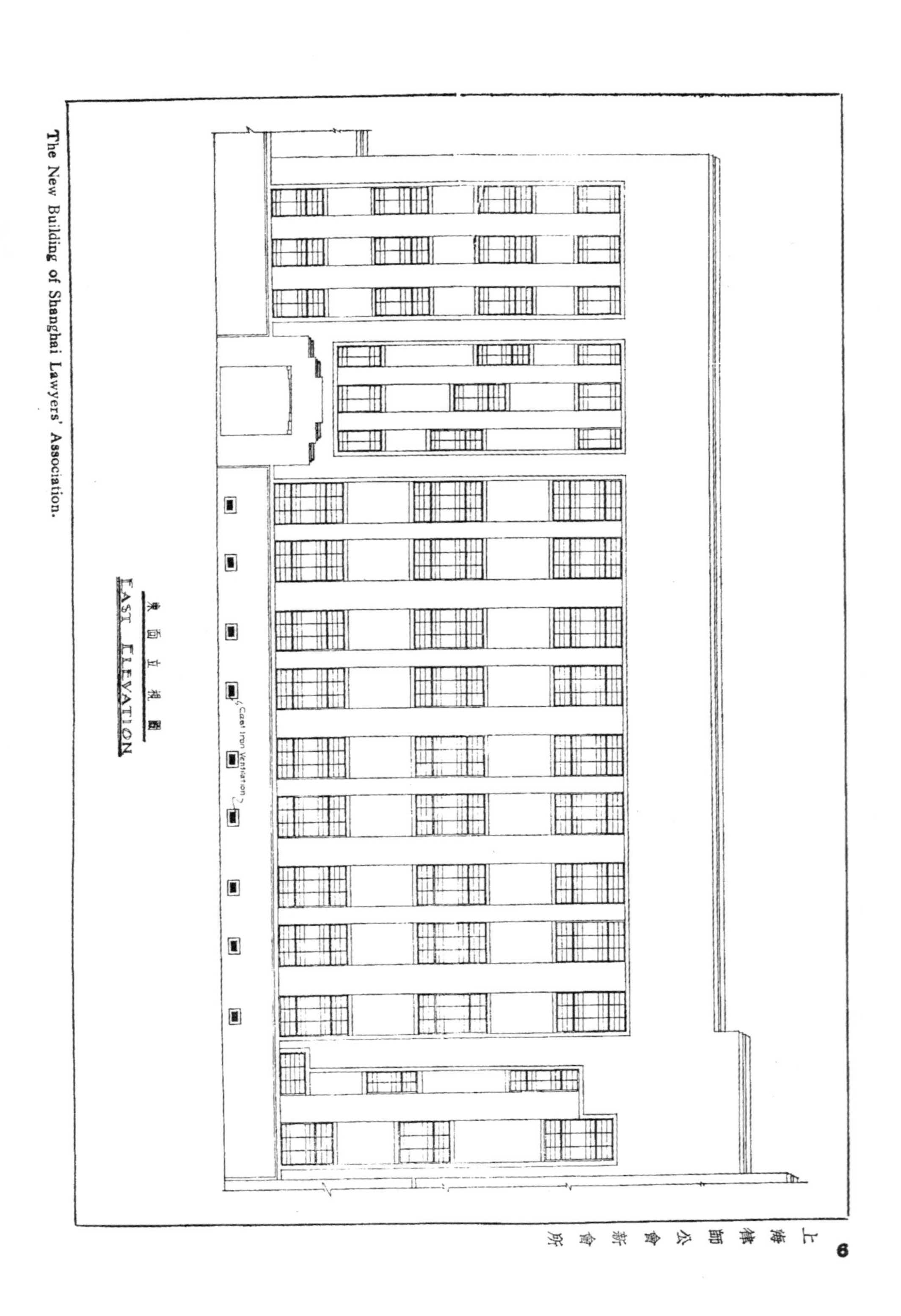

The New Building of Shanghai Lawyers' Association.

上海律師公會新會所

6

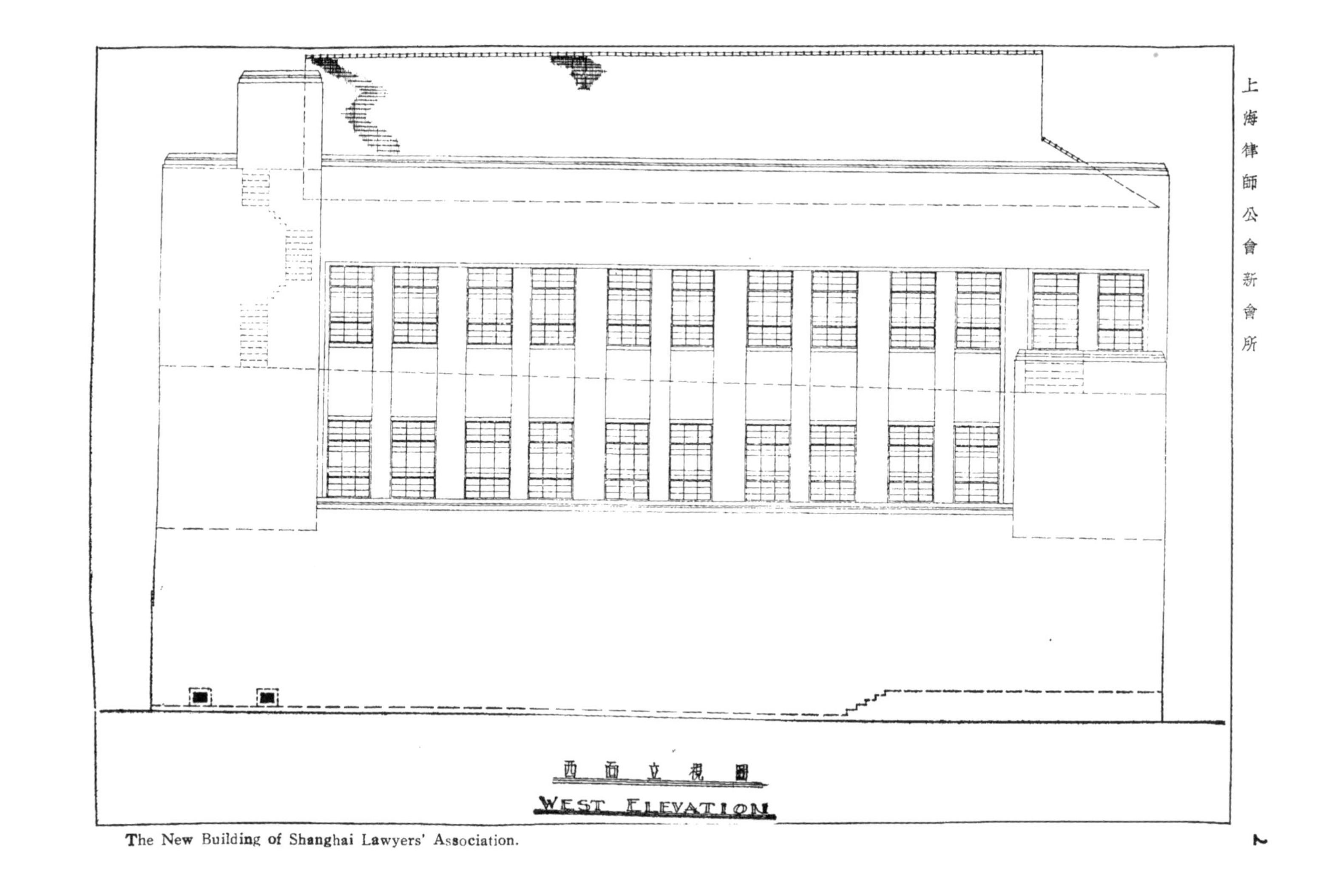

上海律師公會新會所

西面立視圖

WEST ELEVATION

The New Building of Shanghai Lawyers' Association.

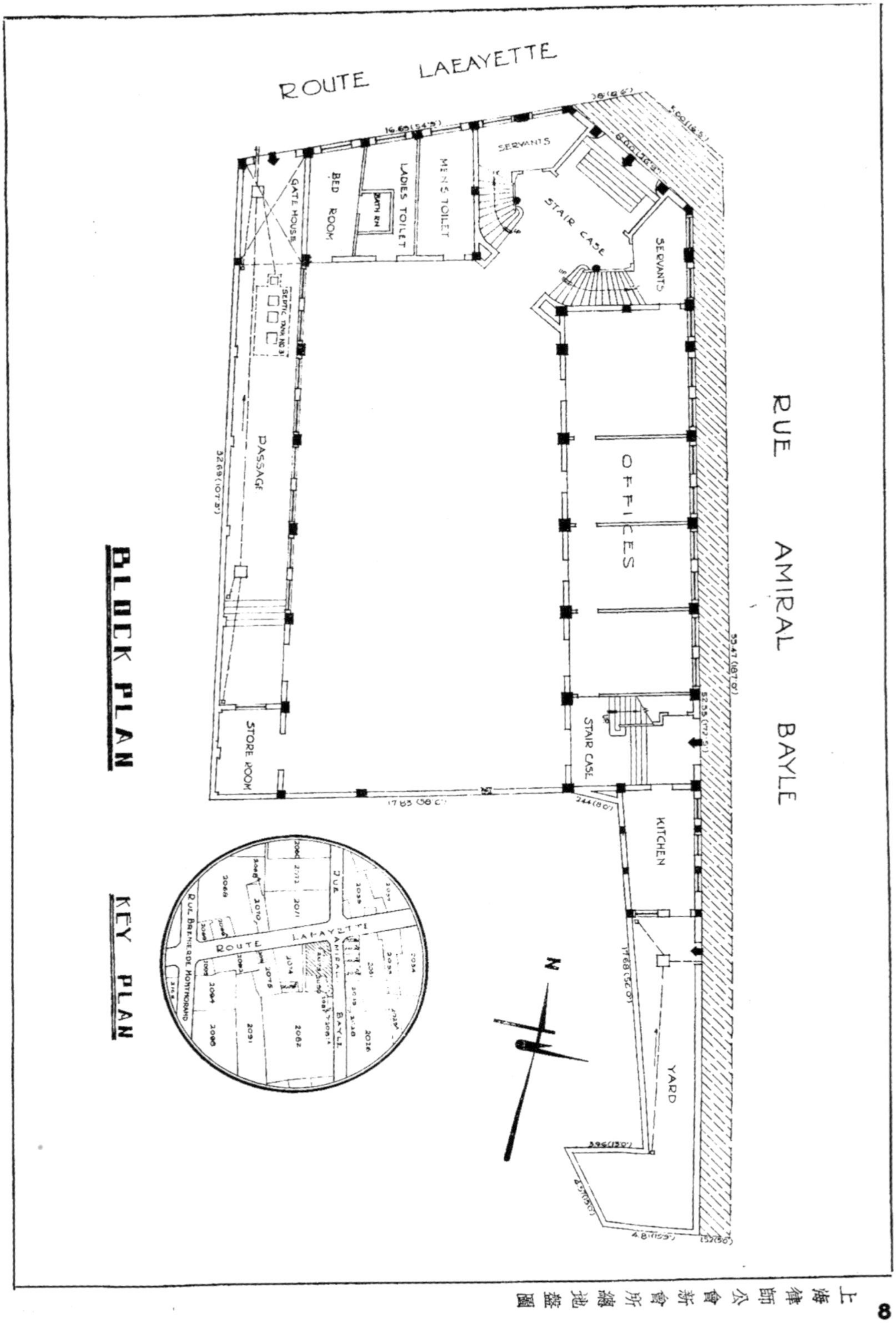

The New Building of Shanghai Lawyers' Association.

BLOCK PLAN

KEY PLAN

上海律師公會新會所總地盤圖

上海律師公會新會所

The New Building of Shanghai Lawyers' Association.

底層平面圖

GROUND FLOOR PLAN

The New Building of Shanghai Lawyers' Association.

貳層平面圖

FIRST FLOOR PLAN

上海律師公會新會所

The New Building of Shanghai Lawyers' Association.

上海律師公會新會所

叁層平面圖

SECOND FLOOR PLAN

南面立視及剖面圖

SOUTH ELEVATION AND SECTION

The New Building of Shanghai Lawyers' Association.

上海律師公會新會所

12

The New Building of Shanghai Lawyers' Association.

剖面圖甲甲

SECTION AA

上海律師公會新會所

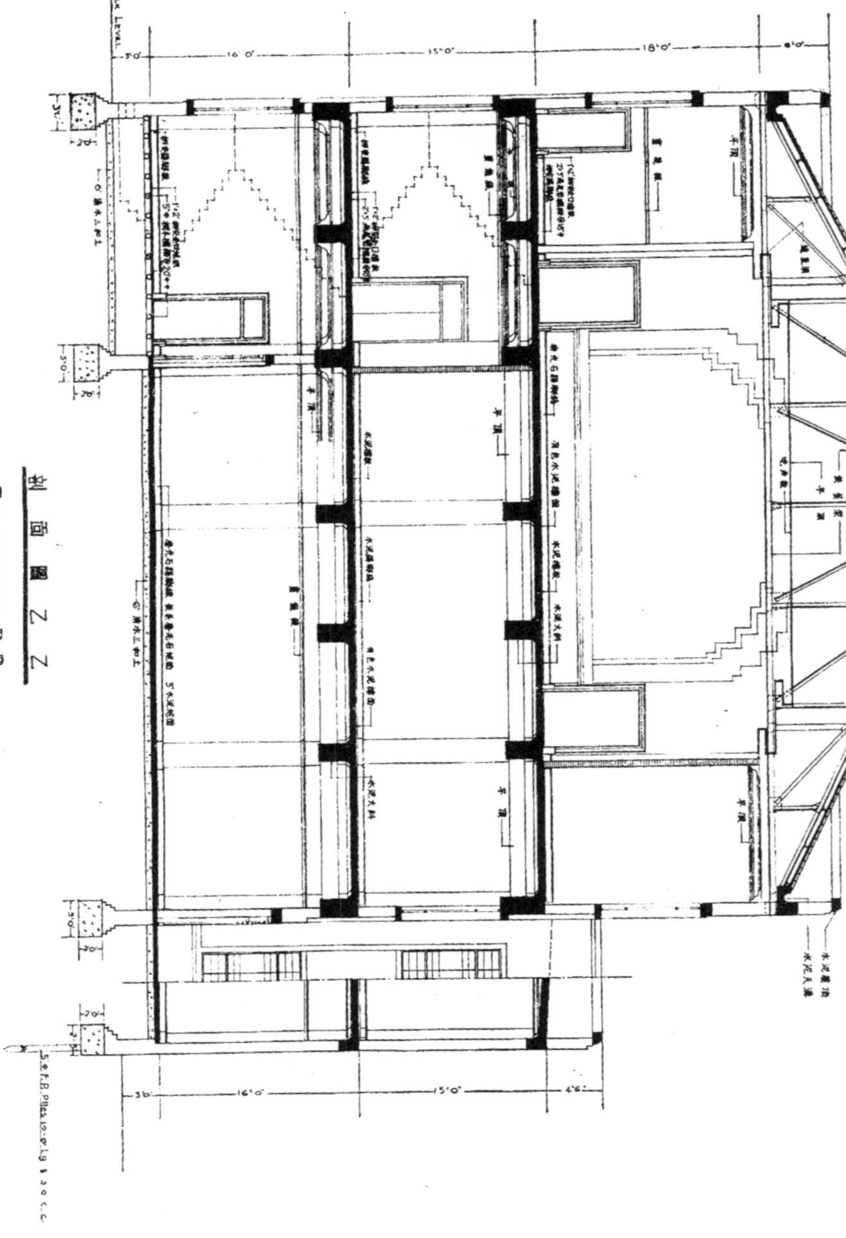

剖面圖 乙 乙

SECTION B-B

The New Building of Shanghai Lawyers' Association.

上海律師公會新會所

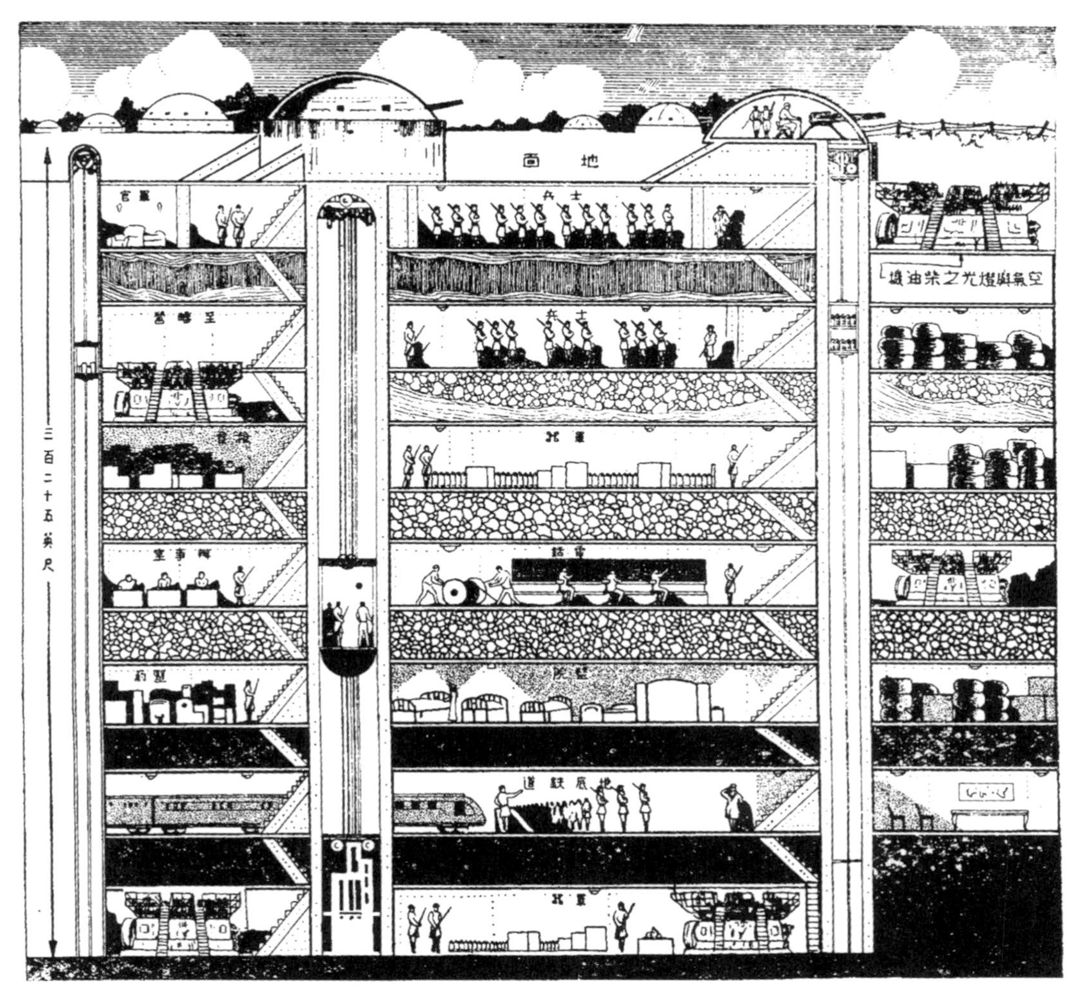

法國邊境麥琪諾地底要塞

此地底要塞實現與否，現尚未知，蓋此時尚爲一種建築計劃也。但吾人試觀地底佈置之完密謹嚴，不難想像將來戰爭之慘酷劇烈；而勝負之取決，亦將繫於此種地底要塞之能否持久應付，不被毀滅也！若落於敵人之手，則如人之窒息致死，整個樞紐，操縱於勁敵之掌握，全盤潰散，可立而待矣！

第四十三頁　伊華尼式（裝飾）花帽頭—密湼發波利斯廟。

第四十四頁　密湼發波利斯廟之楹廊

第四十五頁　伊勒克提安廟詳解圖

第四十六頁　希臘伊華尼式—密湼發波利斯廟。

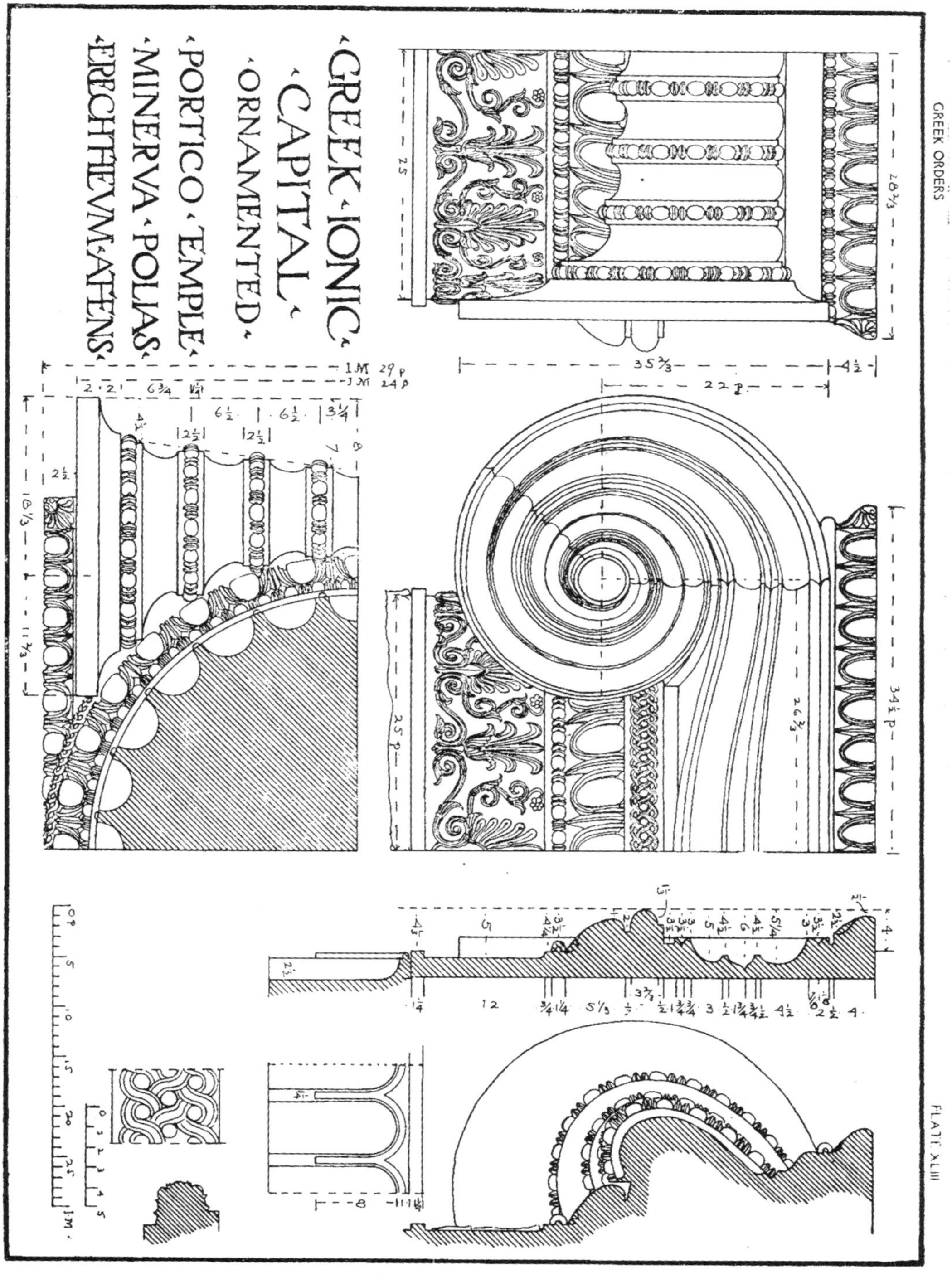

GREEK ORDERS

GREEK IONIC CAPITAL ORNAMENTED

PORTICO TEMPLE MINERVA POLIAS

ERECHTHEUM ATHENS

PLATE XLIII

GREEK ORDERS
PLATE XLIV
PORTICO OF TEMPLE OF MINERVA POLIAS

GREEK ORDERS
PLATE XLV
CYMA FROM DOOR
DETAILS OF ERECHTHEUM
A
B
C
D
E
½ Column at Neck
½ Column at Base

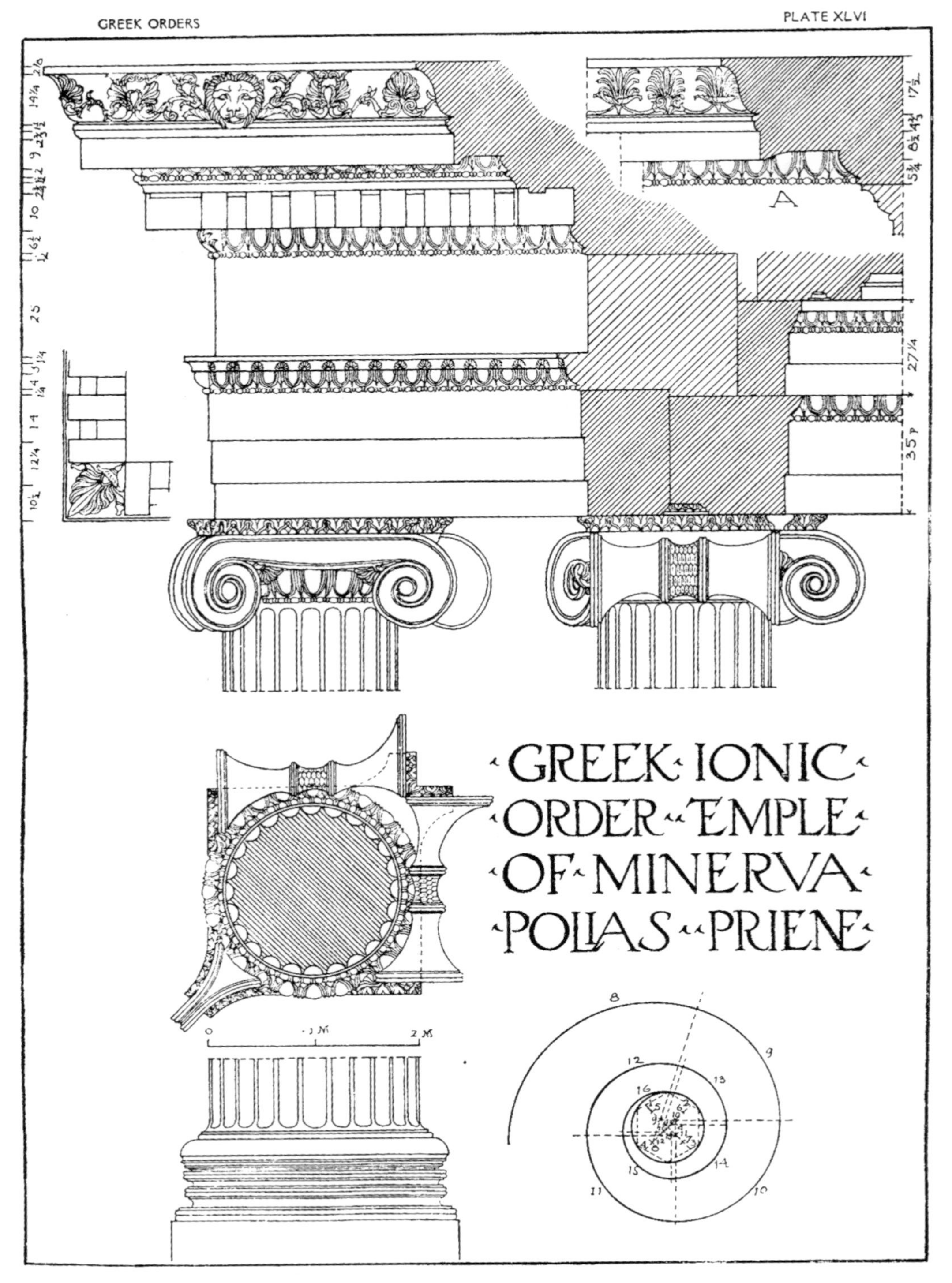
GREEK ORDERS
PLATE XLVI
A
GREEK IONIC ORDER TEMPLE OF MINERVA POLIAS PRIENE
0
1 M
2 M

建築史（十一）

杜彥耿譯

早期基督教建築

變易羅馬房屋爲教室

公會所與浸禮堂

一八三、公會所　當君士坦丁秉政之時，有二大特舉，足資稱道者：即(a)自羅馬遷都君士坦丁堡，(b)定基督教爲國教。先是羅馬人士，對於各種宗教，均能相忍，無若何反響。然於君士坦丁決定變議以前，基督教深受政府要員之排斥，因恐基督教之勢力急進，有礙政治之安定故也。但有時基督教欲舉行何種教禮，假用公共場所，間雖亦蒙當局之特別許可，然欲自建教堂，或改用舊屋，以作若輩奉行禮拜者，則絕不准許，早期之基督教，確爲當局監視奇嚴，故禮拜禱祝等，有在私人家宅或地窟中祕密行之者。迨君士坦丁保障基督教之命行，教禮遂得公開，民間之公會所亦得借作或久作教堂之用。蓋羅馬公會所之改成教堂，並不勉強，因會所中之大殿，兩廊及講臺等，頗適合教堂之用。此種簡單之設計，深具宗教意味；迄今尚無更佳之新構，引用於教會房屋；而羅馬式之公會所房屋圖案，常爲世界各地之基督教會，奉爲典型者。

一八四、　普通教會建築，其地盤之設置，往往以狹長之面東西向，大殿設於前庭之後；庭前並有挑台，或即前廊，此種式類之教堂，如羅馬聖克力門(St. Clemente)，見一一一圖(a)。檻廊或即有屋面遮蓋之遊廊　其屋面置於外牆，內部繞於庭心四週者，爲連環空圈。東邊一帶空圈上，有屋面蓋護之廊，即係檻廊，亦即通達大殿之大門也。庭之中心，置有大盆，貯水以湧泉。經檻廊入大殿，殿形方正，以列柱分隔兩邊甬道，甬道高僅一層，光線自置於高處之窗堂透進，大殿則另有窗堂，亦闢於近平頂之牆端高處。大

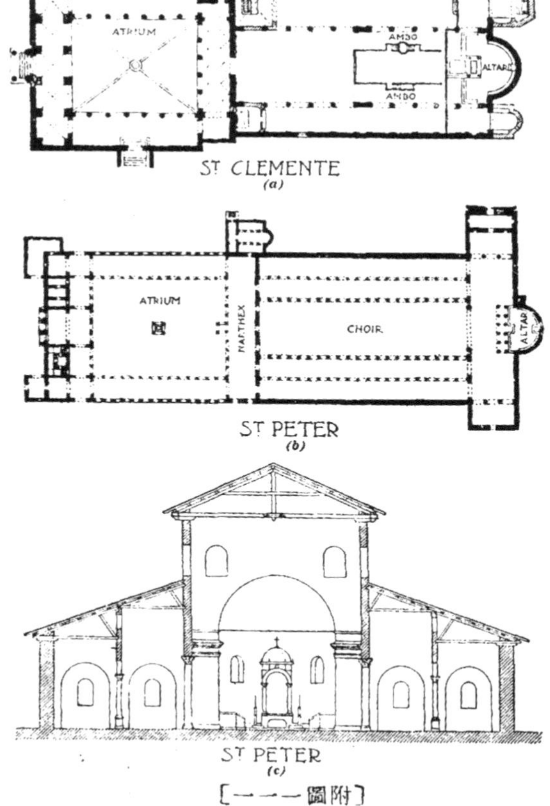

〔附圖一一一〕

殿與甬道之上、咸爲木架屋面，並有平頂，卽天花。大殿柱子之頂，有時爲統長之台口，用代連環法圈。教會堂中之祈禱步階，可分數個階段，如大殿北邊之甬道爲婦女席，南邊爲男子席，大殿之西邊一部爲懺悔者之席，其餘部份則爲教友席。大殿之東有巨大之空圈內爲聖殿，或卽聖座，有壇略高起，壇前有短牆或屏風阻隔，於大殿及聖壇之間，左右有兩講壇。其他陳設如蠟扦架座，教士，助教及講師等之坐位。

一八五、在聖壇及大殿之間，空圈之下，有階焉，乃懺悔者匍匐懺悔之所也。聖器置於壇之中央，祭台之上，台後有半圓形之後殿，在東邊牆垣之末者，設置精美聖像；像下置椅，如長者之坐繞於半圓形之牆際，左右復有小室，爲執行教儀者之室，祭台之右，卽聖壇之北爲聖餐桌，其左爲聖衣室，或聖器貯藏所。於此教中執事將聖器滌潔，俾資舉行教中儀式。

一八六、當君士坦丁變政之後，基督教在其保護之下，進展頗速，各處教堂之建築，幾如春筍之怒茁，可謂盛極一時。君士坦丁並建聖約翰拉忒藍(St. John Lateran)及聖彼得 (St. Peter)教堂於羅馬。聖彼得堂見一一一圖(b)及(c)，於公元三三〇年時興工，與尼羅武場毘連。根據教中之傳述：聖彼得者，因宗教而犧牲之一人也。聖彼得堂之地盤，見一一一圖(b)，係依照尋常佈置，反一轉身；卽聖壇在西，前庭在東，庭爲四方形，四週列柱圍繞之。自東至西，包括楹廊計約二五六呎，自北至南約二〇六呎。大殿之正門，係由楹廊六扇大門通達。殿之內部，長二八八呎，濶二〇六呎、以四行列柱分出大殿及四行甬道，見一一一圖(c)剖面圖。柱爲古柯關新式，高三十五呎，用花崗石及雲石製之。柱之上爲雄偉之台口。大殿之牆上，闢圓頭窗戶，自地高起約一一三呎。平頂劃成藻井形，並加盛飾。柱之分隔裏甬道與外甬道者，其高度較大殿一帶爲低；而下面更有磴子承托之，與柱子上面之連環法圈，以及外面之台口，互相表裏，並使圈底之高與台口底之高相等，見一一一圖(c)。

一八七、大殿西端之壇，向南北伸展，寬五十五呎，高幾與大殿齊。大殿及甬道通至祭壇之處，有空圈五堂，高九十六呎；半圓形之後之高度及寬度，與空圈之高度同。壇自大殿地面高起，其兩邊有踏步爲懺悔者之席。

教主之位，居聖壇之中，旁繞牧師高僧之位。正對空圈中央之後殿，在銀製之聖餐盤下者，爲高昂之祭桌。此下爲懺悔席，地下小禮拜堂內，有聖彼得之石槨。後殿之前，有雲石柱子十二根，分成兩行，上面台口，直立殿前，倍形壯穆。其原來之聖經臺佈置，現已不可稽考；但其伸出大殿若干距離，隆起之臺與分隔之欄干及圍屏，均屬必然。此項頗感興味之教會，自君士坦丁建成之後，中間復經多次改變，迨十六世紀以來，方成現在聖彼得教堂之狀態。

一八八、羅馬聖克力門教堂，如一一一圖(a)，依然甚爲完好；聖經臺及聖壇之佈置，亦與早期無異。但其地盤之佈局，或爲第五世紀之產物；蓋在以前之建築，尚無此品類也。該教堂內包括大殿及兩個甬道；而兩甬道之濶度，則不一致。自大殿劃出甬道，中間係以古伊華尼式柱子分隔之。甬道之末端，有兩個小禮拜堂，係後來添築者，聖經臺高起之地板，用雲石屏風遮避之。圖一一二為聖保羅(St. Paul)教堂之內部，大殿兩傍之柱子，為柯蘭新式，上繞半圓形之連環圈。甬道與大殿之平頂，咸係式樣美絕之木平頂。因首都之遷往君士坦丁，故凡舊都中之公共建築物，以乏人修葺，日漸塌圮。迨羅馬帝國伸展東西二部勢力，時在公元三九五年，被哥德人及汪達兒族(Goths and Vandals)之內侵，至是舊帝國之元氣，喪失殆盡；而其西部之地位，尤感危急。故斯時羅馬教堂之建造，其材料柱子等，有取諸舊屋者，是亦不無非議也。

〔附圖一一二〕

一八九、浸禮堂者，附於教堂或相近教堂之處，在此堂中，舉行洗禮之儀式。原本舉行浸禮，在教堂前庭劃出一部為之，茲後遂另建浸禮堂矣。浸禮堂之構造，其平面幾皆圓形或多邊形，包括中間巨大之一部，光線則自高處窗戶透進，窗下有繞箍列柱承托之。週繞列柱之中央，置洗禮盤，柱之外週為遊廊。早期之浸禮堂型範，可於羅馬聖約翰拉忒藍教堂見之。

(建築史第一編完)

〔第二編〕

卑祥丁建築

卑祥丁帝國之要點

地理，歷史及建築

一、地理　君士坦丁堡爲卑祥丁帝國之東都（見圖一），係握據

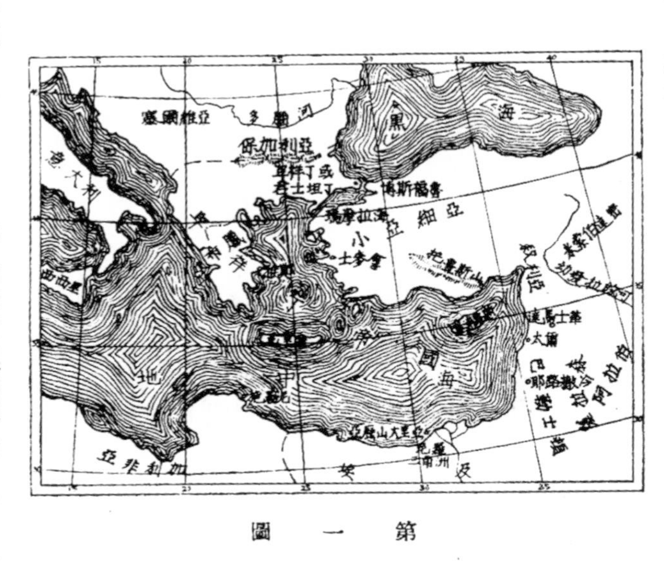

第一圖

希臘卑祥丁（Byzantium）城，而建於博斯福魯（Bosyhorus）之岸，時爲紀元前六六七年。其地勢既扼佔海口之衝要，復憑藉廣濶之港埠，故遂予羅馬帝國新都以控制商業之樞紐；而歐西商人之於帝國北部，尤爲繁盛。

二、氣候　因建新都之傾向，與其天賦地勢之優越，加之出水便利及博斯福魯之氣流，故君士坦丁堡之氣候，確實裨益衛生。

三、宗教　人民均崇仰基督教，該教遂被定爲帝國之國教；在君士坦丁堡區內，固極盛行。後以君士坦丁與羅馬兩地主教之軋轢，始有希臘與拉丁教會之分。

四、歷史及建築　當君士坦丁大帝之傾覆其最後之殘敵也，彼遂一躍而爲羅馬一代雄君。因欲建一新都，俾利軍事政治之指揮，其地點必佳於古羅馬者。經帝選擇，最後決採卑祥丁，蓋其地面臨金角大灣，復扼航海之要道。其間與小亞細亞，敍利亞，色雷斯及馬其頓（Asia Minor, Syria, Thrace and Macedonia）間之航線，尤爲繁複；故水陸交通，均皆薈萃於卑祥丁，倘欲召集帝國任何海陸人馬，誠有一呼百諾之概！卑祥丁既握佔如是銅牆鐵壁之鞏固與險要，自不懼北部蠻屬之侵襲矣。新都建設區域之劃定，公會所，教堂，宮殿，公共浴堂，競馬場等之地位，及其他許多公共建築之興建，悉依照羅馬之式樣與規訂。至公元三三〇年時，此城已發展至鼎盛時期，乃舉行慶禮，並經皇室勅令名其城爲新羅馬；惟人民均依開闢此城者之名，名此城曰君士坦丁堡，或君士坦丁城。

五、　君士坦丁堡之城市設計，係依照古羅馬之風度出之。其

界線包括七座山嶺之在金角灣及普洛逢替斯(Golden Horn and Propontis)間之半島，由此即爲東界線之起點，地在卑祥丁舊城牆之外。

在卑祥丁東南界線佔地約一五〇英畝者，特闢爲宮禁之區，並將附近一帶民居拆卸，以容建築宏偉之宮闕，及廣大之御園。宮之西北，係一市集，乃一派極大舖砌之廣場，長一千呎，廣三百呎。宮之東邊一帶柱廊，係銜接皇族之宮院，元老院，公共浴場。宮之西爲競馬場，當舉行柔和之運動，所以替代劇烈之競鬬也。蓋劇烈之運動，爲基督教教徒所不許者。

六、競馬場之北部，整個被王室佔作帝室勝利館。館中置位數百，咸係王之扈從；並砌短矮之分隔牆，每行中陳列戰利品中之戰車，並列三種紀念物，即華表柱及三頭之龍蛇；此二物係在布拉的一役中，戰勝希臘後，埃及坡舍尼阿斯 (Pausanias) 取自特爾斐(Delphi)，而貢獻陳列者。其餘爲方體之古銅柱。競馬場之牆，久已殘圮；但此三種紀念物，迄今仍屹立於士京，至土耳其人每呼此空地曰馬場者，蓋亦有自也。在競馬場之東牆，尚刻有許多雕像及紀念物等，係爲歷代帝皇之勝蹟，逐漸加設者。競馬場之北，有偉大之聰神教堂，是爲君士坦丁所建而禮拜基督教者。公會場之西北，市界展開頗遠，於此亦有不少著稱之房屋，然終不及在帝室附近者之能引人耳。君士坦丁乘騎塑像，立於市長署前，亦爲君士坦丁城在中古末期時代之一名勝處。

七、公元三三七年，君士坦丁王駕崩，因其子姪之爭權，遂引起內戰，國土分裂，迨整個帝國之權力，歸入君士坦丁二世之掌握，戰爭始殺。至三七六年，羅馬帝國，復告崩裂，東部帝國爲末楞斯(Valens)所握；而末楞斯所統領之軍旅，又於亞德里雅那堡(Adrianople) 地方敗於哥德軍陣下；是役爲君士坦丁城自更名建設以來，遭受災殃之第一次。哥軍既蹂躪四鄉，繼又遽麾軍詣君士坦丁城下，幸守軍人人奮勇，又藉碉壘之堅固，故哥軍雖屢施劇攻，而卒不得逞 遂退軍於色雷斯 (Thrace)，無復作掠奪君士坦丁堡之思矣。當公元五二七至五六五年，查士丁尼 Justinian)秉政之時，帝國國運之隆順，殆自君士坦丁後無以復加。緣帝國西部漸漸瓦解，而東部則仍鞏固，故查士丁尼遂興師向蠻軍進襲，既屠汪達爾(Vandal) 帝國於五三三年，復殲意大利之哥軍於五五三年，由是始恢復羅馬帝國東西兩大部，成完整之領土。惟因國內多年政治之隆替 語言文字遂亦蛻變不已；羅馬文之在君士坦丁，本屬盛極一時，今且消沉不彰，希臘文則崛起而代之矣。使用其祖國語言拉丁文者，查士丁尼實爲最後之一人；其後繼統者，對于希臘文之諳習，實較之拉丁文爲優矣。當公元四七六年，條頓蠻族佔有帝國西部之時，君士坦丁堡中，已擯拉丁族而併附於希臘。更有一時，幾以其美術文藝之深入，而宗爲國家之典範者。

八、因喜神學之研習與爭辯，是以帝國東部各派常鬧意見，互相傾軋；然以其能各致死力於藝術，實啓藝事之曙光。其間有一派曰破壞偶像派，若輩不許以神教畫或塑像，置於地上，蓋有失尊敬偶像之意也。有數君頗崇奉此派，如愛索立奥(Isaurian) 之利奥

(Leo)，爲信惑此派之最甚者。繼之以十字軍之反對迷信，遂有破燬大量藝術品之舉。公元八〇〇年，羅馬敎皇利奧第三爲佛蘭克王查理曼(Charlemagne)加冕爲羅馬皇，並付皇以忠誠服務君士坦丁堡之重任，從此希臘遂爲羅馬敎會所主宰。惟羅馬與君士坦丁兩敎庭間常因意見不合，發生齟齬，中間雖屢經調停，以冀兩地基督敎之和解，然卒無効果，終至公元一〇五四年，其各趨極端之態度，固持愈烈。至是羅馬敎庭，卒毅然宣佈希臘基督敎爲邪敎。此爲希臘與羅馬敎會分裂之「大分離」時期，然此種不幸事件之背景，於其謂爲宗敎爭執，不若謂之政治爭執。蓋因於帝國東部，受土耳其之患，正極感困難之時，羅馬敎皇不予援助故也，但不待歐洲文物感受極度威逼之際，而十字軍起矣。

九、於十一世紀時，比薩及熱那亞(Pisans and Genoese)人起而仇視基督敎，後更統握地中海之權威；迨其在敍利亞根築海港後，熱那亞人復聯絡威尼斯，以奪君士坦丁堡之商業權；蓋其地西貫波斯，埃及，敍利亞及印度等，足以奪取博斯福魯(即君士坦丁港)；因此數區域，爲法蘭西，德國及意大利商人所樂就者也。

此種商業之刼奪，實予東帝國以稅收上之重大打擊。蓋帝國財富，咸依賴稅收，今既被奪，國勢乃衰，而十字軍遂攻取君士坦丁堡，並肆意刼掠之。公元一二〇四年十字軍經威尼斯之煽動，遂移其攻伐埃及蘇丹之目標，而轉犯基督敎之古域——君士坦丁堡矣。當其侵入君士坦丁堡也，陳列於宮中之無數希臘典型式之美術作品，是皆爲君士坦丁及其繼承者所陸續收集，而點綴此城者；中有不少大名家作物如Heracles of Lysippus, The Great Hero of Samos及其他銅像等，悉爲若輩肆意破壞。倘有敎堂中之祭壇屏欄，帝皇之墳墓等，亦均被燬滅無遺。十字軍推其領袖Balduir of Flanders爲東帝國之皇，而以此殘城爲授皇治理之區。至公元一二六一年，此短促而不幸之一代拉丁帝國，遂告淪亡；然覆之者希臘皇亦不能將此破碎沒落之帝國，再圖復興。至一四五三年穆赫墨德第二之時，土耳其蘇丹決心將君士坦丁爲政治中心，而乘其風雨飄搖之際，遽傾覆之。由是悠久之東帝國，僅爲歷史上之一名詞，其土地及政治，悉歸土耳其之掌握。

一〇、在卑祥丁帝國一千年中，屢禦强敵，北及阿乏爾，部爾加麟及俄國，南及波斯，阿拉伯及土耳其；良以君士坦丁地位之鞏固，軍旅策動之多謀，及國庫之充實也。東帝國之地位，故能屹然不動，而歐洲其餘部份亦賴以安定也。君士坦丁堡，設有重衞，所以保護希臘無價之文書；當强敵逼境之時，希人乃攜古書逃避，是則大有助於十五世紀之文藝復興也。

卑祥丁建築之風格

十字形地盤及圓頂建築

十一、東方及希臘之影響　君士坦丁堡以其開闢者之關保，特於大街一帶，存留數處廟宇，以保持羅馬之色彩；因當建此新城之時，尚無邪敎之痕跡，故未被毀滅。但自三三〇年開闢君士坦丁堡，與五三二年查士丁尼建造聖索非亞(St. Sophia)敎堂之兩世紀間，建築物之表現，常含東方與希臘之色調。當查士丁尼之時，又有一種新的藝術則列，蛻變而出者，爲卑祥丁建築；尤以帝室各大建築之含卑祥丁風格者，已達絕頂之盛況矣。

十二、十字形地盤教堂 此項建築，非特建於皇城之重要中心——如君士坦丁或耶路撒冷，其他遙遠偏僻之區如卡帕多細亞及愛索立亞(Cappadoria and Isauria)，亦有查士丁尼所建之教堂。其所建之聖維搭耳(St. Vitale)教堂在拉溫那 (Ravenna) 者，是爲彼方攻克此地後所建之偉大建築，蓋亦大好之卑祥丁教堂建築型範也。查士丁尼所建之許多教堂中，實以此堂之十字形地盤與巨大之圓頂爲嚆矢，而其佈局則追踵君士坦丁堡之聖索非亞教堂也。君士坦丁之紀念堂，於五三二年之役燬於火；惟被燬後不數旬，查士丁尼卽著手籌劃恢復此堂之建築，是爲查士丁尼經營大建築之三；而此第三處教堂建築之地盤佈局，則不與以前相同。其式樣係倣希臘十字形之支配，卽中央一個圓頂，東西兩邊二個半圓形，半個圓頂起自半圓形之牆垣。美麗之柱子，以古銅及雲石精搆之。此種內部裝飾，非爲查士丁尼建築時之工程，係由亞細亞異教寺中刼掠而來者。名貴之雲石，瑪賽克，鍍金之壁與鍍金之圓頂等，誠屬裔皇典麗之建築，而此種式樣，尤爲東方各國建築教堂所奉爲圭臬者，直至今日，殊少改變。君士坦丁堡所建各教堂之建築，深受早期基督教建築之影響，茲又從而發展之，如圓頂之加於白雪理解教堂之上，遂引入西歐主教寺之穹窿頂建築。

十三、圓頂建築 卑祥丁式樣之圓頂建築，如第二圖。a b c d爲方正之平面圖，上面係用圓頂覆蓋者，四面有四個半圓形之大法圈e k f，f e g，等，支於磩子a b c d之上；其三角之肩在e，f，g，h者，俾圓頂之冠置，其直徑適對a b c d之四角。此半球形之物名曰「籠罩式」，在法圈圈頂相齊之處k l m n，其平面已由正方幻成圓形式。籠罩式之圓頂，亦卽冠架其上。有時圓頂不卽在此脛際墳起，蓋先有一圓筒狀之脛，壁間闢有窗戶於此脛壁者，均名曰「鼓」。此項方底下空，上面籠罩圓頂之搆築，爲卑祥丁建築中特有之風格。於此更蛻變而發明不少圓形及半筒形等之冠頂，以應大建築中之結搆者，良能幻變多端，倍增裔皇也。見三至五各圖。

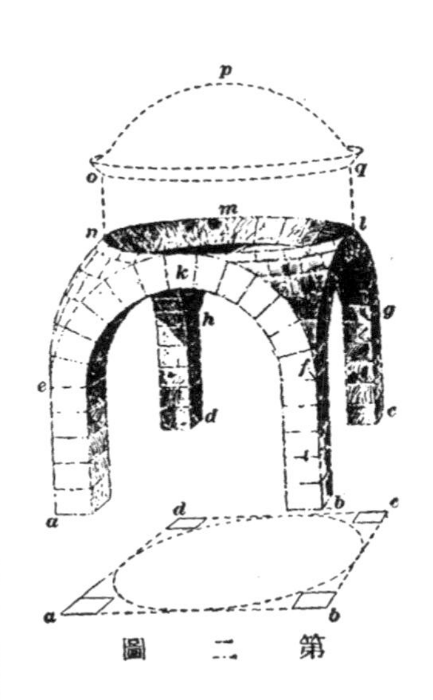

第二圖

建築則例

宗教建築

十四、聖索非亞教堂 當查士丁尼秉國之早期，君士坦丁宮中之聖索非亞教堂，曾經毀壞，而爲查士丁尼所重建者。此重建之教堂，允爲世界有名之建築，亦卽查士丁尼之第二大工程也。其設計之建築師：爲特剌利地方之安提密阿(Anthemius of Tralles)

及米利都地方之伊沙度羅斯(Isodorus of Miletus)。此堂有名聖大索非亞(Santa Sophia)者，見第三圖，是為早期教堂圓頂建築之表率，且亦為教堂屋頂選用圓頂或木頂之區別也。聖索非亞之大圓頂，見第四圖(a)剖面圖，是為籠罩式圓頂之蓋於半圓形法圈之上者

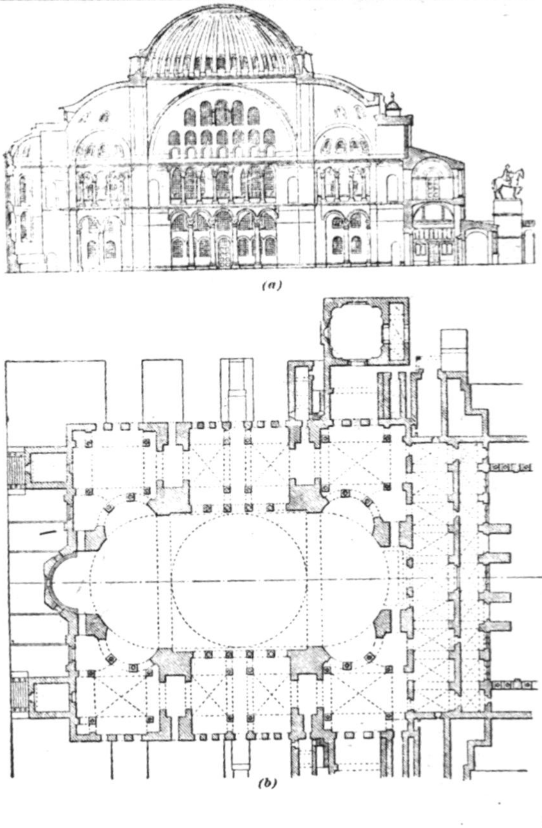

第三圖

(a)

(b)

第四圖

・下支四根巨大之方形礅子。圓頂脛際之對徑一〇七呎，高一七九呎，下面大殿一帶方地，由方地向東西兩面伸展作半圓形；而覆於此整方與半圓形上面之屋頂中間者，為籠罩式圓頂，兩邊為半圓形之頂，左右挾掖，拱托此中央之圓頂，見第四圖(b)平面圖，及第五圖內景圖。自中央整方之地，向南北展開，其伸展之勢與東西相同謂之十字式；而南北展開之部份，則為甬道。十字形交叉之四角，更有半球形頂之處所，起於較低之處，俾大殿以連環法圈輪繞週圍，而殿成長方形。籠罩式圓頂之週圍，均闢小窗，而其地位適坐於台口線上者，見第四圖(a)剖面圖。

第五圖

十五、聖維塔耳教堂 倘有一卓越之卑祥丁式建築，可資典攷者，在意大利之北部，地名拉溫那(Ravenna)有一八角形之教堂，中央巨大之圓頂，係用木構架，而外面不若聖索非亞教堂圓頂之有外形，高僅二層，圓頂之週圍，繞以甬衖。此即聖維塔耳教堂也，見第六圖(a)及(b)平面與剖面圖，及第七圖之內景圖。

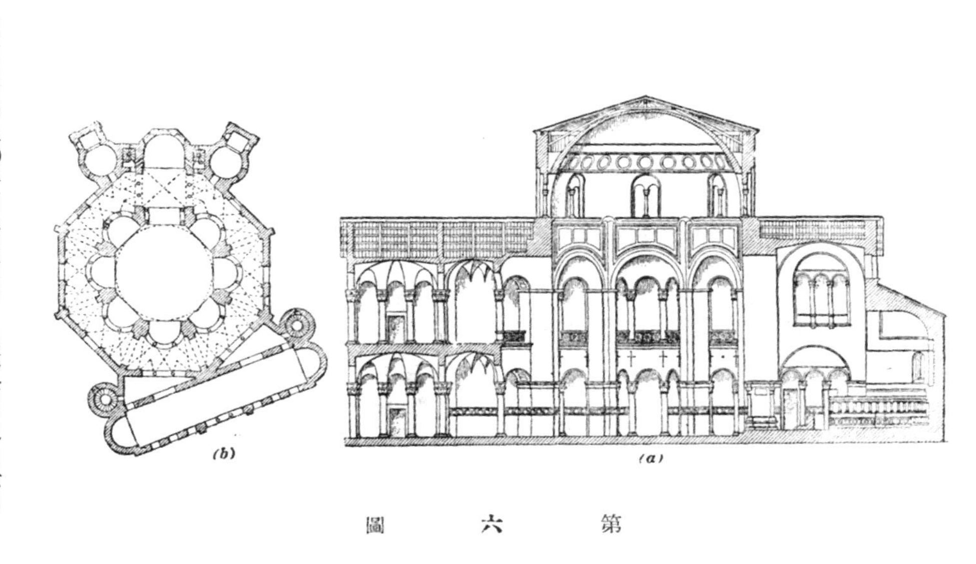

第六圖

十六、聖馬可(St. Mark)主教院 因君士坦丁與維納

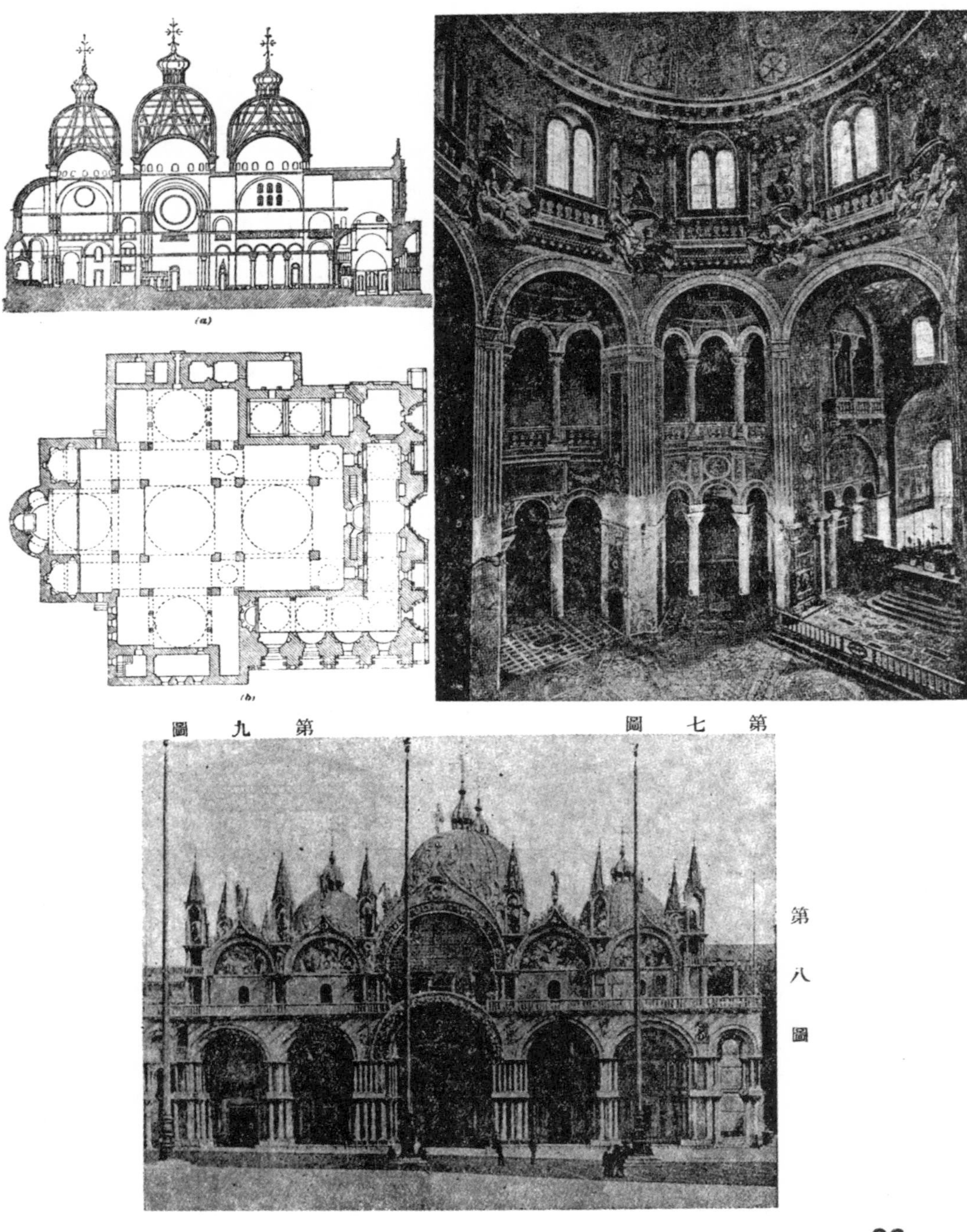

第九圖

第七圖

第八圖

斯(Venice)間之商業交通頻繁，遂將卑祥丁藝術，貫輸於維納斯地方，如著名之聖馬可主教院(見第八圖)，於九七六年被燬於火後所重建者，該院完成於一〇九六年，即在多其微搭耳法利亞(Doge Vitale Falier)之時代也。此院之地盤，係依照希臘十字式者，見第九圖(b)地盤圖。共有五個大圓頂，即中央一個，自中央分前後左右各一個，見第九圖(a)剖面圖。正面主要之出面部份，實為內部工竣後多年始告完成者；其間分兩個時代，即西面整個出面部份如下層五個門口等，及繼續向南北兩面告成。迨初次完成後，其外面曾經加以改易者，如奇巧木搆之圓頂，以及其他等處，間有數處改成哥德式者。

此奇特建築之內部，若昂貴之瑪賽克，雲石舖地，古銅門，以及許多雕刻物，塑像等皆係出諸名手而為不可多得之作品。且置有精緻之卑祥丁式雕飾，及純粹希臘式之藝術品等，誠屬琳瑯滿目，美不勝收。主教院之內部，見第十圖。

(待續)

第十圖

現代建築形式之新趨勢

辜其一

名建築師沙爾立能氏(Eliel Saarrinen)，曾運用其哲學之理論，對建築式樣作一分析曰：『在建築上產生一種新作風時，我人對之必有兩種心理：一爲贊同新者，卽係前進之心理；一爲反對新者，卽係保守之心理。但同時在兩者之間，尙有第三種心理的發現，卽爲懷疑猶豫之心理是。由此種心理所發生之問題，則爲：此種新作風僅存於一時乎？抑將持之永久乎？

保守者之不能接受新潮流而加反對，因其生長於舊習慣中，固守舊章，不易變換。彼輩只知在傍觀看新的作風如何發展而已。其他反對者則因其已滿足其舊有的形式，惟恐新式樣之加以侵擾，固不能在其中發見優點也。余曾聞有作如此之論調者，謂將古代遺存之建築形式，加以模擬，以求適合於現時代，並由此中圖謀發展。然則此卽所謂進化乎？將由何處推求我人建築式樣之承襲乎？若將古代建築加以迴溯，我人將感極大困難，蓋因式樣繁多，目不暇接，實有無從選擇作爲臬圭之概！抑或將各種形式溶化，成爲一種混合式的建築，其取捨殊費考慮也。

在十九世紀中稱爲浪漫時期時，我人常見其一種奇異之建築形式，凡屬古典式羅馬式哥德式及各地之文藝復興式，均可見之。他如塔樓尖閣齒飾等物，均同時施用，模倣盛及一時。在式樣上，材料上及構造上，無非因襲模擬者也。

式樣之意義與理論既失，於是我人將提出問題曰：此卽爲承襲乎？我人將以時代的建築置立於虛無之形式上乎？若我人必須承襲祖先之餘蔭，則應尋求希臘與哥德式建築之藝術，不斷創造時代的建築形式。

何謂建築的承襲？我人從希臘建築中所得知者有何？希臘人曾謂其建築承襲於埃及，埃及之建築具有兩重構造，卽支持與壓重，亦卽柱與梁是。我人亦曾採用此種原則，因其能適合於我人之目的也。埃及自有其基本的形式，我人若加採用，並不難事；不過勢必成爲一種虛僞，蓋藝術應表現其眞實性也！

故我人應以自己之基本形式，發展自己之式樣。我人之建築數千年來受人贊賞者，卽因其在形式上表現眞實性也。此爲我人之勸告，且此卽爲從我人藝術中所得到之承襲；在形式上與表現上均應眞實，則將來的時代必能贊賞其偉績也。

哥德式建築師曾謂我人之承襲，係由古羅馬經過西羅馬與教會建築而來。我人接受羅馬之台階制度，因其能適合我人目的也。迨後在東方發現尖拱式建築，又加接受，因其適合我人之高窗也。但我人自有其基本形式，且此卽爲統治我人之建築。試觀巍峨之穹窿，以及高閣崇樓，石上重石，自基礎直達屋頂，整個的成爲一種合理組織。由此可以感覺材料中間之力量，並能隨力量之線紋，而被引起一種向上的注視。此在形式上爲眞實，在構造上亦爲眞實，故我人之建築，在後代必被贊賞也。此亦卽爲我人在藝術上所得到之承襲也。

× × × × ×

時代之變遷，遂使我人之居住問題，藉科學之幫助，而更形複雜。蓋新材料與新構造法之發現，旣日新月異，倘表現之有真實性者，則此建築形式亦必爲新者無疑。我人常感公共建築缺乏趣味化；故常在運用腦力，如何使公共建築之創造上發生趣味；俾於我人之事業有所資助，惟欲使人於其不瞭解之事業上，發生趣味，豈不難哉！

例如：有人問：「此屋爲何種式樣？」對曰：「此係意大利文藝復興式。」但此對於該人之建築知識，並無多大臂助，譬如後來渠又見另一種式樣之房屋，又經我人告其式樣，並將全部建築之歷史等告之，甚至將各種不同式樣之特性及其裝飾，均解析無遺，惟此任務實甚困難，蓋建築式樣之不同與其變化，旣層出不窮，且有時必須連帶述及各國帝后之名字及歷史等，情形之繁複，殆無有過於是者。

上述之問題旣經解決，該人繼又問曰：「余現已能認識此屋爲意大利文藝復興式。然抑有疑者，蓋此屋之主人爲愛爾蘭人，建築師乃德人，承包商是丹麥人，而材料又全係美國出品，今稱爲意大利文藝復興式，何哉？」

答曰：「此無他，蓋此屋之所以爲意大利文藝復興式者，因建築師以此爲美麗之式樣也。」

該人繼又發奇特之論調曰：「然則，何謂美麗之式樣！夫所謂美麗之式樣者，正如一本書中僅有美麗的詞句，殊無意義也。」

我人對於此君之評語，一言以蔽之曰：渠對於建築可謂無興趣，根本不了解建築。因爲建築任形式之外，再想去尋求思想與理論，則勢所不可能矣。

今再以事實證明之：前曾於某報上見有一美國地特勞（Detroit）城人，渠擬建房屋一所，並發表意見曰：「余擬將房屋造成西班牙文藝復興式；因此種式樣，在美國西部殊少人認識也。」

此殆卽所謂理論也；然「建築中尋不出理論來」余早已言之矣。夫建築之有各種式樣，僅屬於裝璜的，空虛的，華飾的而已，於實際上則有何裨益哉！是以我人必須消滅所有式樣，因式樣能戕害有生命之建築，與有生命之藝術。

時至今日，建築藝術已被一種情趣的審美的裝飾觀念所吸收；其主旨無非摹倣過去各種式樣，草率採用華飾而任意施之於房屋本身，至其是否與內部相配合，則並不計慮及之。如此則將房屋有生命之組織，一變而爲無生命之外表裝璜而已。

我人試細察一座房屋之構造，則奇妙之事，可謂層見迭出；如一根長石梁爲隱蔽之鋼柱所支承，亦有鋼骨混凝土梁與雲石石柱相連接。又見柱身用雲石，柱頭則又用有色灰泥做製成黃銅模樣，而上面則又承受狀如椽木製之線條。凡柱子之豎立於地板上，本爲用以加强支重之表示，但在樓板下則又無支承，豈不怪哉！我人又見八吋鋼柱支承樓板及屋面，而用以輔持之伊華尼式石柱則反有四五呎直徑，且又毫不支承何物，而又阻礙光線之射入，並將室內面積減窄五呎。我人又見一所專門研究現代科學之大工業學校，其校舍係用鋼筋混凝土造成，外表包以人造石；但其設計則爲二千年前之式樣，豈不予盾哉！

此係形式主義，在過去十年中，所謂「時樣」之建築，有如我人所穿之衣服，大有花樣翻新，蛻變不已之概！惟時屆今日，「時樣」之末運已臨；何哉？試觀現代歐美各大城市，所謂現代建築，觸目皆是；至「現代」云者，非建築之本身也，乃設計者美其名以為「新」與「異」也。惟設計者之此種表現，未免膚淺，蓋若輩不利用新的材料，在構造上使之實用及經濟，而僅憑其經驗，濫用直線條及橫線條之窗牖，黑色，白色或駁色之磚石，閃光之金屬，珍奇之木材與奇特之裝璜，僅僅堆砌成一種虛華之外表而已。

現代設計者喜將直柱的感覺表現在外表上，其實此等表面之柱子，自踵至頂，可謂毫無意義。在柱子之頂端，被施以華麗之裝飾於石或鐵筋混凝土；在窗與窗間，砌以華美之磚石或金屬鑲板，使其表現之形式為古代所無者。又如混凝土彩色磚及玻璃等施於房屋之各面，轉角處必用玻璃構造，入口處故作幽秘之式樣。上述種種，皆現代設計家所喜故弄玄虛者也。

在建築上，以鋼料，鋼筋混凝土，玻璃及金屬等新材料，施用於構造上，實現一種全新的房屋範式；但若輩並不遵循「創造藝術」——即古代形式主義之建築，其主要之目的僅在表現其正面之裝飾耳。

今日建築之原素，與昔已迥不相同；我人已駛入新時代之初期，憑我人之智力改革建築之時間與形式。然則新材料新生活以及人類與事業之進化，其影響於建築者究若何？此不過在構造上已採用新的材料，仍然利用數千年前之建築裝飾，改頭換面，造成一種新的房屋面具——即所謂「現代式」而已。至現代結構材料之是否對於我人設計創造銀行車站官舍貨棧及住宅等之新外觀時，有所臂助，是否能切合真實性？余敢曰：未也。若輩無非掩蔽建造房屋之目的，運用浪費之材料於式樣上，於忠實的房屋結構，則不之顧也。

× × × × ×

某處有一橡皮廠，係建於一千九百三十一年，外觀為埃及式，並飾以人首獅身之像，蓮瓣及其他裝飾，雖在半哩之外，亦能使人感及鋼鐵及玻璃之美麗；然不知於構造方面，則反受其混亂與擾煩矣。

各種不同類之建築，如車站官舍銀行公寓貨棧及住宅等，其外觀均須表顯其固有之精神。通常各類房屋之外觀，多混雜不清，不能表現各個特性，徒摹倣希臘神廟式，羅馬宮殿式，哥德式或文藝復興式，甚至運用無謂之巨石或大理石柱，及笨拙之鐵筋混凝土作為華飾。此即所謂「現代式樣」，徒令識者感覺膚淺，而建築轉成虛偽矣。

總之，建築師腦中所存留之古典學藝，已至其末運！今後對於建築形式，僅須能表現其力量已滿足。至新材料之運用，必須於構造上有更新的發展方可。

（十六）

杜彥耿

第四章

第一節 礅子及大料

定義 建築中橫平之材料，架於空堂之上，以之擔荷自上壓下之重量者，是謂大料，亦卽梁棟。此項大料，有平直者，亦有弓背形者；但其剖面，則殊爲繁劇。

分類 大料之分類，以用料別之，可分(a)木，(b)木，對接，分片並以螺旋鉚合，(c)合梁，(d)組立梁，(e)大梁之以生鐵，鑞或鋼筋混凝。梁用鋼製者，其斷面或由煆機拉出之欄柵，或用鋼板組合，而成函梁 格子梁等。

術語 關於鋼架大料等建築之術語，茲擇要錄之如下：

淨跨度 大料在礅子與礅子間之淨跨度。

有効跨度 大料架於兩柱之上，擱着於支柱之中對中，是謂有効跨度。此項大料長度之量核，以備計算之需。

深度 梁之深度，須有足夠之硬度以限制撓曲至四百分之一之長；但不能少於十二分之一之梁長。

闊度 此項闊度，往往依照擱置於大料上之物者，如牆之寬厚是。但或大料之兩旁無物夾制者，則其闊度自須獨立不傾。

荷重 包括大料本身之重量，與大料上負荷之重量。

承托面 大料下面擱着於支柱之部份。欲求承托之面積，可將材料之載重除以支持點之力卽得。其長度可將梁闊除以求得之面積；惟須有適當之長度分佈於支持點之力爲宜。詳見礅子項。

嵌片 三角或圓嵌條，用以嵌於角鐵或生鐵大料中。普通三角嵌條於平行及垂直面成一三五度之角度；惟生鐵之內銳角則殊嫌弱點。

弓背形梁 梁自支持點起，逐漸向上挺起，俾梁受力不致發生撓曲。生鐵梁每十呎闊濶需成弓背六分，鋼梁則每十呎需半吋。

梁之斷面 最經濟材料之應力抵抗，在理論上將大半之物體距離中性面之斷面，愈遠愈佳；實際上工形斷面能合乎上述條件。鐵板梁之凸緣用以抵抗撓應力，而梁腰則抵抗剪應力。普通生鐵梁與鑄鋼欄柵之腰，其抵抗剪力之面積較需要爲大，同時在計算力學時，腰之慣性價値亦在其中，以求出梁之最大抵抗力。梁之一端固定，他端則並不固定者，謂之翹梁或懸梁；兩端均固定者曰梁。

設有外力壓載於一固定之梁上，則梁之上部爲壓力，下部爲拉力；而在中性面爲一假想之面，在此部份，壓力與拉力均等於零。

過　梁　梁之上端濶面，以之承托窗堂或門堂上之牆垣。梁普通咸用木製，蓋木料出產既多，而又平整，能隨心將其鋸成所需要之跨度及載重式樣。長方形斷面之梁，在理不甚經濟，但實際亦極少費料。木料之採取，自以用樹之中心爲佳。梁之應力變化，我人必須注意者：(一)與長度相反，(二)闊度相對，及(三)深度之平方。是以在任何斷面面積，以深度深而闊度狹者爲佳。但實際上，爲避免梁向側面推弓起見，自須有相當之濶度，藉以保護其側面之不易屈曲。梁之側面倘無支撑，其闊與深之比例，通常爲六與十之比。欄柵中有剪刀固撑者，則其比例須較小四分之一。欄柵或椽子等之濶度限制，最小爲二吋。

木　梁　木梁所需之斷面尺寸，均宜用樹中心之木料；將其中心順深度而鋸之，使木料內部或中心易於乾燥與收縮，俾晒乾時可免去過份之收縮。同時亦須檢驗梁之內部各缺點。通常木料之接合，祇須將一端顚倒，沿樹中心之半面置於露面，再用螺旋絞搭，其距離約爲二呎。圖四三二及四三三爲八呎中距十五呎跨度之合梁，當外力每呎爲七十磅時，其最大撓曲爲四八〇分之一。倘梁之闊度較求得之任重面積之闊度爲小時。將梁之中間用木塊間隔，使之相等，見圖四三〇及四三一。

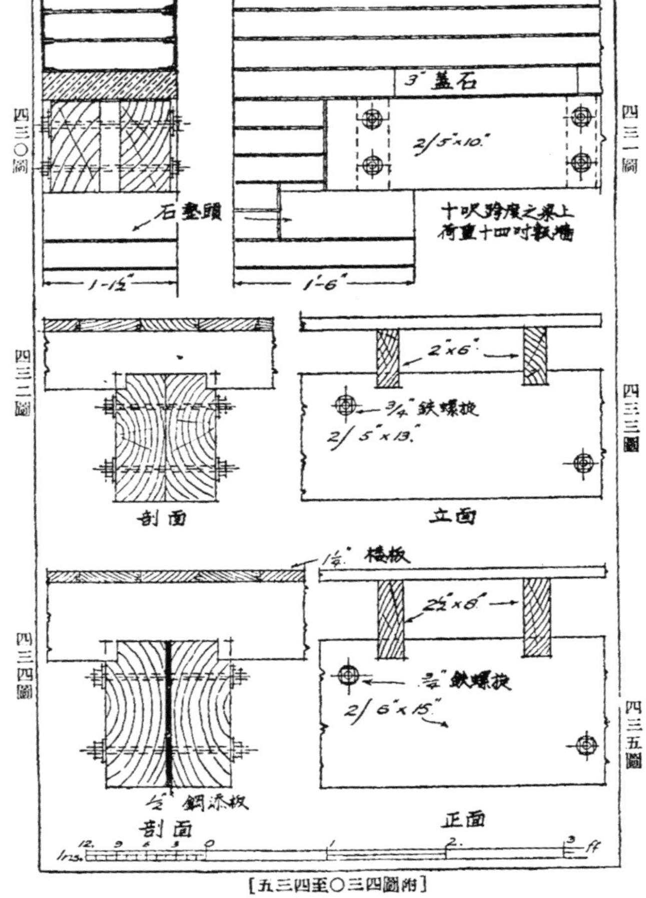

［附圖四三〇至四三五］

混合梁　當梁之任重不足時，須增加材料以禦之；(一)在兩木之間加添鋼或鐵板，或(二)另加架梁。

鐵合梁　安置於兩木之間，其深度與梁同，濶度則以補足梁之抵抗力爲準則；隨後將木與鐵板等三塊一同用螺旋絞緊。圖四三四及四三五係十呎中距二十呎跨度之鐵合梁，在每呎一百磅之外力時，其最大撓曲爲四八〇分之一。

架　梁　架梁用於長跨度或極深之深度等情形之下。在混合梁中木料抵抗壓力而鐵條或鐵螺旋則抵抗拉力。有時架之桿件均用木料爲之，在接合之處則用鋼鐵。

圖四三六至四四五示架梁之式樣及其大樣。自四四二至四四五圖爲花籃螺旋之式樣，用以糾正拉條之長短。

鋼筋混凝梁　梁之用混凝土製造中實鋼條者，混凝土抵禦梁之上半部壓力，鋼條則抵抗拉力。鋼筋混凝土之効用：(一)建造經濟，(二)能避火，(三)其不易生銹或腐蝕之功能，較之鋼或木有過之無不及。此種梁之設計，殊爲繁夥，容於另章詳述之。對於梁之結構，亟須注意者，如拉鐵及剪力鐵之數量與安置，混凝土之質料與建造，及木壳子之結搆等。鋼筋混凝梁之式樣，詳見下章樓板項。

生鐵梁　生鐵梁之式樣最佳者，允推工形斷面，其拉力之凸緣面積較諸壓力之凸緣，約大四倍至六倍。普通其深度爲十五分之一長，其壓力之凸緣，闊度自三十分之一至四十分之一長。

任何生鐵均逐漸加厚，每三呎之距離有一梁撐見四四九圖。

生鐵構造說明　採用極佳之韌性灰色生鐵，質堅而潔者，在第二次鎔解中提出，俟其冷閉並自由凝結，則所製之模正確，而煉成之鐵自屬精巧矣。試驗之法：以一吋方之樣品，在等熱度之下，

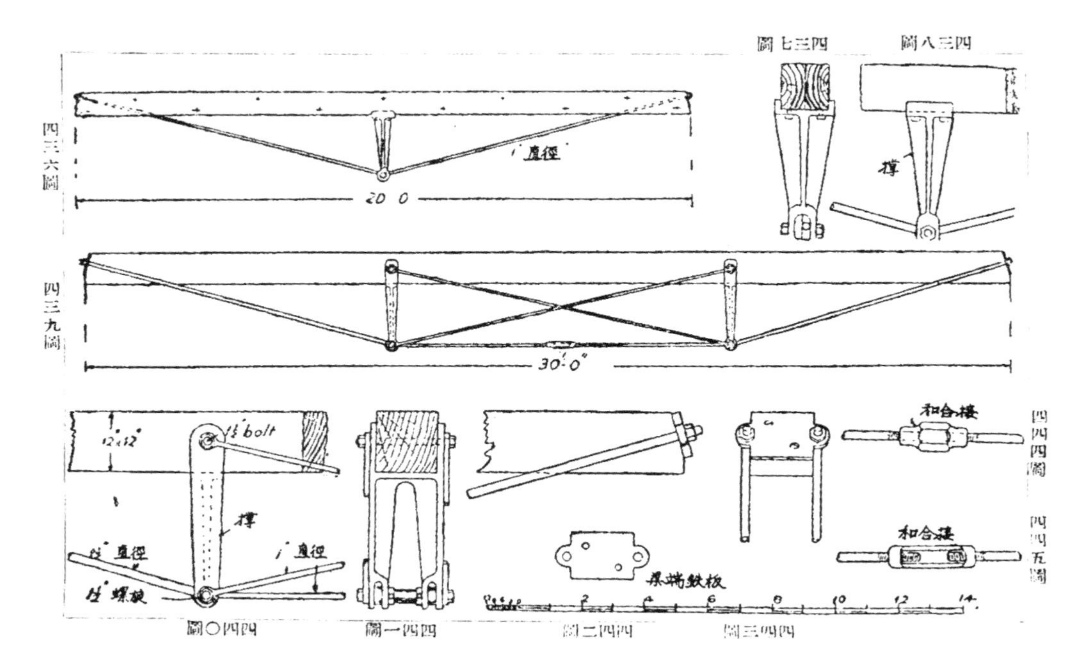

四四〇圖　四四一圖　四四二圖　四四三圖

金屬由砂模型中提出，用毛料在四呎六吋之淨跨度中央，能荷負五百磅集中重之外力爲佳。

尖銳之角乃暴露弱點之處，必須愼護之；或在各內角做圓或三角。

圖四四六及四四九示生鐵梁之剖面及立面之一部，支持在梁之一端，擱置於石墊頭上，其上部擔任壓力，下部則擔任拉力。

圖四四八及四四九示生鐵梁之兩端均爲固定者，在每個凸緣上有拉內力與壓內力之不同部份。合乎此種條件者，有下列二種式樣：(一)工形斷面，見四四九及四五〇圖；及(二)水落形斷面。後者用於蘇格蘭店面上之過梁，極爲廣泛，見四五〇圖。

四四九圖係生鐵水落形斷面之梁，示其梁撑之地位。

在兩端固定中間有載重之梁，其凸緣之處卽發生似波浪式之撓曲狀，四四八圖卽示相反之彎曲點。

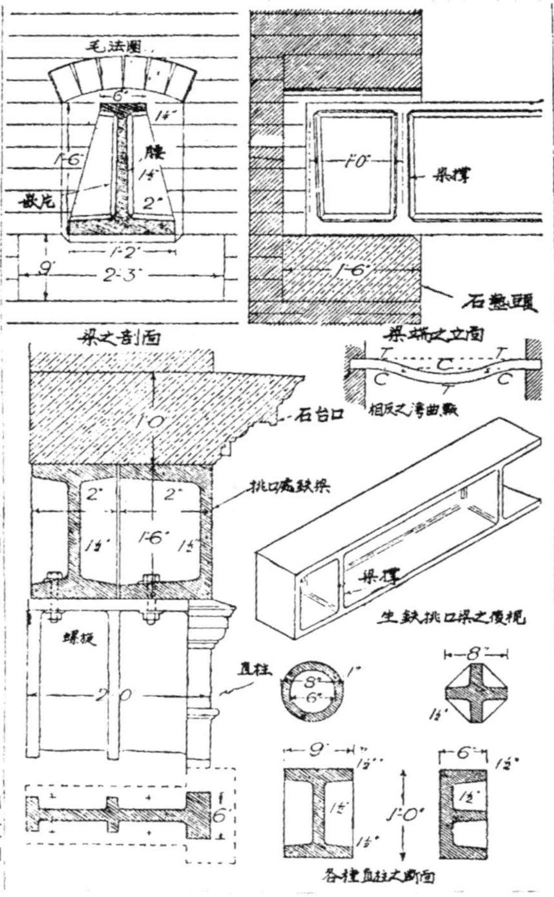

四四六圖

四四七圖

四四八圖

四四九圖

四五〇圖

四五一圖

四五二圖

四五三圖

四五四圖

〔註〕四四八圖內之C係壓力，T係拉力。

生鐵直柱 在四五二至四五四圖中，有四種生鐵直柱之斷面。暴露於外表之柱，則用四五二圖之空心圓形斷面；在任何斷面面積中此爲極經濟之式樣。四五二圖之直柱，大概用於其本身舖砌燒陶磚等材料者。工形斷面之直柱，用於四週，俾舖砌磚塊者，其斷面見四五三圖。裝置於牆身之有肋水落形直柱，用於支持店面上之過梁者，見四五一及四五四圖。

生鐵梁及柱較之鑄鋼爲不可靠；蓋前者當含有危險而難以發現之孔隙，或內力遇有不等之冷度存在，倘經過震動或氣候之突變時，皆有摧毀之可能。生鐵在酷熱之時，將冷水澆上，能使其突然折斷；此種情形，在遇火災時往往有之。

鋼梁 用整塊鑄鋼所製之單梁，或用一個或數個單梁，在凸緣之上下部份，各蓋以鋼板，而將鉚釘結合成一混合梁，如此凸緣之面積增加，或較鑄鋼斷面之深度爲深。混合梁之結構，須有適當之凸緣板及梁筋板，用鋼三角鐵接合之；依照此種佈置之式樣，有單梁筋與雙梁筋者，名之曰函梁，係極大之梁，其梁筋中空，與梁架中之格子梁極類似。

自四五五至四六五圖為各種不同之標準斷面，內包括工字形，丁字形，水落形，三角形及乙字形等斷面；同時並有平板，圓條及方條之別。

圖四六六至四七四示通常應用之混合斷面結構方法。

普通建築中所常用之生鐵，熟鐵及鋼，其內力之關係，用噸為單位者，詳見下表：

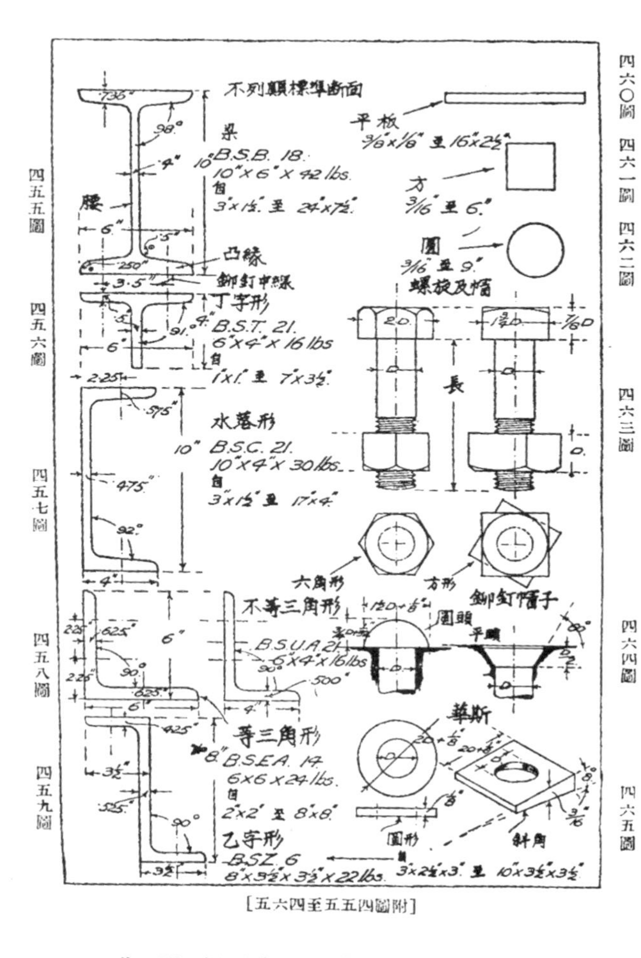

[附圖四五五至四六五]

	拉力	壓力	剪力
生鐵	七至八	四〇至四五	一二
熟鐵	二二	一六至一七	二二
鋼	三〇	三〇	二四

鐵板梁 在荷負沉重之外力時，其斷面較各工廠所出之標準斷面為大，則可用板或拚成之斷面；包括板，三角形及丁字形之斷面，用鉚釘聯合而成，其面積之變化依照力之能率，及梁筋與凸緣之增加用丁字形或三角形梁撐。梁撐僅係三角形或丁字形，須將其截斷，然後用鉚釘連合在凸緣及靠近縱三角形上，嵌片一塊其闊與梁撐同，其厚度與縱三角形相等。四七〇至四七二圖示剖面，一部之立面及平面，及梁端鐵板裝置之圖解。

四七三圖示鐵板梁用曲角梁撐之剖面，及一部份立面與平面；其曲角梁撐應用於梁之凸緣頗闊之處。

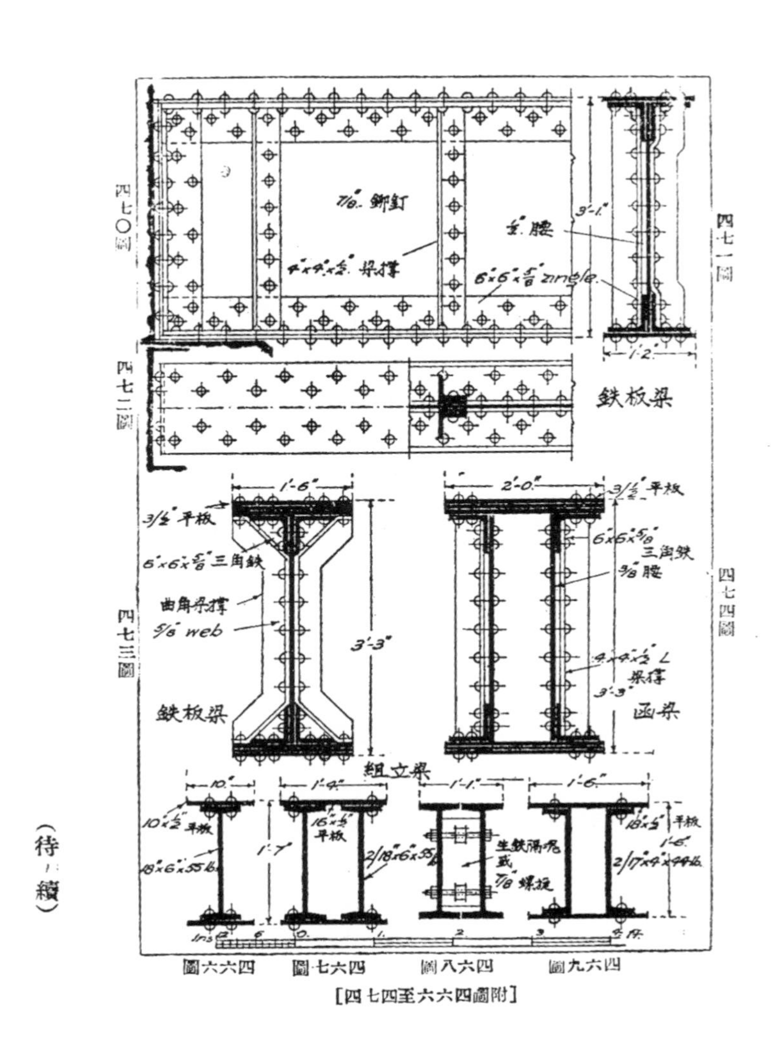

四六六圖　四六七圖　四六八圖　四六九圖

[附圖四六六至四七四]

（待續）

傢具与裝飾

此爲公寓中起居室之一瞥。懸於外牆之簾帷作灰色，牆爲白色，器具均鍍克羅米，包以白色之皮。桌之臺面覆以玻璃，全室點塵不染，清爽悅目。

此爲公寓中之披屋，地位雖小，而牆面因用蘋果綠之玻璃，故光線異常充足，地位似見增大；且因與天花板之綠色相諧和，故更覺明淨有致。

此屋之總面積不過二十七方，而包容寬大之起居室，餐室，早餐室，與三個臥室，兩個浴室，廚房，川堂，衣櫥等，十分完備；至式樣之樸質，造價之經濟，尤其餘事。再者，此屋之各室，均在一層內，無扶梯上下之麻煩，殊能適合國人之習慣也

此屋用白色磚牆起砌，淡裝素抹，倍覺幽研。

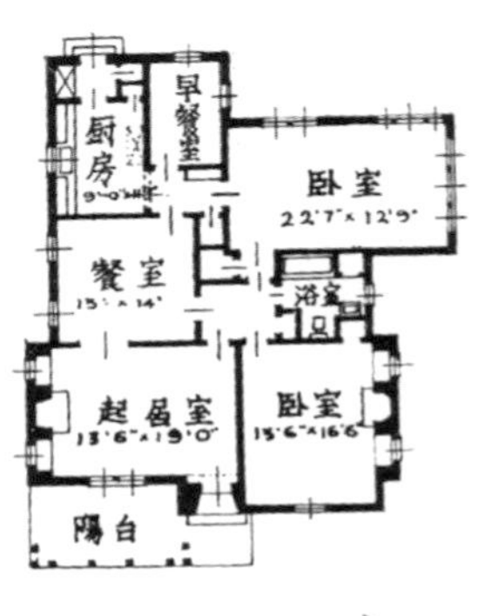

平面圖

專載

本會與保裕保險公司合作舉辦
建築團體職工意外傷害保險

近年以來，我國建設事業突飛猛進，各種偉大建築物，如矗立霄漢之廣廈，跨越巨川之橋梁，停泊商輪之碼頭，以及蜿蜒交織之鐵道公路等，均有極顯著之成就。每一建築物在工程進行之中，僱用工人，千百不等；此輩胼手胝足，氣喘汗浹，或攀援於層樓之上，或踵身於飛閣之嶺，或涉水而興工，或登山而鑿道；其勞苦情形與危險程度，有非吾人所能想像者。試就滬埠言之，從事建築工程之營造廠商，大小數百家，工人數萬名，在工程進行中，每有無辜工人，因工作不慎，橫遭慘死，報章傳載，屢有所聞；社會人士，對此雖亦司空見慣，漠不爲意。殊不知此輩工人月入無幾，而一門生計，惟此是賴。今因公致死，所有棺葬費用，雖由包工者本惻隱之立場，資助料理；至於已死工人家中日後之生活，實成問題，難以顧及也。

夫工人對於社會建設之功，殊不可沒；今因公身死，自宜設法以善其後。本會創立之初，對此即加注意，故會章中舉辦勞動保險，亦列爲職務之一種。現在保險事業日趨發達，產業人命，繳少數之保費，即可得安全之保障；雖有不測之來，可無噬臍之患；法良意善，實有積極提倡之必要。本會爰與本埠保裕保險公司意外保險部，合作舉辦「建築團體職工意外傷害保險」，現已簽訂代理契約，切實推行，以期使營造廠商與建築職工，同蒙福利，各沾其惠。蓋團體保險之舉，其利益就僱用人方面言，則：

(一)可使僱用人對於因執行職務而受意外傷害或死亡之職工所有給付津貼撫卹及醫藥費之責任，或本仁慈之心而應盡之義務，移交保險公司負担。

(二)可使僱用人對於因執行職務而受傷之職工所需之費用，能有一定之預算。

(三)爲僱用人待遇受僱職工生活周至之表現。

(四)爲保障受僱職工生計之福利實施。

(五)既可促進勞資合作，消弭糾紛，復可增加職工之工作效能。

就受僱職工自身之利益言，則：

(一)因執行職務而受意外傷害以致暫時完全喪失工作能力者，得享受星期工資之津貼，使日常生活，仍得維持。

(二)因執行職務而受意外傷害者，得受充分醫藥費之補助，使其能受較良之醫治而可早日恢復工作能力。

(三)因執行職務而受意外傷害以致喪失生命者，其家屬一次可得巨額之賠償金，俾一家生活，得不受人事與亡之痛苦。

(五)因執行職務而受意外傷害以致成爲永久全部或一部殘廢者，一次可得巨額之賠償金，使其能不因喪失工作能力而有飢餓凍餒之慮。

(五)職工人員因身家得有保障，心境安泰而無顧慮，以是對於所任之工作，不特興趣濃厚，且可自勉進取精神。

現此種團體保險推行伊始，深望本會會員及各營造廠商能鼎力贊助，共起提倡；在僱用者所費無幾，而建築職工設遇意外，則送死養生，有備無患，惠澤廣被，其德無涯矣！

介紹「波許」電氣鑽鑿機

「波許」電氣鑽鑿機，係德國名廠 (Messrs. R. Bosch A. G.) 出品，不論鑽鑿影刻，均可應用。若用為鑽鑿機時，旋轉自如，工作迅速；欲其固定不轉，祇須將機件調換即可，而式樣玲瓏，可置於小箱子內，攜帶極為輕便。凡遇裝修及地上工作，使用波許電氣鑽鑿機，定能得美滿結果；而建築工程中採用該機，更可使工作迅速也。各種建築材料及工程，如灰凝石，石灰石，沙石，混凝土，或最堅硬之鋼筋混凝土，磚砌工程，粉刷，舖置地板等，均可使工作進行，迅捷便利也。至於地底工程，則「波許」電氣鑽鑿機實為其他巨錘之良助，此非取巨錘而代之，蓋一切工程需要旋動鑽鑿之錐者，均藉此電氣之鑽鑿機也。

試舉一事為例。在德國司透茄 (Stuttgart) 有華麗啤酒廠者 (Messrs. Wulle A. G. Brewery)，築一水隧道，初用斧開鑿，但費工頗多，而進行又慢。迨後改用此機，工作進展，頓告順利，較前迅速有四倍之多。又如一九三三年間同地建造之"Neue Weinsteige"，所有錨孔，由四工人用此機鑽鑿，二日之間，共完成六百洞，而其地又係堅硬之混凝土也。是故不論地上及地下工程，裝修工作等，一般建築家均樂用此機也。此機由本埠漢口路一一〇號捷成洋行經售，歡迎各界人士前往參觀式樣云。

建築材料價目

本刊所載材料價目，力求正確；惟市價瞬息變動，漲落不一，集稿時與出版時難免出入。讀者如欲知正確之市價者，希隨時來函詢問，本刊當代爲探詢詳告。

磚瓦

（一）空心磚

十二寸方十寸六孔	每千洋二百十元
十二寸方九寸六孔	每千洋一百九十元
十二寸方八寸六孔	每千洋一百六十元
十二寸方六寸六孔	每千洋一百二十五元
十二寸方四寸四孔	每千洋八十元
十二寸方三寸三孔	每千洋六十五元
九寸二分方六寸六孔	每千洋六十五元
九寸二分方四寸半三孔	每千洋五十元
九寸二分方三寸三孔	每千洋四十元
四寸半方九寸二分四孔	每千洋三十二元
九寸二分四寸半三寸二孔	每千洋二十元
九寸二分·四寸半·三寸半·二孔	每千洋十九元
九寸二分·四寸半·二寸·二孔	每千洋十八元

（二）八角式樓板空心磚

十二寸方八寸八角四孔	每千洋一百八十元
十二寸方六寸八角三孔	每千洋一百三十五元
十二寸方四寸八角三孔	每千洋九十元

（三）深淺毛縫空心磚

十二寸方十寸六孔	每千洋二百二十五元
十二寸方八寸半六孔	每千洋一百八十九元
十二寸方八寸六孔	每千洋一百八十元
十二寸方六寸六孔	每千洋一百三十五元
十二寸方四寸四孔	每千洋九十元
十二寸方三寸三孔	每千洋七十二元
九寸二分方四寸半三孔	每千洋五十四元

（四）實心磚

九寸四寸三分二寸半特等紅磚	每萬洋一百三十元
又　普通紅磚	每萬洋一百二十元
八寸半四寸一分二寸半特等紅磚	每萬洋一百三十四元
又　普通紅磚	每萬洋一百十四元
十寸·五寸·二寸特等紅磚	每萬洋一百二十元
又　普通紅磚	每萬洋一百十元
九寸四寸三分二寸特等紅磚	每萬洋一百元
又　普通紅磚	每萬洋九十元
九寸四寸三分二寸二分特等紅磚	每萬洋一百十元
又　普通紅磚	每萬洋一百元
九寸四寸三分二寸二分拉縫紅磚	每萬洋一百六十元
十寸五寸二寸特等青磚	每萬一百三十元
又　普通青磚	每萬洋一百二十元
九寸四寸三分二寸特等青磚	每萬一百十元
又　普通青磚	每萬洋一百元
九寸四寸三分二寸二分特等青磚	每萬一百二十元
又　普通青磚	每萬一百元

（以上統係外力）

（五）瓦

一號紅平瓦	每千洋五十五元
二號紅平瓦	每千洋五十元
三號紅平瓦	每千洋四十元
一號青平瓦	每千洋六十元
二號青平瓦	每千洋五十五元
三號青平瓦	每千洋四十五元
西班牙式紅瓦	每千洋四十五元
西班牙式青瓦	每千洋四十八元
英國式灣瓦	每千洋三十六元
古式元筒青瓦	每千洋六十元

（以上統係連力）

以上大中磚瓦公司出品

新三號青放	每萬洋五十三元
新三號老紅放	每萬洋六十三元

輕硬空心磚

		每塊重量
十二寸方十寸四孔	每千洋二八八元	卅六磅
十二寸方十寸四孔	每千洋二二六元	廿六磅
十二寸方八寸二孔	每千洋一七七元	十九磅半
十二寸方六寸二孔	每千洋一三三元	十七磅
十二寸方四寸二孔	每千洋八十九元	十四磅

品名	價格	重量
十二寸方三寸二孔	每千洋七十元	十三磅半
九寸二分方八寸二孔	每千洋九十三元	十二磅
九寸二分方六寸二孔	每千洋七十元	九磅半
九寸二分方四寸半二孔	每千洋五十四元	八磅二五
九寸二分方三寸二孔	每千洋五十元	七磅二五

硬磚

品名	價格	重量
二寸二分四寸五分九寸半	每萬洋一〇五元	六磅
二寸二分四寸一分八寸半	每萬洋八十五元	四磅半

以上長城磚瓦公司出品

鋼條

四十尺四分普通花色	每噸一四〇元
四十尺五分普通花色	每噸一二六元
四十尺六分普通花色	每噸一三二元
四十尺七分普通花色	每噸一三六元
四十尺一寸普通花色	每噸一三六元
盤圓絲	每市擔六元六角

泥灰石子

象牌水泥	每桶洋六元三角
泰山水泥	每桶洋五元七角
馬牌水泥	每桶洋六元角元
拔灰	每擔洋一元二角
黃沙	每噸洋三元
石子	每噸洋三元半

木材

洋松八尺至卅二尺再長照加	每千尺一百十元
一寸洋松	每千尺洋一百十二元
寸半洋松	每千尺洋一百十三元
洋松二寸光板	無市
四尺洋松條子	每萬根洋一百六十五元
一寸四寸洋松一企口板	每千尺洋一百四十五元
一寸四寸洋松副頭號企口板	每千尺洋一百十元
一寸四寸洋松二號企口板	每千尺洋一百元
一寸六寸洋松一號企口板	每千尺洋一百二十五元
一寸六寸洋松副頭號企口板	每千尺洋一百十五元
一寸六寸洋松二號企口板	每千尺洋一百元
一二五四寸洋松一號企口板	無市
一二五四寸洋松二號企口板	無市
一二五六寸洋松一號企口板	無市
一二五六寸洋松二號企口板	無市
柚木（頭號）僧帽牌	每千尺洋六百元
柚木（甲種）龍牌	每千尺洋五百三十元
柚木（乙種）龍牌	每千尺洋五百元
柚木（旗牌）	每千尺洋五百三十元
柚木（盾牌）	每千尺洋四百八十元
硬木	無市
硬木（火介方）	每千尺洋一百八十五元
柳安	每千尺洋一百九十元
紅板	每千尺洋一百六十元
抄板	每千尺洋一百八十元
十二尺三寸六八皖松	每千尺洋六十五元
十二尺二寸皖松	每千尺洋六十五元
一二五四寸柳安企口板	每千尺洋二百十元
一寸六寸柳安企口板	每千尺洋二百十元
一二五四寸企口紅板	無市
二寸一半建松片	市尺每千尺洋六十八元
九尺四分建松板	市尺每丈洋三元八角
九尺八分建松板	市尺每丈洋六元八角
六尺半五分青山板	市尺每丈洋三元五角

本松毛板	市尺每塊洋三角
本松企口板	市尺每塊洋三角二分
六尺半二分杭松板	市尺每丈洋二元
七尺半二分甌松板	市尺每丈洋二元一角
六尺半八分皖松板	市尺每丈洋四元六角
九尺八分皖松板	市尺每丈洋五元六角
六尺半五分皖松板	市尺每丈洋四元二角
台松板	市尺每丈洋三元五角
七尺半四分坦戶板	市尺每丈洋二元六角
七尺半三分坦戶板	市尺每丈洋二元四角
六尺二分機鋸紅柳板	市尺每丈洋二元五角
六尺三分毛邊紅柳板	市尺每丈洋二元五角
六尺二分俄松板	市尺每丈洋二元六角
六尺半二分俄松板	市尺每丈洋二元八角
七尺半毛邊二分坦戶板	市尺每丈洋一元七角
六尺半五分機介杭松	市尺每丈洋四元二角
白松方	每千尺洋九十五元
紅松方	每千尺洋一百十五元
廠栗方	每千洋一百三十五元
啞克方	每千洋一百三十五元
俄麻栗板	每千尺洋一百四十元

五金

(一) 釘

美方釘	每桶洋二十元〇九分
平頭釘	每桶洋二十元八角
中國貨元釘	每桶洋六元五角

(二) 防水粉及牛毛毡

建業防水粉（軍鑑）	每磅國幣三角
雅禮避水漿	每介侖一元九角五分
雅禮避水粉	每介侖一元九角五分
雅禮避水漆	每介侖三元二角五分
雅禮紙筋漆	每介侖三元二角五分
雅禮避潮漆	每介侖三元二角五分
雅禮透明避水漆	每介侖四元二角
雅禮膠珞油	每介侖四元
雅禮保地精	每介侖四元
雅禮保木油	每介侖二元二角五分
雅禮快燥精	每介侖二元

（以上出品均須五介侖起碼）

五方紙牛毛毡	每捲洋二元八角
半號牛毛毡（馬牌）	每捲洋二元八角
一號牛毛毡（馬牌）	每捲洋三元九角
二號牛毛毡（馬牌）	每捲洋五元一角
三號牛毛毡（馬牌）	每捲洋七元

(三) 其他

鋼絲網（27"×96" 2¼lbs.）	每方洋四元
鋼版網（8"×12" 六分一寸半眼）	每張洋卅四元
水落鐵（每根長二十尺）	每千尺五十五元
牆角線（每根長十二尺）	每千尺九十五元
踏步鐵（每根長十尺或十二尺）	每千尺五十五元
鉛絲布（闊三尺長百尺）	每捲二十三元
綠鉛紗（同上）	每捲洋十七元
銅絲布（同上）	每捲四十元

水木作工價

木作（包工連飯）	每工洋六角三分
水作（同上）	每工洋六角
水木作（點工連飯）	每工洋八角五分

介紹遠東實業公司陶磁廠

國內所用建築材料，大都取給於舶來，利權外溢，莫此為甚。本埠遠東實業公司陶磁廠，有鑒及此，特製造光耀釉面磚缸磚等，藉以挽回利權。近聞該公司聘任鄒秉魁君為營業部主任，擴充釉面磚缸磚等營業。鄒君前服務於中國釉面磚公司，成績極佳，此次駕輕就熟，定有一翻新貢獻，為國產建築業光也。

中華郵政特准掛號認為新聞紙類

建築月刊 THE BUILDER

內政部登記證警字第二五五四號

第四卷 第七號

民國二十五年七月發行

刊務委員 陳松齡 江長庚 竺泉通

主編 杜彥耿

廣告 藍克生 (A. O. Lacson)

發行 上海市建築協會 南京路大陸商場六二〇號 電話九二〇〇九

印刷 新光印書館 上海聖母院路聖達里三〇號 電話七四六三五

版權所有 • 不准轉載

定價

每月一冊 全年十二冊

訂購辦法	價目
零售	五角
預定全年	五元

郵費	零售	預定全年
本埠	二分	二角四分
外埠及日本	五分	六角
香港澳門	一角八分	二元一角六分
國外	三角	三元六角

廣告刊例
Advertising Rates Per Issue

地位 Position	全面 Full Page	半面 Half Page	四分之一 One Quarter
底封面外面 Outside back cover.	七十五元 $75.00		
封面及底面之裏面 Inside front & back cover	六十元 $60.00	三十五元 $35.00	
封面裏面及底面裏面之對面 Opposite of inside front & back cover.	五十元 $50.00	三十元 $30.00	
普通地位 Ordinary page	四十五元 $45.00	三十元 $30.00	二十元 $20.00

小廣告 每期每格 一寸高 三寸半闊 洋四元
Classified Advertisements - $4.00 per column

廣告概用白紙黑墨印刷，倘須彩色，價目另議；鑄版彫刻，費用另加。
Designs, blocks to be charged extra
Advertisements inserted in two or more colors to be charged extra.

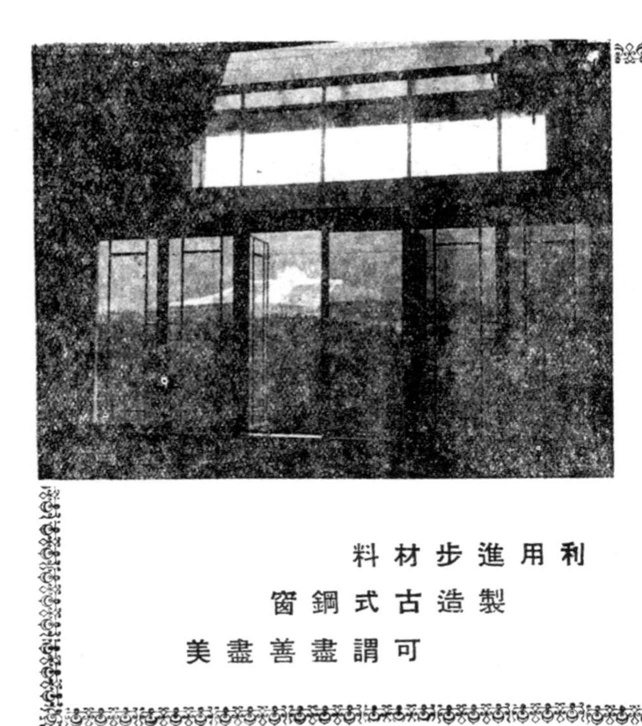

中國銅鐵工廠

總事務所 上海甯波路四十號 電話一四三九一

分事務所 南京新街口忠林坊三三號 電話二二一八五六

利用進步材料
製造古式鋼窗
可謂盡善盡美

新光 照相製版公司

一個貢獻

具有遠大眼光與前進思想之建築家如遇承造鉅大工程在落成之際應編印紀念冊或工程特刊詳載施工經過及鋼圖照片等稿在業務上既留一永久之紀念對業主更能得良好之影象一舉兩得而所費無幾實爲推進業務之良策也本公司精製各式銅鋅版及三色版等積有豐富經驗（建築月刊內全部圖稿均由本公司承製）在編印紀念冊或工程特刊時如以製版工作見委自當以最低之代價貢獻最優之出品也

上海東有恒路六二五號

電話五三四七九

註冊商標

建築上之超等材料

三寶牌石膏粉

本廠特聘留德化學專家 採購湖北應城所產上等石膏 用德國精良機械 製造成粉 品質潔白細密 具有天然結晶性 堪與舶來品並駕齊驅 極合各種建築之用

說明書化驗單樣品請向營業課函索

上海分銷處 愛多亞路中匯大樓四樓四四五號 應城石膏公司上海辦事處 電話八三七五〇號有無線電報掛號〇七六二

製造廠 漢口宗關水廠隔壁 電話三三五六五號

營業課 漢口特三區鼎安里三號應城石膏股份有限公司 電話二四五五五號 有無線電報掛號二〇一九

應城石膏股份有限公司 石膏物品製造廠謹啓

本廠承裝網籬工程之一
國立同濟大學游泳池
自製鉛絲網籬
兼代設計裝置
公勤鐵廠股份有限公司
總廠
上海楊樹浦臨青路
電話
五〇二一四·五〇一六七
電報
二〇六〇
分廠
廣州河南南華中路

永光油漆
出品
厚漆
調合漆
凡立水
水牆粉
乾牆粉
地板蠟
其他花色繁多不勝備載
註冊商標
狗牌
牛牌
熊牌
羊牌
猴牌
特點
原料——多數購自歐美名廠
製造——聘請英國著名油漆專家督製
品質——優良並經各大建築師認與舶來品無異
定價——特別低廉
服務——凡遇有油漆工程發生困難問題本公司備有專家可供諮詢
上海永光油漆有限公司
總經理 太古公司 法租界外灘 電話八二○二○

中國近代建築史料匯編（第一輯）

建築月刊

第四卷　第八期

建築月刊
8
50 CENTS
"The BUILDER"

NOT A NEW COMPANY,

BUT a reorganised one, ready to beautify
a building — a house — a room —
or just a fireplace;
no job is too large or too small

MARBLE and **TERRAZZO** give **PERMANENT BEAUTY**
at **LOW COST**
let us quote
you will incur no obligation.

TERRAZZO MARBLE & TILE CO.

WAYFOONG HOUSE,
220 SZECHUEN ROAD,
SHANGHAI.

OFFICE: 11225

FACTORY: 51612

英商美藝雲石花磚公司

事務所 上海四川路二二〇號一樓

電話 一一二二五號

本公司專門承攬一切藝術化佈置工程事宜不論崇樓大廈或一部份房屋以及住室壁爐等如蒙委託概所歡迎

本公司所做之雲石與人造石一應工程既極堅固又頗壯麗更得保持永久美化之價取價低廉工作認眞盡請一試保君滿意

工程一斑

中滙銀行大廈
國際大飯店
漢彌登大廈
河濱大廈
雷氏德工藝學院
京城大飯店
大光明電影院
新亞大酒店
百老匯大廈
華懋大廈

本廠承裝網籬工程之一
國立同濟大學游泳池
兼代設計裝置
自製鉛絲網籬
公勤鐵廠股份有限公司
總廠 上海楊樹浦臨青路
電話 五〇二一四・五〇一六七
電報 二〇六〇
分廠 廣州河南南華中路

全球建築師

對於現代大廈 均用現代金屬

如圖爲上海國際大飯店牆壁上之中英飾字。經建築師鄔達克證明。均係用鋁合金所製。

圖示意大利羅馬城中美麗之鋁製大門

上圖中英飾字所用之鋁。加工化合然後採用。以期穩得最大之服務與觸目。於此有極重要者。卽務須選用適度之鋁合金是也。本公司研究部在同業中爲最大。甚願隨時供獻一臂之助焉。

鋁之韌性

鋁可範鑄。可捲起。可壓鑄。可抽細。或製爲種種形式。適應種種創造的設計之需要。數量多寡。均可供應。一切金屬製造藝術之形式。無不畢具。

鋁鑄物與鋁製物品之成績與聯合成績。有種種之多。鋁者現代化之金屬。並能表現近代藝術化之趨勢。

鋁之爲物。於韌性與美觀之外。並有絕不坼裂之優點。因其開展之時。可以回復其原來之廣袤而毫不扭歪。因此得免翹曲與分裂之弊。其特有之抵抗天時與銹蝕之品質。各處均已充分認識之矣。

鋁之其他用途

內部用

欄杆 坐椅 花沿條 門 桌 電器附件 階上方格眼 升降機門及飾件 扶手 銘刻 嵌板 電燈附件 窗柱 旋梯柱 壁柱 吊飾物 暖氣管

外部用途

噴水器 籬柵 旗杆脚 大門 繫舟樁 拱側 市招 屋頂蓋索 造像 窗框

鋁能表示現代設計之秀雅與氣勢

歡迎垂詢詳情

鋁業有限公司

上海北京路二號

上海郵政信箱一四三五號

(二)

ALUMINIUM UNION LIMITED

全球聞名

信昌機器廠 水凝混合機

首創發明

廠址　上海北山西路口四一三號　電話四一五四三號

Manufactured By
SING CHONG IRON-WORKS
413, Corner of Haining & North Shanse Rds.
Shanghai.　　Tel. 41543

◎全球建築公認◎
◎堅固耐用◎
◎售價低廉◎

承做各地航空委員會鐵門不克細載略舉一二如後

洛陽航空委員會大小鐵扯門

南京航空委員會大小鐵門

西安航空委員會大小鐵門

◉如蒙委託估計歡迎之至◉

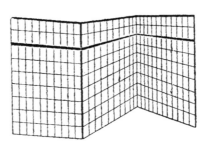

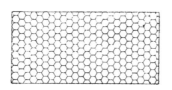

業已風行全國之

康元廠

四〇四彈子插鎖

在建築方面之服務

（一）添錦

美輪美奐得此點綴無殊錦上添花

（二）取材

建築取材用到此鎖便是名建築師

在家庭方面之服務

（一）家防

能使閤府入晚安睡無虞盜竊

（二）點綴

能使府上門景室景平添光輝

首腦部縱剖圖

重要機構　纖微畢露

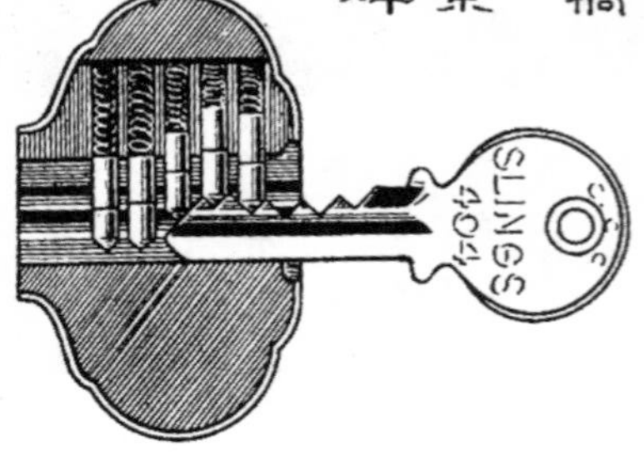

圖（一）鑰匙半入表現彈子與匙齒之關係

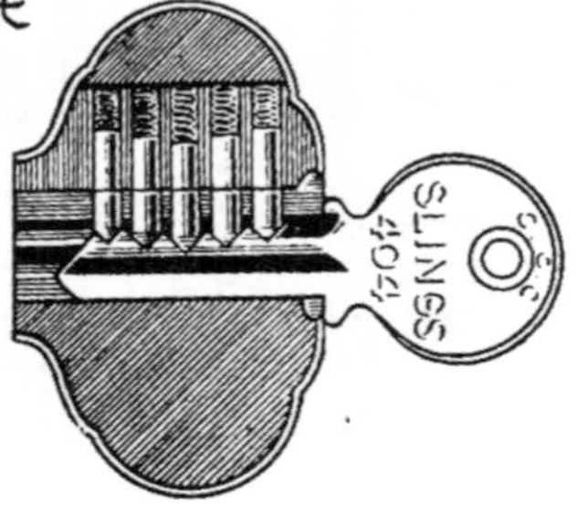

圖（二）鑰匙全入表現直線與鎖斗之關係

總發行所　上海廣東路河南路角二四七號　電話一七八九四

各大五金店均有出售

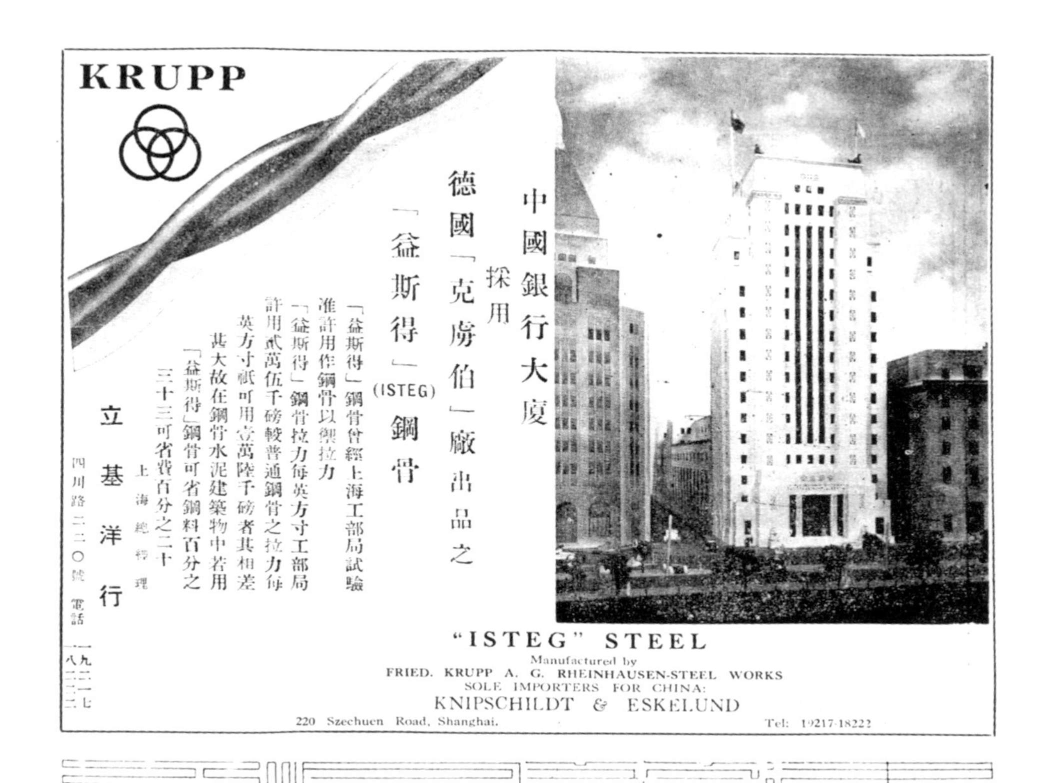

目錄

第四卷第八號

插圖

頁數

國立上海醫學院學生寄宿舍正面圖側面圖剖面圖一層及二層平面圖……(1—2)
國立上海醫學院松德堂正面圖剖面圖一層及二層平面圖……(7—8)
國立上海醫學院正屋全套圖樣……(9—19)
各種建築典式……(20—24)
小住宅設計……(41—42)
傢具與裝飾……(43—44)

論著

編者瑣話……漸(3—6)
建築史(十二)……杜彥耿(25—33)
繪圖一得……劉家聲(34—35)
營造學(十七)……杜彥耿(36—40)
專　載……(45—46)
介紹"益斯得"鋼骨……(47)
建築材料價目……(48—50)

廣告索引

大中磚瓦公司
遠東實業公司陶磁廠
李富士
英商美藝雲石花磚公司
立興洋行
新耀金工廠
公勤鐵廠
鋁業有限公司
信昌機器廠
中國鋼鐵工廠
吉時洋行
益中福記瓷電公司
康元製罐廠
立基洋行
恆興建築材料行
雍禮製造廠
應城石膏公司
新仁記營造廠
新成鋼管廠
啓新磁廠
孔士洋行
凌陳記人造石廠
馥記營造廠
太古公司

恆興建築材料行

上海南京路大陸商場六二〇號A

電話九〇八〇七

國立上海醫學院之全部水汀爐片由本行供給

本行專售北平中華汽爐行水汀爐片及其他各種建築材料如蒙惠顧毋任歡迎

THE ACME BUILDING SUPPLY CO.

620A Continental Emporium Building,

Nanking Road, Shanghai.

Tel. 90807

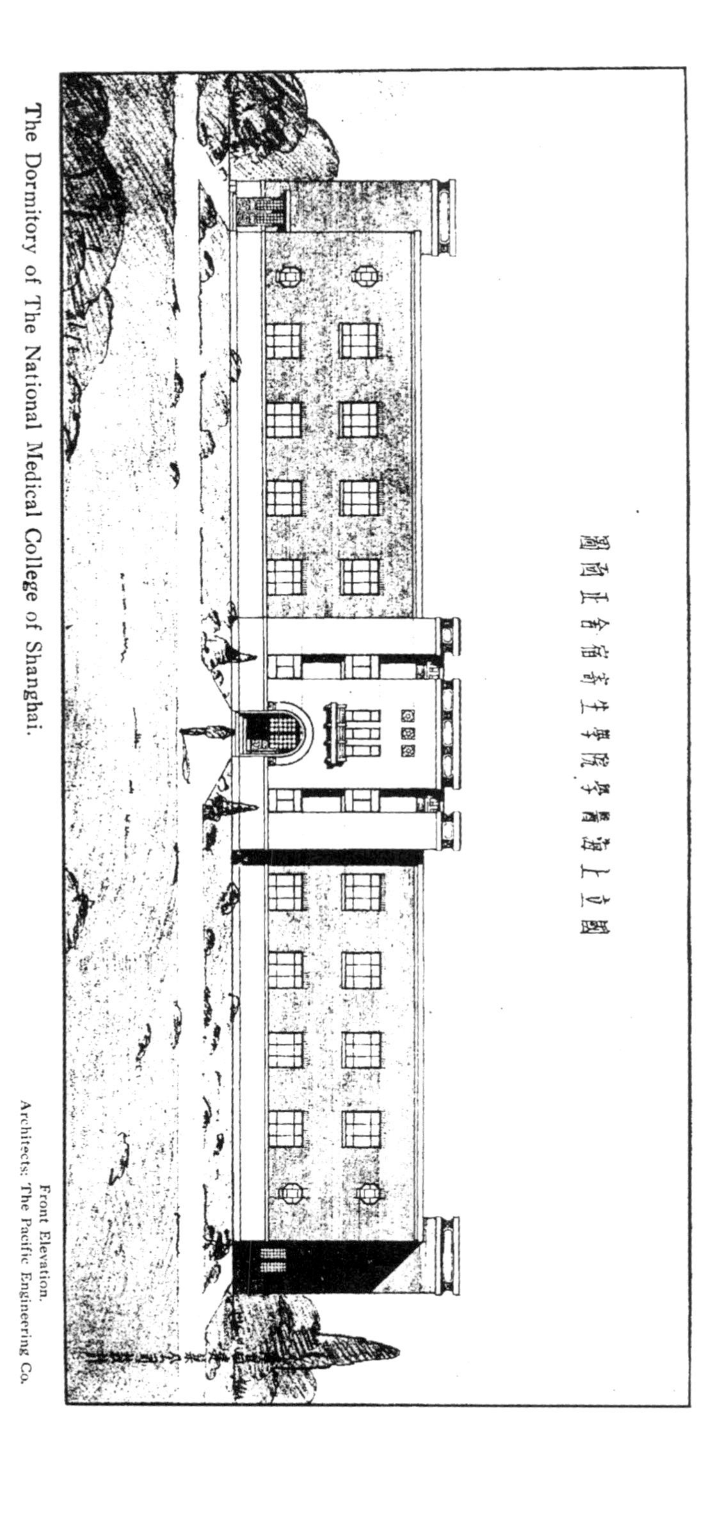

The Dormitory of The National Medical College of Shanghai.

Front Elevation.
Architects: The Pacific Engineering Co.

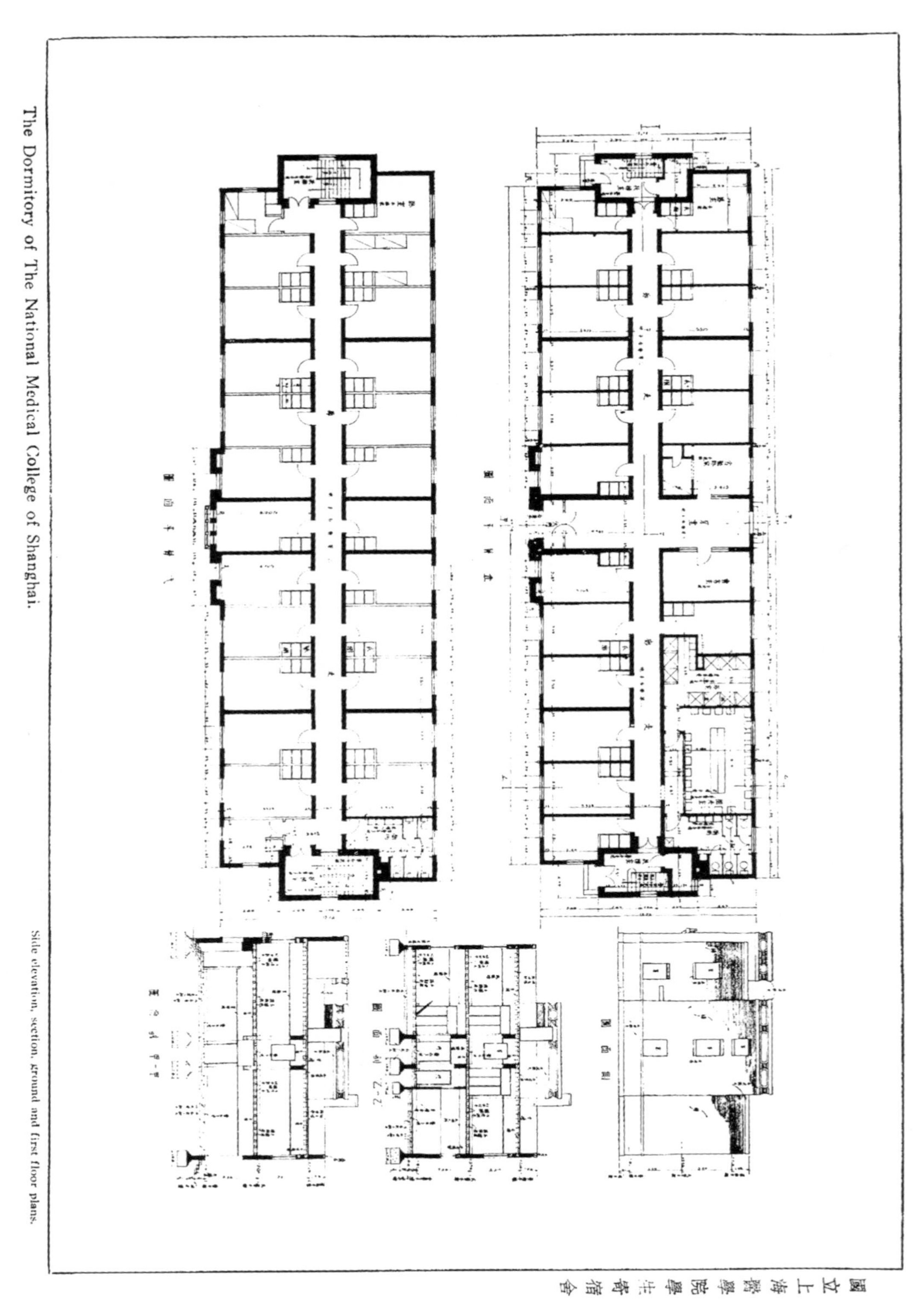

The Dormitory of The National Medical College of Shanghai.

Side elevation, section, ground and first floor plans.

國立上海醫學院學生寄宿舍

編者瑣話

漸

一、關於英華華英合解建築辭典

編者因鑒於吾國建築名辭之紛紜不一，實爲謀進建築事業之障礙，故有英華華英合解建築辭典之編著。自本年六月出版以來，謬承建築同人的推許，殊深內疚。茲復接北平中國營造學社梁思成先生手書，並於該社營造彙刊六卷三期書評欄內批評之。茲將梁君所提各點，擇要解答如下：

英華之部分爲上下兩編，係因初稿陸續在建築月刊中登載三年，預算彙集單行本，加以華英之部，當有八百頁。迨英華之部排印將竣，覺距預料之頁數不足，故增下編。

遺漏，意義不明，譯釋錯誤，字不雅馴等，自當於再版時修飾增訂。

編者因鑒於建築辭典之重要，有志編譯，蓄意已久。然自審學識淺陋，未敢貿然嘗試。故有藉建築學術討論會之組織，而爲統一名詞之商訂。並已推定起草委員，分門負責。旋因各人業務繁劇，會議不克如期舉行；編者因遂不揣冒昧，單獨膺此艱巨之工作。故雖自知如此進行，失之輕率，但因事實上此種建築名詞之確定，迫不及待，故亦渾忘藏拙之義，毅然爲之矣！

建築辭典之編也，重在實用，故名詞之雅訓，初非顧及。如英文之Bond，係磚石作組砌磚石之鑲接式，而在辭典中譯爲「率頭」者，實因工場中統呼此名，設將字面加以訓詁，實屬不知何義。況作場中所稱「率頭」，是否即此兩字，亦不可知，均待以後之考證。其他尚有不少術語，未經加入辭典中者，如木匠以釘釘木，斜釘曰「揪」，釘一枚釘曰「收一只釘」或「吃只釘」。踏腳板與地板銜接處，因地板不平，故踏腳板下口應用鉛筆或墨襯，依着不平的地板劃出屈曲的線，隨後依線用斧斬去線外的木料，方使踏腳板與地板密合。此種手續稱之曰「襯平」等等許多術語，現在尚無適當之字，故未加入。但此種術語甚爲重要，在作場中祗一開口，即知此人是否內行也。

關於書價，定爲每冊拾元，似或太貴，因此種工具用書，恐將使一般建築學生及繪圖員等無力購買，感到困難。編者在訂定價格時，亦曾加考慮。初以第一版書自覺不滿殊甚，不欲其普遍行於學生及繪圖員等，祗要求本會會員能人備一冊，及分送建築學術團體及個人，共同參攷，以求改進。但是現在編譯中的營造學建築史等，其中名詞悉依建築辭典，勢又不得不把建築辭典的定價重加訂定，使其比較具有普遍性，一般均有購買的能力。又覺若將現價減低，則對以前之預約者及購買者，殊無適當措施辦法。故現在祗得維持原價，待該書再版時，憑持初版書來換購再版書時，將舊書作價收下，予以特別的折扣，藉以補救現在高價的缺憾！

二、水泥加價問題

國產水泥加價問題，南京市營造廠業同業公會，曾呈文實業部，略謂各該水泥廠商此次漲價，其最大理由爲製造及包裝成本繼長增高，而其最大之消耗如煤炭麻袋人工等等，最近未聞有若何之提漲，及國家保護關稅之設施，所以維護國貨水泥生產之發展，該公司等於此應如何體貼國家提倡國貨之本意，而竭力增加生產，以期外貨之絕跡。今該公司等不此之務，乃藉聯合營業之方法，任意提高市價，從事壟斷，操縱市場，以摧殘本會同業之營業。況近年來因經濟關係，私人建築甚少，所有工程均屬國家建設或國防工程，該公司等平時受國家保護稅之扶育，不思有以効國，今反於國防緊急之秋，當用大批水泥之時，竟乘機漲價，以圖漁利等語云云。

營造廠業之反對水泥加價，略如上述。因復詢水泥廠商近今加價之原由，據其發言人稱：水泥廠之情形與營造廠不同者，在營造廠開支省而屬片斷性者，例如承攬一處工程，一年或二年完工，均有定時；工程之承接預投標價，故無虧蝕之慮。但水泥廠則完全不同，自廠成立以後，即須繼續不斷的工作着。有盈餘固須擴充營業，蝕本也得維持下去，數千工人，初不能招之即來，揮之即去。故公司於蝕本時祇得聽憑蝕本，而賺錢時亦須取償於此，以維血本。試以中國水泥公司而論，營業連虧九年，更甚者於孫傳芳龍潭一役，機械廠房等之損失，達六十萬元，有誰救濟。近有人謂去年水泥公司除官息外，更有紅利分潤。實則去年除優先股分得官息外，其餘連官息亦無着落，紅利更不待言。此皆有結算賬可證，初不能憑空臆說。況即或有利，商人豈不能賺錢歟？建築材料中近來漲價者不獨水泥一項，他若洋松鋼條等，漲值有超過百分之四十者；營造廠何不亦予一一反對，而獨反對水泥加價。而平價之事，不用兩營業團體或私人商榷之途，而欲假借政治者，實不可解。至於近來交貨稽延之咎，實因輪運缺乏與車輛不敷之故，以致廠中存貨山積，而顧客需貨孔亟，此點實係時局突變車輛被徵之當然局勢，是或能邀客方之諒解者也。

關於水泥加價問題，上述兩方各持理由，局外人初難置喙。惟編者以爲貨價漲落，廠方固自有其權衡，惟遇漲價，須留充分的空間，不要說漲便漲，俾營造廠不致因此受到意外的損失。蓋營造廠之事業，誠如水泥廠發言人所云，凡承攬一處工程，事先必經投標。然在投標之時，每桶水泥價假定爲五元，迨得標後不數月，突漲一元，此所漲之一元，豈非營造廠直接所受之損失乎？故漲價之實行，應經相當期間預示，俾營造廠方得有準備，或在投標之時早知水泥之將漲價，而提高標價，庶使營造廠方不受損失；事關兩全，水泥公司應注意及之！

若曰洋松鋼條等材料亦有漲價者，其情形與水泥不同，故自不能相提並論。緣洋松鋼條等，於估價投標時，可向經理行號詢問定價；迨得標後，即向該行號定貨，或可照先前報價，略爲便宜，不若水泥之將漲價也，限制定貨，迨至將漲之前夕，始行通知客戶，欲定貨者，請即往定。例如上海某著名之營造廠聞訊即往定貨，而定貨又需全部現款，復限所定之貨，在一個月內出清，過限須收棧租等苛刻條件。試問此大量水泥，如何能在一個月之短期內出清？

又如另一著名營造廠欲定貨十萬桶，若以普通商情而論，此種巨大交易，水泥廠應如何遷就；由營業主任或跑街登門兜銷，而反令買主親勞接洽；更堅持定價，不稍鬆動，是皆失其營業方策，而徒招買主之不快。故其所遭之非議，亦自有來由也。

水泥定價最好能常保持平衡，少有波浪；此在水泥廠或可做到。蓋因水泥一物，不若他種物料須蒙世界市面或有滙票漲落之影響者可比。加諸水泥原料，除煤炭價格間或少有更動外，其餘原料人工，絕少變更，其定價之忽起忽落之最大原因，實與市場之需要緩急而判；此與營造廠商，殊屬不利。蓋水泥之跌價，必為工程缺少之時期。故多數之營造廠，不能享水泥跌價之利益。迨工程既多，仰給水泥者亦衆，乘此漲價，則營造廠商實首蒙其弊。至若平價之假引他力，其動機亦因平素雙方缺乏感情之聯絡，有以致此耳！甚望當事者憬然有悟於已往營業方針之非，亟起有以改進，則吾國水泥工業前途，實具厚望焉！

三、防禦設計

編者在上期瑣話中，曾經提議準備抗禦的陣綫，是要各方面有普遍性的發展，才不致有畸形的流弊。故建築界也免不了要做準備功夫，聯合起建築師工程師營造廠等，研究攻守陣地的工事，與抵禦空襲等的地下建築；將討論與研究的結果，呈獻政府採用，或公諸社會，俾私人亦可取作參攷，庶不致臨時慌張無主。此議並經於十月二十二日的中國建築師學會常會中提及之，惜因時間侷促，祇談大意，未作詳細討論。然在此短促的數分鐘中，席間有謂建築師之職責在求建築物之美觀，故凡地下工程等之建置，自當由工程師策劃之，建築師實少參加之必要。談至此，因時間已屆下午二時，各人須回事務所辦公，都說下次再談罷。

在這簡短的談話中，謂建築師的職責，端在求建築物之美觀，此點編者却不能同意。蓋建築師之職責在求建築物之美觀，固為其職責之一，而較此更為重要者，厥為建築物之適用與經濟是。故凡一建築之興也，先由建築師相地之宜，規劃圖樣，佈置各室，適如委託者之意。再次從事估價，俾委託者作經濟上之準備。草圖之不足，益之以透視圖工作圖詳解圖等，圖樣之不足，更益之以說明書及工程進行時有對關係方面之書面與口頭咨照等等。誠如此說，建築師實為建築之主宰。其他土木工程師，管子工程師，電氣工程師等，均為副佐建築師者。或曰地上之建築程序固如是，地下之防彈防毒與抗禦等之工程實屬不同。雖然形制上固然有不同之點，但曰建築師能完全無參加此種防禦工程之必要，則為不可。例如建一橋樑，固土木工程師之事也。然橋欄杆與橋上燈柱燈架等，欲其美觀雅適，應經建築師之設計。何況地底要塞與人民之避難所救護處等，在在都可由建築師統盤設計擘劃，隨後由各部工程師從事於建築物外殼之堅强也，電氣工事也，空氣工事與防毒工事等等之配備也。故建築師實為非常建築中之要員，何可避免其責任。

關於這種問題，編者也曾與楊錫鏐建築師談過一次話。他說凡是建築師工程師們的脾胃，都有些相同：願做事實，不願作空泛的議論。多數的見解，以為能發議論的，做起事來，實未見高明。故關於學術刊物上或他種報紙上，常能談到長篇大論的著作，惟獨建築，少有這種文章的流露。其原因例如集合許多建築師工程師以及銀行專家等，共同試行設計一所最新式最完備之銀行房屋。迨把一切計劃完全規定，將圖案讀之，固爲一所極完備之銀行房屋。惟此爲各專家想像中之銀行房屋，形之於圖案，咸認爲最完備最新式，亦無人能指出任何缺點，然同時有一處或十處正欲建築最新式最完備之銀行房屋，試問能將各專家所擬圖案引用乎？不！每一處銀行，必另行計劃圖樣，以適合該一銀行之需要。故若將共同討論防禦工事事宜，提請會議，難邀多數同意。若或實際於某處欲需防禦工事之設計，則接受委託者必能踴躍赴任之。

楊錫鏐建築師所說的那番話，完全根據事實。惟藝人之與業務，固然重要，但藝人與藝事也得稍加注意，免致過趨商業化。

楊君更說建築師之頭腦，與其他常人一樣，故不能自視太高，自己認爲是祇服從人的一個人。受人委託設計一所住宅，應把委託者的需要綜合起來，製成圖樣，以資實施建築。故小如設計一爿烟紙店，那烟紙店老闆，對於烟紙店設置的經驗，必較建築師豐富，建築師只好跟着老闆學。又如設計浴堂，浴堂的掌櫃對浴堂之佈置部位，亦較建築師爲優。由此知軍事設置，軍事長官亦必審知極詳。楊君的虛懷若谷，是值得欽佩者。但建築師與律師醫師等相同，烟紙店老闆與浴堂之老闆猶如訴訟當事人或是病者。當事人對於搆成訴訟經過，當然較律師明瞭；病者自己的病況，於其謁醫時，亦必較醫生知的確切；然不能因其知之而遂無需律師與醫師。故建築師之接受委託設計建築，一如律師醫師之接辦訴訟與應診病家。而謂律師醫師之講求法學藥學爲徒託空言，則爲不可。因之建築師亦應假定一個題目，作爲共同討論之資料，而求建築學的改進。

吾們談話的結論，是以討論一個家庭的地下避難所與一個集團的地下避難所爲題，多邀集些各門專家討論之。初時完全用私人性質，不必把這案提向任何建築團體，俟討論至相當程度，再提請公決，比較確切，同時亦易引起多數的注意與參加研究的興趣。

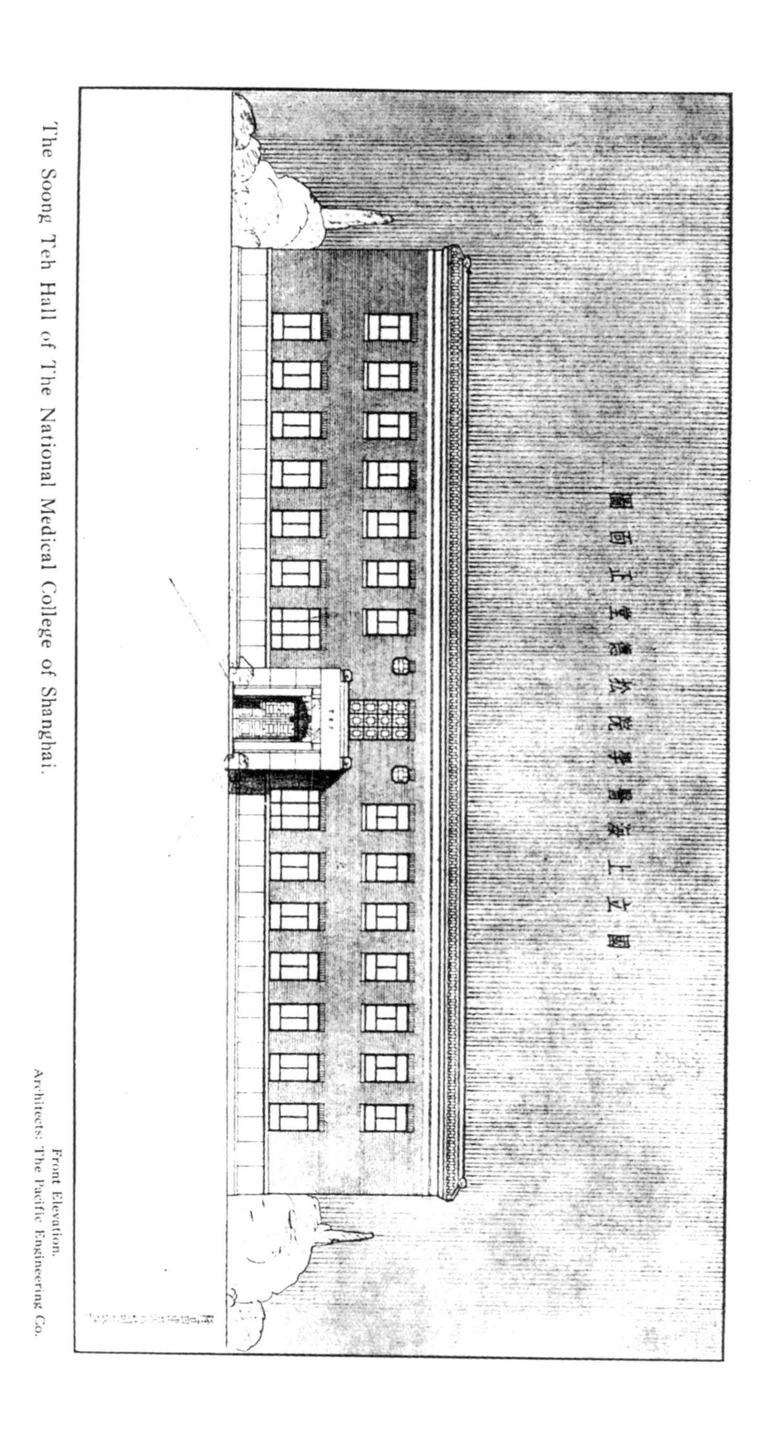

The Soong Teh Hall of The National Medical College of Shanghai.

Front Elevation.
Architects: The Pacific Engineering Co.

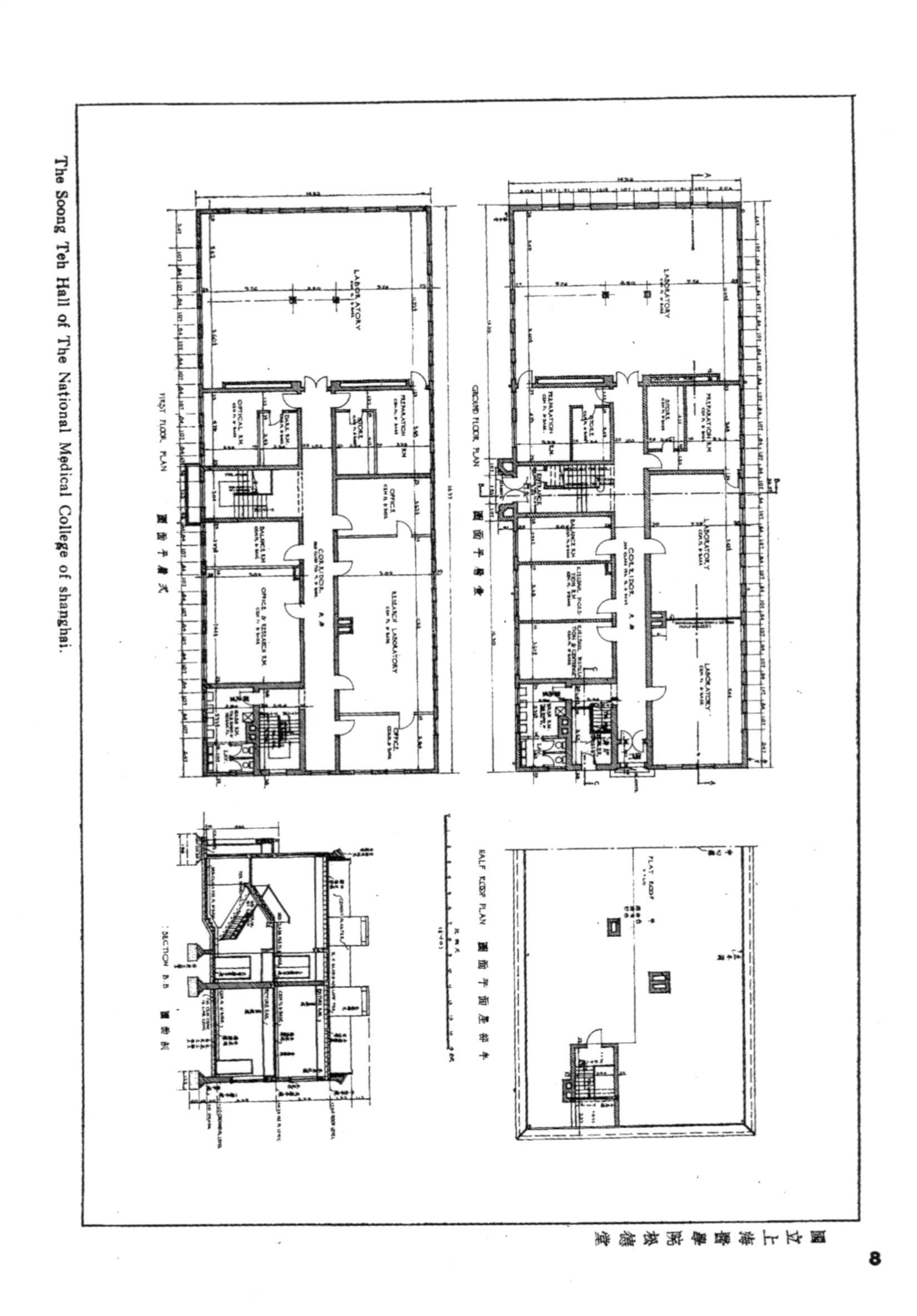

The Soong Teh Hall of The National Medical College of shanghai.

國立上海醫學院孫德堂

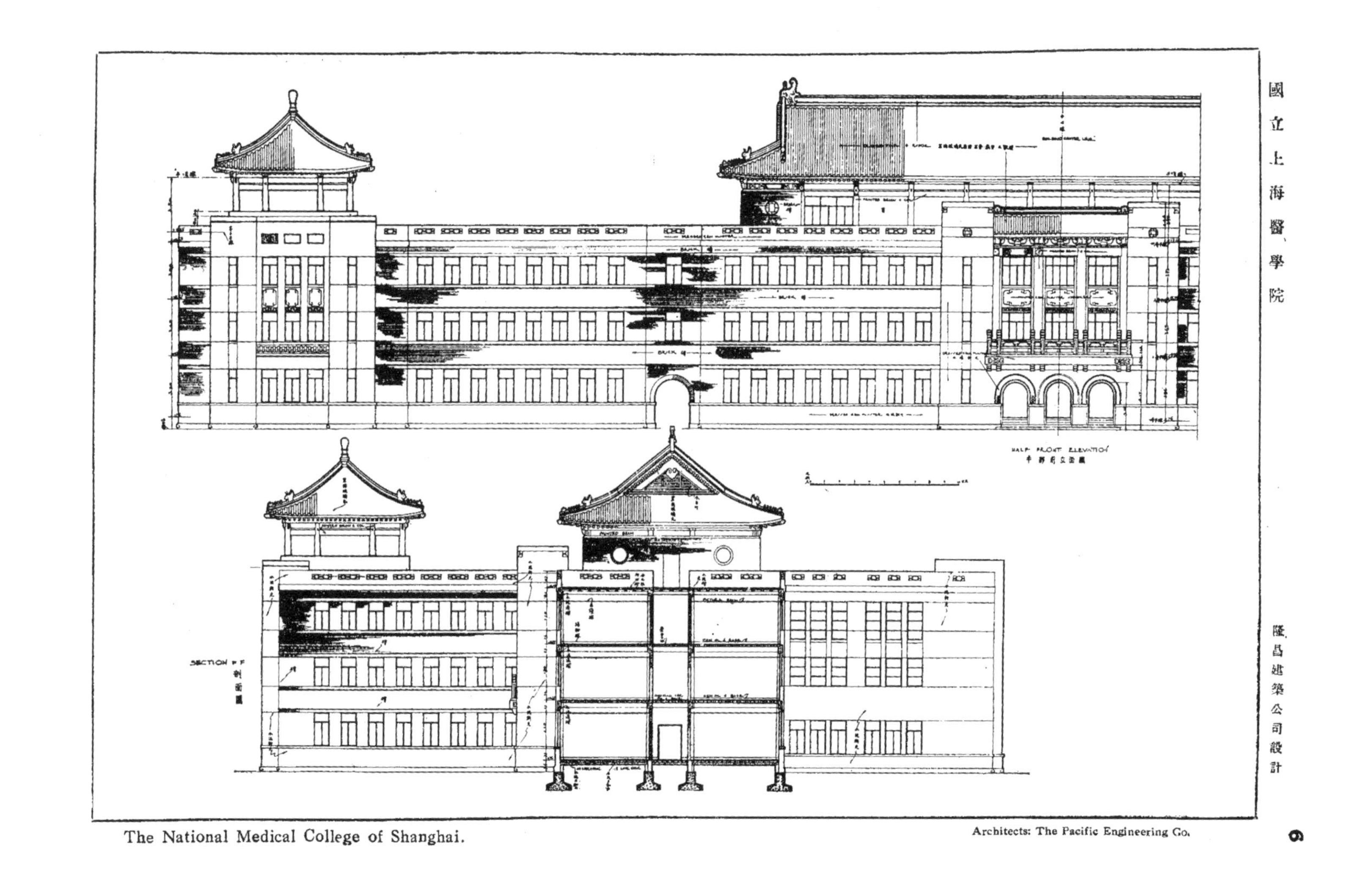

國立上海醫學院

隆昌建築公司設計

The National Medical College of Shanghai.

Architects: The Pacific Engineering Co.

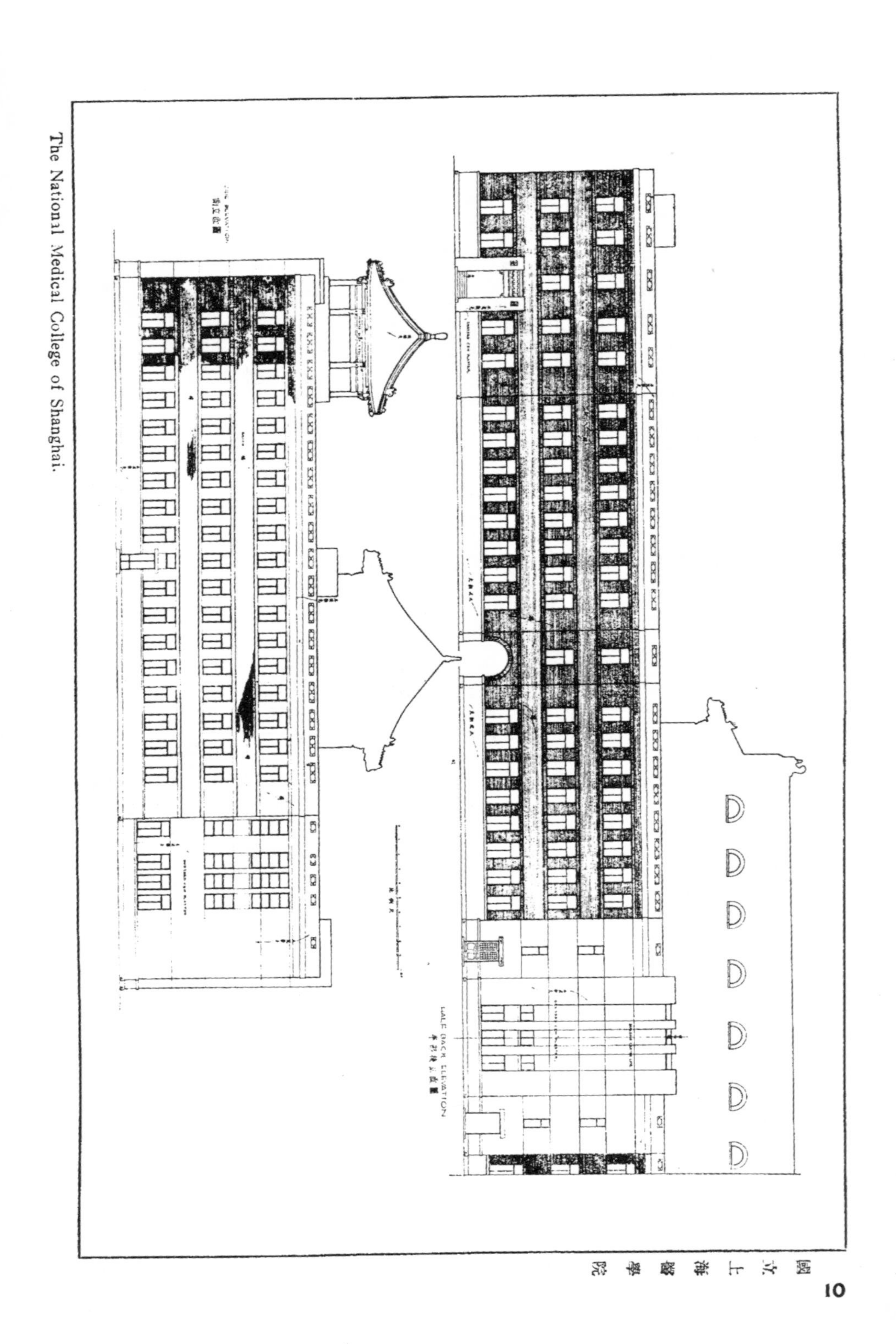

The National Medical College of Shanghai.

國立上海醫學院

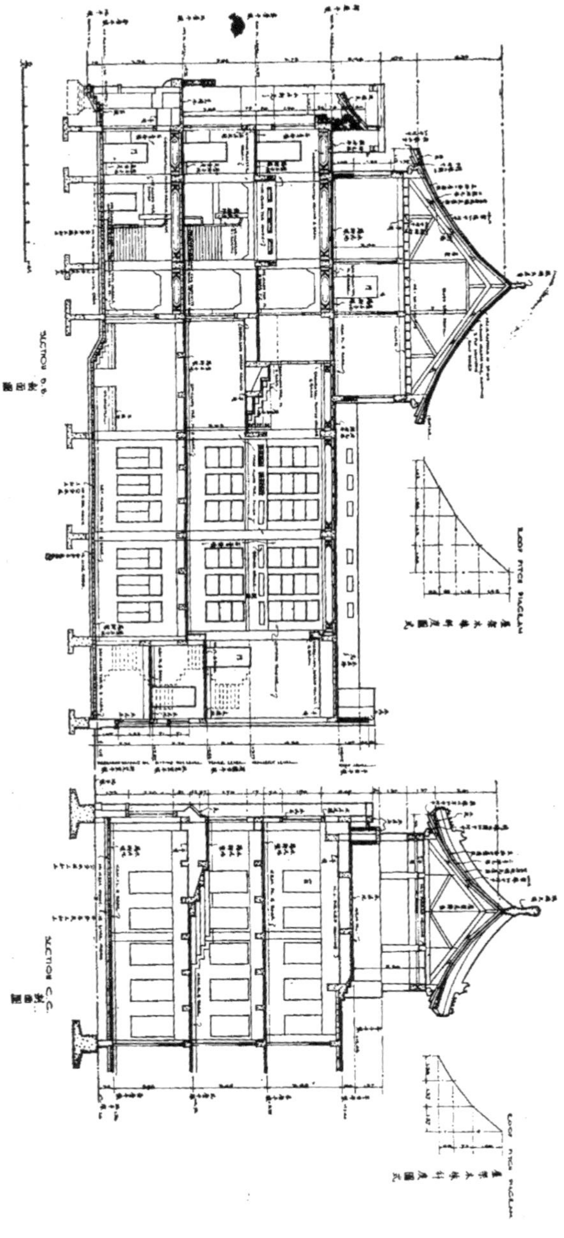

國立上海醫學院

The National Medical College of Shanghai.

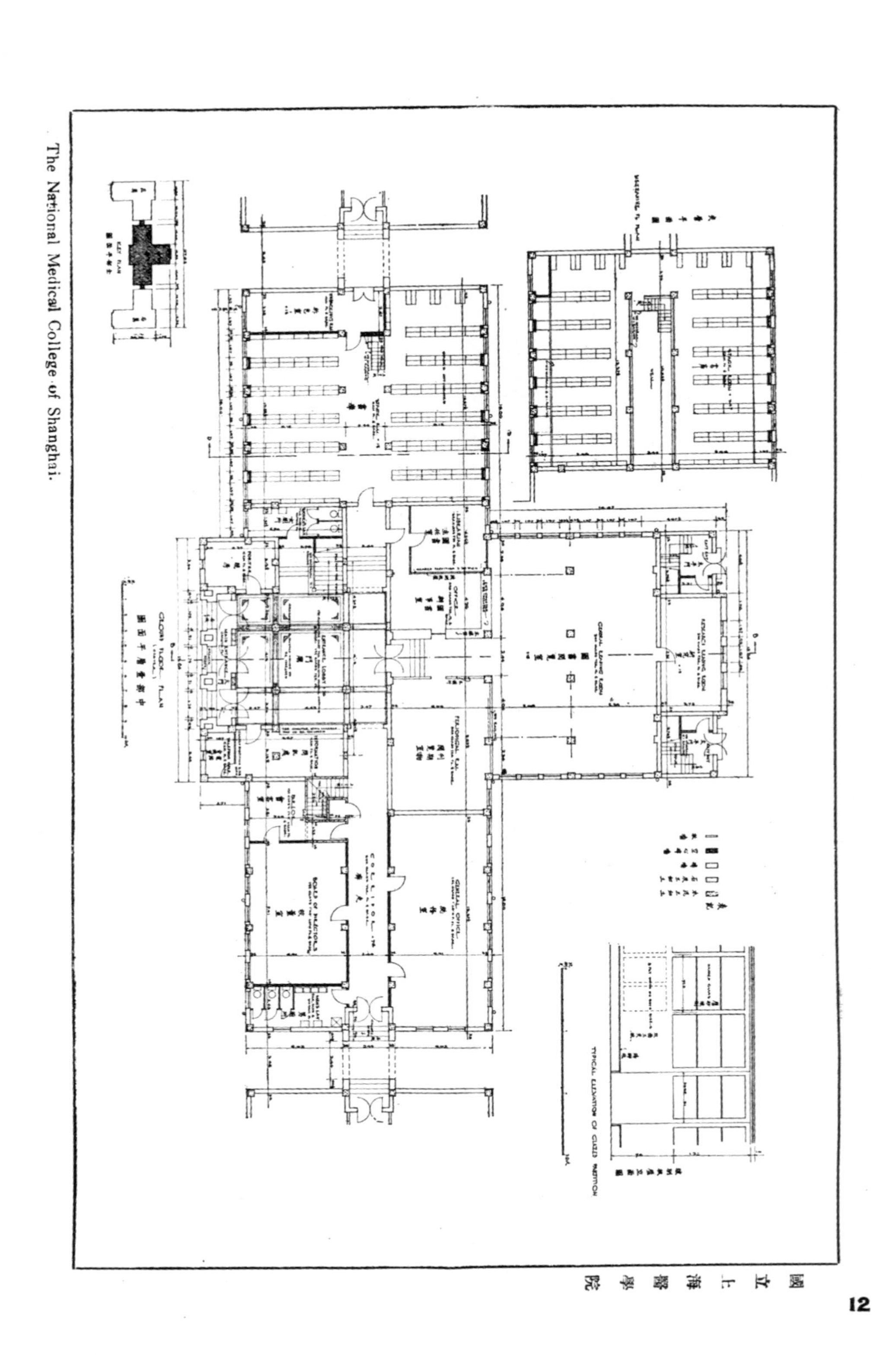

The National Medical College of Shanghai.

國立上海醫學院

國立上海醫學院

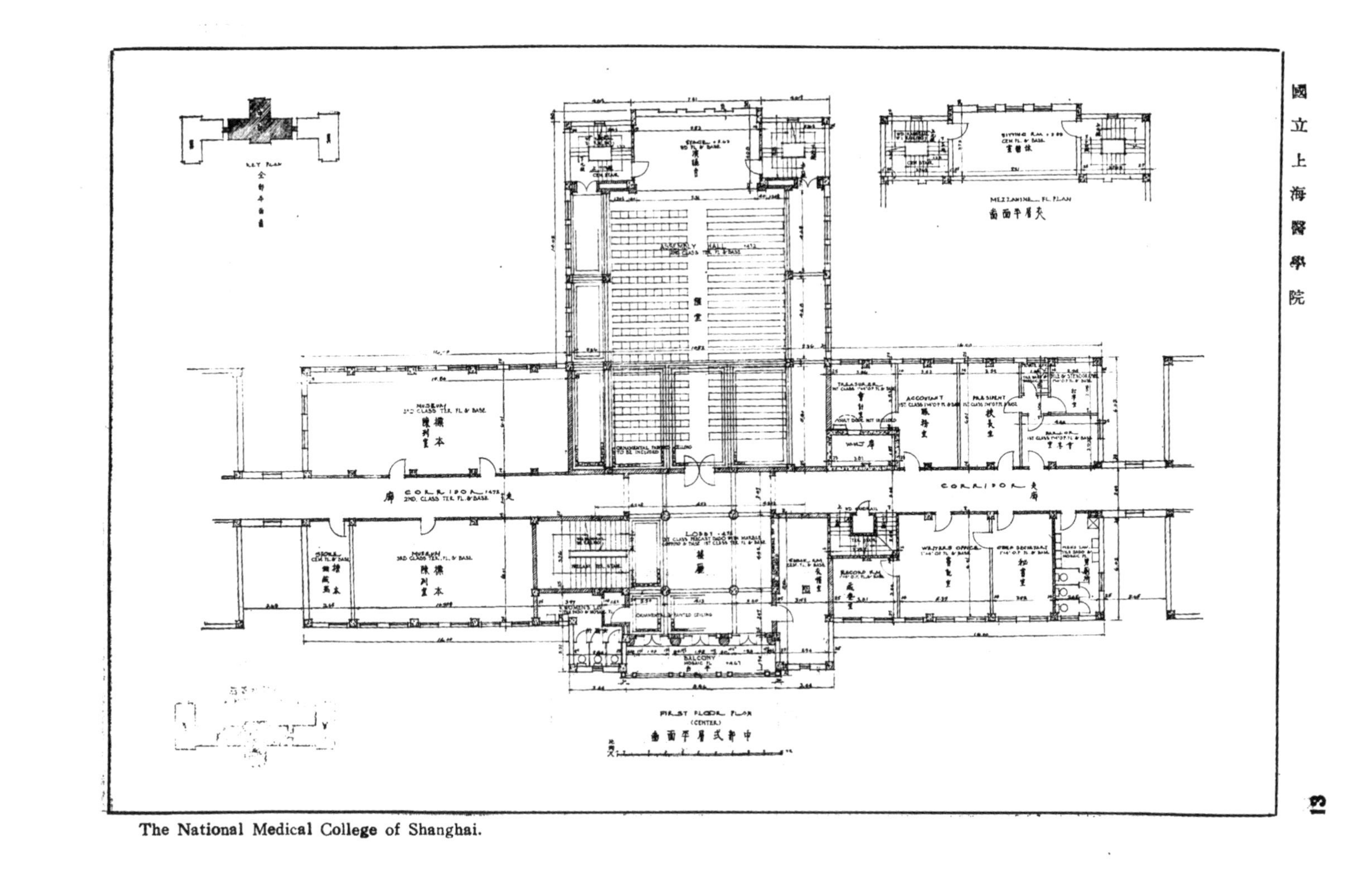

The National Medical College of Shanghai.

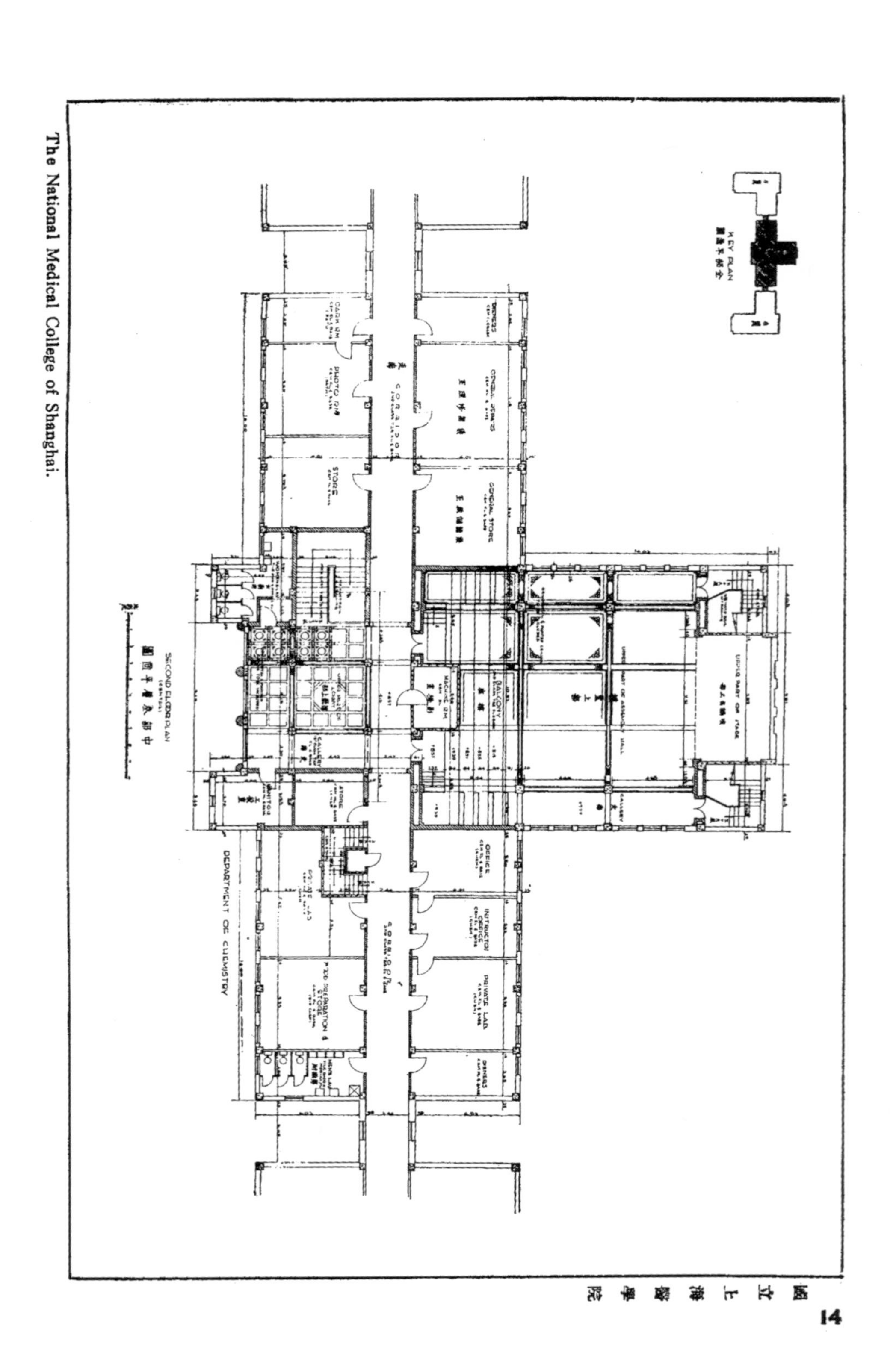

The National Medical College of Shanghai.

國立上海醫學院

國立上海醫學院

The National Medical College of Shanghai.

KEY PLAN 全部平面圖

THIRD FLOOR PLAN

中部第三層平面圖

CORRIDOR

OFFICES

ROOF

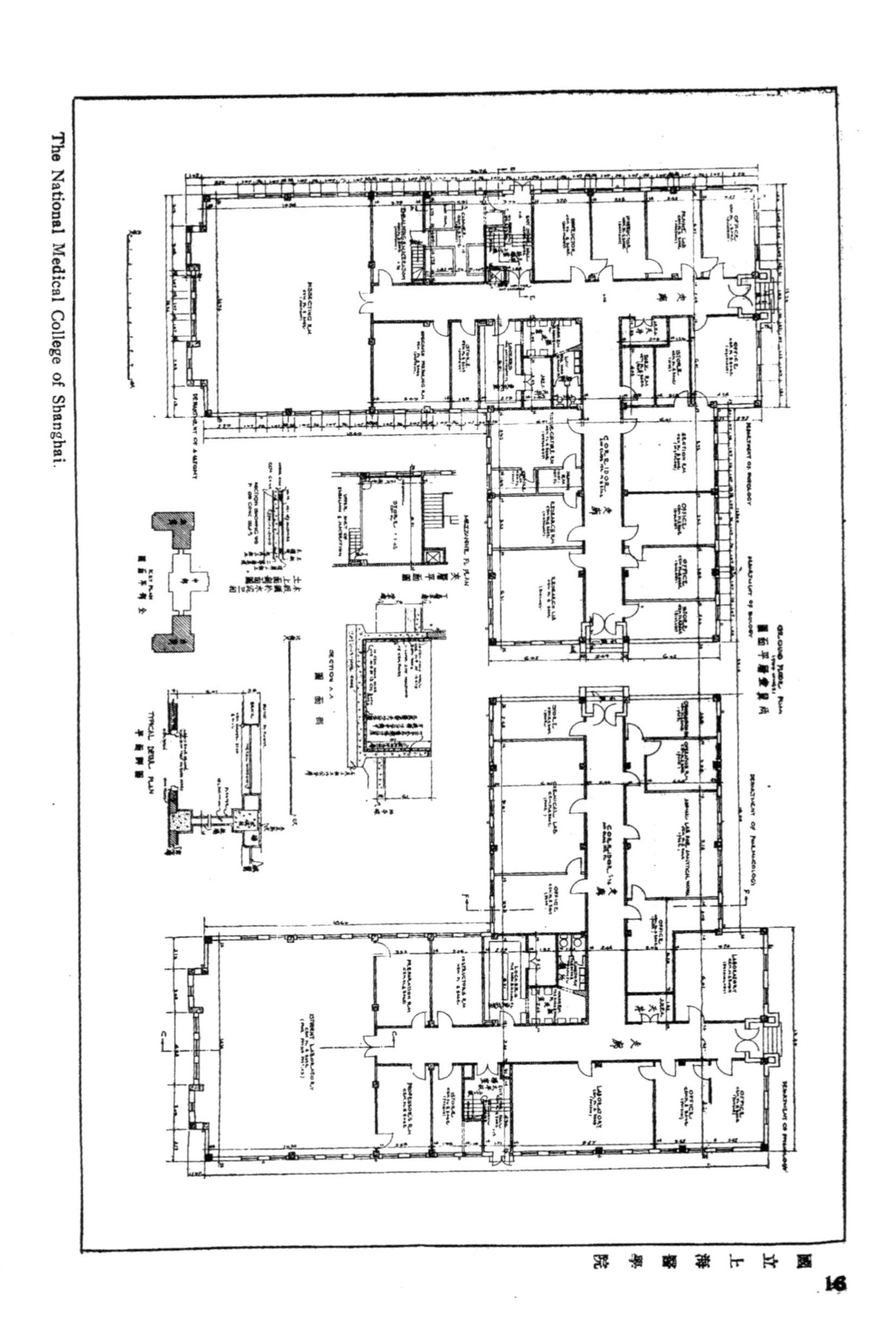

The National Medical College of Shanghai.

國立上海醫學院

16

國立上海醫學院

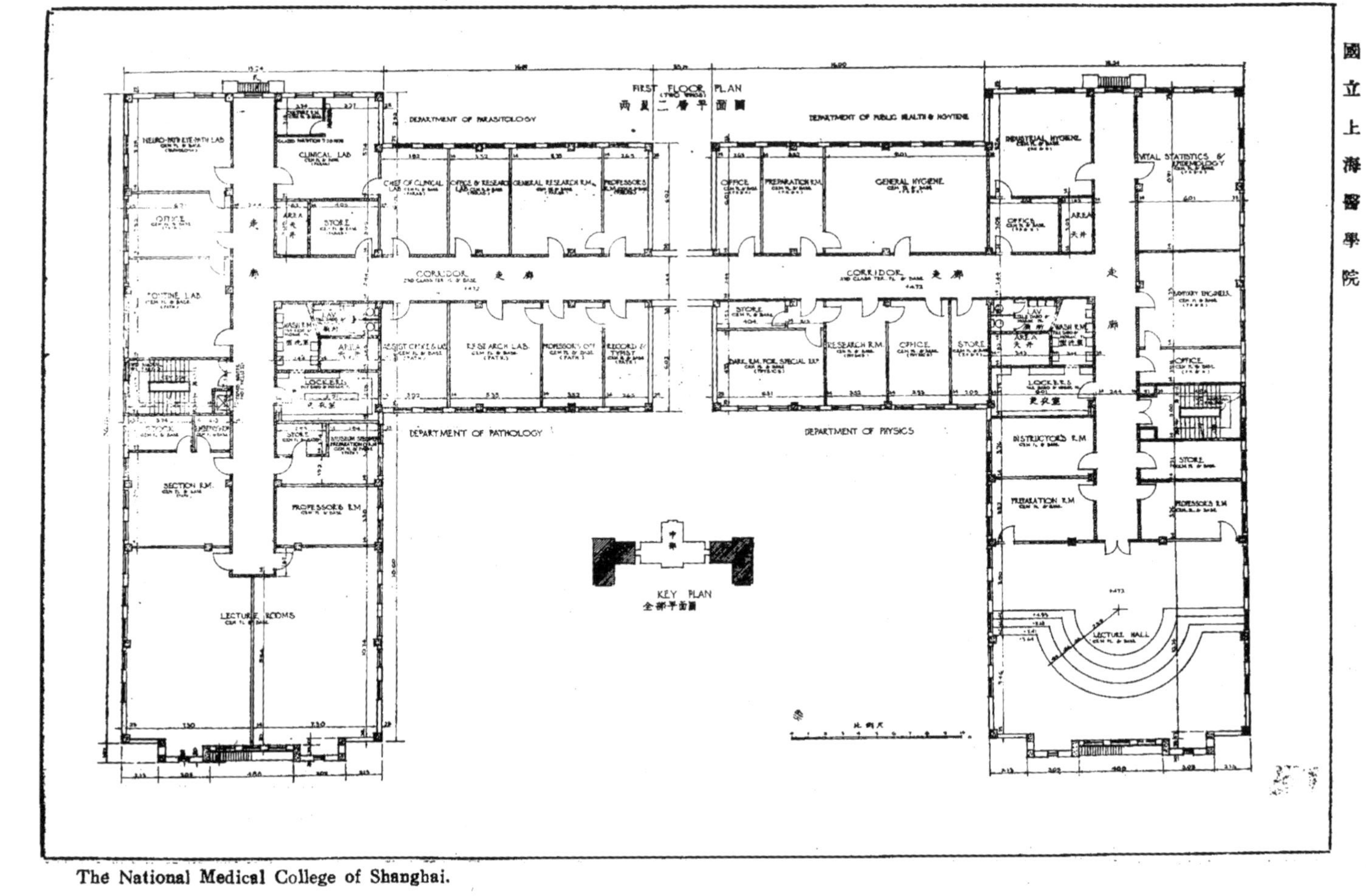

The National Medical College of Shanghai.

The National Medical College of Shanghai

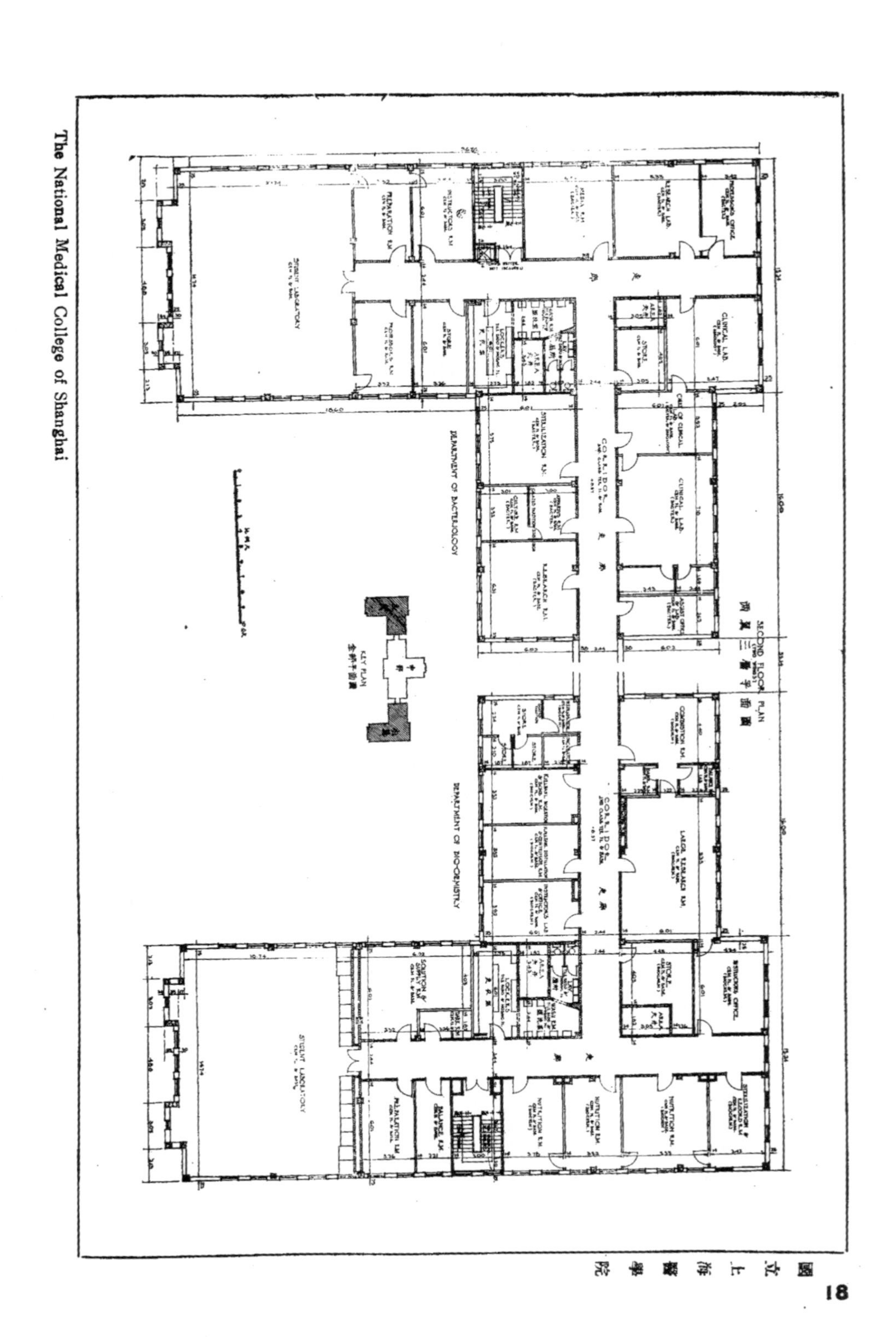

國立上海醫學院

18

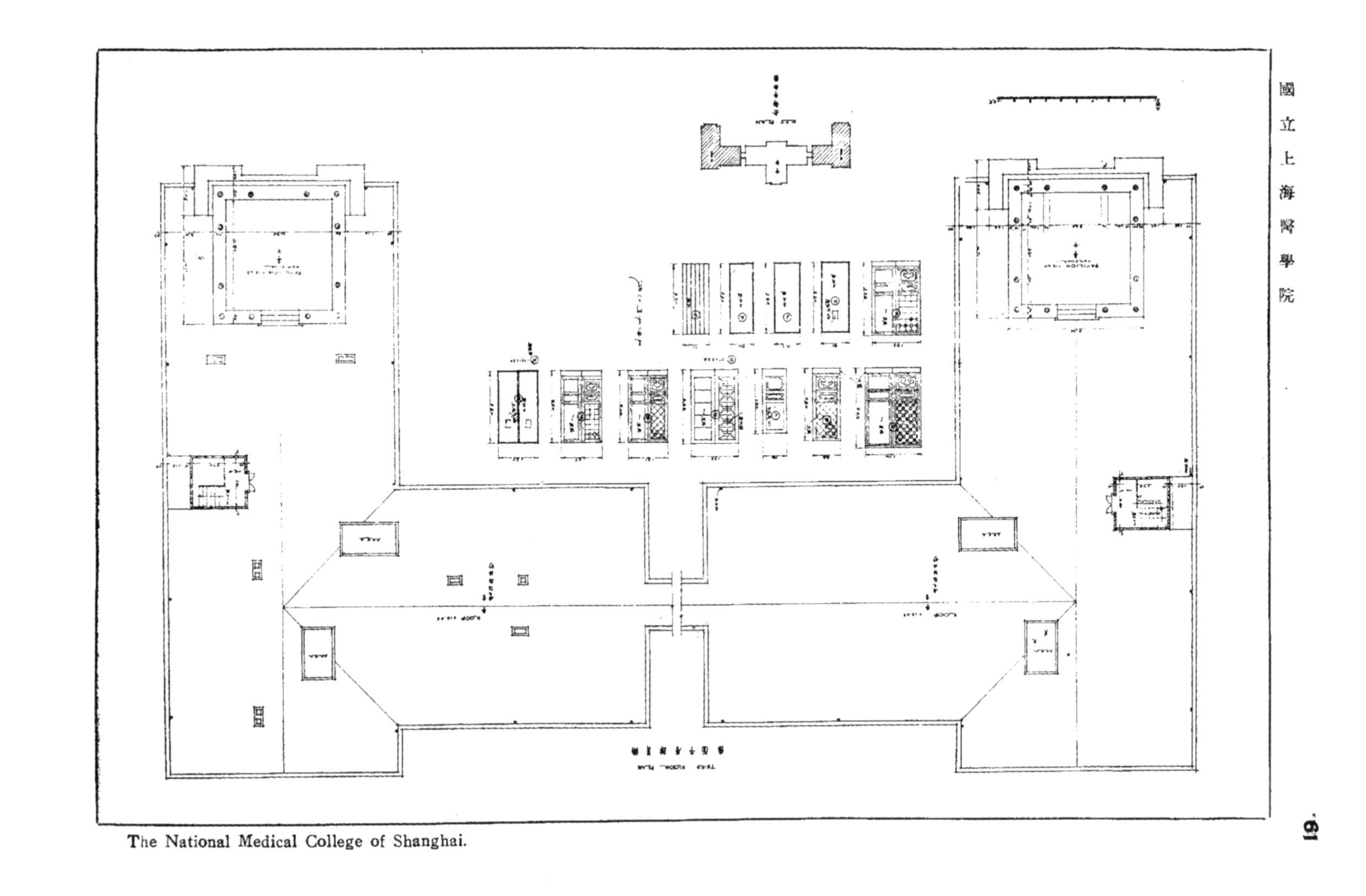

國立上海醫學院

The National Medical College of Shanghai.

希臘古典式

第四十七頁　柯蘭新式
第四十八頁　柯蘭新式柱子
第四十九頁　來息克剌提之科累其紀念建築物詳圖
第五十頁　希臘陶立克與柯蘭新兩古典式並用圖

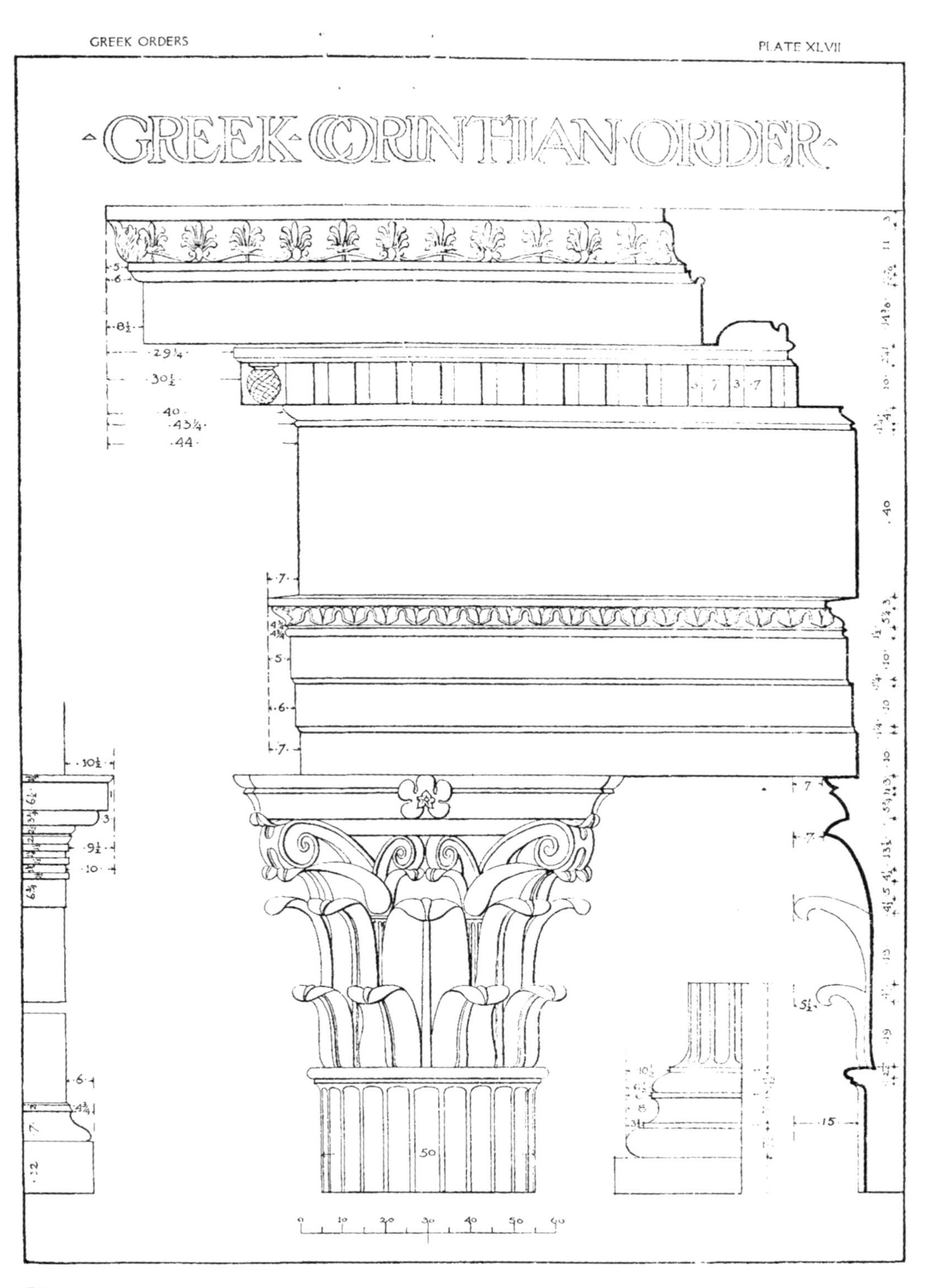
GREEK ORDERS
PLATE XLVII
GREEK CORINTHIAN ORDER
50

GREEK ORDERS

PLATE XLVIII

GREEK CORINTHIAN COLUMNS

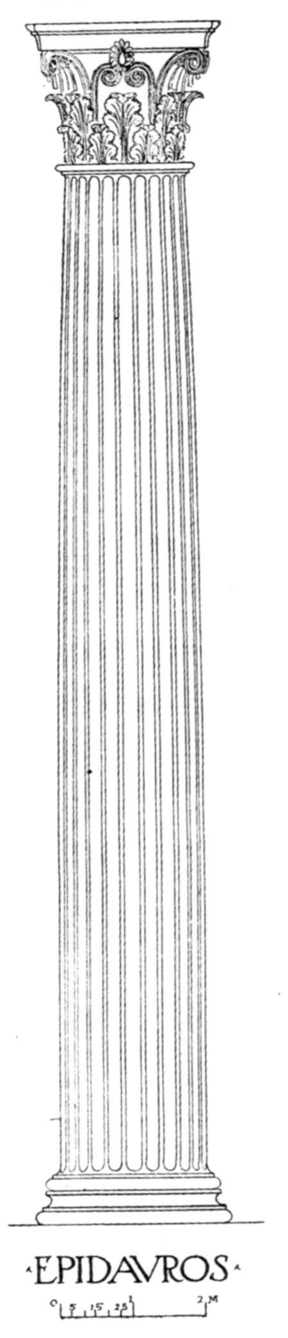

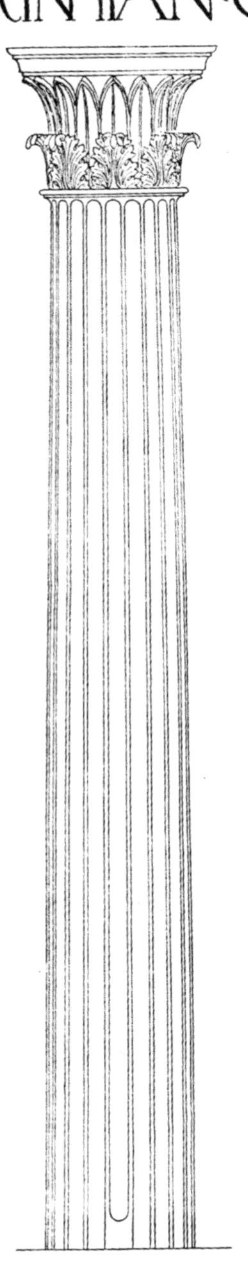

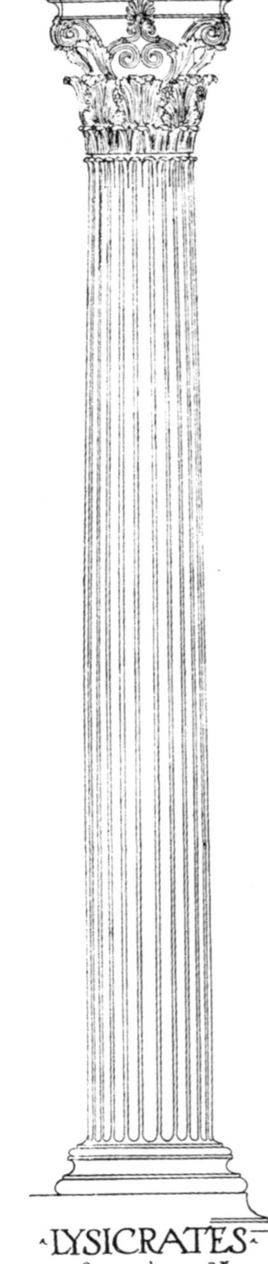

EPIDAURUS

TEMPLE OF WINDS

LYSICRATES

GREEK ORDERS
PLATE XLIX
·DETAILS·FROM
·TE·CHORAGIC·MON
·VMENT·OF·LYSICRAES·
1M. 28¾P
2 M.

GREEK ORDERS
PLATE L
THE THOLOS AT EPIDAVROS SHOWING CONTEMPORANEOUS USE OF GREEK DORIC AND CORINTHIAN ORDERS
12 M.
1 M
2 M

建築辭典〔第二編〕(二十)

杜彥耿譯

卑祥丁建築（續）

房屋之詳解

地盤，牆垣，屋頂及裝飾

一七、地盤 卑祥丁教堂建築之地盤，常立基於正方之上，環以四法圈，而起自四角之磯子者。平坦之圓頂，以三角穹窿支持之，藉以蔽蓋正方之面積。角端之磯子經延長後，形成法圈道，以通達於房屋之南北牆，成為十字耳堂，有時則自圓頂所蓋覆之中心點，用連環法圈劃分之，如聖索非亞教堂建築是，見第四圖（b）。

主要圓頂之東西邊，有兩半圓頂，起自半圓形之牆，以掩覆教堂中部之凸出處。教堂中心之南北兩廊路，在大方形之地盤中，成一希臘十字式形，卑祥丁教堂建築之地盤，式樣甚多。如威尼斯之聖馬可主教院，如圖九（b），雖有五圓頂，但正方及十字形之組合，仍復存在。又如拉溫那地方之聖微塔兒教堂，見圖六（b），地盤之式樣較為少見，係為八角形者，與基督教時期之早期多角形教堂及洗禮所等建築，大致相同。

一八、牆垣 牆多磚砌，而牆用雲石及瑪賽克舖砌。外部磚作工程常排列砌成各種模型。

一九、屋頂 平面圓頂及半圓頂用浮石築成，磚塊亦隨意採用於卑祥丁房屋建築之屋頂。早期之建築例子，圓頂之構築，多於三角穹窿之頂端開始，但迨後則將鼓形之貫有窗戶者，置於建築之拱廊之上，藉以擱載圓頂及圓頂之本身也。

二〇、門窗堂 門窗之空堂幾全為半圓形之頂，及環形之拱廊，盛飾之門堂為卑祥丁房屋建築之普遍現象。小型之窗戶常攀集於

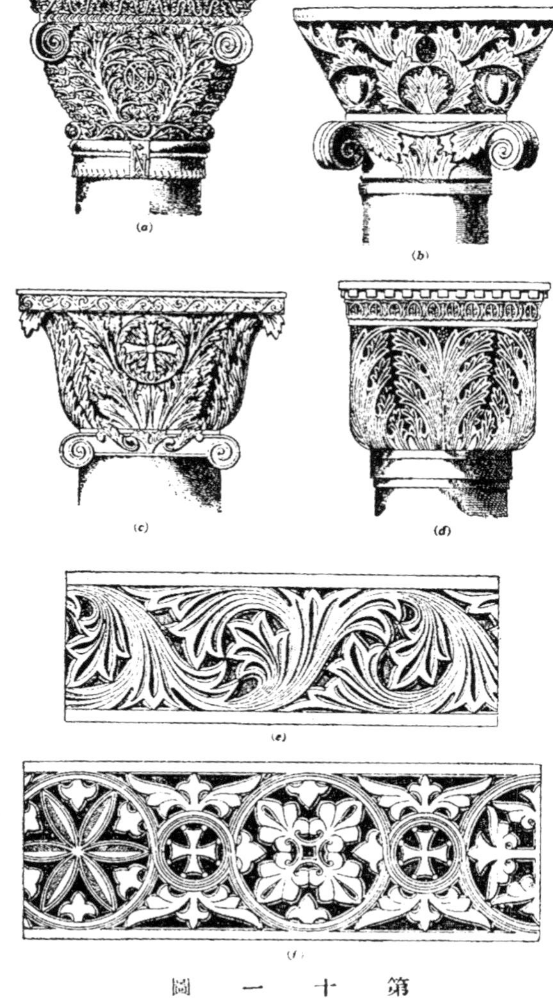

第十一圖

大型拱圈之下，但卑祥丁教堂建築主要之光線，常來自中心圓頂下部環集之窗戶也，見第四圖(a)。

二二、柱子

拱廊柱子間之空堂，跨駕半圓形之栱圈，立於花帽頭之帽盤上，常用特殊之設計，以表示載重量者也。如圖十一(b)及(d)，與圖十二(a)及(b)。獨石柱係作爲裝飾之用，但與古典式者大有分歧，尤以花帽頭爲最，式樣頗多，其中如碗形及螺旋形之花帽頭，如圖十一(a)(b)(c)，或包以花葉枝梗之裝飾，或施以凸形之花飾。又籃形花帽頭，上飾交織之花邊。圖十一(d)之花帽頭，鐫有茗葉形及葡萄樹葉形，及其他花葉之裝飾。(a)之花帽頭係採自聖索非亞教堂者，(c)係採自聖馬可主教院者。圖十二之花帽頭(a)及柱子(b)，係爲拉溫那地方聖微塔兒教堂之設計詳圖。

(a)　(c)　(b)

第十二圖

二三、線脚

線脚頗爲簡單，甚少顯異之點。根據慣例係從古典式中自由採用，但原有之優點則已喪失矣。希臘及羅馬建築中之台口，從無用於卑祥丁建築者。

一三、裝飾　卑祥丁式建築中幾何學形之排列，工程之精巧，所受希臘式及東方式之影響，實較羅馬式者更為啓示，此可於圖十三及十四之石板中表見之。圖十三（a）所示之貫穿浜子，係採自拉溫那者，即具有卑祥丁裝飾中數種通常之特質。中心之十字，交織之幾何學形模型，以及嵌鑲中間之花鳥等，皆足特別注目者。圖十三(b)為聖馬可主教院之浜子，雕刻作高凸之浮雕形，其作風頗為自由，枝葉之流形線條及其他設計等，令人回憶古典時期之裝飾工程。圖十三(c)所示之浜子為純粹之卑祥丁式。圖十四(b)深受希臘式之影響，古典式之卍字花紋及輪繫，圍繞中間之十字形。此設計美觀之浜子，係採自拉溫那之聖阿坡力內，白雪理解教堂者。圖十四(a)所示之浜子，係採自聖馬可者，設計與其他完全不同。排列失調之葡萄樹枝葉等，僅足啓示希臘式之優點而已。

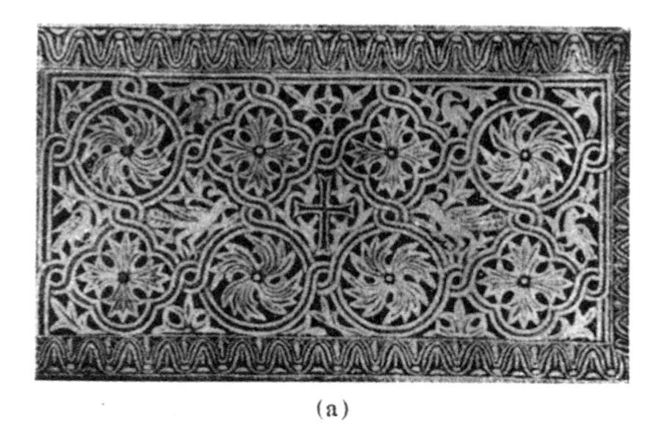

(a)

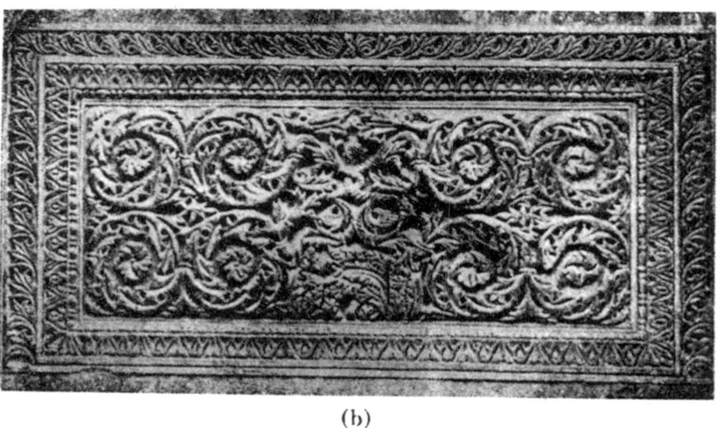

(b)

(c)

第十三圖

一四、　圖十一(e)及(f)係示卑祥丁式彫刻之特殊式樣。前

(a)

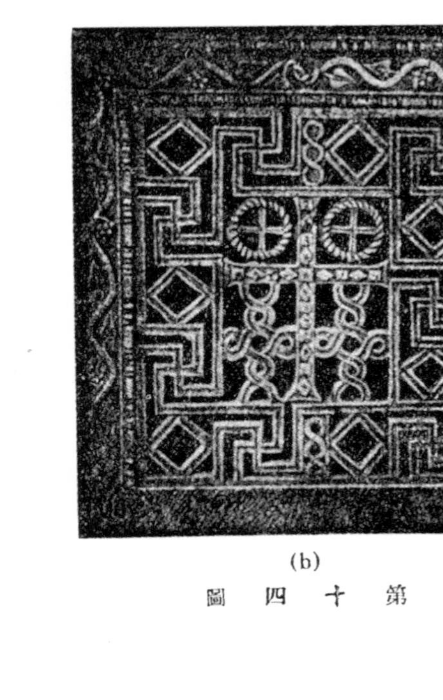

(b)

第十四圖

者係以苕葉形作環繞之盛飾，後者係採自聖索非亞教堂者，設計之排列，作幾何形，而交織之圓圈與嵌中之十字形，爲此式之特徵。圖十二(c)係示威尼斯一井欄圈之美麗之彫刻。同圖之(b)爲聖微塔兒教堂之陽台，網形花帽頭之彫刻，極爲美觀，深足注意。

一一五、　飾以彩色之瑪賽克工作，爲卑祥丁藝術之顯明特質。此係用以修飾牆垣，地板，穹窿，及圓頂之內部，間亦應用於房屋之外部者。形像建築外觀，幾何模型，及通常之花葉枝梗等，以金黃色襯底，施以瑪賽克，形成一種華麗及永久之美飾，非其他方法所能及。圖十五(a)(b)(c)所示，即爲簡單之幾何學模型之瑪賽克磚鑲邊。同圖之(d)係以淡黃色作底金黃色爲面之牆垣裝飾，(e)則爲金黃色之浮彫。

一一六、　圖十六係示卑祥丁裝飾之其他式例。(a)爲設計美觀照耀奪目之書稿；(b)爲帖撒羅尼迦(Thessalonica)聖喬其教堂之牆飾，(c)爲同一教堂之彩色平頂。

第十五圖

第十六圖

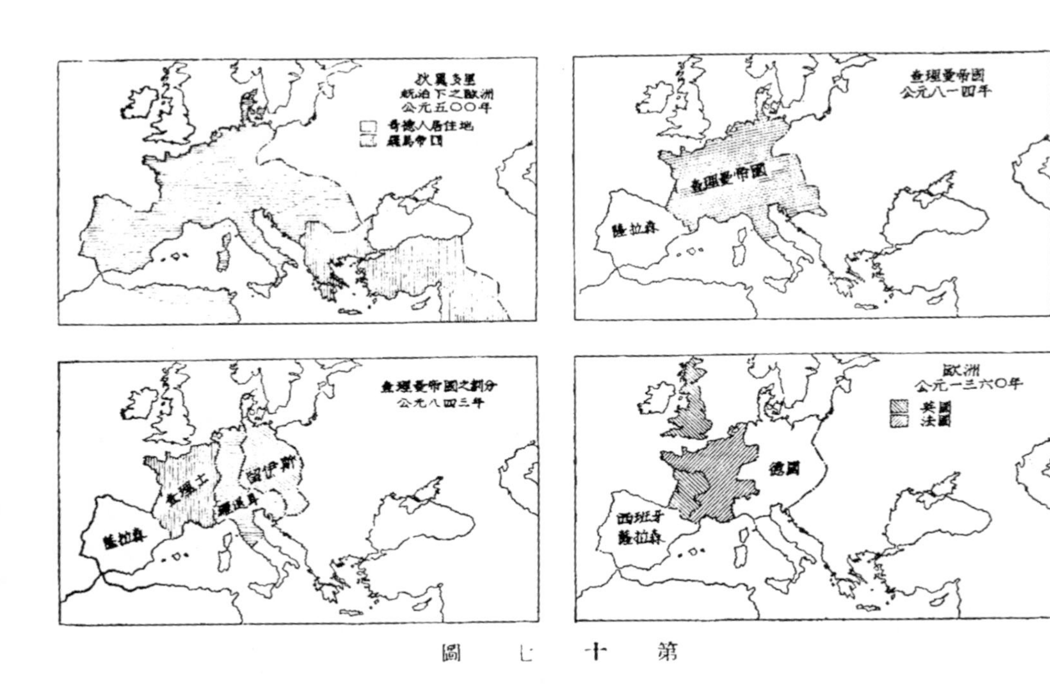

第十七圖

中古時代

歷史小誌

國家之遷移，封建制度，及十字軍

一七、中古時代之時期 歷史家所稱之中古時代之時期，係指公元四七六年羅馬帝國之傾覆，以至一四五三年土耳其據有君士坦丁堡爲止。其間六百年卽所謂黑暗時代，但隨卽繼之以羅馬文化之燦爛光輝，故與其謂爲黑暗時期，不若謂爲一種演變也。且在中古時代之最後四百年間，游散之種族，已進化爲國家，學術復興，文化昌盛。圖十七所示地圖四幅，卽可知中古時代各時期各國之國界也。

一八、重要事項 中古時代著名之事項，可分爲（一）國家之遷移；（二）薩拉森尼（Saracenic）之侵略；（三）查爾曼大帝之建立佛郎克（Frankish）王國；（四）封建制度之創立；（五）十字軍；（六）羅馬教皇之無上權威；（七）近代國家之興起。

一九、遷移之開始 在第四世紀之末，發生連續之侵略，名曰國家之遷移，匈奴實開其端。此種族源自蒙古，克服哥德人（Goths），佔有南俄羅斯，波蘭，及匈牙利。在阿提拉（Attila）氏領導之下，蹂躪羅馬境域，汪達爾（Vandals）民族等亦繼起效其行動。東有東哥德（Ostrogoths）民族，西有西哥德（Visigoths）民族，他若佛郎克人及勃根第安人（Burgundians）等，亦傾湧入歐矣！

二〇、汪達爾及哥德 公元四〇〇年，汪達爾人經由來因

(Rhine)，倫(Rhone)，及庇里尼斯山(Pyrenees)而入西班牙；復由此遷入非洲，建立王國；迨後在五三五年，爲卑祥丁帝國所滅毀。西哥德與東哥德初現於三三〇年。東哥德在阿拉列(Alaric)領導之下，侵入希臘，於四一〇年攻陷羅馬，克服法國及西班牙，最後成爲半開化之國家。迨佛郎克進攻，權威盡失，卒於五〇七年爲克羅維斯(Clovis)所征服。

三一、高盧之侵略　羅馬國境亦常受東哥德之侵略，在三八六年，羅馬曾予以重創。東哥德乃聯合阿提拉及匈奴，以侵略高盧(Gaul或稱Gallia)，包有北意大利，法國，比利時，及荷蘭之一部，瑞典及德國等。察倫斯(Chalons)大戰之役，力圖掙扎，始克延續。四五一年，侵入東歐，在意大利建立王國，計自四九三年至五五三年，爲查士丁尼(Justinian)所征服。

三二、墨羅溫王廟　初殖民於奥得(Oder)及維斯杜拉，後遷來因及湼卡(Neckar)。勃艮第人於四〇七年聯合穌滙維(Suevi)及汪達爾民族，進攻高盧，後虔奉耶教。阿提拉侵略之役，抗拒失敗，於五三四年，爲佛郎克所併吞。佛郎克人源自德國之佛郎可尼亞(Frankonia)，由其王克羅維斯領導，於四八六年征服羅馬，佔有森(Seine)與羅亞爾(Loire)之間之地。五〇七年，克氏復征服阿拉列，擴展其國土自羅亞爾至庇里尼斯山脈，於巴黎建立墨羅溫王廟(Merovnigiau Dynasty)，即以巴黎爲國都。

三三、薩克森人　另有薩克森人種者，亦參與移民之役。彼等所獲之土地，係在佛郎克之北，兩者常生衝突，直至被查理曼大帝征服爲止。另有薩克森人之一枝，經由海峽，而佔有不列顛之大部。

三四、臘丁變語　在高盧，西班牙，意大利，自羅馬帝國之條頓種領袖半開化後，漸將全國之民族調和，施以法律，教化，及耶教，源自羅馬之新語言，所謂臘丁變語(Romance Tongue)者，包有法蘭西，西班牙，及意大利等國之語言。但臘丁文仍用於寫作，並因敬畏古代西方帝國之權勢，以哥德及日耳曼諸帝王，作爲被征服者行狀及風俗之範式。

三五、盎格羅薩克森之語言　在不列顛，盎格羅薩克森人之戰勝者，對於羅馬文化並無敬意，怒視並驅逐當地被克服之殘餘民族。盎格羅薩克森之侵略者，並不採用羅馬語言或宗教，蓋耶教亦於日後導入不列顛也。今日之英國語言，大部即由昔日薩克森祖先所導入本國者也。

三六、卑祥丁帝國　東方卽卑祥丁帝國，初由庸懦之主治理，迨至五二七年查士丁尼之時，始得收復失地之大部，摧毀汪達爾在非洲已樹之勢力，侵入意大利，佔有羅馬。意大利至此重與東方帝國結合，在君士坦丁堡由當地領袖拉溫那之厄克柴取(Exarchs of Ravenna)治理。查士丁尼將古代羅馬法律縮編爲法典，今日歐洲之民法，即以此爲基礎者也。

三七、倫巴人　查士丁尼亡故後，意大利及　殘暴之日耳曼人種名曰倫巴人者所侵佔。彼輩自意大利平源統治全國，與厄克柴取聯合約二百年之久。

三八、教皇之產生　在此三百年變動及混亂之政潮中，基督教會維持組織及其權威，獲得成功。迨教皇(Papacy 源自拉丁文之Papa，係主教之意。)之勢勃興，乃有取而代之之概。自推翻帝制後，人民往昔慣向羅馬請求作物質上之援助者，至此乃改請精神上之指導，而羅馬主教則成為天主教會之領袖焉。但君士坦丁堡之教長在其主權所及之區域內，亦有領袖羣倫唯我獨尊之概，故兩主教之間，時起爭執，最後乃分為東教會(或稱希臘教會)及西教會(或稱羅馬教會)焉。

三九、薩拉森人之侵略　在第七世紀之初，有阿剌伯之革新家名穆罕默德者(Mahomet或Mohammed)，創立新教，其要綱為「天神僅一，而穆罕默德即為宣示神意之人」。感化之法，威力並施。凡被克服者，不接受可蘭經(回教之經書)，即處死刑，兩者任擇其一。至六三二年，此武士之宣示神意者，征服阿剌伯散漫之種族，將人民團結為一個國家，並信奉一種宗教。

四〇、穆罕默德之繼承者，名曰卡力夫(Caliphs)，承其餘緒，發揚教義。敘利亞，巴力斯坦，及埃及相繼克服，復敗波斯，而薩拉森人(Saracens即阿剌伯人)時窺於君士坦丁堡城牆之下，然未能越其雷池一步也。七一一年薩拉森人經由直布羅陀海峽，在西班牙建立靡爾王國(Moorish Kingdom，或稱薩拉森王國)，國脈延綿至一四九二年。但在七三二年侵略高盧之役，薩拉森人曾遇查理士所統轄下之佛蘭克勁敵，因此名之曰馬忒爾(Martel鐵錘之意)，在圖耳(Tours)之平原上，曾遇頑強之抵抗，克洛斯(Cross)乘勝而入克勒申(Crescent)，回回教徒則退走庇里尼斯山之後，歐洲與基督教乃獲保全。此次劇烈之血戰，實予薩拉森人以初次之遏阻也！

四一、穆罕默德死後一世紀，薩拉森國境，自印度河擴展至庇里尼斯山，其版圖較古代任何強國為大。此不易統治之帝國團結一時，卡力夫之言辭，在信地(Sinde)及西班牙悉聽其命。但在後因繼承問題之紛爭，此廣大之薩拉疆域，乃分為奧瑪(Omar)之後裔(Ommiades 奧米亞王廟)統治於哥爾多華(Cordova)，自巴格達(Bagdad)起則由阿拔斯朝(Abbasides)統治。故在八〇〇年查理大帝在羅馬加冕之時，有兩對敵之基督教帝王，一在羅馬，一在君士坦丁堡，及兩對敵之卡力夫焉。

四二、封建制度　當古羅馬之政府有時將土地供於軍用之時，佛蘭克人常將軍人之領袖認為其地之地主及主人。基此兩種習慣，於是乃有封建制度之新制產生，影響於全歐洲之社會及政治，凡數世紀。封建制度之成立，假設以戰勝者所得之土地，係為其絕對財產，彼可任意劃分，一如其意。因此漸漸形成　種習慣，戰勝者將戰敗者大部份之土地，據為己有，而再將其餘部份分配於部屬將領，盡其終生而保管之。

四三、在此種措施之下，酋長為帝王之給養者，或受釆邑者(Vassals)。彼輩不僅對其地主負服務之責，同時對較高領袖，亦須受其指揮。但有時亦有變動，例如地主之權力衰弱，受釆邑者之勢鼎盛，則後者將世襲其土地，此制在匈奴，哥德，汪達爾，佛蘭克及倫巴諸王國，多採用之，在後亦沿用數百年之久。在地主之城堡堅固牆垣之後，鄰村之受采邑者，在危急之時，實受其保障。時至中古時期，個人主義之文化勃興，情形迴異，國家之地位提高，其觀念與昔不同。社會上並有三顯明之階級，即軍人地主，傳教及教讀之僧侶，及生產階級是。

四四、十字軍　回回教向基督教進攻之恐怖，則提及十字軍之役，實爲有益。一〇九五年，土耳其人既已爲小亞細亞之主宰，並征服希臘帝國而摧毀之。教皇烏爾班第二(Pope Urban II)乃在克勒芒(Clermont)與十字軍之師，以抵禦回回教徒之侵擾焉。但此宗教精神震動信奉基督教之全歐，尤以法蘭西爲最，並漸漸引起其他之動機。一二〇四年十字軍第四次之役，將基督教城市君士坦丁堡加以襲擊及蹂躪焉。

四五、武士道時期　所謂武士道(Chivalry)之組織，開端於查理大帝之時。當時有高級之封建地主曰卡巴拉里(Caballarii)者，首披鎧甲，以任軍役。故武士道之風，實產生於封建制度。凡爲武士者，必忠於長官，仁於僚屬，敬於儕輩。其功用漸成爲軍事教育之系統，主義盛行於中世紀時期。由此而產生各種軍事宗教之法度，如耶路撒冷之聖約翰武士，摩爾太之武士，(Knights of Malta)，謄普拉爾武士，(Knights Templars)及其他等。

四六、結論　中古時代之歷史，可如此粗告結束：在第五世紀及第六世紀之時，條頓人種移民於羅馬帝國。第七世紀時回教之興起及薩拉森帝國之成立，實足注意。第八世紀時佛蘭克王國及查理帝國，先後成立。第九世紀時愛格伯(Egbert)初任英國之王。查理帝國分別歸併於法蘭西，德意志，及意大利。諾曼人創立俄羅斯。第十世紀見洛維(Rollo)於諾曼底，及卡佩(Capet)於法蘭西；而十一世紀之諾曼人之戰勝英國，南意大利之推翻希臘薩拉森(Greek-Saracen)統治，及德國之給爾夫(Guelf)及基伯林(Ghibelline)宗族鬭爭，均足記憶。十二世紀之時，十字軍之勢正熾，意大利共和國亦國祚昌盛。十三世紀時英王約翰頒發之大憲章(Magna Charta)及五役十字軍(第四次至第八次)，均甚聞名。十四世紀時則有歷史上著名之百年戰爭。第十五世紀之時，英國失其法蘭西之所有權，格拉那達(Granada)被西班牙所征服；君士坦丁堡被土耳其人所佔領，而哥倫比亞亦於時發現美洲焉。

(待續)

繪圖一得

劉家聲

裝飾畫　用線條構成的圖畫，能表示出人生的主點，或是各種主點的綜合；這種結構能得到主要的概形，有時亦能應用光與影來顯示出最重要的本質。圖畫並非繪圖術，它僅將普通觀察所得的想像描繪出來而已。學習裝飾畫的最要步驟，必須先知道裝飾畫的繪法及其應用；但這種方法不適宜於初習者，祇能給已學過的採用，明瞭普通的繪畫方法。

裝飾的構造必須顯出它的形狀和意義，像普通的浮雕，或包含一種平面的裝飾，如地毯的式樣，糊牆的花紙或彩繪圖形。裝飾的描繪，包括直線及弧線的組合，或連以動植物的形狀，或單用動植物為裝飾。許多裝飾畫純粹用幾何學形成的，這種畫可全用儀器繪製；有的一部份用手繪畫，其他則用儀器；此外也有完全用手繪製。裝繪畫包括描摹本身的狀態，在動植物的世界，及人類的創作中，都能暴露出美的線條來，我們在建築的模型，曲線形的飾具，蝸捲形與絞扭形的熟鉄工程，陶器及玻璃器的圖形中都可以看到。譬如一隻瓶的裝飾或一扇熟鐵柵，在裝飾畫中他們本身的形狀，美的線條及各部的配稱，均須注意到的。

繪畫法　圖畫的構造，可分為兩種：一種是用單線與複線的構成；一種是用直線與弧線一筆繪成，不能用小點或短爪痕形的連續。一根線的用筆，不可移動與離開，必須與前線相連接，一氣呵成，養成手指相應的自然動作。沒有別的方法能保持線條的方向，倘繪一根連接線，替代以一條一條的線，那麼柔軟的手腕與眼的判斷力，決不能開展得這樣快。

通常繪畫，手肘可隨意按置於畫圖板上；但手的拳頭須極度自由，照這樣情形，手須沿小指的第一相接處很輕的安置與移動。

在繪圖時，無疑地眼是導引手動作的工具，但不能過份的注視在鉛筆或畫圖筆上；前後的瞻視，去比較圖形的狀態與線的方向，因此可使真面目畢露，像在眼前一樣。

製圖者坐着工作時，身體須避免像拘攣狀的彎過於圖畫，因為這樣能損害他的視線，以致無法改善他的工作　最佳的姿勢莫如出之於自然。圖畫紙必須對正繪圖者前，既不能倒置又不能欹斜；在將完成時的最後描摹，尤其是墨水，可隨意將紙張或身體移動至一便利工作之處，因之可產生出完美的線條來。

應用材料　鉛筆用於繪圖中的，普通不外Hardtmuth的Koh-i-noor牌，Wolff & Sons出品，Venus牌及Castell牌等數種。用於普通自由畫的大半是HB鉛筆，但最適宜是那種，須各人去試用。軟橡皮用以輔助擦去已繪妥後的草圖及將塗墨水線之前；最後的線條必是很堅實與清楚，但不能沈重，倘欲矯正任何該種線條，最好應用通常一種白橡皮。鉛筆頭在適當尺度內，必須維持同一式的尖頭，但過份的尖銳必須避免的。在鉛筆移動工作進行時，亦須保持適當的尖頭。購用廉價的鉛筆，是錯誤的節儉。對於應用鉛筆，尙有三個條件必須遵守：卽鉛筆不能沾濕；硬鉛筆不能應用；短鉛筆也不能用，除非插在接鉛筆桿上。鉛筆不能短於五英寸長，因爲它要置放在食指節上。

光滑而堅實的紙面都可應用；但在繪圖之前，須先將紙試驗，用繪圖筆劃於其上，測驗行動是否自若與光滑，及存留的墨水線是否清楚。繪圖的筆尖，品類極多；有經驗的繪圖者，在他手中的雖是優秀的筆尖，但不適合於初繪者 303 Gillott筆尖能繪出很好的線條，尤其適合於鋼筆畫。404 Gillott 筆尖適宜於顯著的線條；C. Brandauer的Oriental筆尖對於中等工作最爲合宜。

初習者不宜用極佳的筆尖；大概Oriental筆尖很爲適用，尤其是在自由畫中繪廣大範圍的濃密線條時。筆尖不能時時調換，每種須練習至完全嫻熟時爲止，要有充分的訓練去達到手與筆的和諧工作。在可能範圍內，筆尖須對向繪畫者；但當鋼筆移動至欹斜時，則筆尖的尖端須調轉向線的方向繪畫，換句話講：移動鋼筆時，其尖端必須在線的同一方向。

用鉛筆畫圖，與鋼筆的規則不十分相同。譬如欲繪一張鉛筆畫，不能將紙張移動，也不能因欲使利繪線而更改紙的方向。鋼筆則反是，因爲事實上祇有一個方向能繪出美善的線條來；像上面已經說過，鋼筆須常常對向繪畫者，如此則繪弧線時，可將紙的地位不斷的移動；否則移動鋼筆時，有或上或下，以致繪出鋸齒形的線條來的弊病。

各種黑墨水，都適合於繪圖之用，倘所繪的圖須製鋼鋅版時，用變色的墨水將蒙受重大的損害與影響，那麼，黑墨水確是必需品了。市上有幾種墨水很適用的，如Higgins的畫圖墨水，Winsor & Newton的黑墨水，Pelican 的繪圖墨水，Carter的繪圖墨水等；我國的上等松烟墨所磨出的墨汁，亦可應用，但較之已製成的墨水，則不十分便利。

遠東實業公司 陶磁廠又訊

光耀釉面磚，爲陶磁製造專家鄭光耀君所發明，良以該磚色澤鮮美，永不脫磁，雖經風雨騰蝕，亦永久保持堅固，故能蜚聲於建築界。最近如大新及永安公司大廈，均採用該種釉面磚。本埠遠東實業公司特聘鄭君任陶磁廠廠長兼工程師，並在蘇州滸墅關購地三十餘畝闢爲廠房，擴充製造云。

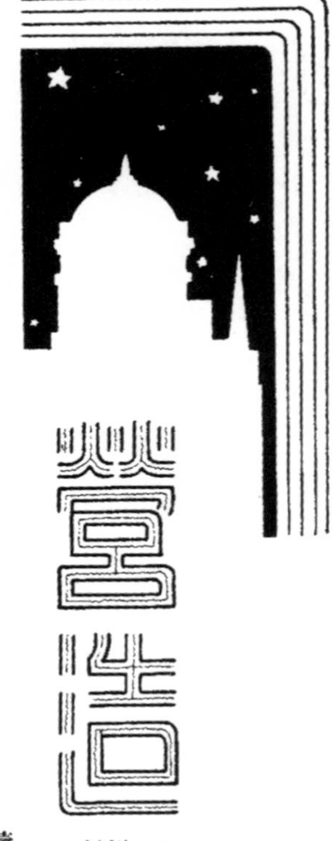

（十七）

杜彥耿

第四章

第一節　磚子及大料（續）

函梁　若梁之凸緣必須特闊，如厚牆任重於梁上或長跨度之梁，均宜有側面之硬度，則可用兩梁腰搆合而成。在極大之支持處，梁腰不甚能勝任其側面之撓曲，或加大其凸緣，使之抵禦力增强；但亦不能擔荷其側面之彎曲。第四七四圖示一函梁之構造。

極大之函梁，其梁端鐵板用螺旋搆合於梁身，或開一洞口於梁腰處，以備將來油漆內部之用。

翹梁或懸梁　梁之一端固定，他端無支，如挑出陽臺之梁是，其作用一似槓桿，能使牆垣顛倒。欲平衡其支持點，須有等量之牆加於翹梁之一端，用以平衡無支之一端，同時亦有餘力留存，俾使建築物入於安全狀況。

在承托邊緣下部之處，成爲槓桿支柱，含有極大之內壓力，應有極硬之石墊頭置於其支持點，或用鑄鋼欄柵墊頭。懸梁之承托面，須有廣大之面積，以分佈其壓力。

第四七五及四七六圖示一懸梁之形狀，係用12"×9"×35# 之鑄鋼欄柵，伸出六呎，每呎之荷重爲一百十二磅；其懸梁則固定於十呎處。懸梁之無支端，係接合於一骨架梁上，用二號之三角鐵及格子梁腰搆合而成。鋼鐵工程之四週，澆以二吋厚之混凝土，樓板則爲四吋厚之鋼筋混凝土，用資禦火者。

第四七七至四七九圖示同樣之懸梁，聯於梁及板上，均用鋼筋混凝土構造。

第四八〇及四八一圖示鋼鐵結搆之骨架懸梁。懸梁用鉚釘接連於2/10"×4"×30# 水落鐵柱子。鋼鐵工程四週均須包以混凝土，見第四七五圖。

挑出之長距離，類似音樂廳內之廣大月台，則懸梁固定端之伸長必須穿越有用之厚牆。第四八二至四八五圖示普通結搆之懸梁，用於公共建築中之月台，其大廳之上有走廊者。於此可見懸梁伸過牆身之外。將梁彎曲構造，蓋月台須有斜度，俾踏步建造其上，見圖中虛線。最大之內力在梁之經過裏牆支持點之處，其彎曲內力之變動，在支持處爲最大，最小則在無支之端。梁之斷面，不必完全相同，在末端可將兩根三角形鐵用鉚釘結合之。第四八二圖示鋼鐵欄柵結合在梁上，其鋼鐵工程四週亦包以混凝土，見圖中虛線。第

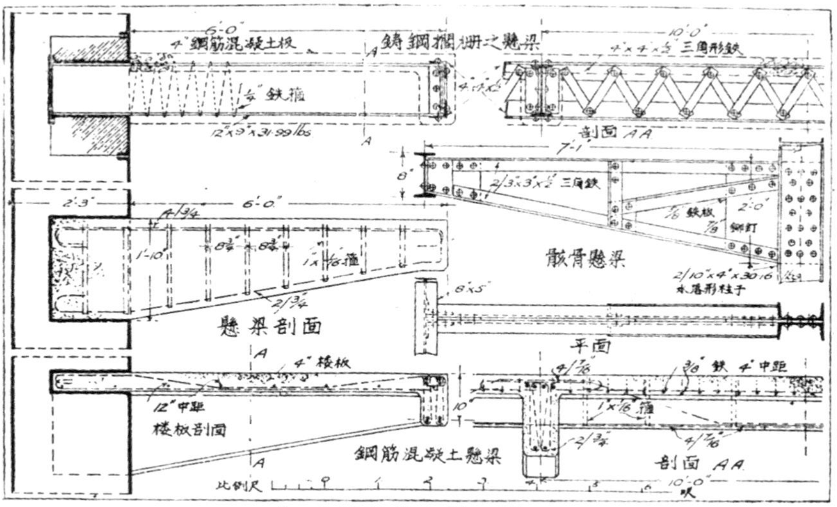

四七五圖　四七六圖　四七七圖　四七八圖　四七九圖　四八〇圖　四八一圖

[附圖四七五至四八一]

四八六及四八七圖示一直線形之懸梁，中間置有支持物，及一端擱置於牆身上。其挑出部份為五呎，柱子與牆身之距離為六呎，而其整個建築之重量則假定每呎為二百二十四磅。圖示工作大樣，鋼鐵之四週包以二吋厚混凝土及樓板用鋼筋混凝土。

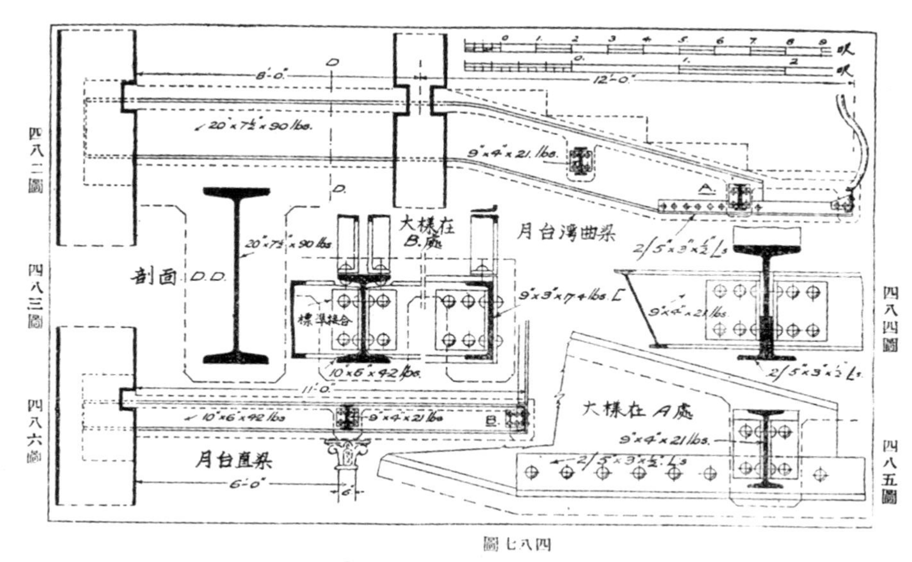

四八七圖

[附圖四八二至四八七]

雁木梁與格子梁

應用於極大之梁而無阻礙者，如橋梁，普

通亦應用於梁架中，使其深度增加，而材料則或可經濟。第四八八及四八九圖示雁木梁及格子梁，其梁腰之構合，係用鐵條或三角鐵反復擱置，再用鉚釘結合之。圖中之濃線代表壓力，細線代表拉力。壓力之桿件稱之爲「撑頭」，通常用三角形，丁字形或水落形；拉力之桿件則名之曰「拉條」，恆以鐵條爲之。垂直桿件與橫亙桿件之接合，時用格子梁在斜角撑頂之間，如是可使力之分佈一部份直接播至上凸緣，另一部份傳至下凸緣。垂直桿件之構造，係用三角形，丁字形或水落形不等，須視梁之大小爲目標。其平行桿件之斜角撑梁名曰橫桿，用鐵板及三角鐵構成，但須與原有之梁相同。

鋼架用二等邊三角形構成者，名之曰雁木梁，見四八八圖。

兩個三角形顛倒按置而成者，名之曰格子梁，見四八九圖。

圖四九〇至四九四係兩個三角形以上搆合者，示六十呎距離之鋼格子梁，計劃時每呎之荷重爲三•六噸，載重在下面凸緣，乃利用垂直桿件將力傳佈至上下凸緣，圖示各部斷面及其接合方式。

四八八圖　四八九圖

礅子　豎直桿件用以支持梁之端末者，普通以磚，石，木或鋼鐵爲之。磚與石之礅子爲抵禦壓力者，力之置於支持處其壓力之中心，須在其一定範圍之內，此範圍之變化須視斷面之形狀而定；否則與力距離較遠之一邊，即有發生拉力之可能。蓋此能損壞磚或石之結構，但對於木料或鋼則毫無損也。因後述之材料，其抵拉力較高也。偏心力之壓內力之强，或拉內力之强，必須確定，礅子或撑頭之形狀，亦宜決定。高度未超越礅子之最小面積十至十二倍者，

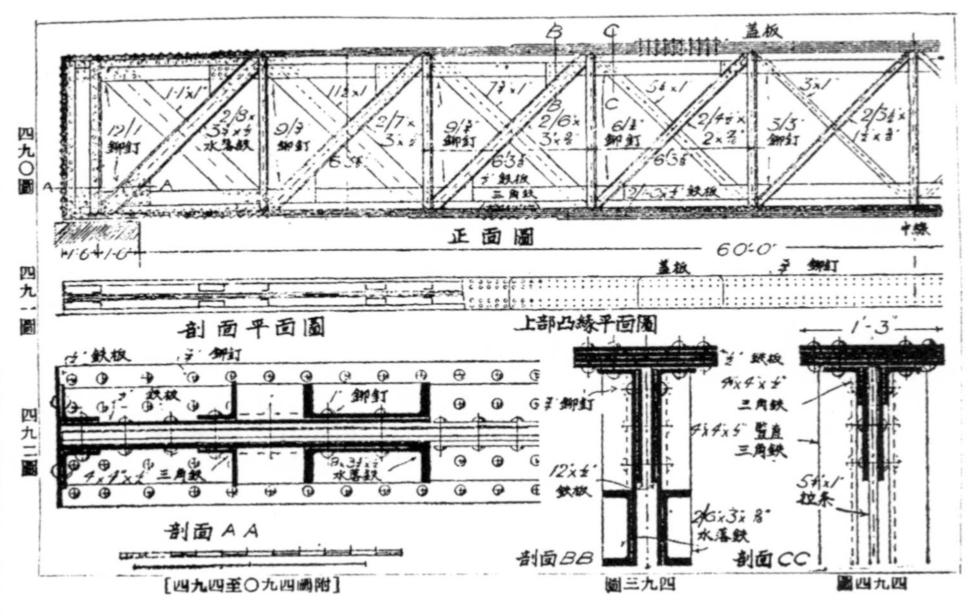

［附圖四九〇至四九四］　四九三圖　四九四圖

曰短柱，普通祇計算其縱壓力。倘高度超過其限度，在小面積處，卽有變曲之發生。

當高度超過十倍之最小面積時，其抵禦力之强減少極快，及任何高度之變化，均須視柱之端末固定爲主旨。礅子固定端之抵禦力大於活動端二倍。

任何礅子欲求其最大之抵禦力，必須將力置於斷面軸線之處；按此種情形並不時常可能，欲保持此狀態，完全斷面皆須在壓力之下，壓力之重心須不出方礅子中心三分之一之範圍，及不出圓礅子中心四分之一之範圍。

任何力之離中心者，其內力之强決不平均分佈於斷面，惟增加於離中心一面之處。其傾覆於上述兩種限制之內，是以在有力之一面其壓力須有兩倍之强，在距離力較遠之一邊則爲零。一個礅子倘有偏心力之發生，則材料之損壞，必在壓力之一邊。

第四九五至五〇六圖均爲柱子之鋼鐵斷面。現代鋼鐵工程，其柱子大抵自基礎連至上面建築，斷面有鉚釘接合。因此其工字形或混合形斷面及求得之平板，咸殊適合。其柱子之損壞在小面積處遭受變曲者，此種極濶之凸緣，與構斷面之兩主要軸之慣性力率相近接合，惟亦須選擇，同時混合形亦須計劃，其主要點與上同。第四九五至四九七圖示鑄鋼之工字形及混合形。第四九八圖示三角形之斷面，屋架中之撑頭常用之。用兩個三角形鐵聯合在間隔之鐵條上，見四九八圖。第四九九圖中係用兩個輕水落形鐵連以斜鐵條者。用兩工字形鐵連以斜鐵條者，見第五〇一圖。用鐵板間隔接連在兩個工字形鐵上者，見第五〇三圖。第五〇六圖示實心圓柱子之透視，普通其直徑自二吋半至十二吋。此種形式，殊覺浪費，但常用以減少其支持處之側面面積，至最小數；同時亦應用於雲石柱之中心柱者。柱子帽盤與底盤之結搆，係將鋼板中鑿一孔，裝置於柱之兩端；後者將一端車去，使有細徵之肩架。帽盤之裝置，先用火燒熱，然後用力拷打而成；冷時其車去之柱身收縮而與之相黏合。

亞克：松及柚木每平方吋，其抵禦力之强卽p之價値，見下列表格　其⅜小面積除長度之値自五至五〇，須根據材料抵禦力之破壞；至於亞克與松每方吋爲二噸，柚木每方吋爲三噸；此皆藍開戈登(Rankine Gordon)公式之功，卽 $p=\frac{f}{1+a\frac{l^2}{d^2}}$ 其

p 等於每平方吋壓力之强；

f 等於壓力抵抗之短撑；

a 等於常數根據材料之壓力及彈性之抵抗；

l 等於長度，以吋爲單位；

d 等於深度，以吋爲單位。

第四九五圖　第四九六圖　第四九七圖　第四九八圖

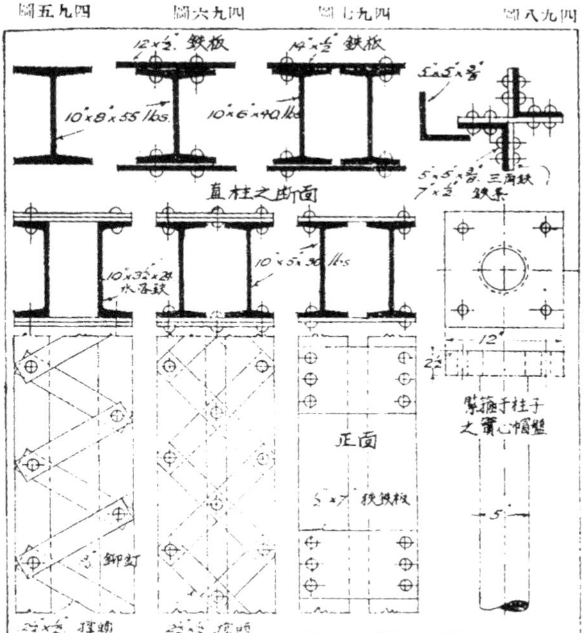

直柱之斷面

第四九九圖　第五〇〇圖　第五〇一圖　第五〇三圖

斜撑直柱　狹鉄板直柱　實心鋼鉄柱

第五〇二圖　第五〇四圖　第五〇五圖　第五〇六圖

此項求得之值，其於礙子兩端皆圓，一端爲圓他端則固定，及兩端均固定者。此等價值皆爲最大荷重抵抗力，或p之安全值。必須乘以一至少四分之一之安全率。

例　題　十呎長之亞克柱子，其斷面面積爲9"×6"，兩端均固定，求其安全荷重。

在此 $l/d = \frac{10\times12}{6} = 20$，

由表內查得p等於每方吋一•二五噸，及p之安全價值爲1.25÷4=0.31噸/方吋。

由此則安全荷重擱置於柱子之上，等於面積乘P
等於9"×6"×.31
等於16.74噸。

斷面已知之柱子，不能直接推知其假定之力；但欲求其內力之抵抗，則必須先假定斷面之尺寸，見上述例題。

鋼及生鐵斷面柱子之抵抗力，須依其各種情形爲定，斷面之計算，較木柱子爲繁複，均將於另章詳述之。

亞克與松，其"f"之值＝2噸/方吋

l/d	兩端皆圓 $a=\frac{1}{2000}$	一端爲圓他端固定 $a=\frac{1}{4500}$	兩端固定 $a=\frac{1}{8000}$
5	1.75	1.875	1.93
10	1.25	1.58	1.74
15	0.8525	1.25	1.495
20	0.588	0.968	1.25
25	0.422	0.751	1.033
30	0.313	0.588	0.852
35	0.2394	0.468	0.705
40	0.1887	0.38	0.588
45	0.1523	0.313	0.496
50	0.125	0.261	0.422

鉚　釘　第四六四圖示圓頭及半頭之鉚釘。鉚釘之任何部份均以其身幹之直徑爲標準。在建築上普通均用圓頭鉚釘，倘需要光面之處，則可用半頭鉚釘。

鋼板在半吋以下者，眼子可用穿孔床撞打；半吋以上至六分者，則撞孔後復須鍛煉。鋼板自六分以上，則穿孔床之力不能勝任，故自以錐孔之手續爲便利。經穿孔床撞打之眼子，眼圈稍形發頭，然對於鉚釘之吃着力頗佳，但鋼板之能力却又減弱。

以鋼板構製梁架或柱子，其鉚釘眼子之形成，自以錐之手續較撞之手續爲善。蓋當兩塊鋼板置於一處，使之接合，其手續僅須用錐一次，即可錐成，不若穿孔床之須分塊打眼，以致搆合之時，眼子有不符合之弊。

螺　旋　第四六三圖示六角形與方形之螺旋，其尺寸均以其幹身之直徑爲主體。

柚木，其"f"之值＝3噸/方吋

l/d	兩端皆圓 $a=\frac{1}{2000}$	一端爲圓他端固定 $a=\frac{1}{4500}$	兩端固定 $a=\frac{1}{8000}$
5	2.61	2.81	2.893
10	1.875	2.37	2.61
15	1.28	1.875	2.24
20	0.883	1.453	1.875
25	0.633	1.125	1.55
30	0.47	0.885	1.277
35	0.3592	0.702	1.057
40	0.283	0.57	0.883
45	0.228	0.47	0.743
50	0.1875	0.3915	0.587

（待　續）

此小住宅式樣，盛行於美國之西南部，其設計深受墨西哥式之影響，簡單樸素，適應氣候，實為此式住屋之特點。

平面圖

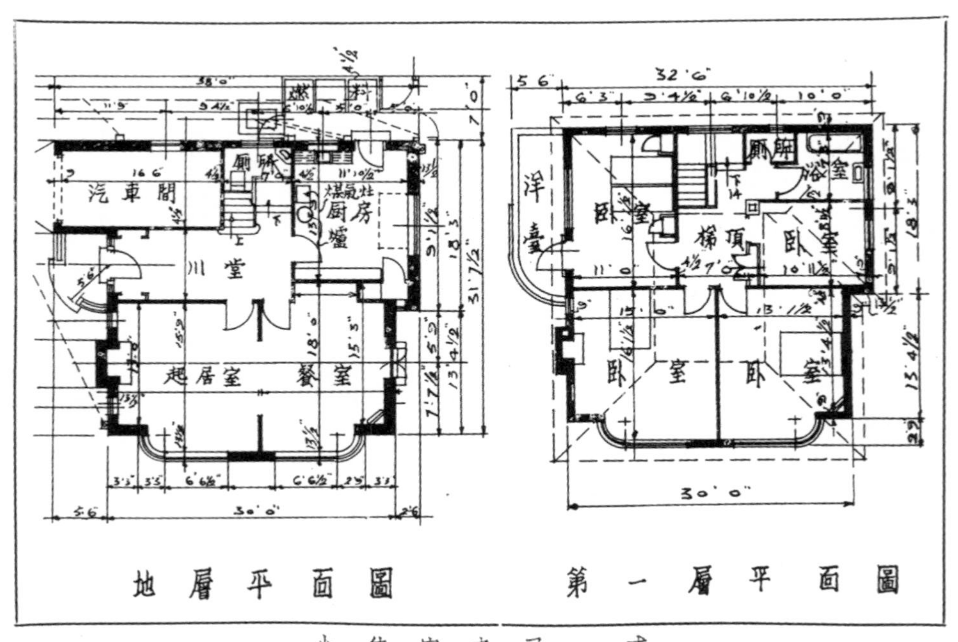

地層平面圖　　第一層平面圖

小住宅之又一式

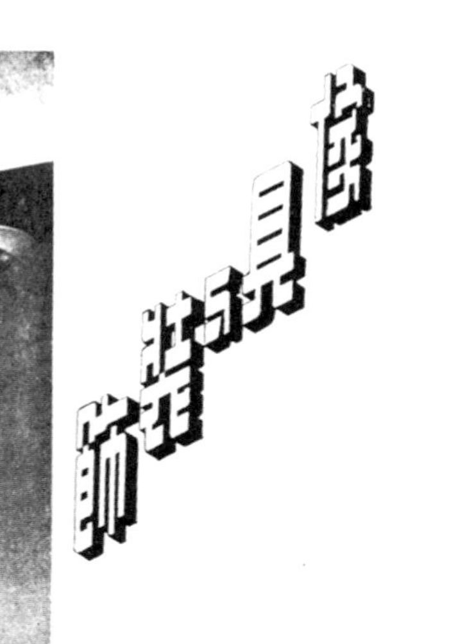

事務室佈置之一

事務室佈置之二

專載

致啟新中國等水泥公司函

本會監察委員
馥記營造廠總理 陶桂林先生

逕啟者：年來提倡國貨，擁護國貨之聲，甚囂塵上；國民以刺激日深，多樂爲購用，政府亦提高進口稅率，以資保障。當此之時，爲國貨商者，誠宜夙興夜寐，從事研究原料之如何改良也，成本之如何減輕也，售價之如何求平也，出貨之如何求暢也：凡此四者，皆應力謀實踐，上以副政府保障之至意，下以慰國民提倡之熱忱。而少數國貨商人，不此之圖，惟斤斤於一時之利，何所見之小也！即以水泥一項而論，自去年十一月來，漲價之風，狂熾不息，迄於今每桶價竟高漲兩元有奇，羣疑滿腹，議論日紛；既違提倡國貨之旨，抑且非國產水泥前途之福。敝廠與貴公司交往有年，情誼彌篤，心所謂危，不敢不言，爰將管見所及，聊盡忠告之道，幸垂察焉。我國貧弱之由，其因雖多，而外貨傾銷，經濟外溢，亦佔貧弱之要素。最近國人幡然覺悟，努力提倡國貨，以杜漏卮。在此復興之兆方萌，而國貨乃圖利漲價，自斲民族復興之生機，以趨於滅亡，此不可者一也。外侮日亟，國防建築迫不及待，而此項建築，又非需用大批水泥不爲功。吾業欲乘此時機，多爲國家効力，然而水泥價格，叠漲不已，工程估價，不得不高，結果則國家蒙無形之損失，吾業亦抱憾於無窮。在貴公司漲價，事出無心，而實則資敵以利，此不可者二也。經濟不景氣之氛圍，瀰漫全國，欲求繁榮復興，端維建設是賴。吾儕正宜力求平價，以逗起資本家投資建設之興趣，而振興民族，詎乃反其道而行之，貪一時之利，阻復興之路。語云：「皮之不存，毛將焉附」，行亦惟見其自殺而已，此不可者三也。或謂自外貨暢銷以來，國產水泥，供過於求，不得不增漲價格，以示限制，此實大謬。夫供過於求，好現象也。凡我國水泥公司，正宜奮發圖進，以求機械之改良，期產額之激增，何能故步自封，高價自殺？矧以經濟之崩潰，私人建築並不發達，邇近之所，以需用多量水泥者，咸爲國家重要建築，私利害公，問心何安？莊子曰：「哀莫大於心死」，此不可者四也。或云原料價格提高，水泥質地改良，於是售價不得不高矣，然而原料價值是否加高，事實昭彰，可以按查；水泥質地是否改進，可以化驗得之。水泥之成分有定，成本之數目可稽，現售價格獲利若干，人盡可知。吾國商業道德，向重誠實不欺，而況有事實可證乎？此不可者五也。設有人焉，鑒於水泥商之居奇，迫於愛國心之熱騰，發起組織大規模之水泥廠，以平價供給政府與人民之需要，當斯時恐貴公司等亦不得不平價也。然而賢不肖之別，國人當能判之，此不可者六也。又聞貴公司在漲價之先一日，向往來行商申明當日現款購買棧貨，過日則照漲出售。在表面視之，似若有利於顧客，而實則乘此中日風雲緊急之秋，吸收現金，保全公司實力。爲貴公司計，法固善也，然而經濟之擾亂，人心之惶惑，不更甚乎？丁此禍患眉睫，正宜萬衆一心，更安忍爲一廠一公司計哉？苟國亡無日，縱能吸收經濟，保全實力，又復何爲？凡此種種，深願貴公司一一致慮，知所適從；當此存亡危急之秋，務希爲國家民族一捐私利之心，則不僅貴公司之幸也！臨穎依依，書不盡意，惟朗照不一。陶桂林謹啟。

浦東同鄉會大廈採用建業防水粉

我國古代建築，崇尚雕樑畫柱，對於室內之乾燥與否，則殊不計及。近代科學倡明，建築物之形式與衛生並重；夫水泥爲建築中之主要原料，但陰雨潮濕，其於身體衛生，及室內器物，均有莫大之關係，此其缺點也。建業防水粉之發明，係彌補此缺憾者。該粉歷經上海市工業試驗所，國立同濟大學材料試驗館，及實業部，中國工程師學會，國產建築材料展覽會等，化驗審查證明，頒給特等獎狀，認爲確具偉大防水功效，更能使建築物之混凝土，增加壓力百分之十四•九八，增加拉力百分之一一•九八，誠爲近代建築不可或缺之材料。最近落成之上海愛多亞路浦東同鄉會八層新廈，全部防水工程，完全採用該粉；該廈建築師等並具函證明，表示非常滿意。聞滬上梵皇渡大夏大學，漕河涇曹家花園，浦東長德榨油廠，引翔衖金殿揚先生住宅，及全國經濟委員會，潼關涇洛工程局，蘇州江蘇省立瓷工科職業學校，崑山泰記電氣公司等工程數十處，亦均採用該粉，成績卓著。故近日先後獲得南京中央博物院，上海律師公會及中央信託局等工程之定貨多起。製造該粉之中國建業公司，在愛多亞路一四七號，電話八三九八〇號，歡迎各界試用及指教云。

介紹「益斯得」鋼骨

德國克虜伯廠出品之「益斯得」鋼骨，實爲用於鋼筋混凝土中最新及最上選之產物，與水泥之製造及堅力同俱極大之進步。此鋼骨若按照原理用於建築，其結果非僅絕對安全，且其拉力至少亦可增高百分之五十以上。至於此鋼之採用量，較平常之鋼條可省三分之一，故其價雖較平常者爲昂貴，但因可省重量之三分之一，故實際上其價格運費等，亦無形減低矣。

每一「益斯得」鋼骨，係由二同樣直徑之鋼骨，絞爲螺旋形而成。其螺距約爲每一組成鋼骨之直徑約十二倍半。此種鋼骨之製造，係在固定之機器上爲之，故其捲旋及其長度，均勻淨一致，並無參差。

至於此鋼之利益，可概述如下：

(一)拉力較普通之鋼骨增加百分之五十；

(二)可省鋼價百分之廿五；

(三)可省進口稅，運輸費及棧租等三分之一；

(四)每一鋼骨均經個別試驗；

(五)克虜伯廠對每一鋼骨均負擔保之責；

(六)欲圖更換次貨，實不可能；

(七)堅韌異常，並不脆弱；

(八)鋼骨與水泥結合後，不易脫裂；

(九)可省舖置費三分之一；

(十)施工時與平常之鋼條相同，工人並不感覺困難。

凡鋼骨之用於拉力者，實以採用「益斯得」鋼骨最爲相宜，蓋由上述之利益，即可知此鋼之優點也。此鋼採用之範圍，當視建築之性質及系統而定，但專用於拉力，則實以此鋼最爲適宜，蓋其能增加壓力百分之五十也。

本刊所載材料價目，力求正確；惟市價瞬息變動，漲落不一，集稿時與出版時難免出入。讀者如欲知正確之市價者，希隨時來函詢問，本刊當代為探詢詳告。

磚瓦

（一）空心磚

十二寸方十寸六孔	每千洋二百十元
十二寸方九寸六孔	每千洋一百九十元
十二寸方八寸六孔	每千洋一百六十元
十二寸方六寸六孔	每千洋一百二十五元
十二寸方四寸四孔	每千洋八十元
十二寸方三寸三孔	每千洋六十五元
九寸二分方六寸六孔	每千洋六十五元
九寸二分方四寸半三孔	每千洋五十元
九寸二分方三寸三孔	每千洋四十元
四寸半方九寸二分四孔	每千洋三十二元
九寸二分四寸半三寸二孔	每千洋二十元
九寸三分・四寸半・三寸半・二孔	每千洋十九元
九寸三分・四寸半・二寸・二孔	每千洋十八元

（二）八角式樓板空心磚

十二寸方八寸八角四孔	每千洋一百八十元
十二寸方六寸八角三孔	每千洋一百三十五元
十二寸方四寸八角三孔	每千洋九十元

（三）深淺毛縫空心磚

十二寸方十寸六孔	每千洋二百二十五元
十二寸方八寸半六孔	每千洋一百八十九元
十二寸方八寸六孔	每千洋一百八十元
十二寸方六寸六孔	每千洋一百三十五元
十二寸方四寸四孔	每千洋九十元
十二寸方三寸三孔	每千洋七十二元
九寸三分方四寸半三孔	每千洋五十四元

（四）實心磚

九寸四寸三分二寸半特等紅磚	每萬洋一百三十元
又　普通紅磚	每萬洋一百二十元
八寸半四寸一分二寸半特等紅磚	每萬洋一百二十四元
又　普通紅磚	每萬洋一百十四元
十寸・五寸・二寸特等紅磚	每萬洋一百二十元
又　普通紅磚	每萬洋一百十元
九寸四寸三分二寸特等紅磚	每萬洋一百元
又　普通紅磚	每萬洋九十元
九寸四寸三分二寸二分特等紅磚	每萬洋一百十元
又　普通紅磚	每萬洋一百元
九寸四寸三分二寸二分拉縫紅磚	每萬洋一百六十元
十寸五寸二寸特等青磚	每萬洋一百三十元
又　普通青磚	每萬洋一百二十元
九寸四寸三分二寸特等青磚	每萬洋一百十元
又　普通青磚	每萬洋一百元
九寸四寸三分二寸二分特等青磚	每萬洋一百二十元
又　普通青磚	每萬洋一百十元

（以上統係外力）

（五）瓦

一號紅平瓦	每千洋五十五元
二號紅平瓦	每千洋五十元
三號紅平瓦	每千洋四十元
一號青平瓦	每千洋六十元
二號青平瓦	每千洋五十五元
三號青平瓦	每千洋四十五元
西班牙式紅瓦	每千洋四十五元
西班牙式青瓦	每千洋四十八元
英國式灣瓦	每千洋三十六元
一號古式元筒青瓦	每千洋六十元
二號古式元筒青瓦	每千五十元

（以上統係連力）

以上大中磚瓦公司出品

新三號青放	每萬洋五十三元
新三號老紅放	每萬洋六十三元

輕硬空心磚

		每塊重量
十二寸方十五寸四孔	每千洋二八八元	卅六磅
十二寸方十寸四孔	每千洋二三六元	廿六磅
十二寸方八寸二孔	每千洋一七七元	十九磅半
十二寸方六寸二孔	每千洋一三三元	十七磅
十二寸方四寸二孔	每千洋八十九元	十四磅

名稱	價格	重量
十二寸方三寸二孔	每千洋七十元	十三磅半
九寸三分方八寸三孔	每千洋九十三元	十二磅
九寸三分方六寸三孔	每千洋七十元	九磅半
九寸三分方四寸半三孔	每千洋五十六元	八磅二五
九寸三分方三寸二孔	每千洋五十元	七磅二五

硬磚

名稱	價格	重量
二寸二分四寸五分九寸半	每萬洋一〇五元	六磅
二寸二分四寸一分八寸半	每萬洋八十五元	四磅半

以上長城磚瓦公司出品

鋼條

四十尺四分普通花色	每噸一四〇元
四十尺五分普通花色	每噸一二六元
四十尺六分普通花色	每噸一三二元
四十尺七分普通花色	每噸一三六元
四十尺一寸普通花色	每噸一三六元
盤圓絲	每市擔六元六角

泥灰石子

象牌水泥	每桶洋六元三角
泰山水泥	每桶洋五元七角
馬牌水泥	每桶洋六元角元
拔灰	每擔洋一元二角
黃沙	每噸洋三元
石子	每噸洋三元半

木材

洋松 八尺至卅二尺再長照加	每千尺一百十元
一寸洋松	每千尺洋一百十二元
寸半洋松	每千尺洋一百十三元
洋松二寸光板	無市
四尺洋松條子	每萬根洋一百六十五元
一寸四寸洋松一號企口板	每千尺洋一百四十五元
一寸四寸洋松副頭號企口板	每千尺洋一百十元
一寸四寸洋松二號企口板	每千尺洋一百元
一寸六寸洋松一號企口板	每千尺洋一百卅元
一寸六寸洋松副頭號企口板	每千尺洋一百十五元
一寸六寸洋松二號企口板	每千尺洋一百元
一二五四寸洋松一號企口板	無市
一二五四寸洋松二號企口板	無市
一二五六寸洋松一號企口板	無市
一二五六寸洋松二號企口板	無市
柚木(頭號)僧帽牌	每千尺洋六百元
柚木(甲種)龍牌	每千尺洋五百三十元
柚木(乙種)龍牌	每千尺洋五百元
柚木(旗牌)	每千尺洋五百三十元
柚木(盾牌)	每千尺洋四百八十元
硬木	無市
硬木(火介方)	每千尺洋一百八十五元
柳安	每千尺洋一百九十元
紅板	每千尺洋一百六十元
抄板	每千尺洋一百八十元
十二尺三寸六八皖松	每千尺洋六十五元
十二尺二寸皖松	每千尺洋六十五元
一二五四寸柳安企口板	每千尺洋二百十元
一寸六寸柳安企口板	每千尺洋二百十元
一二五四寸企口紅板	無市
二寸一半建松片	市尺每千尺洋六十八元
九尺四分建松板	市尺每丈洋三元八角
九尺八分建松板	市尺每丈洋六元八角
六尺半五分青山板	市尺每丈洋三元五角

本松毛板	市尺每塊洋三角
本松企口板	市尺每塊洋二角二分
六尺半二分杭松板	市尺每丈洋二元
七尺半二分甌松板	市尺每丈洋二元一角
六尺半八分皖松板	市尺每丈洋四元六角
九尺八分皖松板	市尺每丈洋五元六角
六尺半五分皖松板	市尺每丈洋四元二角
台松板	市尺每丈洋三元五角
七尺半四分坦戶板	市尺每丈洋二元六角
七尺半三分坦戶板	市尺每丈洋二元四角
六尺二分機鋸紅柳板	市尺每丈洋二元五角
六尺三分毛邊紅柳板	市尺每丈洋二元五角
六尺二分俄松板	市尺每丈洋二元六角
六尺半二分俄松板	市尺每丈洋二元八角
七尺半毛邊二分坦戶板	市尺每丈洋一元七角
六尺半五分機介杭松	市尺每丈洋四元二角
白松方	每千尺洋九十五元
紅松方	每千尺洋一百十五元
麻栗方	每千洋一百三十五元
啞克方	每千洋一百三十五元
俄麻栗板	每千尺洋一百四十元

五　金

（一）釘

美方釘	每桶洋二十元〇九分
平頭釘	每桶洋二十元八角
中國貨元釘	每桶洋六元五角

（二）防水粉及牛毛毡

建業防水粉（軍艦）	每磅國幣三角
雅禮避水漿	每介侖一元九角五分
雅禮避水粉	每介侖一元九角五分
雅禮避水漆	每介侖三元二角五分
雅禮紙筋漆	每介侖三元二角五分
雅禮避潮漆	每介侖三元二角五分
雅禮透明避水漆	每介侖四元二角
雅禮膠珞油	每介侖四元
雅禮保地精	每介侖四元
雅禮保木油	每介侖二元二角五分
雅禮快燥精	每介侖二元
（以上出品均須五介侖起碼）	
五方紙牛毛毡	每捲洋二元八角
半號牛毛毡（馬牌）	每捲洋二元八角
一號牛毛毡（馬牌）	每捲洋三元九角
二號牛毛毡（馬牌）	每捲洋五元一角
三號牛毛毡（馬牌）	每捲洋七元

（三）其他

鋼絲網（27"×96" 2¼lbs.）	每方洋四元
鋼版網（8"×12" 六分一寸半眼）	每張洋卅四元
水落鐵（每根長二十尺）	每千尺五十五元
牆角線（每根長十二尺）	每千尺九十五元
踏步鐵（每根長十尺或十二尺）	每千尺五十五元
鉛絲布（闊三尺長百尺）	每捲二十三元
綠鉛紗（同上）	每捲洋十七元
銅絲布（同上）	每捲四十元

水木作工價

木作（包工連飯）	每工洋六角三分
水作（同上）	每工洋六角
水木作（點工連飯）	每工洋八角五分

中華郵政特准掛號認為新聞紙類

建築月刊
THE BUILDER

內政部登記證警字第二五五四號

廣告刊例
Advertising Rates Per Issue

地位 Position	全面 Full Page	半面 Half Page	四分之一 One Quarter
底封面外面 Outside back cover.	七十五元 $75.00		
封面及底面之裏面 Inside front & back cover	六十元 $60.00	三十五元 $35.00	
封面裏面及底面裏面之對面 Opposite of inside front & back cover.	五十元 $50.00	三十元 $30.00	
普通地位 Ordinary page	四十五元 $45.00	三十元 $30.00	二十元 $20.00

小廣告 每期每格 一寸高 三寸半闊 洋四元
Classified Advertisements - $4.00 per column

廣告概用白紙黑墨印刷，倘須彩色，價目另議；鑄版彫刻，費用另加。
Designs, blocks to be charged extra.
Advertisements inserted in two or more colors to be charged extra.

第四卷 第八號

民國二十五年十一月發行

刊務委員 陳松齡 竺泉通 江長庚 杜彥耿

主編 杜彥耿

廣告 藍克生 (A. O. Lacson)

發行 上海市建築協會 南京路大陸商場六二〇號 電話 九二〇〇九

印刷 新光印書館 上海聖母院路聖達里三一號 電話 七四六三五

定價

每月一冊　全年十二冊

訂購辦法	價目	郵費 本埠	郵費 外埠及日本	郵費 香港澳門	郵費 國外
零售	五角	二分	五分	一角八分	三角
預定全年	五元	二角四分	六角	二元一角六分	三元六角

雅禮避水漿

國產建築物的兩大貢獻

房屋潮濕。能使病菌易於滋生。有礙衛生甚大。「雅禮避水漿」能使一切水泥建築避水－防潮－耐久。為地下層、屋頂、游泳池、水塔、水池、庫房等之必需品。曾用於全國大小工程不下數百餘處。

無論水泥、白鐵、油毛毡、瓦磚等屋頂不幸漏水。用「雅禮避水漆」修理。立即滴水不漏。經濟簡便。建築工程界一致贊美。

君如感覺現在之居室有潮濕漏水等不良事件請打電話九〇〇五一號即當派專家前來視察估計免費

南京路大陸商場六二三號

上海雅禮製造廠出品

本廠備有「建築避水法」小冊及出品說明書函索即寄

雅禮避水漆

國產建築材料展覽會特獎

如欲徵詢

請函本會服務部

本會服務部為便利同業與讀者起見，特接受徵詢。凡有關建築材料，建築工具，以及運用於營造場之一切最新出品等問題，需由本部解答者，當即照辦（均由函覆）。茲為略示限止起見，特訂辦法數則如后：

（一）詢問具有專門性之建築及工程問題，每題應附郵資二十分，多則類推。

（二）詢問各題，本部有選擇答覆之權。審閱不合，除扣去復函寄費外，原件及郵資一併退還。

（三）請求代索樣本或樣品，應預計原件重量，附足回件寄費。如不能照辦，除扣去復函寄費外，所餘郵資一併退還。

（四）來函須將問題內容或樣品種類等，及詳細地址，繕寫清楚；否則如有誤投遺失，概不負責。

（五）來函請寄上海南京路大陸商場六樓六二〇號上海市建築協會服務部。

SIN JIN KEE

CONSTRUCTION CO

新仁記營造廠

本廠承造一切大小鋼骨水泥房屋工程各項人員無不經驗丰富工作認真如蒙委託承造或估價不勝歡迎之至

本廠承造工程一斑

沙遜大厦——南京路

漢彌爾登大厦——江西路

都城飯店——江西路

百老滙大厦——北蘇州路

上海法租界

呂班路二百十六號A

電話八三三四三

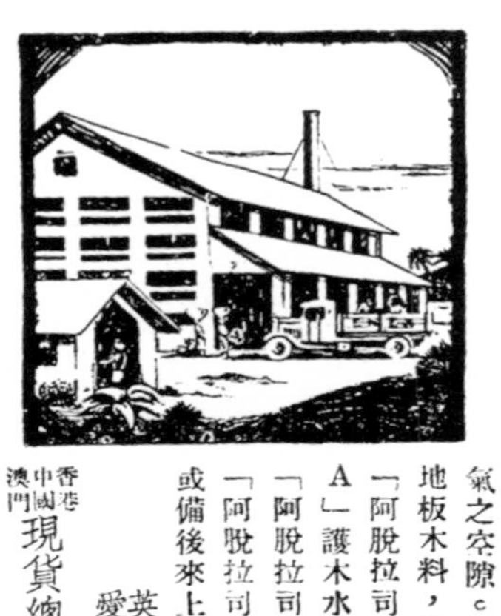

木材乾腐所致之損失，不可勝計。此種情形，通常發生於缺乏適當通氣之建築物中。某種地方，爲防止鼠類與別種害蟲營巢，以致釀成瘟疫計。不得不將地板直接安置於密實之基礎上。其間不留空氣之空隙。因其缺少空氣之流通，故木材之乾腐豫以甚速。

地板木料，倘經過「阿脫拉司A」護木水之塗治。則此種毀壞，便可加以制止。

「阿脫拉司A」護木水，非揮發性。故有持久之保護力。據種種經過之試驗。木材之以「阿脫拉司A」護木水治過者。不致滋生木耳。且可永遠免於乾腐之患。試驗報告書，承索卽奉上一份。

「阿脫拉司A」護木水，用法簡單。並不需要特別技能，或特別器械。

「阿脫拉司A」護木水，裝桶分一加侖及五加侖兩種。有標準式者，無色透明。凡欲保持天然木色或備後來上蠟，髹漆，或加凡立水之木材木器。均適用之。此外並備有一種褐色者。

英國愛立士阿脫拉司防腐劑有限公司製造

香港 中國 澳門 現貨總經售處孔士洋行 上海四川路一一〇號 上海郵政信箱一一七九號

漢口 天津 香港 廣州 孔士洋行

亦有現貨出售

ATLAS PRESERVES

REGISTERED TRADE MARK

ATLAS·A

Powerful WOOD PRESERVATIVE

（二）

凌陳記人造石廠

專造各種顏色人造石

久永彩光　用耐固堅

速工程……廉價定

迎歡任毋　顧惠蒙倘

廠址……………………上海閘北談家橋

凌陳記事務所 同孚路大中里162號 西安路永安里8號 電話 34854 52518

後列舉略程工造承廠本

上海南京路大新公司全部人造石工程

上海四馬路五洲藥房人造石工程

上海四馬路中央飯店人造石工程

九江牯嶺廬山蔣委員長住宅人造石工程

北平前門外亨得利鐘表行

南昌飛機場	南京中孚銀行
甯波四明電話公司	杭州張公館
蘇州中和銀行	常州馬公館
上海永安公司	上海杜月笙先生公館

廬山訓練所宿舍

歷造工程數百餘處不及備載

廠主兼總經理

凌炳泉

Manager

LING PING CHUAN

Experts in all types of

TERRAZZO WORK

LING CHENG KEE

Lane 214, 162 Dah Chung Lee, Yates Road.

Phone 34854

永光油漆
出品
厚漆
調合漆
凡立水
水牆粉
乾牆粉
地板蠟
其他花色繁多不勝備載
註冊商標
狗牌
牛牌
熊牌
羊牌
猴牌
特點
原料—多數購自歐美名廠
製造—聘請英國著名油漆專家督製
品質—優良並經各大建築師認與舶来品無異
定價—特別低廉
服務—凡遇有油漆工程發生困難問題本公司備有專家可供諮詢
上海永光油漆有限公司
總經理 太古公司
法租界外灘 電話八二〇二〇
瑪瑙石